绿色农业·化肥农药减量增效系列丛书

肥料高效安全
使用手册

宋志伟　李艳珍　主编

中国农业出版社
北　京

编　委　会

主　　编　宋志伟　李艳珍

副 主 编　韩志慧　程东祥

编写人员　（按姓氏笔画排序）

丁文君　王　娜　卢素华　李延铃

李艳珍　宋志伟　陈桂英　韩志慧

程东祥

FOREWORD 前言

高效安全施肥是改善和提高作物产量的重要措施，近年来我国土壤肥力监测结果表明，肥料对作物产量的贡献率，全国平均为57.8%。高效安全施肥是改善和提高农产品品质的重要手段，如施用有机肥料在改善农副产品与果品外观品质、保持营养风味、提高商品价值等方面也有独到的功效。高效安全施肥是培肥地力、提高耕地质量的最有效和最直接的途径，施用有机肥料增加了土壤中的有机质含量，可以改良土壤物理、化学和生物特性，熟化土壤，培肥地力；英国洛桑试验站170年长期定位试验结果表明，合理施用化学肥料不仅不会使土壤肥力下降，甚至还能使土壤肥力有所提高。高效安全施肥可以提高土壤营养、改善土壤结构、增进土壤“机体”健康、提高土壤对重金属离子的吸附从而减轻重金属对农产品的污染；可以提高化学肥料利用率，减少过量施用化学肥料对土壤环境造成的污染，从而实现环境友好、减少污染。

目前，我国农业生产中存在着许多施肥问题：单位面积施用量偏高、施肥不均衡现象突出、有机肥资源利用率低、施肥结构不平衡等。盲目施肥增加农业生产成本、浪费资源，造成耕地板结、土壤酸化，导致农业面源污染。为此，2015年农业部制定了《到2020年化肥使用量零增长行动方案》。实施化学肥料使用量零增长行动是推进农业“转方式、调结构”的重大措施，也是促进节本增效、节能减排的现实需要，对保障国家粮食安全、农产品质量安全和农业生态安全具有十分重要的意义。正是在此背景下，我们组织有关科技人员编写了这本《肥料高效安全使用手册》，主要内容包括现代农业与肥料高效安全使用，化肥肥料、有机肥料、新型肥料等高效安全使用，粮食作物、经济作物、蔬菜、果树等高效安全施肥等内容。在肥料高效安全使用中注重根据土壤和作物推荐施肥、施肥注意事项和施肥歌谣等内容，在作物高效安全施肥中注重作物缺素症诊断和补救、农业农村部主要作物施肥指导意见应用、无公害测土配方施肥技术、作物水肥一体化技术等内容，这些侧重点使得本书内容具有更强的针对性、实用性和可操作性。其目的是想改变农民传统施肥观念，使其掌握科学施肥技术，并自觉地运用于农业生产中，生产出更安全更优质的农产品，满足人民群众的美好生活需要。本书由宋志伟、李艳珍主编，程东祥、韩志慧、陈桂英、卢素华、王娜、李延铃、丁文君等参编。本书在编写过程中得到了中国农业出版社、河南农业职业学院、开封市农产品质量监测中心、开封市土壤肥料工作站、兰考县农业局、尉氏县农业技术推广中心、开封市祥符区植保植检站、河南浩创生物科技有限公司等单位领导和有关人员的大力支持，在此表示感谢。本书在编写过程中参考引用了许多文献资料，在此谨向其作者深表谢意。由于编者水平有限，书中难免存在疏漏和不妥之处，敬请专家、同行和广大读者批评指正。

宋志伟

2018年12月

CONTENTS 目录

第一章 现代农业与肥料高效安全使用

现代农业是可持续发展的农业，农业可持续发展要靠科技创新。对于农业生产中肥料使用而言，提高肥料效益和利用率要靠科技含量高的产品和科学施肥理念和技术。同时，农业生产也要通过努力实现肥料资源高效利用，来确保粮食安全、农产品安全和环境安全，保证经济、环境和社会效益协调统一。

第一节 肥料高效安全使用与农业可持续发展

肥料是重要的农业生产资料，是粮食的“粮食”。肥料在农业生产发展中起了不可替代的作用，保障了粮食等主要农产品有效供给，促进农业可持续发展。协调土壤和作物营养、考虑产量与品质的相统一、提高肥料利用率和施肥效益、减少生态环境污染、保障农产品质量安全等是高效安全施肥所必须坚持的原则。

一、可持续培肥地力

地力的维持和提高是农业可持续发展的基本保证，不断培肥地力可使农业生产得到持续发展和提高，从而满足不断增长的人口和生活水平的提高对作物产量和品质的要求。许多耕作栽培措施，如耕作、灌溉、轮作、施肥等都具有一定的培肥地力的作用，其中施肥是培肥地力最有效和最直接的途径。

1. 有机肥料在培肥地力中的作用

有机肥料中的主要物质是有机质，施用有机肥料增加了土壤中的有机质含量。有机质可以改良土壤物理、化学和生物特性，熟化土壤，培肥地力。我国农村的“地靠粪养、苗靠粪长”的谚语，在一定程度上反映了施用有机肥料对于改良土壤的作用。

施用有机肥料既增加了许多有机胶体，同时又借助微生物的作用把许多有机物也分解转化成有机胶体，这就大大增加了土壤吸附表面，并且产生许多胶黏物质，使土壤颗粒胶结起来变成稳定的团粒结构，提高了土壤保水、保肥和透气的性能，以及调节土壤温度的能力。土壤有机肥施入后，还可以提高土壤的孔隙度，使土壤变得疏松，改善作物根系的生态环境，促进根系的发育，提高作物的耐涝能力。

施用有机肥还可使土壤中的有益微生物大量繁殖，如固氮菌、氨化菌、纤维素分解菌、硝化菌等。有机肥料中有动物消化道分泌的各种活性酶，以及微生物产生的各种酶，这些物质施到土壤后，可大大提高土壤的酶活性。多施有机肥料，可以提高土壤活性和生物繁殖转化能力，从而提高土壤的吸收性能、吸附性能和抗逆性能。

有机肥料含有养分多但相对含量低，养分释放缓慢，而化学肥料单位养分含量高、成分少，养分释放快。两者合理配合施用，相互补充，有机质分解产生的有机酸还能促进土壤和化学肥料中矿质养分的溶解。有机肥与化学肥料相互促进，有利于作物吸收，提高肥料的利用率。

2. 化学肥料在培肥地力中的作用

英国洛桑试验站 170 年长期试验结果表明，合理施用化学肥料不仅不会使土壤肥力下降，甚至还能使土壤肥力有所提高。化学肥料对土壤的培肥作用有直接作用和间接作用两个方面。

(1) 直接作用 由于化学肥料多为养分含量较高的速效性肥料，施入土壤后一般都会在一定时段内显著提高土壤有效养分含量，但不同种类的化学肥料其有效成分在土壤中的转化、存留期的长短以及后效是不相同的，因此其培肥地力的作用也不相同。

对于氮肥，在中低产条件下，一方面土壤对残留氮的保持能力很弱，残留氮多通过不同途径从土壤损失掉；另一方面虽然一部分氮进入有机氮库残存在土壤中，但一部分土壤氮代替了转变为有机氮库的氮肥被作物吸收利用了，因而单施氮肥不能显著和持续地增加氮素含量，但可以提高土壤供氮能力。

对于磷肥，绝大多数土壤对磷有强大的吸持固定力，而且残留在土壤中的磷不易损失而在土壤中积累起来，使得土壤具有强大和持续的供磷能力。

对于钾肥，温带地区富含 2∶1 型黏土矿物的黏质土，对钾有较强的吸持力，残留土壤中的钾很少损失，能明显增强土壤的供钾能力；但是缺乏 2∶1 型黏土矿物的热带、亚热带土壤对钾的吸持力很弱，残留土壤中的钾会随水流失，只能通过连续大量施用钾肥来增强土壤的供钾能力。

(2) 间接作用 化学肥料的施用不仅提高了作物产量，同时也增大了有机肥料和有机质的资源量，使归还土壤的有机质数量增加，从而起到培肥土壤的间接作用。

二、协调营养平衡

1. 施肥是调控作物营养平衡的有效措施

作物的正常生长发育有赖于其体内各种养分有一个适宜的含量范围，而且要求各种养分不仅在量上能够满足需要，还要求各种养分之间保持适当的比例。如谭金芳和韩燕来研究（2008）超高产冬小麦的氮、磷、钾比例为3.44∶1∶4.38。一种养分的过多或不足必然要造成养分之间的不平衡，从而影响作物的生长发育。在不平衡状况下，通过营养诊断，确定缺乏养分种类和程度，以施肥调控作物营养平衡是最有效的措施。

2. 施肥是修复土壤营养平衡失调的基本手段

土壤是作物养分的供应库，但土壤中各种养分的有效数量和比例一般与作物需求相差甚远，就需要通过施肥来调节土壤有效养分含量以及各种养分的比例，以满足作物的需要。实践证明，农田若长期不施肥，不仅其自身的养分供应能力低下，而且养分之间也不平衡，难以满足作物高产和超高产的需要。因此，为了获得高产就必须向土壤施肥。我国北方石灰性土壤氮、磷、钾养分供应一般状况为缺氮、少磷，而钾相对充足；南方的红壤、砖红壤等土壤不仅氮、磷、钾都缺乏，而且养分之间也不平衡。利用施肥来修复土壤营养平衡失调是基本手段，也是根本手段。

三、增加作物产量

1. 化学肥料的增产作用

化学肥料对作物的增产作用是众所周知的事实。据有关专家以及联合国粮食及农业组织（FAO）的估计，化学肥料在粮食增产中的作用占到40%～60%，肥料的生产系数（每千克肥料养分所增加的作物经济产量千克数）为7～30千克，但不同地区和不同养分的生产系数差异很大，主要受各种养分肥料的施用历史和施用量的影响，随着施用时间的延长和施用量的增加，所施养分的生产系数有下降的趋势。

2. 有机肥的增产作用

有机肥料的增产作用，一方面通过为作物提供养分，另一方面通过改善和培肥土壤而起作用。英国洛桑试验站（1850—1992）小麦施肥试验结果表明，试验前期化学肥料区小麦产量略超过厩肥区，但在试验后期（1930年以后）厩肥区的小麦产量在多数年份超过化学肥料区。因此，从长期的增产效应来看，有机肥料的增产作用绝不逊于化学肥料。

四、改善作物品质

农产品品质主要受作物本身的遗传因素影响，但也受外界环境条件影响，其中施肥对改善作物品质具有重要作用。

1. 有机肥料与农产品品质

大量试验表明，施用有机肥料不仅能提高作物品质，而且在改善农副产品与果品外观品质，保持营养风味，提高商品价值方面也有独到的功效。"七五"期间，由农业部组织的攻关组对 20 余种作物的研究表明，在合理施用化学肥料的基础上增施有机肥料，能在不同程度上提高所有供试作物产品品质。如使小麦和玉米蛋白质增加 2%～3.5%，面筋增加 1.4%～3.6%，8 种必需氨基酸增加 0.3%～0.48%；大豆脂肪提高 0.56%，亚油酸和油酸分别增加 0.31%和 0.92%；烤烟优级烟率提高 7.3%～9.8%；西瓜糖分增加 0.8～4.2 度，瓜汁中甜味和鲜味氨基酸分别增加 27%和 9.9%；芦笋一级品增加 6%～9%，维生素 B_1 和维生素 C 增加 5%。通过增施有机肥，减少化学氮肥施用，可使叶菜亚硝酸盐含量降低 33%～35.5%，达到人体健康允许的水平。由此说明，施用有机肥料在改善作物营养品质、商品品质和食味品质等方面均有良好作用。

2. 氮肥与农产品品质

农产品中与质量有关的含氮化合物有硝酸盐、亚硝酸盐、粗蛋白质、氨基酸、酰胺类和环氮化合物等。氮肥对作物品质的影响主要是通过提高蛋白质含量来实现的。在正常生长的作物所吸收的氮中，大约有 75%形成蛋白质，蛋白质是人类及一般动物的主要营养物质。如增施氮肥不仅能提高小麦蛋白质含量，还能提高面包的烘烤质量，增加透明度、容重、面筋的延伸性、面粉的强度和面包体积。

3. 磷肥与农产品品质

增加磷素供应可以增加作物的粗蛋白含量，特别是增加必需氨基酸的含量。合理供应磷可以使植物的淀粉和糖含量达到正常水平，并增加多种维生素含量。试验表明，增施磷肥可以显著增加小麦籽粒中维生素 B_1 的含量，改良小麦面粉烘烤性能，但随着磷肥施用量的增加，小麦籽粒蛋白质含量却降低。随着施磷量的增加，谷子粗蛋白质含量增加，粗脂肪含量降低，支链淀粉及小米胶稠度增加。

4. 钾肥与农产品品质

钾可以活化作物体内的一系列酶系统，改善碳水化合物代谢，并能提高作物的抗逆能力。合理的钾素营养可以增加农产品中碳水化合物含量，如增加糖分、淀粉和纤维含量，对改善西瓜、甘蔗、马铃薯、麻类等作物的品质有良好的作用。合理的钾素营养还可增加维生素含量。长期田间试验表明，施钾肥不仅增加小麦千粒重，而且改善了面粉的烘烤性状；施钾肥能提高大豆脂肪含量，减少大豆的蛋白质含量，但对大豆籽粒中氨基酸影响较小；适量施钾肥不仅可使棉铃增大，也可通过增加纤维长度和强度来改善棉花品质。

5. 微量元素肥料与农产品品质

植物体内，特别是绿色营养部分的微量元素含量变化很大。增施不同的微量元素肥料，对农产品品质的影响不同。适度增施铁肥（主要是喷施），可以增加农产品的绿色叶片（如叶菜）中的含铁量；适度增施锰肥，可提高农产品中维生素（如胡萝卜素、维生素C）的含量；适度施用铜肥、锌肥和钼肥，可以相应地增加农产品的铜、锌和钼含量，同时，铜肥和钼肥的施用，还可以提高农产品蛋白质的含量和质量；适度增施硼肥，可提高蔗糖产量和含糖量。此外，食物和饲料中的含锰量和含钼量是农产品的重要质量标准。

五、提高肥料利用率

1. 提高肥料利用率是科学施肥的基本目标

我国目前氮肥的平均利用率为30%～40%、磷肥为10%～25%、钾肥为40%～60%、有机肥为20%左右。不同地区，由于气候、土壤、农业生产条件和技术水平不同，肥料利用率相差很大。肥料利用率的高低是衡量施肥是否科学的一项重要指标，提高肥料利用率可提高肥料的经济效益、降低肥料投入、减缓自然资源的耗竭以及减少肥料生产和施用过程中对生态环境的污染。提高肥料利用率的主要途径有：有机肥料和无机肥料配合施用，氮、磷、钾肥配合施用，根据土壤养分状况和作物需肥特性施用肥料，改进肥料剂型、施肥机具和施肥方式等。

2. 施肥与肥料利用率的关系

施肥技术是影响肥料利用率的主要因素之一。在相同生产条件下，随着施肥量增加，肥料利用率下降；施肥方法也影响肥料利用率，在石灰性土壤上铵态氮肥深施覆土可以提高氮肥利用率，磷肥集中施用可提高磷肥利用率；不同肥料品种的利用率也有差异，一般硫酸铵的利用率比尿素和碳酸氢铵高，水田中硝态氮肥的利用率低于铵态氮肥和尿素，石灰性土壤上钙镁磷肥的利用率低于过磷酸钙。

有机肥料与无机肥料配合施用是提高肥料利用率的有效途径之一；各种养分的配合施用，如氮、磷、钾肥配合施用，大量营养元素肥料和微量营养元素肥料的配合施用，也能提高肥料利用率。

六、环境友好，减少污染

不合理施肥不仅不能提高产量、改善品质、改良和培肥土壤，反而会导致生态污染。主要表现在：引起土壤质量下降，如造成土壤酸化或盐碱化，土壤结构破坏，肥力下降，导致土壤污染；引起大气污染；引起地表水体富营养化；引起地下水污染；引起食品污染等。

施用有机肥料还可以降低作物对重金属离子铜、锌、铅、汞、铬、镉、镍等的吸收，降低了重金属对人体健康的危害。有机肥料中的腐殖质对一部分农药（如狄氏剂等）的残留有吸附、降解作用，有效地消除或减轻农药对食品的污染。

现代农业生产中，应当在保证作物优质高产前提下，需要采取各种有效途径和措施实施环境友好型安全施肥。安全施肥不但能增加作物产量，而且能改善农产品的营养品质、食味品质、外观品质，并改善食品卫生；合理安全施肥可以提高土壤营养、改善土壤结构、增进土壤“机体”健康、提高土壤对重金属离子的吸附，减轻重金属对农产品的污染；合理安全施肥可以提高化学肥料利用率，减少过量施用化学肥料对土壤环境造成的污染。

第二节 肥料高效安全使用与环境友好

化肥在促进粮食和农业生产发展中起了不可替代的作用，但目前也存在化肥过量施用、盲目施用等问题，带来了成本的增加和环境的污染，急需改进施肥方式，提高肥料利用率，减少不合理投入，保障粮食等主要农产品有效供给，促进农业可持续发展。为此，农业部于 2015 年出台了《到 2020 年化肥使用量零增长行动方案》。

一、化肥是现代农业的物质支撑

化肥起源于欧洲，是工业革命的产物。1800 年英国率先从工业炼焦中回收硫酸铵作为肥料，但直到 1908 年德国发明了现代合成氨工艺，才实现了化肥充足供应。化肥的施用让欧洲生活水平迅速提高，并成为世界经济中心。鉴于化肥对人类文明的重大贡献，合成氨技术发明者德国 Fritz Haber（1918）和 Carl Bosch（1931）先后获得诺贝尔化学奖。

1. 化肥的特性和历史功绩

（1）化肥来自自然界，供应效率高 氮肥主要原料来自大气，其他化肥原料主要来自矿产。氮肥生产与生物固氮机理相似，通过高温高压及催化剂，将

大气中的惰性 N_2 变成作物可以利用的活性氮（铵盐、硝酸盐）。在一个 10 公顷土地上建立的合成氨厂每天可以生产 3 000 吨纯氮，一年能够满足千万亩*农田维持亩产 400～500 千克的产量，比传统生物固氮效率提高约 100 万倍。化肥让农田从培肥到生产的长周期转变为连续生产的短周期，极大地提高了农田产出效率。

（2）化肥养分浓度高、肥效好，降低了劳动强度　化肥中养分含量一般超过 40%，是传统有机肥的 10 倍以上。尿素含氮 46%，满足 1 亩农田 10 千克的氮素供应只需要 25 千克左右尿素，一个劳动力徒手用半天就可以完成运输和施用。而传统农业收集、堆沤、运输、施用有机肥需要许多人花费几个月的时间。化肥将农户从繁重的肥料收集、堆沤等劳动中解放了出来，极大地提高了农民的劳动生产效率。

（3）化肥肥效快，利于作物及时吸收　化肥中的养分主要是无机态的，不需要经过微生物转化分解，施入土壤后会迅速被作物根系吸收。例如化学氮肥施入土壤后一般 3～15 天养分就会完全释放，在植物生长旺盛阶段可以迅速满足作物需要。化肥还可以通过灌溉，甚至可以通过叶面喷施的方式施用，极大地提高了作物的养分吸收效率。

（4）化肥本身是无害的　化肥中养分含量高、杂质低。例如，尿素中含有 46%的氮素，氮是作物所需要的营养元素，其余的主要是 CO_2，施用到土壤中会再次释放回到大气中，是无害的。此外，还含有 1%左右的水和 1%左右的缩二脲，缩二脲严格控制到 1.5%以下对作物无害，而且会在土壤中分解并被作物和微生物利用。其他的磷肥、钾肥以及中微量元素都是从矿物中提取出来的，基本成分也都是无害的。

2. 中国化肥来之不易

目前，中国是全球最大的化肥生产国和消费国。作为一个发展中国家，在满足自己化肥供应的同时，还可以向国外出口，这是非常了不起的事情。化肥工业的壮大，为我国农业和国民经济的持续快速发展提供了坚实基础。

（1）保障化肥供应是国家基本战略　中华人民共和国成立后，化肥作为战略资源得到重点保障，即使在困难时期，化肥用量的增长也没有停止过。国家采取了一系列措施保障化肥供应，例如奖售政策、无利润统购统销政策、生产补贴、施用补贴等。2013 年，补贴金额高达 1 000 亿元以上。针对化肥的特殊政策持续时间之长、范围之广、力度之大是其他商品都没有的。

（2）不惜代价建立化肥工业体系　化肥生产是一个资源高度依赖的工业体

* 亩为非法定计量单位，1 亩＝1/15 公顷，下同。——编者注

系，对于工业基础薄弱的发展中国家异常艰难。在20世纪80年代以前，我国化学工业投资的40%、优质无烟块煤的50%、进口天然气的30%、进口硫资源的60%以上都用于化肥生产。为提高化肥储运能力，国家还为大中型化肥厂修建了专用铁路线、输电线路、铁路和码头仓库等。

(3) 技术创新之路十分艰难 中华人民共和国成立初期，进口化肥生产装置和材料都异常困难。秉承“自力更生、自给自足”的原则，我国开始了艰苦的化肥研发生产之路。侯德榜等科学家自20世纪50年代开始，历经8年努力，研发了具有中国特色的化肥技术——“联碱法”制取碳酸氢铵，建成了自主创新的现代化氮肥工业体系；磷肥工业从过磷酸钙—钙镁磷肥—硝酸磷肥—磷酸铵—复合肥整整摸索了半个世纪；钾肥工业从1956年在青海察尔汗干盐湖找矿开始，直到21世纪初研发成功“反浮选冷结晶”工艺后，才开始大规模生产。

3. 化肥是吃饱、吃好、吃得健康的重要保障

20世纪60年代第一次绿色革命是人类发展史上重要的里程碑，通过高产品种、灌溉、机械化和大量施用化肥提高了农产品供给。据FAO统计，20世纪60～80年代，发展中国家通过施肥提高粮食作物单产55%～57%，而化肥对于中国来说，意义更加重大。

(1) 中国粮食产量的一半来自化肥 中华人民共和国成立前，我国一直采用传统农业生产方式，即利用作物秸秆、人畜粪尿、绿肥等方式培肥地力，粮食产量长期处于较低水平。秦汉至清朝2 000余年间，我国每亩小麦和水稻的产量仅从53千克和40千克分别增长到97.5千克和145.5千克。而中华人民共和国成立后至今的70余年间，我国小麦平均单产达到350～400千克，高产地区达到750千克。其中，化肥的施用发挥了关键作用。科学家研究证明，不施化肥和施用化肥的作物单产相差55%～65%。

(2) 化肥显著提高了国人的营养水平 近年来，我国人均蔬菜水果供应量持续增长，在丰富食谱的同时，也提高了居民营养水平。人均动物蛋白供应量从1961年的1.4千克增长到2014年的15.5千克。水果和蔬菜增产主要是通过现代化的生产方式（大棚、灌溉、化肥、农药）提高了产出。肉制品、奶制品的增长来自饲料供应的增加，而饲料生产也依赖化肥的施用。化肥极大地丰富了农业生产系统中的养分供应，为生产更多人类所需的蛋白、能量、矿物质提供了基础。

(3) 化肥提高了土壤肥力 耕地质量是粮食安全的基本保障。传统农业中耕地养分含量主要由成土矿物决定，绝大部分土壤出现了不同程度的养分缺乏。例如，我国土壤有效磷含量相对较低，据20世纪80年代开展的第二次全国土壤普查数据，平均含量仅7.4毫克/千克（如玉米最适宜的含量不应低于

8毫克/千克）。通过施用磷肥，近30年来我国土壤有效磷含量上升到23毫克/千克。化肥施用还可以增加农作物生物量，提高地表覆盖度，减少水土流失。土壤本身也是一个碳汇，可以贮存人类活动产生的温室气体，减轻工业化带来的负面影响。此外，通过施用化肥提高作物单产，为城市建设、交通、工业和商业发展提供了广阔的土地空间。

二、我国化肥施用现状和存在的问题

1. 我国化肥施用现状

我国是化肥生产和使用大国。据国家统计局数据，2013年化肥生产量7 037万吨（折纯，下同），农用化肥施用量5 912万吨。专家分析，我国耕地基础地力偏低，化肥施用对粮食增产的贡献较大，大体在40%以上。当前我国化肥施用存在四个方面问题。

（1）亩均施用量偏高　我国农作物亩均化肥用量为21.9千克，远高于世界平均水平（每亩8千克），是美国的2.6倍、欧盟的2.5倍。

（2）施肥不均衡现象突出　东部经济发达地区、长江下游地区和城市郊区施肥量偏高，蔬菜、果树等附加值较高的经济园艺作物过量施肥比较普遍。

（3）有机肥资源利用率低　目前，我国有机肥资源总养分7 000多万吨，实际利用不足40%。其中，畜禽粪便养分还田率为50%左右，农作物秸秆养分还田率为35%左右。

（4）施肥结构不平衡　重化肥、轻有机肥，重大量元素肥料、轻中微量元素肥料，重氮肥、轻磷钾肥"三重三轻"问题突出。传统人工施肥方式仍然占主导地位，化肥撒施、表施现象比较普遍，机械施肥仅占主要农作物种植面积的30%左右。

2. 我国化肥施用面临的形势

化肥施用不合理问题与我国粮食增产压力大、耕地基础地力低、耕地利用强度高、农户生产规模小等相关，也与肥料生产经营脱离农业需求、肥料品种结构不合理、施肥技术落后、肥料管理制度不健全等相关。过量施肥、盲目施肥不仅增加农业生产成本、浪费资源，也造成耕地板结、土壤酸化。实施化肥使用量零增长行动，是推进农业"转方式、调结构"的重大措施，也是促进节本增效、节能减排的现实需要，对保障国家粮食安全、农产品质量安全和农业生态安全具有十分重要的意义。

三、科学认识化肥利用中的有关问题

现在，化肥施用带来了一些问题，但大家对此存在很多误解，导致一些负面影响被过分放大。其实，把化肥比作食品大家就好理解。不合理饮食、营养过剩带来的高血压、高血脂、高血糖等一系列健康问题是食物摄入方式的问题，不是食物本身的问题。和饮食一样，化肥施用过量、养分搭配不合理、施用方式粗放等错误方式也会产生负面影响，但需要科学分析、正确认识、理性对待。

1. 化肥施用与面源污染的关系

目前水体污染已比较突出，但水体污染物有三大来源：农业面源排放、工业企业及农村和城镇居民污水排放，以及与化石能源排放有关的大气干湿沉降。《2014 年中国环境状况公报》显示，全国废水中氨氮排放总量为 238.5 万吨，其中生活源排放 138.1 万吨、农业源排放 75.5 万吨、工业源排放 23.2 万吨、集中式排放源排放 1.7 万吨。可见农业源低于生活源排放。农业面源污染又包括化肥流失、畜禽养殖业和水产养殖引起的氮、磷养分流失。据研究，化肥养分流失对农业源氮、磷排放的贡献分别为 11.2%和 25.7%，总体而言是较低的。实际上，化肥中没有被当季作物吸收的磷、钾元素大部分还会留在土壤中，为下季作物所利用。

2. 化肥施用与大气污染的关系

大气污染，尤其是雾霾已经对我们的生活产生了极大影响。一般而言，农业生产中施用的氮肥如尿素、碳酸氢铵和磷酸二铵等铵态氮肥等进入土壤后若没有被作物吸收利用，部分氮素将以氨气和氮氧化物等活性氮形式排放到大气中，引起大气污染。如果采取深施覆土、分次施用、选用合理产品，这些损失是很小的。研究表明，目前氮肥对我国氮氧化物总排放的贡献约 5%。随着施肥方式的转变，这一比例还将逐步降低。

3. 化肥施用与土壤质量的关系

近年来我国土壤健康问题引起了全社会广泛的关注，农户直观感觉土壤板结了、污染了，就简单归结为施用化肥的缘故。其实土壤板结不是化肥的作用，而主要是大水漫灌、淹灌、不合理的耕作等造成的。合理使用化肥尤其是与有机肥配施可以改善土壤结构。另外，化肥对土壤重金属污染的影响很小，化肥中仅磷酸铵会带入一定量的重金属，我国磷矿含镉量很低，按照目前施肥量（50 千克/亩，按平均含镉量 10 毫克/千克计），每年带入农田的镉仅为 0.5 克/亩，而工矿业开采和污水灌溉带入的镉数量远高于肥料。

4. 化肥施用与农产品品质的关系

农产品外观、营养及内含物成分、贮藏性状与化肥施用有直接关系。老百姓常说“用了化肥瓜不香了、果不甜了”，是化肥不合理施用的结果。部分果农盲足追求大果和超高产，大量投入氮肥，忽视其他元素配合，导致果实很大、水分很多，而可溶性固形物、糖度反而跟不上，降低了风味。实际上，作物品质与养分吸收比例有关，化肥养分结构、施用方法合理，健康成长的瓜果，果更香、瓜更甜。

四、化肥减量增效的目标、原则和任务

据国家统计局数据，2013年我国化肥生产量7 037万吨（折纯，下同），农用化肥施用量5 912万吨，是世界第一生产和消费大国。虽然化肥在促进粮食和农业生产发展中起了不可替代的作用，但也带来了生产成本增加、农产品品质下降和环境污染等问题。因此，2015年农业部制定了《到2020年化肥使用量零增长行动方案》。力争到2020年，主要农作物化肥使用量实现零增长。

1. 目标任务

到2020年，初步建立科学施肥管理和技术体系，科学施肥水平明显提升。2015—2019年，逐步将化肥使用量年增长率控制在1%以内；力争到2020年，主要农作物化肥使用量实现零增长。

（1）施肥结构进一步优化 到2020年，氮、磷、钾和中微量元素等养分结构趋于合理，有机肥资源得到合理利用。测土配方施肥技术覆盖率达到90%以上；畜禽粪便养分还田率达到60%，提高10%；农作物秸秆养分还田率达到60%，提高25%。

（2）施肥方式进一步改进 到2020年，盲目施肥和过量施肥现象基本得到遏制，传统施肥方式得到改变。机械施肥占主要农作物种植面积的40%以上，提高10%；水肥一体化技术推广面积1.5亿亩，增加8 000万亩。

（3）肥料利用率稳步提高 从2015年起，主要农作物肥料利用率平均每年提升1%以上，力争到2020年，主要农作物肥料利用率达到40%以上。

2. 区域重点

（1）东北地区 施肥原则：控氮、减磷、稳钾，补充锌、硼、铁、钼等微量元素肥料。

主要措施：结合深松整地和保护性耕作，加大秸秆还田力度，增施有机肥；适宜区域实行大豆、玉米合理轮作，在大豆、花生等作物上推广根瘤菌；推广化肥机械深施技术，适时适量追肥；干旱地区玉米推广高效缓释肥料和水肥一体化技术。

（2）黄淮海地区 施肥原则：减氮、控磷、稳钾，补充硫、锌、铁、锰、硼等中微量元素。

主要措施：周期性深耕深松和保护性耕作，实施小麦、玉米秸秆还田，推广配方肥、增施有机肥，推广玉米种肥同播，棉花机械追肥，注重小麦水肥耦

合，推广氮肥后移和“一喷三防”技术；蔬菜、果树注重有机无机肥配合，有效控制氮、磷肥用量；设施农业应用秸秆和调理剂等改良盐渍化土壤，推广水肥一体化技术；使用石灰等调理剂改良酸化土壤，发展果园绿肥。

(3) 长江中下游地区 施肥原则：减氮、控磷、稳钾，配合施用硫、锌、硼等中微量元素。

主要措施：推广秸秆还田技术，推广配方肥、增施有机肥，恢复发展冬闲田绿肥，推广果、茶园绿肥；利用钙镁磷肥、石灰、硅钙等碱性调理剂改良酸化土壤，高效经济园艺作物推广水肥一体化技术

(4) 华南地区 施肥原则：减氮、稳磷、稳钾，配合施用钙、镁、锌、硼等中微量元素。

主要措施：推广秸秆还田技术，推广配方肥、增施有机肥，适宜区域恢复发展冬闲田绿肥种植；注重利用钙镁磷肥、石灰、硅钙等碱性调理剂改良酸化土壤；注重施肥技术与轻简栽培技术结合，高效经济园艺作物推广水肥一体化技术。

(5) 西南地区 施肥原则：稳氮、调磷、补钾，配合施用硼、钼、镁、硫、锌、钙等中微量元素。

主要措施：推广秸秆还田技术，注重沼肥、畜禽粪便合理利用，恢复发展冬闲田绿肥种植；推广配方肥、增施有机肥，注重利用钙镁磷肥、石灰、硅钙等碱性调理剂改良酸化土壤，山地高效经济作物和园艺作物推广水肥一体化技术。

(6) 西北地区 施肥原则：统筹水肥资源，以水定肥、以肥调水，稳氮、稳磷、调钾，配合施用锌、硼等中微量元素。

主要措施：配合覆膜种植推广高效缓释肥料，实施保护性耕作、秸秆还田，推广配方肥、增施有机肥；在棉花、果树、马铃薯等作物上推广膜下滴灌、水肥一体化等高效节水灌溉技术；结合工程措施利用石膏等调理剂改良盐碱地。

3. 重点任务

(1) 推进测土配方施肥 在总结经验的基础上，创新实施方式，加快成果应用，在更大规模和更高层次上推进测土配方施肥。一是拓展实施范围。在巩固基础工作、继续做好粮食作物测土配方施肥的同时，扩大在设施农业及蔬菜、果树、茶叶等经济园艺作物上的应用，基本实现主要农作物测土配方施肥全覆盖。二是强化农企对接。充分调动企业参与测土配方施肥的积极性，筛选一批信誉好、实力强的企业深入开展合作，按照“按方抓药”“中成药”“中草药代煎”“私人医生”四种模式推进配方肥进村入户到田。三是创新服务机制。

积极探索公益性服务与经营性服务结合、政府购买服务的有效模式，支持专业化、社会化服务组织发展，向农民提供统测、统配、统供、统施“四统一”服务。创新肥料配方制定发布机制，完善测土配方施肥专家咨询系统，利用现代信息技术助力测土配方施肥技术推广。

（2）推进施肥方式转变 充分发挥种粮大户、家庭农场、专业合作社等新型经营主体的示范带头作用，强化技术培训和指导服务，大力推广先进适用技术，促进施肥方式转变。一是推进机械施肥。按照农艺农机融合、基肥追肥统筹的原则，加快施肥机械研发，因地制宜推进化肥机械深施、机械追肥、种肥同播等技术，减少养分挥发和流失。二是推广水肥一体化。结合高效节水灌溉，示范推广滴灌施肥、喷灌施肥等技术，促进水肥一体下地，提高肥料和水资源利用效率。三是推广适期施肥技术。合理确定基肥施用比例，推广因地、因苗、因水、因时分期施肥技术。因地制宜推广小麦、水稻叶面喷施和果树根外施肥技术。

（3）推进新肥料新技术应用 立足农业生产需求，整合科研、教学、推广、企业力量，加大研发投入力度，追踪国际前沿技术，开展联合攻关。一是加强技术研发。组建一批产学研推相结合的研发平台，重点开展农作物高产高效施肥技术研究，速效与缓效、大量与中微量元素、有机与无机、养分形态与功能融合的新产品及装备研发。二是加快新产品推广。示范推广缓释肥料、水溶性肥料、液体肥料、叶面肥、生物肥料、土壤调理剂等高效新型肥料，不断提高肥料利用率，推动肥料产业转型升级。三是集成推广高效施肥技术模式。结合高产创建和绿色增产模式攻关，按照土壤养分状况和作物需肥规律，分区域、分作物制定科学施肥指导手册，集成推广一批高产、高效、生态施肥技术模式。

（4）推进有机肥资源利用 适应现代农业发展和我国农业经营体制特点，积极探索有机养分资源利用的有效模式，加大支持力度，鼓励引导农民增施有机肥。一是推进有机肥资源化利用。支持规模化养殖企业利用畜禽粪便生产有机肥，推广规模化养殖＋沼气＋社会化出渣运肥模式，支持农民积造农家肥，施用商品有机肥。二是推进秸秆养分还田。推广秸秆粉碎还田、快速腐熟还田、过腹还田等技术，研发具有秸秆粉碎、腐熟剂施用、土壤翻耕、土地平整等功能的复式作业机具，使秸秆取之于田、用之于田。三是因地制宜种植绿肥。充分利用南方冬闲田和果茶园土、肥、水、光、热资源，推广种植绿肥。在有条件的地区，引导农民施用根瘤菌剂，促进花生、大豆和苜蓿等豆科作物固氮肥田。

（5）提高耕地质量水平 加快高标准农田建设，完善水利配套设施，改善耕地基础条件。实施耕地质量保护与提升行动，改良土壤、培肥地力、控污修复、治理盐碱、改造中低产田，普遍提高耕地地力等级。力争到2020年，耕地基础地力提高0.5个等级以上，土壤有机质含量提高0.2%，耕地酸化、盐渍化、污染等问题得到有效控制。通过加强耕地质量建设，提高耕地基础生产能力，确保在减少化肥投入的同时，保持粮食和农业生产稳定发展。

4. 推动化肥减量增效是农业调结构、转方式，实现绿色发展的关键措施

习近平总书记指出，“要坚定不移加快转变农业发展方式，尽快转到数量质量效益并重、注重提高竞争力、注重农业技术创新、注重可持续集约发展上来，走产出高效、产品安全、资源节约、环境友好的现代农业发展道路”。当前，我国农业生产遇到了价格“天花板”和成本“地板”的双重挤压，我们唯有转变生产方式、降低已经过量的农资成本，才能实现农业提质增效、节本增效。

农业生产中，化肥农药是主要的物质投入。大体上，小麦、玉米、水稻三大谷物化肥农药投入占物质投入的45%。园艺作物就更高了，苹果生产中肥料和农药投入占到总物质成本的2/3。而农产品价格上不去主要是因为品质不过硬，化肥是品质的决定性因素。资源环境问题也逐渐成为影响农业生产的刚性制约因素，环境的恶化不仅会直接增加农业生产成本，而治理的成本也会间接加重农业生产成本。因此，化肥对转变农业生产方式的重要性不言而喻。要立足国情，按照“增产施肥、经济施肥、环保施肥”的要求，开展化肥使用量零增长行动，推行“精、调、改、替”四字方针，逐步将过量、不合理施肥的面貌改正过来。

（1）精，即推进精准施肥 根据不同区域土壤条件、作物产量潜力和养分综合管理要求，合理制定各区域、作物单位面积施肥限量标准。测土配方施肥数十万个试验证明，精确施肥可以实现每亩粮食作物减肥5千克、增产5%～8%、增收100元的效果，而果、菜、茶等经济作物可以减少施肥20～90千克、增产10%～20%、增收超过2 000元。但由于我国土壤类型多样、种植制度复杂，让每块农田实现精准施肥是一个长期的工作，需要技术、政策、制度的综合保障。

（2）调，即调整化肥使用结构 我国农户过于分散，因此过去一直以通用型的化肥产品为主，这类产品可以满足基本生产要求，但不是最优的。首先，要优化氮、磷、钾配比，增强大量元素与中微量元素的配合增效作用，让土壤作物营养更高效。其次，要针对我国不同土壤条件和作物需要，发展适宜的高效肥料产品，并确保这些产品能用到地里。这就需要肥料工业切合农业需求升级产品、肥料营销系统货真价实服务用户、农业领域深入创新本地化技术。

（3）改，即改进施肥方式　目前，由于劳动力短缺和农机不足，化肥表施、撒施、“一炮轰”等不合理施肥现象比较普遍。要加快研发推广适用的施肥设备，推动施肥方式转变。例如，氮肥表施养分挥发会超过20%，而深施覆土就可以使养分挥发降低到5%以内。设施蔬菜以及部分大田作物施肥，肥料是随水冲施，可逐步改为水肥一体化、叶面喷施等。施肥方式的改变需要肥料产品、农机、农艺、设施的紧密配合，这是一项系统工程，需要加大力度，长期推动。

（4）替，即有机肥部分替代化肥　我国养殖业很发达，有机肥中含有的养分大致与化肥提供的氮、磷、钾养分一致，但是有机肥中的养分还田率仅40%左右，不仅没有发挥肥效，而且成为污染源。目前，大部分粮田、果园不用有机肥，从长期看，不仅影响产量也制约了土壤生产力的提高。通过合理利用有机养分资源，特别是在水果、设施蔬菜、茶叶上用有机肥替代部分化肥，推进有机无机结合，可以在提升耕地基础地力的同时，实现增产增效、提质增效。

总之，当下在中国全面认识化肥的作用，积极合理地转变施肥方式，是保证食物供应和可持续发展的大事。既要改变“多施肥多增产”等错误观念和“水大肥勤不用问人”等错误方式，也不能走向极端，把化肥妖魔化，从而一刀切地否定化肥。科学理性地认识化肥，正确合理地施用化肥，立足现代农业发展创新化肥产品，才是正确的方向。

第二章 化肥高效安全使用

化学肥料已成为农业生产中使用最广、用量最多的肥料，它在补充土壤养分供应、促进作物生长、提高作物产量等方面所起的巨大作用，已越来越被人们所认识，因而也越来越受到广大农民的欢迎。

第一节 常见氮肥性质与高效安全使用

常见的氮肥品种主要有：尿素、碳酸氢铵、硫酸铵、氯化铵、硝酸铵、硝酸钙等。

一、尿素高效安全使用

1. 基本性质

尿素为酰胺态氮肥，化学分子式为 $CO(NH_2)_2$，含氮 45%～46%。尿素为白色或浅黄色结晶体，无味无臭，稍有清凉感；易溶于水，水溶液呈中性反应。尿素吸湿性强，但由于尿素在造粒中加入石蜡等疏水物质，因此肥料级尿素吸湿性明显下降。尿素在造粒过程中，温度达到 50 ℃时，便有缩二脲生成。尿素中缩二脲含量超过 2%时，就会抑制种子发芽，危害作物生长。

2. 高效安全施用

尿素适于作基肥和追肥，一般不直接作种肥。

(1) 作基肥 尿素作基肥可以在翻耕前撒施，也可以和有机肥掺混均匀后进行条施或沟施。作物一般每亩施用 20～30 千克。作基肥可撒施田面，随即耕耙。春播作物地温较低，如果尿素集中条施，其用量不宜过大。

(2) 作种肥 尿素中缩二脲含量不超过 1%，可以作种肥，但需与种子分开，用量也不宜多。一般每亩用尿素 5 千克左右，必须先和干细土混匀，施在种子下方 2～3 厘米处或旁侧 10 厘米左右。如果土壤墒情不好，天气过于干旱，尿素最好不要作种肥。

(3) 作追肥 每亩用尿素 10～20 千克。旱地作物可采用沟施或穴施，施肥深度 7～10 厘米，施后覆土。

(4) 根外追肥 尿素最适宜作根外追肥，一般喷施浓度为 0.3%～1%。

3. 适宜作物及注意事项

尿素是生理中性肥料，适用于各类作物和各种土壤。尿素在造粒中温度过高就会产生缩二脲，甚至三聚氰酸等产物，对作物有抑制作用。缩二脲含量超过1%时不能作种肥、苗肥和叶面肥。尿素易随水流失，水田施尿素时应注意不要灌水太多，并应结合耘田使之与土壤混合，减少尿素流失。尿素施用入土后，在脲酶作用下，不断水解转变为碳酸铵或碳酸氢铵，才能被植物吸收利用。尿素作追肥时应提前4～8天施用。

为方便群众科学安全施用尿素，可熟记下面施肥歌谣：

尿素性平呈中性，各类土壤都适用；含氮高达四十六，根外追肥称英雄；

施入土壤变碳铵，然后才能大水灌；千万牢记要深施，提前施用最关键。

二、碳酸氢铵高效安全使用

1. 基本性质

碳酸氢铵为铵态氮肥，又称重碳酸铵，简称碳铵。化学分子式为 NH_4HCO_3，含氮16.5%～17.5%。碳酸氢铵为白色或微灰色，呈粒状、板状或柱状结晶；易溶于水，水溶液为碱性反应，pH 8.2～8.4；易挥发，有强烈的刺激性臭味。干燥碳酸氢铵在10～20℃常温下比较稳定，但敞开放置易分解成氨、二氧化碳和水。因此，碳酸氢铵要求：制造时常添加表面活性剂，适当增大粒度，降低含水量；包装要结实，防止塑料袋破损和受潮；贮存的库房要通风，不漏水，地面要干燥。

2. 高效安全施用

碳酸氢铵适于作基肥，也可作追肥，但要深施。

（1）作基肥　每亩用碳酸氢铵30～50千克，可结合耕翻进行，将碳酸氢铵随撒随翻，耙细盖严；或在耕地时撒入犁沟中，边施边犁垡覆盖，俗称“犁沟溜施”。

（2）作追肥　每亩用碳酸氢铵20～40千克，一般采用沟施与穴施。中耕作物如棉花等，在株旁7～10厘米处，开7～10厘米深的沟，随后撒肥覆土。撒肥时要防止碳酸氢铵接触、烧伤茎叶。干旱季节追肥后立即灌水。

3. 适宜作物及注意事项

碳酸氢铵是生理中性肥料，适用于各类作物和各种土壤。碳酸氢铵养分含量低，化学性质不稳定，温度稍高易分解挥发损失。产生的氨气对种子和叶片有腐蚀作用，故不宜作种肥和叶面施肥。

为方便群众科学安全施用碳酸氢铵，可熟记下面施肥歌谣：

碳酸氢铵偏碱性，施入土壤变为中；含氮十六到十七，各种作物都适宜；

高温高湿易分解，施用千万要深埋；牢记莫混钙镁磷，还有草灰人尿粪。

三、硫酸铵高效安全使用

1. 基本性质

硫酸铵为铵态氮肥，简称硫铵，又称肥田粉，化学分子式为 $(NH_4)_2SO_4$，含氮 20%～21%。硫酸铵为白色或淡黄色结晶，因含有杂质有时呈淡灰、淡绿或淡棕色；易溶于水，吸湿性弱，热反应稳定，是生理酸性肥料。

2. 高效安全施用

硫酸铵适宜作种肥、基肥和追肥。

(1) 作基肥 硫酸铵作基肥，每亩用量 20～40 千克，可撒施随即翻入土中，或开沟条施，但都应当深施覆土。

(2) 作种肥 硫酸铵作种肥对种子发芽没有不良影响，但用量不宜过多，基肥施足时可不施种肥。每亩用硫酸铵 3～5 千克，先与干细土混匀，随拌随播，肥料用量大时应采用沟施。

(3) 作追肥 作追肥每亩用量 15～25 千克，施用方法同碳酸氢铵。对于沙质土要少量多次。旱季施用硫酸铵，最好结合浇水。

3. 适宜作物及注意事项

比较适合棉花、麻类，特别适于油菜等喜硫植物。硫酸铵一般用在中性和碱性土壤上，酸性土壤应谨慎施用。在酸性土壤中长期施用，应配施石灰和钙镁磷肥，以防土壤酸化。水田不宜长期大量施用，以防硫化氢中毒。

为方便群众科学安全施用硫酸铵，可熟记下面施肥歌谣：

硫铵俗称肥田粉，氮肥以它作标准；含氮高达二十一，各种作物都适宜；
生理酸性较典型，最适土壤偏碱性；混合普钙变一铵，氮磷互补增效应。

四、氯化铵高效安全使用

1. 基本性质

氯化铵属于铵态氮肥，简称氯铵，化学分子式为 NH_4Cl，含氮量 24%～25%。氯化铵为白色或淡黄色结晶，外观似食盐；物理性状好，吸湿性小，一般不易结块，结块后易碎；常温下较稳定，不易分解，但与碱性物质混合后常挥发损失；易溶于水，呈微酸性，是生理酸性肥料。

2. 高效安全施用

氯化铵适宜作基肥、追肥，不宜作种肥。

(1) 作基肥 氯化铵作基肥每亩用量 20～40 千克，可撒施随即翻入土中，或开沟条施，但都应当深施覆土。

(2) 作追肥　氯化铵作追肥，每亩用量10～20千克，施用方法同硫酸铵。但应当尽早施用，施后适当灌水。石灰性土壤作追肥时，应当深施覆土。

3. 适宜作物及注意事项

氯化铵对于谷类作物、麻类作物的肥效与等氮量接近。忌氯植物如烟草、茶叶、马铃薯等不宜施用。氯化铵含有大量氯离子，对种子有害，不宜作种肥。氯化铵是生理酸性肥料，应避免与碱性肥料混用。一般用在中性和碱性土壤上，酸性土壤应谨慎施用，盐碱地禁用。在酸性土壤中长期施用，应配施石灰和钙镁磷肥，以防土壤酸化。在石灰性土壤上，如果排水不好或长期干旱，施用易增加盐分含量，影响作物生长。

为方便群众科学安全施用氯化铵，可熟记下面施肥歌谣：

氯化铵、生理酸，含有二十五个氮；施用千万莫混碱，用作种肥出苗难；牢记甘薯马铃薯，烟叶甜菜都忌氯；重用棉花和稻谷，掺和尿素肥效高。

五、硝酸铵高效安全使用

1. 基本性质

硝酸铵为硝态氮肥，简称硝铵，化学分子式为 NH_4NO_3，含氮量34%～35%。硝酸铵为白色或浅黄色结晶，有颗粒和粉末状。粉末状硝酸铵，吸湿性强，易结块。颗粒状硝酸铵表面涂有防潮湿剂，吸湿性小。硝酸铵易溶于水，易燃烧和爆炸，是生理中性肥料。

2. 高效安全施用

硝酸铵适于作追肥，也可作基肥，但一般不宜作种肥。

(1) 作基肥　旱地作物每亩用硝酸铵15～20千克。均匀撒施，随即耕耙。

(2) 作追肥　硝酸铵特别适宜旱地作追肥施用，每亩可施10～20千克。没有浇水的旱地，硝酸铵应开沟或挖穴施用；水浇地施用后，浇水量不宜过大；雨季应采用少量多次的方式施用。

3. 适宜作物及注意事项

适宜于旱地作物和土壤，一般不建议用于水田。硝酸铵贮存时要防燃烧、防爆炸和防潮。在水田中施用效果差，不宜与未腐熟的有机肥混合施用。

为方便群众科学安全施用硝酸铵，可熟记下面施肥歌谣：

硝酸铵、生理酸，内含三十四个氮；铵态硝态各一半，吸湿性强易爆燃；施用最好作追肥，不施水田不混碱；掺和钾肥氯化钾，理化性质大改观。

六、硝酸钙高效安全使用

1. 基本性质

硝酸钙为硝态氮肥，化学分子式为 $Ca(NO_3)_2$，含氮量 15%～18%。硝酸钙外观一般为白色或灰褐色颗粒；易溶于水，水溶液为碱性，吸湿性强，容易结块；肥效快，是生理碱性肥料。

2. 高效安全施用

硝酸钙宜作追肥，也可以作基肥，不宜作种肥。

(1) 作追肥 硝酸钙作追肥应当用于旱地，特别是喜钙作物，一般每亩用量为 20～30 千克。旱地施用硝酸钙应分次少量施用。

(2) 作基肥 硝酸钙作基肥一般每亩用量为 30～40 千克，最好与有机肥、磷肥和钾肥配合施用。

3. 适宜作物及注意事项

硝酸钙适用于各类土壤和作物，特别适宜于甜菜、马铃薯、麻类等作物；适合于酸性土壤，在缺钙的酸性土壤上效果更好；不宜在水田中施用。硝酸钙贮存时要注意防潮，由于含钙，不要与磷肥直接混用；避免与未发酵的厩肥和堆肥混合施用。

为方便群众科学安全施用硝酸钙，可熟记下面施肥歌谣：

硝酸钙又硝石，吸湿性强易结块；含氮十四生理碱，易溶于水呈弱酸；
各类土壤都适宜，最好施用缺钙田；盐碱土上施用它，物理性状可改善；
最适作物马铃薯，甜菜果树和稻谷。

第二节　常见磷肥性质与高效安全使用

常见磷肥主要有：过磷酸钙、重过磷酸钙、钙镁磷肥、钢渣磷肥、脱氟磷肥、沉淀磷肥和偏磷酸钙、磷矿粉、骨粉和磷质海鸟粪等。

一、过磷酸钙高效安全使用

过磷酸钙，又称普通过磷酸钙、过磷酸石灰，简称普钙。其产量约占全国磷肥总产量的 70%左右，是磷肥工业的主要基石。

1. 基本性质

过磷酸钙主要成分为磷酸一钙 [$Ca(H_2PO_4)_2 \cdot H_2O$] 和硫酸钙（$CaSO_4$）的复合物，其中磷酸一钙约占其重量的 50%，硫酸钙约占 40%，此外还有 5%左右的游离酸，以及 2%～4%的硫酸铁、硫酸铝。其有效磷（P_2O_5）含量为14%～20%。

过磷酸钙为深灰色、灰白色或淡黄色等粉状物，或制成粒径为2～4毫米的颗粒。其水溶液呈酸性反应，具有腐蚀性，易吸湿结块。由于硫酸铁、铝盐存在，吸湿后，磷酸一钙会逐渐退化成难溶性磷酸铁、铝，从而失去有效性，这种现象称之为过磷酸钙的退化作用，因此在贮运过程中要注意防潮。

2. 高效安全施用

过磷酸钙可以作基肥、种肥和追肥。具体施用方法如下：

（1）集中施用 过磷酸钙不管作基肥、种肥和追肥，均应集中施用和深施。作基肥一般每亩用量为50～60千克，作追肥一般用量为20～30千克，作种肥一般用量为10千克左右。集中施用旱地以条施、穴施、沟施的效果为好。水稻施用过磷酸钙时应采用塞秧根和蘸秧根的方法。

（2）分层施用 在集中施用和深施原则下，可采用分层施用，即2/3磷肥作基肥深施，其余1/3在种植时作面肥或种肥施于表层土壤中。

（3）与有机肥料混合施用 过磷酸钙与有机肥料混合作基肥每亩用量为20～25千克。混合施用可减少过磷酸钙与土壤的接触。同时，有机肥料在分解过程中产生的有机酸能与铁、铝、钙等络合对水溶性磷有保护作用；有机肥料还能促进土壤微生物活动，释放二氧化碳，有利于土壤中难溶性磷酸盐的释放。

（4）酸性土壤配施石灰 施用石灰可调节土壤pH到6.5左右，减少土壤磷素固定，改善农作物生长环境，提高肥效。

（5）制成颗粒肥料 颗粒磷肥表面积小，与土壤接触面也小，因而可以减少吸附和固定，也便于机械施肥。颗粒直径以3～5毫米为宜。对于密植农作物、根系发达农作物，施用钙肥还是粉状过磷酸钙好。

（6）根外追肥 根外追肥可减少土壤对磷的吸附固定，也能提高经济效果。施用浓度为：水稻、大麦、小麦1%～2%；棉花、油菜0.5%～1%。方法是将过磷酸钙与水充分搅拌并放置过夜，取上层清液喷施。

3. 适宜作物和注意事项

过磷酸钙适宜用于各种作物和土壤。过磷酸钙不宜与碱性肥料混用，以免发生化学反应降低磷的有效性。贮存时要注意防潮，以免结块；要避免日晒雨淋，减少养分损失。运输时车上要铺垫耐磨的垫板和篷布。

为方便群众科学安全施用过磷酸钙，可熟记下面施肥歌谣：

过磷酸钙水能溶，各种作物都适用；混沤厩肥分层施，减少土壤磷固定；
配合尿素硫酸铵，以磷促氮大增产；含磷十八性呈酸，运贮施用莫遇碱。

二、重过磷酸钙高效安全使用

1. 基本性质

重过磷酸钙，也称三料磷肥，简称重钙，主要成分是一水磷酸二氢钙，分子式为 $Ca(H_2PO_4)_2 \cdot H_2O$，含磷（P_2O_5）量 42%～45%。重过磷酸钙外观一般为深灰色颗粒或粉状，性质与过磷酸钙类似。粉末状重钙易吸潮、结块；含游离磷酸4%～8%，呈酸性，腐蚀性强，颗粒状重钙商品性好，使用方便。

2. 高效安全施用

重过磷酸钙宜作基肥、追肥和种肥，施用量比过磷酸钙减少一半以上，施用方法同过磷酸钙。

3. 适宜作物和注意事项

重过磷酸钙适宜各种作物及大多数土壤，但在喜硫作物上施用效果不如过磷酸钙。重过磷酸钙产品易吸潮结块，贮运时要注意防潮、防水，避免结块损失。

为方便群众科学安全施用重过磷酸钙，可熟记下面施肥歌谣：

过磷酸钙名加重，也怕铁铝来固定；含磷高达四十六，俗称重钙呈酸性；
用量掌握要灵活，它与普钙用法同；由于含磷比较高，不宜拌种蘸根苗。

三、钙镁磷肥高效安全使用

1. 基本性质

钙镁磷肥的主要成分是磷酸三钙，含五氧化二磷、氧化镁、氧化钙、二氧化硅等成分，无明确的分子式和分子量。有效磷（P_2O_5）含量为 14%～20%。钙镁磷肥由于生产原料及方法不同，成品呈灰白、浅绿、墨绿、灰绿、黑褐等色，粉末状；不吸潮、不结块，无毒，无臭，没有腐蚀性；不溶于水，溶于弱酸，物理性状好，呈碱性反应。

2. 高效安全施用

钙镁磷肥多作基肥，施用时要深施、均匀施，使其与土壤充分混合。每亩用量为 15～20 千克，也可采用一年每亩用量为 30～40 千克、隔年施用的方法。

在酸性土壤上也可作种肥或蘸秧根，每亩用量为 10 千克左右。如果与有机肥料混施有较好效果，但应堆沤 1 个月以上，沤好后的肥料可作基肥、种肥。

3. 适宜作物和注意事项

钙镁磷肥适宜用于各种作物和缺磷的酸性土壤，特别是南方酸性红壤。钙镁磷肥对油菜、豆科绿肥、瓜类作物等有较强的肥效。水田施用钙镁磷肥可以补硅。钙镁磷肥不能与酸性肥料混用，不要直接与普钙、氮肥等混合施用，但可分开施用。钙镁磷肥为细粉产品，若用纸袋包装，在贮存和搬运时要轻挪轻放，以免破损。

为方便群众科学安全施用钙镁磷肥，可熟记下面施肥歌谣：

钙镁磷肥水不溶，溶于弱酸属枸溶；作物根系分泌酸，土壤酸液也能溶；
含磷十八呈碱性，还有钙镁硅锰铜；酸性土壤施用好，石灰土壤不稳定；
油料豆科等作物，施用效果各不同；施用应作基肥使，一般不作追肥用；
五十千克施一亩，用前堆沤肥效增；若与铵态氮肥混，氮素挥发不留情。

四、其他磷肥高效安全使用

除上述常用磷肥外，还有一些如钢渣磷肥、脱氟磷肥、沉淀磷肥、磷矿粉等，其成分、性质、施用技术、适宜作物与土壤、注意事项，参见表 2-1。

表 2-1　其他磷肥的性质及施用特点

肥料名称	主要成分	P_2O_5（%）	主要性质	施用技术要点	适宜作物及注意事项
钢渣磷肥	$Ca_4P_2O_5 \cdot CaSiO_3$	8～14	黑色或棕色粉末，不溶于水，溶于弱酸，强碱性；无毒，腐蚀性小，不吸潮、不结块	一般作基肥；其他施用方法参考钙镁磷肥	适于酸性土壤，水稻、豆科植物等肥效较好
脱氟磷肥	$\alpha-Ca_3(PO_4)_2$	14～18	褐色或深灰色粉末，无毒，腐蚀性小，不吸潮、不结块；不溶于水，溶于弱酸，碱性	一般作基肥；施用方法参考钙镁磷肥	适于酸性土壤，肥效高于钙镁磷肥
沉淀磷肥	$CaHPO_4 \cdot 2H_2O$	30～40	白色粉末，物理性状好；不溶于水，溶于弱酸，碱性	宜作基肥、种肥及蘸秧根肥料；应早施、集中施	适宜酸性土壤和作物，酸性土壤效果优于过磷酸钙
磷矿粉	$Ca_3(PO_4)_2$ 或 $Ca_5(PO_4)_8 \cdot F$	>14	褐灰色、灰白色粉末，难溶性磷肥；中性或微碱性；不吸湿、不结块	宜于作基肥撒施，每公顷 750～1 500 千克，施在缺磷的酸性土壤上，可与硫酸铵、氯化铵等生理酸性肥料混施	适宜酸性土壤，油菜、萝卜、荞麦、豌豆、花生、紫云英、苕子等作物肥效显著

第三节　常见钾肥性质与高效安全使用

常见钾肥主要有氯化钾、硫酸钾、钾镁肥、钾钙肥、草木灰等。

一、氯化钾高效安全使用

1. 基本性质

氯化钾分子式为 KCl，含钾（K_2O）不低于 60%，含氯化钾应大于 95%。肥料中还含有氯化钠约 1.8%，氯化镁 0.8%和少量的氯离子，水分含量少于 2%。

盐湖钾肥是我国青海省盐湖钾盐矿中提炼制造而成的。主要成分为氯化钾，含钾（K_2O）52%～55%、氯化钠 3%～4%、氯化镁约 2%、硫酸钙 1%～2%、水分 6%左右。

氯化钾一般呈白色或粉红色或淡黄色结晶，易溶于水，物理性状良好，不易吸湿结块，水溶液呈化学中性，属于生理酸性肥料。盐湖钾肥为白色晶体，水分含量高、杂质多、吸湿性强，能溶于水。

2. 高效安全施用

氯化钾适宜作基肥深施，作追肥要早施，不宜作种肥。

（1）作基肥　一般每亩用量在 15～20 千克，通常要在播种前 10～15 天，结合耕地施入。氯化钾应配合施用氮肥和磷肥效果较好。

（2）作早期追肥　一般每亩用量在 7.5～10 千克，一般要求在作物苗长大后追施。

3. 适宜作物和注意事项

氯化钾适于大多数作物，特别适用于麻类作物。但忌氯作物不宜施用氯化钾，如烟草、茶树、甜菜、甘蔗等，尤其是幼苗或幼龄期更要少用或不用。氯化钾适宜于多数土壤，但盐碱地不宜施用。酸性土壤施用要配合石灰；石灰性土壤施用要配合施用有机肥料。氯化钾具有吸湿性，贮存时要放在干燥地方，防雨防潮。

为方便群众科学安全施用氯化钾，可熟记下面施肥歌谣：

氯化钾早当家，钾肥家族数它大；易溶于水性为中，生理反应呈酸性；
白色结晶似食盐，也有淡黄与紫红；含钾五十至六十，施用不易作种肥；
酸性土施加石灰，中和酸性增肥力；盐碱土上莫用它，莫施忌氯作物地；
亩用一十五千克，基肥追肥都可以；更适棉花和麻类，提高品质增效益。

二、硫酸钾高效安全使用

1. 基本性质

硫酸钾分子式为 K_2SO_4，含钾（K_2O）48%～52%、含硫（S）约 18%。硫酸钾一般呈白色或淡黄色或粉红色结晶，易溶于水，物理性状好，不易吸湿结块，是化学中性、生理酸性肥料。

2. 高效安全施用

硫酸钾可作基肥、追肥、种肥和根外追肥。

（1）作基肥　一般每亩施用量为 10～20 千克；块根、块茎作物可多施一些，每亩施用量为 15～25 千克，应深施覆土，减少钾的固定。

（2）作追肥　硫酸钾作追肥，一般每亩施用量为 10 千克左右，应集中条施或穴施到作物根系较密集的土层；沙性土壤一般易追肥。

（3）作种肥　硫酸钾作种肥时，一般每亩用量为 1.5～2.5 千克。

（4）根外追肥　叶面施用时，硫酸钾可配成 2%～3%的溶液喷施。

3. 适宜作物和注意事项

硫酸钾适宜于各种作物和土壤，对忌氯作物和喜硫作物（油菜、大蒜等）有较好效果。硫酸钾在酸性土壤、水田上应与有机肥、石灰配合施用，不宜在通气不良土壤上施用。硫酸钾施用时不宜贴近作物根系。

为方便群众科学安全施用硫酸钾，可熟记下面施肥歌谣：

硫酸钾较稳定，易溶于水性为中；吸湿性小不结块，生理反应呈酸性；
含钾四八至五十，基种追肥均可用；集中条施或穴施，施入湿土防固定；
酸土施用加矿粉，中和酸性又增磷；石灰土壤防板结，增施厩肥最可行；
每亩用量十千克，块根块茎用量增；易溶于水肥效快，氮磷配合增效应。

三、钾镁肥高效安全使用

1. 基本性质

钾镁肥一般为硫酸钾镁形态，化学分子式为 $K_2SO_4 \cdot MgSO_4$，含钾（K_2O）22%以上。除了含钾外，还含有镁 11%以上、硫 22%以上，因此钾镁肥是一种优质的钾、镁、硫多元素肥料，近几年推广施用前景很好。钾镁肥为白色、浅灰色结晶，也有淡黄色或肉色相杂的颗粒，易溶于水，弱碱性，不易吸潮，物理性状较好，属于中性肥料。

2. 高效安全施用

钾镁肥可作基肥、追肥和叶面追肥，施用方法同硫酸钾。

（1）作基肥　一般每亩用量为 30～50 千克。

(2) 作追肥 如生长中期作追肥每亩用量为17～22千克。

钾镁肥与等钾量（K_2O）的单质钾肥氯化钾、硫酸钾相比，农用钾镁肥的施用效果优于氯化钾，略优于硫酸钾。

3. 适宜作物和注意事项

钾镁肥适用于甘蔗、花生、烟草、马铃薯、甜菜等作物；适合各种土壤，特别适合南方缺镁的红黄壤地区。钾镁肥多为双层袋包装，在贮存和运输过程中要防止受潮、破包。钾镁肥还可以作为复合肥料、复混肥料、配方肥料的原料，进行二次加工。

为方便群众科学安全施用钾镁肥，可熟记下面施肥歌谣：

钾镁肥为中性，吸湿性强水能溶；含钾可达二十七，还含食盐和镁肥；

用前最好要堆沤，适应酸性红土地；忌氯作物不要用，千万莫要作种肥。

四、钾钙肥高效安全使用

1. 基本性质

钾钙肥，也有称钾钙硅肥，化学分子式为 $K_2SO_4 \cdot (CaO \cdot SiO_2)$，含钾（$K_2O$）4%以上。除了含钾外，钾钙肥还含有氧化钙（CaO）4%以上、可溶性硅（SiO_2）20%以上、氧化镁（MgO）4%左右。烧结法生产的产品，外观为浅蓝色还带绿色的多孔小颗粒，呈碱性，溶于水；生物法生产的产品，外观为褐色或黑褐色粉粒状或颗粒状，属中性肥料。

2. 高效安全施用

钾钙肥一般作基肥和早期追肥，一般每亩用量为50～100千克。与农家肥混合施用效果更好，施用后立即覆土。

3. 适宜作物和注意事项

钾钙肥适宜于各种作物，尤其是花生、甘蔗、烟草、棉花、薯类等作物。烧结法产品适用于酸性土壤；生物法产品适宜于水田和干旱地区墒情好的土壤。生物法产品不宜在旱田和干旱地区墒情不好的土壤，也不能与过酸、过碱的肥料混合使用。钾钙肥应贮存在阴凉、干燥、通风的库房内，不易露天堆放。

为方便群众科学安全施用钾钙肥，可熟记下面施肥歌谣：

钾钙肥强碱性，酸性土壤最适用；灰色粉末易溶水，各种作物都适用；

含钾只有四至五，性状较好便运输；十有七八硅钙镁，有利抗病抗倒伏。

五、草木灰高效安全使用

1. 基本性质

植物残体燃烧后剩余的灰，被称为草木灰，含有多种元素，如钾、钙、镁、硫、铁、硅等；主要成分为碳酸钾，含钾（K_2O）5%～10%，主要成分能溶于水，呈碱性反应。草木灰颜色与成分因其燃烧不同差异很大，灰白色至黑灰色都有。

2. 高效安全施用

可作基肥、追肥和盖种肥或根外追肥。

（1）作基肥　一般每亩用量为 50～100 千克，与湿润细土掺和均匀后于整地前撒施均匀、翻耕，也可沟施或条施，深度约 10 厘米。

（2）作追肥　宜采用穴施或沟施效果较好，每亩用量为 50 千克，也可叶面撒施，既能提供营养，又能减少病虫害发生。

（3）作根外追肥　一般作物用 1%水浸液。

（4）盖种肥　一般每亩用量为 20～30 千克，在作物播种后，撒盖在土面上。

3. 适宜作物和注意事项

草木灰适宜于各种作物和土壤，特别是酸性土壤上施于豆科作物效果更好。草木灰为碱性肥料，不能与铵态氮肥和腐熟有机肥料混合施用，也不能作为垫圈材料。

为方便群众科学安全施用草木灰，可熟记下面施肥歌谣：

草木灰含碳酸钾，黏质土壤吸附大；易溶于水肥效高，不要混合人粪尿；

由于性质呈现碱，也莫掺和铵态氮；含钾虽说只有五，还有磷钙镁硫素。

第四节　常见中量元素肥料性质与高效安全使用

在作物生长过程中，需要量仅次于氮、磷、钾，但比微量元素肥料需要量大的营养元素肥料称为中量元素肥料。中量元素肥料主要是含钙、镁、硫等元素的肥料。

一、含钙肥料高效安全使用

1. 主要含钙肥料种类与性质

含钙的肥料主要有石灰、石膏、硝酸钙、石灰氮、过磷酸钙等（表 2-2）。

表 2-2　常见含钙肥料品种、成分及含量

名称	主要成分	CaO（%）	主要性质
石灰石粉	$CaCO_3$	44.8～56.0	碱性，难溶于水
生石灰（石灰岩烧制）	CaO	84.0～96.0	碱性，难溶于水
生石灰（牡蛎、蚌壳烧制）	CaO	50.0～53.0	碱性，难溶于水
生石灰（白云石烧制）	CaO	26.0～58.0	碱性，难溶于水
熟石灰	$Ca(OH)_2$	64.0～75.0	碱性，难溶于水
普通石膏	$CaSO_4 \cdot 2H_2O$	26.0～32.0	微溶于水
熟石膏	$CaSO_4 \cdot 1/2H_2O$	35.0～38.0	微溶于水
磷石膏	$CaSO_4 \cdot Ca_3(PO_4)_2$	20.8	微溶于水
过磷酸钙	$Ca(H_2PO_4)_2 \cdot H_2O$，$CaSO_4 \cdot 2H_2O$	16.5～28.0	酸性，溶于水
重过磷酸钙	$Ca(H_2PO_4)_2 \cdot H_2O$	19.6～20.0	酸性，溶于水
钙镁磷肥	$\alpha-Ca_3(PO_4)_2 \cdot CaSiO_3 \cdot MgSiO_3$	25.0～30.0	微碱性，弱酸溶性
氯化钙	$CaCl_2 \cdot 2H_2O$	47.3	中性，溶于水
硝酸钙	$Ca(NO_3)_2$	26.6～34.2	中性，溶于水

2. 主要石灰物质

石灰石最主要的钙肥，包括生石灰、熟石灰、碳酸石灰等。

(1) 生石灰　又称烧石灰，主要成分为氧化钙；通常由石灰石烧制而成；多为白色粉末或块状，呈强碱性，具吸水性，与水反应产生高热，并转化成粒状的熟石灰。生石灰中和土壤酸性能力很强，施入土壤后，可在短期内矫正土壤酸度。此外，生石灰还有杀虫、灭草和土壤消毒的功效。

(2) 熟石灰　又称消石灰，主要成分为氢氧化钙，由生石灰吸湿或加水处理而成；多为白色粉末，溶解度大于石灰石粉，呈碱性反应；施用时不产生热，是常用的石灰；中和土壤酸度能力也很强。

(3) 碳酸石灰　主要成分为碳酸钙，由石灰石、白云石或贝壳类磨碎而成的粉末制成；不易溶于水，但溶于酸，中和土壤酸度能力缓效而持久。碳酸石灰比生石灰加工简单，节约能源，成本低而改土效果好，同时不使土壤板结，淋溶损失小，后效长，增产作用大。

3. 石灰高效安全施用

石灰多用作基肥，也可用作追肥。

(1) 作基肥　在整地时将石灰与农家肥一起施入土壤，也可结合绿肥压青和稻草还田进行。旱地可施用石灰 50～70 千克。如用于改土，可适当增加用量，每亩为 150～250 千克。在缺钙土壤上种植大豆、花生、块根作物等喜钙作物，每亩施用石灰 15～25 千克，沟施或穴施。

(2) 作追肥　旱地在作物生育前期以每亩条施或穴施 15 千克左右为宜。

4. 适宜作物和注意事项

石灰主要适宜于酸性土壤和酸性土壤上种植的大多数作物，特别是喜钙作物。棉花等不耐酸作物要多施用，茶树、马铃薯、烟草等耐酸能力强的作物可不施。

石灰施用要注意不应过量，否则会降低土壤肥力，引起土壤板结。石灰还要施用均匀，否则会造成局部土壤石灰过多，影响作物生长。石灰不能与氮、磷、钾、微肥等一起混合施用，一般先施石灰，几天后再施其他肥料。石灰肥料有后效，一般隔 3～5 年施用一次。

为方便群众科学安全施用石灰，可熟记下面施肥歌谣：

钙质肥料施用早，常用石灰与石膏；主要调节土壤用，改善土壤理化性；
有益繁殖微生物，直接间接都可供；石灰可分生与熟，适宜改良酸碱土；
施用不仅能增钙，还能减少病虫害；亩施掌握百千克，莫混普钙人粪尿。

二、含镁肥料高效安全使用

1. 含镁肥料种类与性质

农业上应用的镁肥有水溶性镁盐和难溶性镁矿物两大类，含镁的肥料有硫酸镁、氯化镁、水镁矾、硝酸镁、白云石、钙镁磷肥等，一些常用镁肥的养分含量如表 2-3 所示。

表 2-3　主要含镁肥料品种成分含量

名称	主要成分	Mg（%）	主要性质
氯化镁	$MgCl_2 \cdot 6H_2O$	12.0	酸性，易溶于水
硝酸镁	$Mg(NO_3)_2 \cdot 6H_2O$	10.0	酸性，易溶于水
硫酸镁（泻盐）	$MgSO_4 \cdot 7H_2O$	9.6	酸性，易溶于水
硫酸镁（水镁矾）	$MgSO_4 \cdot H_2O$	17.4	酸性，易溶于水
硫酸钾镁	$K_2SO_4 \cdot 2MgSO_4$	8.4	酸性-中性，易溶于水
生石灰（白云石烧制）	CaO，MgO	8.4	碱性，微溶于水
菱镁矿	$MgCO_3$	27.0	中性，微溶于水
钾镁肥	$MgCl_2$，$MgSO_4$，$NaCl$，KCl	16.2	碱性，微溶于水
硅镁钾肥	$CaSiO_3$，$MgSiO_3$，K_2O，Al_2O_3	9.0	碱性，微溶于水

2. 水溶性镁肥科学施用

水溶性镁肥的品种主要有氯化镁、硝酸镁、七水硫酸镁、一水硫酸镁、硫酸钾镁等，其中以七水硫酸镁、一水硫酸镁应用最为广泛。

农业生产上常用的泻盐，实际上是七水硫酸镁，化学分子式 $MgSO_4 \cdot 7H_2O$，易溶于水，稍有吸湿性，吸湿后会结块；水溶液为中性，属生理酸性肥料。目前，80%以上硫酸镁用作肥料。硫酸镁是一种双养分优质肥料，硫、镁均为作物的中量元素，不仅可以增加作物产量，而且可以改善果实的品质。

硫酸镁作为肥料，可作基肥、追肥和叶面追肥施用。作基肥、追肥时应与铵态氮肥、钾肥、磷肥以及有机肥料混合施用有较好效果。作基肥、追肥时，硫酸镁每亩用量以 10～15 千克为宜；作叶面追肥时，硫酸镁喷施浓度为 1%～2%，一般在苗期喷施效果较好。

为方便群众科学安全施用硫酸镁，可熟记下面施肥歌谣：

硫酸镁名泻盐，无色结晶味苦咸；易溶于水为速效，酸性缺镁土需要；
花生烟草马铃薯，施用效果较显著；基肥追肥均可用，配施有机肥效高；
基肥亩施十千克，叶面喷肥百分二。

三、含硫肥料高效安全使用

1. 含硫肥料种类与性质

含硫肥料种类较多，大多数是氮、磷、钾及其他肥料的成分，如硫酸镁、硫酸铵、硫酸钾、过磷酸钙、硫酸钾镁等，但只有石膏、硫黄被作为硫肥施用（表 2-4）。

表 2-4　主要含硫肥料品种、成分及含量

名称	主要成分	S（%）	主要性质
石膏	$CaSO_4 \cdot 2H_2O$	18.6	微溶于水，缓效
硫黄	S	95～99	难溶于水，迟效
硫酸铵	$(NH_4)_2SO_4$	24.2	易溶于水，速效
过磷酸钙	$Ca(H_2PO_4)_2 \cdot H_2O$，$CaSO_4 \cdot 2H_2O$	12	部分溶于水，速效
硫酸钾	K_2SO_4	17.6	易溶于水，速效
硫酸钾镁	$K_2SO_4 \cdot 2MgSO_4$	12	易溶于水，速效
硫酸镁	$MgSO_4 \cdot 7H_2O$	13	易溶于水，速效
硫酸亚铁	$FeSO_4 \cdot 7H_2O$	11.5	易溶于水，速效

2. 主要含硫物质

主要有石膏和硫黄。农用石膏有生石膏、熟石膏和磷石膏三种。

(1) 生石膏 即普通石膏，俗称白石膏，主要成分是二水硫酸钙，它由石膏矿直接粉碎而成；呈粉末状，微溶于水，粒细有利于溶解，改土效果也好，通常以过 60 目（250 微米）筛孔为宜。

(2) 熟石膏 又称雪花石膏，主要成分是二分之一水硫酸钙，是由生石膏加热脱水而成；吸湿性强，吸水后又变成生石膏，物理性质变差，施用不便，宜贮存在干燥处。

(3) 磷石膏 主要成分是 $CaSO_4 \cdot Ca_3(PO_4)_2$，是硫酸分解磷矿石制取磷酸后的残渣，是生产磷酸铵的副产品；其成分因产地而异，一般含硫（S）11.9%、五氧化二磷 2%左右。

(4) 农用硫黄（S） 含 S 95%～99%，难溶于水，施入土壤经微生物氧化为硫酸盐后被植物吸收，肥效较慢但持久。农用硫黄必需 100%通过 60 目（250 微米）筛，50%通过 100 目（150 微米）筛。

3. 石膏高效安全施用

(1) 改良碱地使用 一般土壤氢离子浓度在 1 纳摩尔/升以下（pH 9 以上）时，需要石膏中和碱性，其用量视土壤交换性钠含量来确定。交换性钠占土壤阳离子总量 5%以下，不必施用石膏；占土壤阳离子总量 10%～20%时，适量施用石膏；大于土壤阳离子总量 20%时，石膏施用量要加大。石膏多作基肥施用，结合灌溉排水施用石膏。由于一次施用难以撒匀，可结合双季稻及冬播小麦耕翻整地，分期分批施用，以每次每亩 150～200 千克为宜。同时结合粮棉和绿肥间套作或轮作，不断培肥土壤，效果更好。施用石膏要尽可能研细，石膏溶剂度小，后效长，不必年年施用。如果碱土呈斑状分布，其碱斑面积不足 15%时，石膏最好撒在碱斑面上。

磷石膏含氧化钙少，但价格便宜，并含有少量磷素，也是较好的碱土改良剂；用量以比石膏多施 1 倍为宜。

(2) 作为钙、硫营养施用 一般水田可结合耕作施用或栽秧后撒施，每亩用量以 5～10 千克为宜；塞秧根每亩用量为 2.5 千克；作基肥或追肥每亩用量以 5～10 千克为宜。

旱地基施，撒施于土表，再结合翻耕，也可条施或穴施作基肥，一般基肥用量以每亩 15～25 千克为宜，种肥每亩用量以 4～5 千克为宜。花生可在果针入土后 15～30 天施用石膏，每亩用量为 15～25 千克。

(3) 适宜作物和注意事项 石膏主要用于碱性土壤改良或缺钙的沙质土壤、红壤、砖红壤等酸性土壤。石灰施用量要合适，过量施用会降低硼、锌等微量元素的有效性。石灰施用要配合有机肥料施用，还要考虑钙与其他营养离子间的相互平衡。

为方便群众科学安全施用石膏，可熟记下面施肥歌谣：

石膏性质为酸性，改良碱土土壤用；无论磷石与生熟，都含硫钙二元素；
碱土亩施百千克，深耕灌排利改土；旱稻亩施五千克，分蘖增加成穗多；
喜硫作物有多种，作物油菜及花生；施于豆科作物土，品质提高产量增。

第五节　常见微量元素肥料性质与高效安全使用

对于作物来说，含量介于0.2～200毫克/千克（按干物重计）的必需营养元素被称为微量营养元素。微量元素主要有锌、硼、锰、钼、铜、铁、氯7种。由于氯在自然界中比较丰富，且未发现作物缺氯症状，因此氯元素一般不用作肥料施入。

一、硼肥高效安全使用

1. 硼肥的主要种类与性质

硼是应用最广泛的微量元素之一。目前生产上常用的硼肥主要有硼砂、硼酸、硬硼钙石、五硼酸钠、硼钠钙石、硼镁肥等，其中最常用的是硼砂和硼酸（表2-5）。

表2-5　主要硼肥养分含量及特性

名称	分子式	硼含量（B,%）	主要特性	施肥方式
硼酸	H_3BO_3	17.5	易溶于水	基肥、追肥
硼砂	$Na_2B_4O_7 \cdot 10H_2O$	11.3	易溶于水	基肥、追肥
无水硼砂	$Na_2B_4O_7$	约20	易溶于水	基肥、追肥
五硼酸钠	$Na_2B_{10}O_{16} \cdot 10H_2O$	18～21	易溶于水	基肥、追肥
硼镁肥	$H_3BO_3 \cdot MgSO_4$	1.5	主要成分溶于水	基肥
硬硼钙石	$Ca_2B_6O_{11} \cdot 5H_2O$	10～16	难溶于水	基肥
硼钠钙石	$NaCaB_5O_9 \cdot 8H_2O$	9～10	难溶于水	基肥
硼玻璃	-	10～17	溶于弱酸	基肥

硼酸，化学分子式H_3BO_3。外观白色结晶，含硼（B）17.5%，冷水中溶解度较低，热水中较易溶解，水溶液呈微酸性。硼酸为速溶性硼肥。

硼砂，化学分子式$Na_2B_4O_7 \cdot 10H_2O$。外观为白色或无色结晶，含硼（B）11.3%，冷水中溶解度较低，热水中较易溶解。

在干燥条件下硼砂失去结晶水而变成白色粉末状，即无水硼砂（四硼酸钠），易溶于水，吸湿性强，称为速溶硼砂。

2. 硼肥的适用作物与土壤

（1）作物对硼的反应　作物种类不同，对硼的需要量也不同。缺硼最敏感的作物有甜菜、油菜；需硼较高的作物有棉花等。同等土壤条件下，硼肥优先施用在需硼量较大的作物上。

（2）土壤条件　土壤水溶性硼含量低于0.25毫克/千克时为严重缺硼，低于0.55毫克/千克时为缺硼，施用硼肥都有显著增产效果。土壤水溶性硼含量在0.5～1毫克/千克时较为适量，能满足多数作物对硼的需要；1～2毫克/千克时有效硼含量偏高，多数作物不会缺硼，部分作物可能会出现硼中毒现象；超过2毫克/千克时，一般应注意防止作物硼中毒。

3. 硼肥高效安全施用

硼肥主要作基肥、追肥、根外追肥。

（1）作基肥　可与氮肥、磷肥配合施用，也可单独施用。一般每亩施用0.5～1.5千克硼酸或硼砂，一定要施均匀，防止浓度过高而造成作物中毒。

（2）作追肥　可在作物苗期每亩用0.5千克硼酸或硼砂拌干细土10～15千克，在离苗7～10厘米开沟或挖穴施入。

（3）作根外追肥　每亩可用0.1%～0.2%硼砂或硼酸溶液50～75千克，在作物苗期和由营养生长转入生殖生长时各喷一次。大面积也可以采用飞机喷洒，用4%硼砂水溶液喷雾。

4. 注意事项

硼肥当季利用率为2%～20%，具有后效，施用后土壤可持续3～5年不施硼肥。轮作中，硼肥尽量用于需硼较多的作物，需硼较少的作物可利用其后效。硼肥条施或撒施不均匀、喷洒浓度过大都有可能产生毒害，应慎重对待。

为方便群众科学安全施用硼肥，可熟记下面施肥歌谣：

常用硼肥有硼酸，硼砂已经用多年；硼酸弱酸带光泽，三斜晶体粉末白；
有效成分近十八，热水能够溶解它；四硼酸钠称硼砂，干燥空气易风化；
含硼十一性偏碱，适应各类酸性田；作物缺硼植株小，叶片厚皱色绿暗；
棉花缺硼蕾不花，多数作物花不全；增施硼肥能增产，关键还需巧诊断；
麦棉烟麻苜蓿薯，甜菜油菜及果树；这些作物都需硼，用作喷洒浸拌种；
浸种浓度掌握稀，万分之一就可以；叶面喷洒作追肥，浓度万分三至七；
硼肥拌种经常用，千克种子一克肥；用于基肥农肥混，每亩莫过一千克。

二、锌肥高效安全使用

1. 锌肥的主要种类与性质

目前生产上用到的锌肥主要有硫酸锌、氧化锌、氯化锌、碳酸锌、螯合锌、硝酸锌、尿素锌等，最常用的是七水硫酸锌（表2-6）。

表2-6 主要锌肥养分含量及特性

名称	分子式	锌含量 (Zn,%)	主要特性	施肥方式
七水硫酸锌	$ZnSO_4 \cdot 7H_2O$	20～30	无色晶体，易溶于水	基肥、种肥、追肥
一水硫酸锌	$ZnSO_4 \cdot H_2O$	35	白色粉末，易溶于水	基肥、种肥、追肥
氧化锌	ZnO	78～80	白色晶体或粉末，不溶于水	基肥、种肥、追肥
氯化锌	$ZnCl_2$	46～48	白色粉末或块状、棒状，易溶于水	基肥、种肥、追肥
硝酸锌	$Zn(NO_3)_2 \cdot 6H_2O$	21.5	无色四方晶体，易溶于水	基肥、种肥、追肥
碱式碳酸锌	$ZnCO_3 \cdot 2Zn(OH)_2 \cdot H_2O$	57	白色细微无定型粉末，不溶于水	基肥、种肥、追肥
尿素锌	$Zn \cdot CO(NH_2)_2$	11.5～12	白色晶体或粉末，易溶于水	基肥、种肥、追肥
螯合锌	$Na_2ZnEDTA$	14	微晶粉末，易溶于水	基肥、种肥、追肥
	$Na_2ZnHEDTA$	9	液态，易溶于水	追肥

硫酸锌，一般指七水硫酸锌，俗称皓矾，化学分子式 $ZnSO_4 \cdot 7H_2O$，锌（Zn）含量20%～30%；无色斜方晶体，易溶于水；在干燥环境下会失去结晶水变成白色粉末。

2. 锌肥的适用作物与土壤

（1）作物对锌的反应　对锌敏感的作物有甜菜、亚麻、棉花等。在这些作物上施用锌肥通常都有良好的效果。

（2）土壤条件　一般认为，缺锌主要发生在石灰性土壤；冷浸田、冬泡田、烂泥田、沼泽型水稻土、潜育性水稻土，也易发生水稻生理性缺锌；酸性土壤过量施用石灰或碱性肥料也易诱发作物缺锌；过量施用磷肥的土地、新开垦土地、贫瘠沙土地等也容易缺锌。

一般土壤有效锌含量低于0.3毫克/千克时，施用锌肥增产效果明显；有效锌含量0.3～0.5毫克/千克时为中度缺锌，施用锌肥增产效果显著；有效锌含量0.6～1毫克/千克时为轻度缺锌，施用锌肥也有一定增产效果；当有效锌含量超过1毫克/千克时，一般不需要施用锌肥。

3. 锌肥高效安全施用

锌肥可以作基肥、种肥和根外追肥。

（1）作基肥　每亩施用1～2千克硫酸锌，可与生理酸性肥料混合施用。轻度缺锌地块隔1～2年再行施用，中度缺锌地块隔年或于翌年减量施用。

（2）作根外追肥　一般作物喷施浓度0.02%～0.1%的硫酸锌溶液。

（3）作种肥　主要采用浸种或拌种方法，浸种用硫酸锌浓度为0.02%～0.05%，浸种12小时，阴干后播种。拌种每千克种子用2～6克硫酸锌。

4. 注意事项

作基肥每亩施用量不要超过2千克硫酸锌，喷施浓度不要过高，否则会引起毒害。施用时一定要撒施均匀、喷施均匀，否则效果欠佳。锌肥不能与碱性肥料、碱性农药混合，否则会降低肥效。锌肥有后效，不需要连年施用，一般隔年施用效果好。

为方便群众科学安全施用锌肥，可熟记下面施肥歌谣：

常用锌肥硫酸锌，按照剂型有区分；一种七水化合物，白色颗粒或白粉；
含锌稳定二十三，易溶于水为弱酸；二种含锌三十六，菱状结晶性有毒；
最适土壤石灰性，还有酸性沙质土；适应麻棉和甜菜，酌性增锌能增产；
亩施莫超两千克，混合农肥生理酸；喷施作物千分三，连喷三次效明显；
另有锌肥氯化锌，白色粉末锌氯粉；含锌较高四十八，制造电池常用它；
还有锌肥氧化锌，又叫锌白锌氧粉；含锌高达七十八，不溶于水和乙醇；
百分之一悬浊液，可用秧苗来蘸根；能溶醋酸碳酸铵，制造橡胶可充填；
医药可用作软膏，油漆可用作颜料；最好锌肥螯合态，易溶于水肥效高。

三、铁肥高效安全使用

1. 铁肥的主要种类与性质

目前生产上用到的铁肥主要有硫酸亚铁、三氯化铁、硫酸亚铁铵、尿素铁、螯合铁、柠檬酸铁、葡萄糖酸铁等品种，常用的品种是七水硫酸亚铁和螯合铁（表2-7）。

表2-7 主要铁肥养分含量及特性

名称	分子式	铁含量（Fe,%）	主要特性	施肥方式
硫酸亚铁	$FeSO_4 \cdot 7H_2O$	19	易溶于水	基肥、种肥、根外追肥
三氯化铁	$FeCl_3 \cdot 6H_2O$	20.6	易溶于水	根外追肥
硫酸亚铁铵	$(NH_4)_2SO_4 \cdot FeSO_4 \cdot 6H_2O$	14	易溶于水	基肥、种肥、根外追肥
尿素铁	$Fe[(NH_4)_2CO]_6(NO_3)_3$	9.3	易溶于水	种肥、根外追肥
螯合铁	EDTA-Fe，HEDHA-Fe，DTPA-Fe，EDDHA-Fe	5～12	易溶于水	根外追肥
氨基酸螯合铁	$Fe \cdot H_2N \cdot RCOOH$	10～16	易溶于水	种肥、根外追肥

硫酸亚铁，又称黑矾、绿矾，化学分子式 $FeSO_4 \cdot 7H_2O$，含铁（Fe）19%～20%，外观为浅绿色或蓝绿色结晶，易溶于水，有一定吸湿性。硫酸亚铁性质不稳定，极易被空气中的氧气氧化为棕红色的硫酸铁，因此硫酸亚铁要放置于不透光的密闭容器中，并置于阴凉处存放。

螯合铁，主要有乙二胺四乙酸铁（EDTA-Fe）、二乙烯三胺五乙酸铁（DTPA-Fe）、羟乙基乙二胺三乙酸铁（HEDHA-Fe）、乙二胺邻羟基苯乙酸铁（EDDHA-Fe）等，这类铁肥可适用的土壤pH范围、土壤类型广泛，肥效高，可混性强。

羟基羧酸盐铁盐，主要有氨基酸铁、柠檬酸铁、葡萄糖酸铁等。氨基酸铁、柠檬酸铁土施可提高土壤铁的溶解吸收，可促进土壤钙、磷、铁、锰、锌的释放，提高铁的有效性，其成本低于EDTA铁类，可与许多农药混用，对作物安全。

2. 铁肥的适用作物与土壤

（1）作物对铁的反应 对铁敏感的作物有大豆、甜菜、花生等。一般情况下，禾本科和其他作物很少见到缺铁。

(2) 土壤条件　石灰性土壤易发生缺铁失绿症；此外，高位泥炭土、沙质土、通气不良的土壤、富含磷或大量施用磷肥的土壤、有机质含量低的酸性土壤、过酸的土壤易发生缺铁。

3. 铁肥高效安全施用

铁肥可作基肥、根外追肥、注射施用等。

(1) 作基肥　一般施用硫酸亚铁，每亩用1.5～3千克；铁肥在土壤中易转化为无效铁，其后效弱，需要连年施用。

(2) 根外追肥　一般选用硫酸亚铁或螯合铁等，喷施浓度为一般作物为0.2%～1.0%，每隔7～10天喷一次，连喷3～4次。

(3) 根灌施肥　在作物根系附近开沟或挖穴，一年生作物深10厘米，多年生作物深20～25厘米。每株树木开沟或挖穴5～10个，用2价螯合铁溶液灌入沟或穴中，一年生作物每沟或穴灌0.5～1升，多年生作物每沟或穴灌5～7升，待自然渗入土壤后即可覆土。

为方便群众科学安全施用铁肥，可熟记下面歌谣：

常用铁肥有黑矾，又名亚铁色绿蓝；含铁十九硫十二，易溶于水性为酸；
南方水田多缺硫，施用一季壮一年；北方土壤多缺铁，直接施地肥效减；
应混农肥人粪尿，用于经作大增产；为免土壤来固定，最好根外追肥用；
亩需黑矾二百克，兑水一百千克整；时间掌握出叶芽，连喷三次效果好。

四、锰肥高效安全使用

1. 锰肥的主要种类与性质

目前生产上用到的锰肥主要有硫酸锰、氧化锰、氯化锰、碳酸锰、硫酸铵锰、硝酸锰、锰矿泥、含锰矿渣、螯合态锰、氨基酸锰等，常用的锰肥是硫酸锰（表2-8）。

表2-8　主要锰肥养分含量及特性

名称	分子式	锰含量（Mn,%）	主要特性	施肥方式
硫酸锰	$MnSO_4 \cdot H_2O$	31	易溶于水	基肥、追肥、种肥
	$MnSO_4 \cdot 4H_2O$	24		
氧化锰	MnO	62	难溶于水	基肥
氯化锰	$MnCl_2 \cdot 4H_2O$	27	易溶于水	基肥、追肥
碳酸锰	$MnCO_3$	43	难溶于水	基肥
硫酸铵锰	$3MnSO_4 \cdot (NH_4)SO_4$	26～28	易溶于水	基肥、追肥、种肥

（续）

名称	分子式	锰含量（Mn，%）	主要特性	施肥方式
硝酸锰	$Mn(NO_3)_2 \cdot 4H_2O$	21	易溶于水	基肥
锰矿泥	-	9	难溶于水	基肥
含锰矿渣	-	1～2	难溶于水	基肥
螯合态锰	$Na_2MnEDTA$	12	易溶于水	喷施、拌种
氨基酸锰	$Mn \cdot H_2N \cdot RCOOH$	5～12	易溶于水	喷施、拌种

硫酸锰，有一水硫酸锰和四水硫酸锰两种，化学分子式分别为 $MnSO_4 \cdot H_2O$、$MnSO_4 \cdot 4H_2O$，含锰（Mn）分别为 31%和 24%，都易溶于水。外观为淡玫瑰红色细小晶体。硫酸锰是目前常用的锰肥，属速效锰肥。

2. 锰肥的适用作物与土壤

（1）作物对锰的反应 对锰高度敏感的作物有大豆、花生；中度敏感的作物有亚麻、棉花等。在对锰较敏感的作物上，应当注意锰肥的施用。

（2）土壤条件 中性及石灰性土壤上施用锰肥效果较好；沙质土、有机质含量低的土壤、干旱土壤等施用锰肥效果较好。

3. 锰肥高效安全施用

锰肥可作基肥、叶面喷施和种子处理等。

（1）作基肥 一般每亩用硫酸锰 2～4 千克。叶面喷施用 0.1%～0.3%硫酸锰溶液在作物不同生长阶段一次或多次进行。

（2）种子处理 一般采用浸种，用 0.1%硫酸锰溶液浸种 12～48 小时，豆类 12 小时也可采用拌种，每千克种子用 2～6 克硫酸锰少量水溶解后进行拌种。

4. 注意事项

锰肥应在施足基肥，以及氮肥、磷肥、钾肥等肥料基础上施用。锰肥后效较差，一般采取隔年施用。

为方便群众科学安全施用锰肥，可熟记下面歌谣：

常用锰肥硫酸锰，结晶白色或淡红；含锰二六至二八，易溶于水易风化；
作物缺锰叶肉黄，出现病斑烧焦状；严重全叶都失绿，叶脉仍绿特性强；
对照病态巧诊断，科学施用是关键；一般亩施三千克，生理酸性农肥混；
拌种千克用八克，甜菜重用二十克；浸种叶喷浓度同，千分之一就可用；
另有氯锰含十七，碳酸锰含三十一；氯化锰含六十八，基肥常用锰废渣；
对锰敏感作物多，甜菜麦类及豆科；玉米谷子马铃薯，葡萄花生桃苹果。

五、铜肥高效安全使用

1. 铜肥的主要种类与性质

生产上用的铜肥有硫酸铜、碱式硫酸铜、氧化亚铜、氧化铜、含铜矿渣等，其中五水硫酸铜是最常用的铜肥（表 2－9）。

表 2－9　主要铜肥养分含量及特性

名称	分子式	铜含量（Cu,%）	主要特性	施肥方式
硫酸铜	$CuSO_4 \cdot 5H_2O$	25～35	易溶于水	基肥、追肥、种肥
碱式硫酸铜	$CuSO_4 \cdot 3Cu(OH)_2$	15～53	难溶于水	基肥、追肥
氧化亚铜	Cu_2O	89	难溶于水	基肥
氧化铜	CuO	75	难溶于水	基肥
含铜矿渣	-	0.3～1	难溶于水	基肥

目前最常用的五水硫酸铜，俗称胆矾、铜矾、蓝矾。化学分子式 $CuSO_4 \cdot 5H_2O$，含铜 25%～35%。深蓝色块状结晶或蓝色粉末。有毒、无臭，带金属味。蓝矾常温下不潮解，于干燥空气中风化脱水成为白色粉末。能溶于水、醇、甘油及氨液，水溶液呈酸性。硫酸铜与石灰混合乳液称为波尔多液，是一种良好的杀菌剂。

2. 铜肥的适用作物与土壤

（1）作物对铜的反应　对铜敏感的作物有烟草等。

（2）土壤条件　有机质含量低的土壤，如山坡地、风沙土、砂姜黑土、西北某些瘠薄黄土等，有效铜含量均较低，施用铜肥可取得良好效果。另外，石灰岩、花岗岩、砂岩发育的土壤也容易缺铜。

3. 铜肥高效安全施用

常用的铜肥是硫酸铜，可以作基肥、种肥、种子处理、根外追肥。

（1）作基肥　硫酸铜作基肥，每亩用量 0.2～1 千克，最好与其他生理酸性肥料配合施用，可与细土混合均匀后撒施、条施、穴施。

（2）作种肥　拌种时，每千克种子用 0.2～1 克硫酸铜，将肥料先用少量水溶解，再均匀地喷于种子上，阴干播种。浸种浓度 0.01%～0.05%，浸泡 24 小时后捞出阴干即可播种。蘸秧根时可采用 0.1%硫酸铜溶液。

（3）根外追肥　叶面喷施硫酸铜或螯合铜，用量少，效果好。喷施浓度为 0.02%～0.1%，一般在作物苗期或开花前喷施，每亩喷液量 50～75 千克。

4. 注意事项

土壤施铜具有明显、长期的后效，其后效可维持 6～8 年甚至 12 年，依据施用量与土壤性质，一般为每 4～5 年施用一次。

为方便群众科学安全施用铜肥，可熟记下面施肥歌谣：

目前铜肥有多种，溶水只有硫酸铜；五水含铜二十五，蓝色结晶有毒性；
应用铜肥有技术，科学诊断看苗情；作物缺铜叶尖白，叶缘多呈黄灰色；
林木缺铜顶叶簇，上部顶梢多死枯；认准缺铜才能用，多用基肥浸拌种；
基肥亩施一千克，可掺十倍细土混；重施石灰沙壤土，土壤肥沃富钾磷；
浸种用水十千克，[illegible]；根外喷洒浓度大，氢氧化钙加百克；
掺拌种子一千克，仅需铜肥为一克；硫酸铜加氧化钙，波尔多液防病害；
常用浓度百分一，掌握等量五百克；由于铜肥有毒性，浓度宁稀不要浓。

六、钼肥高效安全使用

1. 钼肥的主要种类与性质

生产上用的钼肥有钼酸铵、钼酸钠、三氧化钼、含钼玻璃肥料、含钼矿渣等，其中钼酸铵是最常用的钼肥（表 2－10）。

表 2－10　主要钼肥养分含量及特性

名称	分子式	钼含量（Mo，%）	主要特性	施肥方式
钼酸铵	$(NH_4)_6Mo_7O_{24}\cdot 4H_2O$	50～54	易溶于水	基肥、根外追肥
钼酸钠	$Na_2MoO_4\cdot 2H_2O$	35～39	溶于水	基肥、根外追肥
三氧化钼	MoO_3	66	难溶于水	基肥
含钼玻璃肥料	-	2～3	难溶于水	基肥
含钼矿渣	-	10 左右	难溶于水	基肥

钼酸铵，化学分子式 $(NH_4)_6Mo_7O_{24}\cdot 4H_2O$，含钼 50%～54%。无色或浅黄色，棱形结晶，溶于水、强酸及强碱溶液中，不溶于醇、丙酮。在空气中易风化失去结晶水和部分氨，高温分解形成三氧化钼。

2. 钼肥的适用作物与土壤

（1）作物对钼的反应　对钼敏感的作物有甜菜、棉花、油菜、大豆等。

（2）土壤条件　酸性土壤容易缺钼。酸性土壤上施用石灰可以提高钼的有效性。

3. 钼肥高效安全施用

常用的钼酸铵可以作基肥、追肥、种子处理、根外追肥等。

（1）作基肥　在播种前每亩用 10～50 克钼酸铵与常量元素肥料混合施用，或者喷涂在一些固体物料的表面，条施或穴施。

（2）作追肥 可在作物生长前期，每亩用10～50克钼酸铵与常量元素肥料混合条施或穴施，也能取得较好效果。

（3）种子处理 主要拌种和浸种，拌种为每千克种子用2～6克钼酸铵，先用热水溶解，后用冷水稀释至所需体积，喷洒在种子上阴干播种。浸种浓度0.05%～0.1%，浸泡12小时后捞出阴干即可播种。

（4）根外追肥 喷施浓度为0.05%～0.1%，每亩喷液量50～75千克。豆科作物喷施时期在苗期至初花期。一般每隔7～10天喷施一次，共喷2～3次。

为方便群众科学安全施用钼铜肥，可熟记下面施肥歌谣：

常用钼肥钼酸铵，五十四钼六个氮；粒状结晶易溶水，也溶强碱及强酸；
太阳暴晒易风化，失去晶水以及氨；作物缺钼叶失绿，首先表现叶脉间；
最适豆科十字科，不适葱韭等作物；每亩仅用一百克，严防施用超剂量；
经常用于浸拌种，根外喷洒最适应；浸种浓度千分一，拌种千克需两克；
还有钼肥钼酸钠，含钼有达三十八；白色晶体易溶水，酸地施用加石灰。

第六节 复合（混）肥料性质与高效安全使用

复合（混）肥料是世界肥料工业的发展方向，其施用量已超过化肥总施用量的1/3。复合（混）肥料的作用是满足不同生产条件下作物对多种养分的综合需要和平衡；有效成分较高且副成分少；产品经过加工造粒，物理性状好，易于包装、贮运和施用，是世界肥料工业发展的潮流。

一、复合肥料高效安全使用

一般真正意义上的复合肥料是指化学合成的化成复合肥料。其生产的基础原料主要是矿石或化工产品，工艺流程中有明显的化学反应过程，产品成分和养分浓度相对固定。这类肥料物理、化学性质稳定，施用方便，有效性高，还可以作为复混肥料、掺混肥料的主要原料。

1. 磷酸铵系列

磷酸铵系列包括磷酸一铵、磷酸二铵、磷酸铵和聚磷酸铵，是氮、磷二元复合肥料。

（1）基本性质 磷酸一铵的化学分子式为$NH_4H_2PO_4$，含N 10%～14%、P_2O_5 42%～44%。外观为灰白色或淡黄色颗粒或粉末，不易吸潮、结块，易溶于水，其水溶液为酸性，性质稳定，氨不易挥发。

磷酸二铵，简称二铵，化学分子式为（$(NH_4)_2HPO_4$），含 N 18%、P_2O_5 46%。纯品白色，一般商品外观为灰白色或淡黄色颗粒或粉末，易溶于水，水溶液中性至偏碱，不易吸潮、结块，相对于磷酸一铵，性质不是十分稳定，在湿热条件下，氨易挥发。

目前，用作肥料磷酸铵产品，实际是磷酸一铵、磷酸二铵的混合物，含 N 12%～18%、P_2O_5 47%～53%。产品多为颗粒状，性质稳定，并加有防湿剂以防吸湿分解。易溶于水，水溶液中性。

（2）高效安全施用 可用作基肥、种肥，也可以叶面喷施。作基肥一般每亩用量 15～25 千克，通常在整地前结合耕地将肥料施入土壤；也可在播种后开沟施入。作种肥时，通常将种子和肥料分别播入土壤，每亩用量 2.5～5 千克。

（3）适宜作物和注意事项 基本适合所有土壤和作物。磷酸铵不能和碱性肥料混合施用。当季如果施用足够的磷酸铵，后期一般不需再施磷肥，应以补充氮肥为主。施用磷酸铵的作物应补充施用氮、钾肥，同时应优先用在需磷较多的作物和缺磷土壤。磷酸铵用作种肥时要避免与种子直接接触。

为了方便群众科学安全施用，我们总结了磷酸铵施用要点歌如下：

磷酸一铵：磷酸一铵性为酸，四十四磷十一氮；我国土壤多偏碱，适应尿素掺一铵；氮磷互补增肥效，省工省钱又高产。

磷酸二铵：磷酸二铵性偏碱，四十六磷十八氮；国产二铵含量低，四十五磷氮十三；按理应施酸性地，碱地不如施一铵；施用最好掺尿素，随掺随用能增产。

2. **硝酸磷肥**

（1）基本性质 硝酸磷肥的生产工艺有冷冻法、碳化法、硝酸—硫酸法，因而其产品组成也有一定差异。主要成分是磷酸二钙、硝酸铵、磷酸一铵，另外还含有少量的硝酸钙、磷酸二铵。含 N 13%～26%、P_2O_5 12%～20%。冷冻法生产的硝酸磷肥中有效磷 75%为水溶性磷、25%为弱酸溶性磷；碳化法生产的硝酸磷肥中磷基本都是弱酸溶性磷；硝酸—硫酸法生产的硝酸磷30%～50%为水溶性磷。硝酸磷肥一般为灰白色颗粒，有一定吸湿性，部分溶于水，水溶液呈酸性反应。

（2）高效安全施用 硝酸磷肥主要作基肥和追肥。作基肥条施、深施效果较好，每亩用量 45～55 千克。一般是在底肥不足情况下，作追肥施用。

（3）适宜作物和注意事项 硝酸磷肥含有硝酸根，容易助燃和爆炸，在贮存、运输和施用时应远离火源，如果肥料出现结块现象，应用木棍将其击碎，不能使用铁锹拍打，以防爆炸伤人。硝酸磷肥呈酸性，适宜施用在北方石灰质的碱性土壤上，不适宜施用在南方酸性土壤上。硝酸磷肥含硝态氮，容易随水流失，水田作物上应尽量避免施用该肥料。硝酸磷肥作追肥时应避免根外喷施。

为了方便群众施用，我们总结了硝酸磷肥施用要点歌如下：

硝酸磷肥性偏酸，复合成分有磷氮；二十六氮十三磷，最适中等小麦田；
由于含有硝态氮，最好施用在旱田；遇碱也能放出氨，贮运都要严加管。

3. 硝酸钾

(1) 基本性质　硝酸钾分子式为 KNO_3。含 N 13%、K_2O 46%。纯净的硝酸钾为白色结晶，粗制品略带黄色，有吸湿性，易溶于水，为化学中性、生理中性肥料。在高温下易爆炸，属于易燃易爆物质，在贮运、施用时要注意安全。

(2) 高效安全施用　硝酸钾适作旱地追肥，每亩用量一般 5～10 千克。硝酸钾也可作根外追肥，适宜浓度为 0.6%～1%。在干旱地区还可以与有机肥混合作基肥施用，每亩用量 10 千克。硝酸钾还可用来拌种、浸种，浓度为 0.2%。

(3) 注意事项　硝酸钾适合各种作物，对马铃薯、烟草、甜菜、葡萄、甘薯等喜钾而忌氯的作物具有良好的肥效，在豆科作物上反应也比较好。硝酸钾属于易燃易爆品，生产成本较高，所以用作肥料的比重不大。运输、贮存和施用时要注意防高温，切忌与易燃物接触。

4. 磷酸二氢钾

(1) 基本性质　磷酸二氢钾是含磷、钾的二元复合肥，分子式为 KH_2PO_4，含 P_2O_5 52%、K_2O 35%，灰白色粉末，吸湿性小，物理性状好，易溶于水，是一种很好的肥料，但价格高。

(2) 高效安全施用　可作基肥、追肥和种肥。因其价格贵，多用于根外追肥和浸种。喷施浓度 0.1%～0.3%，在作物生殖生长期开始时使用；浸种浓度为 0.2%。

目前推广的磷酸二氢钾的超常量施用技术如下：

① 小麦在返青、拔节、孕穗、扬花、灌浆等前期，每亩每次用磷酸二氢钾 400 克兑水 30 千克喷施。

② 玉米在定苗后和拔节期喷施一次磷酸二氢钾溶液，每亩每次用磷酸二氢钾 400 克兑水 30 千克喷施。

③ 棉花在苗期、现蕾期、开花期各喷一次，每亩每次用磷酸二氢钾 400 克兑水 30 千克喷施；花铃期至封顶前每 10 天喷一次，每亩每次用磷酸二氢钾 400 克兑水 30 千克喷施；封顶后再喷施 2 次，每亩每次用磷酸二氢钾 800 克

兑水 60 千克喷施。

④ 水稻在育苗期，喷施用 1%的磷酸二氢钾溶液 1～2 次；在分蘖期、拔节期、孕穗期、灌浆期各喷洒一次，每亩每次用磷酸二氢钾 800 克兑水 60 千克喷施。

⑤ 苹果、桃、梨等果树，秋施基肥时，将磷酸二氧钾均匀施入，覆盖后浇水一次，用量可根据树龄大小，每棵用量为 500～1 000 克；在初花、幼果期分别喷施一次磷酸二氢钾溶液，每亩每次用磷酸二氢钾 800 克兑水 60 千克喷施；膨大期喷施 2～4 次，每亩每次用量为 1 200 克兑水 100 千克喷施。

⑥ 黄瓜、番茄、豆角、茄子等育苗期用 1%的磷酸二氢钾溶液喷施 2 次；移栽时可用浓度为 1%的磷酸二氢钾溶液浸根；定苗至花前期喷施 2 次，每亩每次用磷酸二氢钾 200 克兑水 30 千克喷施；坐果后每 7 天喷施一次，每亩每次用磷酸二氢钾 400 克兑水 30 千克喷施。

(3) 适宜作物和注意事项 磷酸二氢钾主要用作叶面喷施、拌种和浸种，适宜各种作物。

磷酸二氢钾和一些氮素化肥、微肥及农药等做到合理配合，进行混施，可节省劳力，增加肥效和药效。

为了方便群众科学安全施用，我们总结了硝酸磷肥施用要点歌如下：

复肥磷酸二氢钾，适宜根外来喷洒；一亩土地百余克，提前成熟籽粒大；
内含五十二个磷，还含三十四个钾；易溶于水呈酸性，还可用来浸拌种。

5. 磷酸铵系列复合肥料

在磷酸铵生产基础上，为了平衡氮、磷营养比例，加入单一氮肥品种，便形成磷酸铵系列复合肥料，主要有尿素磷酸盐、硫磷铵、硝磷铵等。

(1) 基本性质 尿素磷酸盐有尿素磷酸铵、尿素磷酸二铵等。尿素磷酸铵含 N 17.7%、P_2O_5 44.5%。尿素磷酸二铵养分含量有 37－17－0、29－29－0、25－25－0 等。

硫磷铵是以氨通入磷酸与硫酸的混合液制成的，含有磷酸一铵、磷酸二铵和硫酸铵等成分，含 N 16%、P_2O_5 20%，灰白色颗粒，易溶于水，不吸湿，易贮存，物理性状好。

硝磷铵的主要成分是磷酸一铵和硝酸铵，养分含量有 25－25－0、28－14－0 等品种。

(2) 高效安全施用 可以作基肥、追肥和种肥，适宜于多种作物和土壤。

6. 三元复合肥

(1) 硝磷钾 是在硝酸磷肥基础上增加钾盐而制成的三元复合肥料，养分含量多为 10－10－10。淡黄色颗粒，有吸湿性，在我国多作为烟草专用肥施用，一般作基肥。

（2）铵磷钾　是用硫酸钾和磷酸盐按不同比例混合而成或磷酸铵加钾盐制成的三元复合肥料，一般有 12－24－12、12－20－15、10－30－10 等品种。物理性质很好，养分均为速效，易被作物吸收，适宜于多种作物和土壤，可作基肥和追肥。

（3）尿磷铵钾　尿素磷酸铵钾养分含量多为 22－22－11。可以作基肥、追肥和种肥，适宜于多种作物和土壤。

（4）磷酸尿钾　是硝酸分解磷矿时，加入尿素和氯化钾即制得磷酸尿钾，氮、磷、钾比例为 1∶0.7∶1。可以作基肥、追肥和种肥，适宜于多种作物和土壤。

二、复混肥料高效安全使用

复混肥料是将两种或多种单质化肥，或用一种复合肥料与几种单质化肥，通过物理混合的方法制得的不同规格即不同养分配比的肥料。物理加工过程包括粉碎后再混拌、造粒，也包括将各种原料高温熔融后再造粒。目前主要有三大工艺：粉料混合造粒法、料浆造粒法和熔融造粒法。

1. 复混肥料的类型

按对作物的用途划分，可分为专用肥和通用肥两种。

（1）专用肥　是针对不同作物对氮、磷、钾三元素的需求规律而生产出氮、磷、钾含量和比例差异的复混肥料。目前常用的品种有：果树专用肥（9－7－9－Fe）、西瓜专用肥（9－7－9）、叶菜类蔬菜专用肥（12－5－8－B）、果菜类蔬菜专用肥（9－7－9－Zn－B）、根菜类蔬菜专用肥（8－10－7－S－Mg）、小麦专用肥（8－10－7－Mn）、棉花专用肥（9－9－9－B）、春玉米专用肥（12－5－8－Zn）、夏玉米专用肥（9－6－10－Zn）、花生大豆专用肥（7－10－8－Mo）、水稻专用肥（12－6－7－Si）、烟草专用肥（6－7－12－Mg）等。专用肥一般作基肥。

（2）通用肥　是大的生产厂家为了保持常年生产或在不同的用肥季节交替时加工的产品，主要品种有 15－15－15、16－16－16、17－17－17、18－18－18 等。适宜于各种作物和土壤，一般作基肥。

2. 常见复混肥料的科学施用

（1）硝酸铵—磷酸铵—钾盐复混肥系列　该系列复混肥可用硝酸铵、磷酸铵或过磷酸钙、硫酸钾或氯化钾等混合制成，也可在硝酸磷肥基础上配入磷酸铵、硫酸钾等进行生产。产品执行国家标准 GB 15063—2009。养分含量为 10－10－10（S）或 15－15－15（Cl）。由于该系列复混肥含有部分的硝基氮，可被植物直接吸收利用，肥效快，磷素的配置比较合理，速缓兼容，表现为肥效长久，可作种肥施用，不会发生肥害。

该系列复混肥呈淡褐色颗粒状，氮素中有硝态氮和铵态氮，磷素中30%～50%为水溶性磷、50%～70%为枸溶性磷，钾素为水溶性。有一定的吸湿性，应注意防潮结块。

该肥料一般作基肥和早期追肥，每亩用量30～50千克。不含氯离子的系列肥可作为烟草专用肥施用，效果较好。

（2）磷酸铵—硫酸铵—硫酸钾复混肥系列 主要有铵磷钾肥，用磷酸一铵或磷酸二铵、硫酸铵、硫酸钾按不同比例混合而生产的三元复混肥料。产品执行国家标准GB 15063—2009。养分含量有12-24-12（S）、10-20-15（S）、10-30-10（S）等多种。也可以在尿素磷酸铵或氯铵普通过磷酸钙的混合物中再加氯化钾，制成单氯或双氯三元复混肥料，但不宜在烟草上施用。

铵磷钾肥的物理性状良好，易溶于水，易被作物吸收利用，主要用作基肥，也可作早期追肥，每亩用量30～40千克。目前主要用在烟草等忌氯作物上，施用时可根据需要选用一种适宜的比例，或在追肥时用单质肥料进行调节。

（3）尿素—过磷酸钙—氯化钾复混肥系列 以尿素、过磷酸钙、氯化钾为主要原料生产的三元系列复混肥料，总养分含量在28%以上，还含有钙、镁、铁、锌等中量和微量元素。产品执行国家标准GB 15063—2009。

外观为灰色或灰黑色颗粒，不起尘，不结块，便于装卸和施用，在水中会发生崩解。应注意防潮、防晒、防重压，开包施用最好一次用完，以防吸潮结块。

适用于水稻、小麦、玉米、棉花、油菜、大豆、瓜果等作物，一般作基肥和早期追肥，但不能直接接触种子和作物根系。基肥一般每亩50～60千克，追肥一般每亩10～15千克。

（4）尿素—钙镁磷肥—氯化钾复混肥系列 以尿素、钙镁磷肥、氯化钾为主要原料生产的三元系列复混肥料，产品执行国家标准GB 15063—2009。由于尿素产生的氨在和碱性的钙镁磷肥充分混合的情况下，易产生挥发损失，因此在生产上采用酸性黏结剂包裹尿素工艺技术，既可降低颗粒肥料的碱性度，施入土壤后又可减少或降低氮素的挥发损失和磷、钾素的淋溶损失，进一步提高肥料利用率。

该产品含有较多营养元素，除含有氮、磷、钾外，还含有6%左右的氧化镁、1%左右的硫、20%左右的氧化钙、10%以上的二氧化硅，以及少量的铁、锰、锌、钼等微量元素。物理性状良好，吸湿性小。

适用于水稻、小麦、玉米、棉花、油菜、大豆、瓜果等作物，特别适用于南方酸性土壤。一般作基肥，但不能直接接触种子和作物根系。基肥一般每亩50～60千克。

(5) 氯化铵—过磷酸钙—氯化钾复混肥系列　这类产品由氯化铵、过磷酸钙、氯化钾为主要原料生产的三元复混肥，产品执行国家标准 GB 15063—2009。

该产品物理性状良好，但有一定的吸湿性，贮存过程中应注意防潮结块。由于产品中含氯离子较多，适用于水稻、小麦、玉米、高粱、棉花、麻类等耐氯作物上。长期施用易使土壤变酸，因此，酸性土壤上施用应配施石灰和有机肥料。不宜在盐碱地以及干旱缺雨的地区施用。

该肥料主要作基肥和追肥施用，基肥一般每亩50～60千克，追肥一般每亩15～20千克。

(6) 尿素—磷酸铵—硫酸钾复混肥系列　以尿素、磷酸铵、硫酸钾为主要原料生产的三元复混肥料，属于无氯型氮磷钾三元复混肥，其总养分量大于54%以上，水溶性磷大于80%以上。产品执行国家标准 GB 15063—2009。

该产品有粉状和粒状两种。粉状肥料外观为灰白色或灰褐色均匀粉状物，不易结块，除了部分填充料外，其他成分均能在水中溶解。粒状肥料外观为灰白色或黄褐色粒状，pH5～7，不起尘、不结块，便于装、运和施肥。

可作为烟草等忌氯作物的专用肥料。主要作基肥和追肥施用，基肥一般每亩40～50千克，追肥一般每亩10～15千克。

(7) 含微量元素的复混肥　生产含微量元素的复混肥的品种有如下原则：要有一定数量的基本微量元素种类，满足种植在缺乏微量元素的土壤上作物的需要；微量元素的形态要适合所有的施用方法。

含微量元素的复混肥料是添加一种或几种微量元素的二元或三元肥料，一般具有如下特点：大量元素与微量元素之间有最适宜的比例，无论哪种施肥方法都能有足够数量的养分；应是高浓度且易被作物吸收的形态；微量元素分布要均匀；具有良好的物理特性。目前生产的含微量元素复混肥料大多是颗粒状。

① 含锰复混肥料。用尿素磷铵钾、磷酸铵和高浓度无机混合肥等，在造粒前加入硫酸锰，或将硫酸锰事先与一种肥料混合，再与其他肥料混合，经造粒而制成。主要品种有：含锰尿素磷铵钾，18－18－18－1.5（Mn）；含锰硝磷铵钾，17－17－17－1.3（Mn）；含锰无机混合肥料，18－18－18－1.0（Mn）；含锰磷酸一铵，12－52－0－3.0（Mn）。

含锰复混肥料一般作基肥，撒施用量每亩15～25千克，条施用量每亩4～8千克。主要用在缺锰土壤和对锰敏感的作物上。

② 含硼复混肥料。将硝磷铵钾肥、尿素磷铵钾肥、磷酸铵及高浓度无机混合肥等在造粒前加入硼酸，或将硼酸事先与一种肥料混合，再与其他肥料混合，经造粒而制成。主要品种有：含硼尿素磷铵钾，18－18－18－0.20（B）；含硼锰硝磷铵钾，17－17－17－0.17（B）；含硼无机混合肥料，16－24－16－0.2（B）；含硼磷酸一铵，12－52－0－0.17（B）。

含硼复混肥料一般作基肥，撒施用量每亩20～27千克，穴施用量每亩4～7千克。主要用在缺硼锰土壤和对硼敏感的作物上。

③ 含钼复混肥料。指硝磷钾肥、磷—钾肥（重过磷酸钙＋氯化钾或过磷酸钙＋氯化钾）同钼酸铵的混合物。含钼硝磷钾肥是向磷酸中添加钼酸铵进行中和，或者进行氨化、造粒而制成的。在制造磷—钾—钼肥时，需事先把过磷酸钙或氯化钾同钼酸铵进行浓缩。主要品种有：含钼硝磷钾肥，17－17－17－0.5（Mo）；含钼重过磷酸钙＋氯化钾，0－27－27－0.9（Mo）；含钼过磷酸钙＋氯化钾，0－15－15－0.5（Mo）。含钼复混肥适合于蔬菜作物和大豆等作物。一般作基肥，撒施一般每亩17～20千克，穴施用量每亩3.5～6.7千克。

④ 含铜复混肥料。以尿素、氯化钾和硫酸铜为原料所制成的氮—钾—铜复混肥料，含氮14%～16%、氧化钾34%～40%、铜0.6%～0.7%。一般可用在泥炭土和其他缺铜的土壤上。一般作基肥或播种前作种肥，每亩用量为14～34千克。

⑤ 含锌复混肥料。以磷酸铵为基础制成的氮—磷—锌肥和氮—磷—钾—锌肥。含氮12%～13%、五氧化二磷50%～60%、锌0.7%～0.8%，或氮18%～21%、五氧化二磷18%～21%、氧化钾18%～21%、锌0.3%～0.4%。适用于对锌敏感作物和缺锌土壤，一般作基肥，撒施一般每亩20～25千克，穴施用量每亩5～8千克。

三、掺混肥料高效安全使用

又称配方肥、BB肥，是由两种以上粒径相近的单质肥料或复合肥料为原料，按一定比例，通过简单的机械掺混而成。这种肥料一般是农户根据土壤养分状况和作物需要随混随用。

掺混肥料的优点是生产工艺简单，操作灵活，生产成本较低，养分配比适应微域调控或具体田块作物的需要。与复合、复混肥料相比，掺混肥料在生产、贮存、施用等方面有其独特之处。

掺混肥料一般是针对当地作物和土壤生产，因此要因土壤、作物而施用，一般作基肥。

四、新型复混肥料高效安全使用

新型复混肥料是在无机复混肥基础上添加有机物、微生物、稀土、沸石等填充物而制成的一类复混肥料。

1. 有机无机复混肥料

有机无机复混肥料是以无机原料为基础，填充物采用烘干鸡粪、经过处理的生活垃圾、污水处理厂的污泥及草炭、蘑菇渣、氨基酸、腐殖酸等有机物质，然后经造粒、干燥后包装而成。

有机无机复混肥的施用：一是作基肥。旱地宜全耕层深施或条施；水田是先将肥料均匀撒在耕翻前的湿润土面，耕翻入土后灌水，耕细耙平。二是作种肥。可采用条施或穴施，将肥料施于种子下方3～5厘米，防止烧苗；如用作拌种，可将肥料与1～2倍细土拌匀，再与种子搅拌，随拌随播。

2. 稀土复混肥料

稀土复混肥是将稀土制成固体或液体的调理剂，以每吨复混肥加入0.3%的硝酸稀土的量配入生产复混肥的原料而生产的复混肥料。施用稀土复混肥不仅可以起到叶面喷施稀土肥料的作用，还可以对土壤中一些酶的活性有影响，对植物的根有一定的促进作用。施用方法同一般复混肥料。

3. 功能性复混肥料

功能性复混肥料是具有特殊功能的复混肥料的总称，是指适用于某一地域的某种（或某类）特定作物的肥料，或含有某些特定物质、具有某种特定作用的肥料。目前主要是与农药、除草剂等结合的一类专用药肥。

（1）除草专用药肥　除草专用药肥因其生产简单、适用，又能达到高效除草和增加作物产量的目的，故受到农民朋友的欢迎，但不足之处是目前产品种类少、功能过于专一，因此在制定配方时应根据主要作物、土壤肥力、草害情况等综合因素来考虑。

除草专用药肥一般是专肥专用，如小麦除草专用药肥不能施用到水稻、玉米等其他作物上。目前一般为基肥剂型，也可以生产追肥剂型。施用量一般按作物正常施用量即可，也可按照产品说明书操作。一般应在作物播种前或插秧前或移栽前施用。

（2）防治线虫和地下害虫的无公害药肥　张洪昌等人研制发明了防治线虫和地下害虫的无公害药肥，并获得国家发明专利。该药肥是选用烟草秸秆及烟草加工下脚料，或辣椒秸秆及辣椒加工下脚料，或菜籽饼，配以尿素、磷酸一铵、钾肥等肥料，并添加氨基酸螯合微量元素肥料、稀土及有关增效剂等生产而成。

产品一般含氮、磷、钾等总养分量大于20%，有机质含量大于50%，微量元素含量大于0.9%，腐殖酸及氨基酸含量大于4%，有效活菌数0.2亿/克，pH 5～8，水分含量小于20%。该产品能有效消除韭蛆、蒜蛆、黄瓜根结线虫、甘薯根瘤线虫、地老虎、蛴螬等，同时具有抑菌功能，还可促进作物生长，提高品质，增产增收。

一般每亩用量1.5～6千克。作基肥可与生物有机肥或其他基肥拌匀后同施。沟施、穴施可与20倍以上的生物有机肥混匀后施入，然后覆土浇水。灌根时，可将产品用清水稀释1 000～1 500倍，灌于作物根部，灌根前将作物基部土壤耙松，使药液充分渗入。也可冲施，将产品用水稀释300倍左右，随灌溉水冲施，每亩用量5～6千克。

(3) 防治枯黄萎病的无公害药肥 该药肥追施剂型是利用含动物胶质蛋白的屠宰场废弃物、豆饼粉及植物提取物、中草药提取物、生物提取物、水解助剂、硫酸钾、磷酸铵、中微量元素，以及添加剂、稳定剂、助剂等加工生产而成。基施剂型是利用氮肥、重过磷酸钙、磷酸一铵、钾肥、中量元素、氨基酸螯合微量元素、稀土元素、有机原料、腐殖酸钾、发酵草炭、发酵畜禽粪便、生物制剂、增效剂、助剂、调理剂等加工生产而成的。

利用液体或粉剂产品对棉花、瓜类、茄果类蔬菜等种子进行浸种或拌种后再播种，可彻底消灭种子携带的病菌，预防病害发生；用颗粒剂型产品作基肥，既能为作物提供养分，还能杀灭土壤中病原菌，减少作物枯黄萎病、根腐病、土传病等危害；在作物生长期施用液体剂型进行叶面喷施，既能增加作物产量，还能预防病害发生；施用粉剂或颗粒剂产品追肥，既能快速补充作物营养，还能防治枯黄萎病、根腐病等病害；当作物发生病害后，在病发初期用液体剂型产品进行叶面喷施，同时灌根，3天左右可抑制病害蔓延，4～6天后病株可长出新根新芽。

该药肥追施剂型主要用于叶面喷施或灌根，叶面喷施是将产品用水稀释800～2 000倍，喷雾至株叶湿润，同时灌根，每株200～500毫升。

该药肥基施剂型一般每亩用量2～5千克。作基肥可与生物有机肥或其他基肥拌匀后同施。沟施、穴施可与20倍以上的生物有机肥混匀后施入，然后覆土浇水。

(4) 生态环保复合药肥 该药肥是选用多种有机物料为原料，经酵素菌发酵或活化处理，配入以腐殖酸为载体的综合有益生物菌剂，再添加适量的氮、磷、钾、钙、镁、硫、硅肥及微量元素、稀土元素等而生产的产品。一般含氮、磷、钾养分总量25%以上，中微量元素总量10%以上，有机质含量20%

以上，氨基酸及腐殖酸总量6%以上，有效活菌数0.2亿/克，pH 5.5～8。

该产品适用于蔬菜、瓜类、果树、棉花、花生、烟草、茶树、小麦、大豆、玉米、水稻等作物。可作基肥，也可穴施、条施、沟施，施用时可与有机肥混合施用。一般每亩用量50～70千克。果树根据树龄施用，一般每株3～7千克，可与有机肥混合施用。

第三章 有机肥料高效安全使用

常见的有机肥料主要有粪尿肥、堆沤肥等农家肥，作物秸秆肥和绿肥，以及其他杂肥等。

第一节　农家肥高效安全使用

农家肥的种类繁多而且来源广、数量大，便于就地取材、就地使用，成本也比较低。农家肥虽然含营养成分的种类比较广泛，但是含量比较少，而且肥效较慢，不利于作物的直接吸收。农家肥需与化肥一起使用，才能使肥料中的营养元素被充分吸收。

一、粪尿肥高效安全使用

粪尿肥包括人粪尿、家畜粪尿以及家禽粪尿、厩肥等，是重要的有机肥料。其共同特点是来源广泛、易流失，氮素易挥发损失；含有较多的病原菌和寄生虫卵，若施用不当，容易传播病虫害。因此，合理施用粪尿肥的关键是科学贮存和适当的卫生处理。

1. 人粪尿

（1）基本性质　人粪尿是一种养分含量高、肥效快的有机肥料。

人粪是食物经过消化后未被吸收而排出体外的残渣，混有多种消化液、微生物和寄生虫等物质，含有70%～80%的水分、20%左右的有机物和5%左右的无机物。有机物主要是纤维素和半纤维素、脂肪、蛋白质和分解蛋白、氨基酸、各种酶、粪胆汁等，还含有少量粪臭质、吲哚、硫化氢、丁酸等臭味物质；无机物主要是钙、镁、钾、钠的硅酸盐、磷酸盐和氯化物等盐类。新鲜人粪一般呈中性。

人尿是食物经过消化吸收，并参加人体代谢后产生的废物和水分，约含95%的水分、5%的水溶性有机物和无机盐类，主要为尿素（占1%～2%）、NaCl（约占1%），少量的尿酸、马尿酸、氨基酸、磷酸盐、铵盐、微量元素和微量的生长素（吲哚乙酸等）。新鲜的尿液为淡黄色透明液体，不含有微生物，因含有少量磷酸盐和有机酸而呈弱酸性。

人粪尿的排泄量和其中的养分及有机质的含量因人而异，不同的年龄、饮食状况和健康状况都不相同（表 3 - 1）。

表 3 - 1　人粪尿的养分含量

种　类	主要成分含量（鲜基,%）				
	水分	有机物	N	P_2O_5	K_2O
人　粪	>70	约 20	1.00	0.50	0.37
人　尿	>90	约 3	0.50	0.13	0.19
人粪尿	>80	5～10	0.5～0.8	0.2～0.4	0.2～0.3

人粪尿需要进行无害化处理后才能使用，多采用加盖沤制、密制堆积和药物处理等方法。

（2）高效安全施用　人粪尿适合于大多数植物，尤其是叶菜类植物（如白菜、甘蓝、菠菜等）、谷类植物（如水稻、小麦、玉米等）和纤维类植物（如麻类等）施用效果更为显著。但对忌氯植物（如马铃薯、甘薯、甜菜、烟草等）应当少用。

人粪尿适用于各种土壤，尤其是含盐量在 0.05%以下的土壤，具有灌溉条件的土壤，以及雨水充足地区的土壤。但对于干旱地区灌溉条件较差的土壤和盐碱土，施用人粪尿时应加水稀释，以防止土壤盐渍化加重。

人粪尿可作基肥和追肥施用，人尿还可以作种肥用来浸种。人粪尿每亩施用量一般为 500～1 000 千克，还应配合其他有机肥料和磷、钾肥。

2. 家畜粪尿

家畜粪尿主要指人们饲养的牲畜，如猪、牛、羊、马、驴、骡、兔等的排泄物及鸡、鸭、鹅等禽类排泄的粪便。

（1）基本成分　家畜粪成分较为复杂，主要是纤维素、半纤维素、木质素、蛋白质及其降解物、脂肪、有机酸、酶、大量微生物和无机盐类。家畜尿成分较为简单，全部是水溶性物质，主要为尿素、尿酸、马尿酸和钾、钠、钙、镁的无机盐。家畜粪尿中养分的含量，常因家畜的种类、年龄、饲养条件等而有差异，表 3 - 2 是各种家畜粪尿中主要养分的平均含量。

表 3 - 2　新鲜家畜粪尿中主要养分的平均含量（%）

家畜种类		水分	有机质	氮（N）	磷（P_2O_5）	钾（K_2O）	C/N
猪	粪	81.5	15.0	0.60	0.40	0.44	
	尿	96.7	2.8	0.30	0.12	1.00	

（续）

家畜种类	水分	有机质	氮（N）	磷（P_2O_5）	钾（K_2O）	C/N
马	粪	75.8	21.0	0.58	0.30	0.24
	尿	90.1	7.1	1.20	微量	1.50
牛	粪	83.3	14.5	0.32	0.25	0.16
	尿	[illegible]	[illegible]	[illegible]	[illegible]	[illegible]
羊	粪	65.5	31.4	0.65	0.47	0.23
	尿	87.2	8.3	1.68	0.03	2.10

（2）家畜粪的性质与合理施用 各类家畜粪的性质与施用可参考表3-3。

表3-3 家畜粪尿的性质与施用

家畜粪尿	性质	施用
猪粪	质地较细，含纤维少，C/N低，养分含量较高且蜡质含量较多；阳离子交换量较高；含水量较多，纤维分解细菌少，分解较慢，产热少	适宜于各种土壤和植物，可作基肥和追肥
牛粪	粪质地细密，C/N为21∶1，含水量较高，通气性差，分解较缓慢，释放出的热量较少，冷性肥料	适宜于有机质缺乏的轻质土壤，作基肥
羊粪	质地细密干燥，有机质和养分含量高，C/N为12∶1时分解较快，发热量较大，热性肥料	适宜于各种土壤，可作基肥
马粪	纤维素含量较高，疏松多孔，水分含量低，C/N为13∶1时分解较快，释放热量较多，热性肥料	适宜于质地黏重的土壤，多作基肥
兔粪	富含有机质和各种养分，C/N小，易分解，释放热量较多，热性肥料	多用于茶、桑、果树、蔬菜、瓜等植物，可作基肥和追肥
禽粪	纤维素较少，粪质细腻，养分含量高于家畜粪，分解速度较快，发热量较低	适宜于各种土壤和植物，可作基肥和追肥

家畜尿与人尿有所不同，尿素含量较人尿少，尿酸和马尿酸含量较人尿高，成分较为复杂，分解缓慢，需要经过分解转化后才能被植物吸收利用。家畜尿液中因含有碳酸钾和有机酸钾而呈碱性。在家畜尿中，马尿和羊尿尿素含量较高，分解速度较快，猪尿次之，牛尿分解最慢。

3. 厩肥

(1) 基本性质　厩肥是以家畜粪尿为主，和各种垫圈材料（如秸秆、杂草、黄土等）、饲料残渣等混合积制的有机肥料统称。北方称为“土粪”或“圈粪”，南方称为“草粪”或“栏粪”。

不同的家畜，由于饲养条件不同和垫圈材料的差异，可使各种和各地厩肥的成分有较大的差异，特别是有机质和氮素的含量差异更显著（表 3-4）。

表 3-4　新鲜厩肥中主要养分的平均含量（%）

种类	水分	有机质	N	P_2O_5	K_2O	CaO	MgO	SO_3
猪厩肥	72.4	25.0	0.45	0.19	0.60	0.08	0.08	0.08
牛厩肥	77.5	20.3	0.34	0.16	0.40	0.31	0.11	0.06
马厩肥	71.3	25.4	0.58	0.28	0.53	0.21	0.14	0.01
羊厩肥	64.3	31.8	0.083	0.23	0.67	0.33	0.28	0.15

新鲜厩肥中的养分主要是有机态的，施用前必须进行堆腐。厩肥腐熟后，氮素利用率为 10%～30%，磷的利用率为 30%～40%，钾的利用率为 60%～70%。可见，厩肥对当季作物来讲，氮素供应状况不及化肥，而磷、钾供应却超过化肥，因此及时补充适量氮素是不可忽视的。此外，厩肥因有丰富的有机质，故厩肥有较长的后效和良好的改土作用，尤其是对低产田的土壤熟化，促进作用十分明显。

除深坑圈下层厩肥外，其他方法积制的厩肥腐熟程度较差，都需要进行堆腐，腐熟后才能施用。目前，常采用的腐熟方法有冲圈和圈外堆制。厩肥半腐熟特征可概括为“棕、软、霉”，完全腐熟可概括为“黑、烂、臭”，腐熟过劲则为“灰、粉、土”。

(2) 高效安全施用　厩肥中的养分大部分是迟效性的，养分释放缓慢，因此应作基肥施用。但腐熟的优质厩肥也可用作追肥，只是肥效不如基肥效果好。厩肥中氮素养分当季利用率不高，一般为 20%～30%，磷素一般为 30%～40%，钾素高达 60%～70%。因此，施用厩肥时，应因土、因厩肥养分的有效性，配施相应的不同种类与数量的化学肥料。

施用厩肥不一定是完全腐熟的，一般应根据作物种类、土壤性质、气候条件、肥料本身的性质以及施用的主要目的而有所区别。一般来说，块根、块茎作物，如甘薯、马铃薯和十字花科的油菜、萝卜等，对厩肥的利用率较高，可施用半腐熟厩肥；而禾本科作物，如水稻、小麦等，对厩肥的利用率较低，则应选用腐熟程度高的厩肥。生育期短的作物，应施用腐熟的厩肥；生育期长的作物，可用半腐熟厩肥。若施用厩肥的目的是为了改良土壤，就可选择腐熟程度稍差的，让厩肥在土壤中进一步分解，这样有助于改土；若用作苗肥施用，则应选择腐熟程度较好的厩肥。就土壤条件而言，质地黏重、排水差的土壤，应施用腐熟的厩肥，而且不宜耕翻过深；对沙质土壤，则可施用半腐熟厩肥，翻耕深度可适当加深。

厩肥主要作基肥，每亩施用量一般为1 000～3 000千克。施用时应撒施均匀，随施随耕翻。用作水稻基肥的厩肥最好是灌水后施用并及时耙田，使肥土相融，这样可减少氮素损失。据测定，厩肥施后翻入土中6小时氮损失2%，24小时氮损失14%，又据试验，厩肥未翻入土中48小时氮损失17%～22%，有时还会出现撒施不匀，耕翻后造成幼苗高矮不齐，影响厩肥的肥效。

二、堆沤肥高效安全使用

堆肥和沤肥是我国重要的有机肥料，是利用秸秆、杂草、绿肥、泥炭、垃圾和人畜粪尿等废弃物为原料混合后，按一定方式进行堆制或沤制的肥料。一般北方地区以堆肥为主，堆积过程主要是好气微生物分解，发酵温度较高；南方地区一般以沤肥为主，沤制过程主要是嫌气微生物分解，常温下发酵。

1. 堆肥

（1）基本性质 堆肥的性质基本和厩肥类似，其养分含量因堆肥原料和堆制方法不同而有差别（表3-5）。堆肥一般含有丰富的有机质，碳氮比较小，养分多为速效态；堆肥还含有维生素、生长素及微量元素等。

表3-5 堆肥的养分含量

种类	水分（%）	有机质（%）	氮（N，%）	磷（P_2O_5，%）	钾（K_2O，%）	C/N
高温堆肥	-	24～42	1.05～2.00	0.32～0.82	0.47～2.53	9.7～10.7
普通堆肥	60～75	15～25	0.4～0.5	0.18～0.26	0.45～0.70	16～20

按照堆制方法，可分为普通堆肥和高温堆肥。高温堆肥的堆制有平地式和半坑式两种；普通堆肥的堆制有平地式、半坑式和深坑式三种。堆肥的腐熟是一系列微生物活动的复杂过程。堆肥初期矿质化过程占主导，堆肥后期则是腐殖化过程占主导。其腐熟程度可从颜色、软硬程度及气味等特征来判断。半腐熟的堆肥材料组织变松软易碎，分解程度差，汁液为棕色，有腐烂味，可概括为“棕、软、霉”。腐熟的堆肥，堆肥材料完全变形，呈褐色泥状物，可捏成团，并有臭味，特征是“黑、烂、臭”。

（2）高效安全施用 堆肥主要作基肥，每亩施用量一般为2 000～4 000千克。用量较多时，可以全耕层均匀混施；用量较少时，可以开沟施肥或穴施。

在温暖多雨季节或地区，或在土壤疏松通透性较好的条件下，或种植生育期较长的植物和多年生植物时，或当施肥与播种或插秧期相隔较远时，可以使用半腐熟或腐熟程度更低的堆肥。

堆肥还可以作种肥和追肥使用。作种肥时常与过磷酸钙等磷肥混匀施用，作追肥时应提早施用，并尽量施入土中，以利于养分的保持和肥效的发挥。堆肥和其他有机肥料一样，虽然是营养较为全面的肥料，但养分含量相对较低，需要和化肥一起配合施用，以更好地发挥堆肥和化肥的肥效。

2. 沤肥

沤肥因积制地区、积制材料和积制方法的不同而名称各异，如江苏的草塘泥、湖南的凼肥、江西和安徽的窖肥、湖北和广西的垱肥、北方地区的坑沤肥等，都属于沤肥。

（1）基本性质　沤肥是在低温嫌气条件下进行腐熟的，腐熟速度较为缓慢，腐殖质积累较多。沤肥的养分含量因材料配比和积制方法的不同而有较大的差异，一般而言，沤肥的 pH 为 6～7，有机质含量为 3%～12%，全氮量为 2.1～4.0 克/千克，速效氮（N）含量为 50～248 毫克/千克，全磷（P_2O_5）含量为 1.4～2.6 克/千克，速效磷（P_2O_5）含量为 17～278 毫克/千克，全钾（K_2O）含量为 3.0～5.0 克/千克，速效钾（K_2O）含量为 68～185 毫克/千克。

沤肥的方式，以塘肥、凼肥、草塘泥、河泥最为普遍。由于它制作简单，肥源较广，无论是牲畜粪尿、植物秸秆、山青湖草，均可就地混合。

（2）高效安全施用　沤肥一般作基肥施用，多用于稻田，也可用于旱地。在水田中施用时，应在耕作和灌水前将沤肥均匀施入土壤，然后进行翻耕、耙地，再进行插秧。在旱地上施用时，也应结合耕地作基肥。每亩沤肥的施用量一般在 2 000～5 000 千克，并注意配合化肥和其他肥料一起施用，以解决沤肥肥效长，但速效养分供应强度不大的问题。

3. 沼气发酵肥

沼气发酵产生的沼气可以缓解农村能源的紧张，协调农牧业的均衡发展，发酵后的废弃物（池渣和池液）还是优质的有机肥料，即沼气发酵肥料，也称作沼气池肥。

（1）基本性质　沼气发酵产物除沼气可作为能源使用、粮食贮藏、沼气孵化和柑橘保鲜外，沼液（占总残留物 13.2%）和池渣（占总残留物 86.8%）还可以进行综合利用。沼液含速效氮（N）0.03%～0.08%、速效磷（P_2O_5）0.02%～0.07%、速效钾（K_2O）0.05%～1.40%，同时还含有 Ca、Mg、S、Si、Fe、Zn、Cu、Mo 等各种矿质元素，以及各种氨基酸、维生素、酶和生长素等活性物质。池渣含全氮 5～12.2 克/千克（其中速效氮占全氮的 82%～

85%)、速效磷 50～300 毫克/千克、速效钾 170～320 毫克/千克，以及大量的有机质。

(2) 高效安全施用 沼液是优质的速效性肥料，可作追肥施用。一般土壤追肥每亩施用量为 2 000 千克，并且要深施覆土。沼液还可以作叶面追肥，又以柑橘、梨、食用菌、烟草、西瓜、葡萄等经济植物最佳，将沼液和水按 1∶(1～2) 稀释，7～10 天喷施一次，可收到很好的效果。除了单独施用外，沼液还可以用来浸种，可以和沼渣混合作基肥和追肥施用。

沼渣可以和沼液混合施用，作基肥每亩施用量为 2 000～3 000 千克，作追肥每亩施用量为 1 000～1 500 千克。沼渣也可以单独作基肥或追肥施用。

第二节　秸秆肥料高效安全使用

秸秆用作肥料的基本方法是将农作物秸秆或绿肥粉碎埋于农田中进行自然发酵，或者将秸秆发酵后施于农田中。秸秆肥料利用技术是改良土壤、提高土壤中有机质含量的有效措施之一。

一、秸秆直接还田

秸秆直接还田主要包括农作物秸秆粉碎覆盖还田技术、农作物秸秆留茬覆盖还田技术等。

1. 农作物秸秆粉碎覆盖还田技术

秸秆粉碎覆盖还田技术是指农作物收获后用机械对其秸秆直接粉碎后覆盖于地表的一项农作物秸秆还田技术。可以与免耕、浅耕以及深松等技术结合，形成保护性耕作，能有效培肥地力，蓄水保墒，防止水土流失，保护生态环境，降低生产成本。

(1) 覆盖时间 覆盖时间要结合农田、作物和农时等进行确定。冬小麦的覆盖要在入冬前进行，这样可提高地温，使分蘖节免受冻害，同时减少水分蒸发。秋作覆盖以作物生长期覆盖为好，玉米应在 7～8 片叶展开时覆盖。春播作物覆盖秸秆的时间，春玉米以拔节初期为宜，大豆以分枝期为宜。

(2) 技术要求 目前秸秆粉碎还田主要有小麦秸秆粉碎还田覆盖和玉米秸秆粉碎还田覆盖等方式。

① 小麦秸秆粉碎还田覆盖。联合收获作业，一次性完成小麦收获和秸秆还田；小麦割茬高度一般 150 毫米左右。高留茬应不低于 250 毫米，也可根据农艺要求确定割茬高度；秸秆切断及粉碎率在 90%以上，并均匀抛撒于地表，使秸秆得以还田；一年两作玉米套种区，联合收获后麦草覆盖玉米行间，辅助

人工作业，以不压不盖玉米苗为标准；玉米直播区，可采用联合收割机配茎秆切碎器，以提高秸秆还田质量；割茬高度一致、无漏割、地头地边处理合理。

② 玉米秸秆粉碎还田覆盖。尽可能采取玉米联合收获，一次完成玉米收获与秸秆粉碎还田覆盖；也可采取秸秆直接粉碎还田覆盖；抛撒均匀，不产生堆积和条状堆积现象；秸秆覆盖率≥30%；秸秆覆盖量应满足小麦免耕播种机正常播种；秸秆量过大或地表不平时可采用浅旋、圆盘耙等表土处理措施；秸秆切碎长度应≤10 厘米；秸秆切碎合格率≥90%；抛撒不均匀率≤20%；漏切率≤1.5%。

秸秆粉碎覆盖还田与免耕、浅耕等技术结合，是目前农耕中较为先进的技术。如秸秆还田免耕播种保护性耕作技术是利用小麦、玉米联合收获机将作物秸秆直接粉碎后均匀抛撒在地表，然后用免耕播种机免耕播种，以达到改善土壤结构、培肥地力、实现农业节本增效的先进耕作技术。其工作程序为：小麦联合收获（秸秆粉碎覆盖）→玉米免耕施肥播种→喷除草剂→田间管理（灌溉、灭虫等）→玉米联合收获或玉米收获并秸秆还田覆盖→深松（2～4 年深松一次）→小麦免耕施肥播种→田间管理（灌溉、除草、灭虫等）→小麦联合收获。

2. 农作物秸秆留茬覆盖还田技术

主要应用于小麦、小麦—玉米、小麦—水稻等产区，是指机械收获小麦时，留高茬，然后将麦秸覆盖于地表。与免耕播种相结合，蓄水保墒，增产效果明显，生产工序少，生产成本低，便于抢农时播种。

（1）小麦留茬覆盖还田　在一熟区小麦留茬覆盖与免耕或少耕结合是一种理想模式。技术流程为：小麦收割（留高茬 15 厘米以下），在麦田休闲期将经过碾压处理的麦秸均匀覆盖于地表，然后压倒麦茬并压实麦秸，施肥、浅耕、播种（播种时顺行将覆盖的麦秸收搂成堆，播种结束后再把秸秆均匀覆盖于播种行间）直到收麦，收麦时仍留茬 15 厘米，重复以上作业程序连续 2～3 年后，深耕翻埋覆盖的秸秆，倒茬种植其他作物。

（2）麦田套种玉米的秸秆留茬覆盖还田　适宜于华北、西北小麦收割前套种玉米或其他夏播作物地区，畜牧业较发达，玉米秸秆或其他夏播作物多作为饲料。操作规程：在麦收前 10～15 天，套种玉米或其他复播作物；麦收时，玉米出苗。小麦收获时，提高机械收割或人工收割的留茬高度，一般为 20～25 厘米；将麦秸、麦糠均匀覆盖在玉米的行间。麦收后，若 10 天内无雨，应结合夏苗管理，进行中耕灭茬；若麦收后雨季来得早，亦可不灭茬。有灌水条件的地块，麦收后浇一次全苗水，加速秸秆的腐烂。若下茬复播作物生长期雨少，麦茬腐解差，复播作物收后耕翻时，应增施还田干秸秆量 1%的纯氮。留高差地块，虫害较重，应及时防治。如果不采取套种，而采取复播夏玉米的方式，小麦留高茬20～46厘米，趁墒在其行内点种玉米，然后用旋耕机旋打，玉米种子便随耙齿旋动入土，小麦高茬也被耙齿切断覆盖地表，这样既播种了玉米，又进行了小麦高茬还田。

(3) 麦田套种水稻的秸秆留茬覆盖还田 麦田套种水稻常见于我国南方稻区，麦田套种水稻的秸秆留茬覆盖还田技术是麦秸全量覆盖还田与免耕套种相结合的一项新技术。留高茬即是在农作物成熟后，用联合收割机收割，割茬高度控制在20～30厘米，残茬留在地表不做处理，播种时用免耕播种机进行作业。技术流程：于小麦收割前2～3周，将用河泥包衣的水稻种，均匀撒播于麦田，用机械收割小麦，留茬30厘米左右，收割脱粒后，将麦秸覆盖于田地上，麦秸较多时，可以将多余的麦秸压入麦田沟内。

二、秸秆快速腐熟

利用生化快速腐熟技术制造优质有机肥，是一种应用于20世纪90年代的国际先进生物技术，是将秸秆制造成优质生物有机肥的先进方法，在国外已实现产业化，其特点是：采用先进技术培养能分解粗纤维的优良微生物菌种，生产出可加快秸秆腐热的化学制剂，并采用现代化设备控制温度、湿度、数量、质量和时间，经机构翻抛、高温堆腐、生物发酵等过程，将农业废弃物转换成优质有机肥。具体内容参见第四章的有机物料腐熟剂。

三、绿肥还田利用

利用植物生长过程中所产生的全部或部分绿色体，直接或间接翻压到土壤中作肥料，称为绿肥。长期以来，我国广大农民把栽培绿肥作为重要的有机肥源，同时利用绿肥作为重要的养地措施和饲草来源。

1. 绿肥的种类

按栽培季节划分，可分为冬季绿肥、夏季绿肥、春季绿肥、秋季绿肥、多年生绿肥等。

(1) 冬季绿肥 简称冬绿肥。一般是秋季或初冬播种，翌年春季或初夏利用。主要生长季节在冬季，如紫云英、毛叶苕子等。

(2) 夏季绿肥 简称夏绿肥。春季或夏季初播种，夏末或初秋利用。主要生长季节在夏季，如田菁、柽麻、绿豆等。

(3) 春季绿肥 简称春绿肥。早春播种，在仲夏前利用。

(4) 秋季绿肥 简称秋绿肥。在夏季或早秋播种，冬前翻压利用。主要生长季节在秋季。

(5) 多年生绿肥　是指栽培利用年限在1年以上，可多次刈割利用，如紫穗槐、沙打旺、多变小冠花等。

2. 绿肥的养分含量

绿肥植物鲜草产量高，含较丰富的有机质，有机质含量一般在12%～15%（鲜基），而且养分含量较高（表3-6）。种植绿肥可增加土壤养分，提高土壤肥力，改良低产田。绿肥能提供大量新鲜有机质和钙素营养，根系有较强的穿透能力和团聚能力，有利于水稳性团粒结构形成。绿肥还可固沙护坡，防止冲刷，防止水土流失和土壤沙化。绿肥还可作饲料，发展畜牧业。

表3-6　主要绿肥植物养分含量

绿肥品种	鲜草主要成分（鲜基,%）			干草主要成分（干基,%）		
	N	P_2O_5	K_2O	N	P_2O_5	K_2O
草木樨	0.52	0.13	0.44	2.82	0.92	2.42
毛叶苕子	0.54	0.12	0.40	2.35	0.48	2.25
紫云英	0.33	0.08	0.23	2.75	0.66	1.91
黄花苜蓿	0.54	0.14	0.40	3.23	0.81	2.38
紫花苜蓿	0.56	0.18	0.31	2.32	0.78	1.31
田菁	0.52	0.07	0.15	2.60	0.54	1.68
沙打旺	-	-	-	3.08	0.36	1.65
柽麻	0.78	0.15	0.30	2.98	0.50	1.10
肥田萝卜	0.27	0.06	0.34	2.89	0.64	3.66
紫穗槐	1.32	0.36	0.79	3.02	0.68	1.81
箭筈豌豆	0.58	0.30	0.37	3.18	0.55	3.28
水花生	0.15	0.09	0.57	-	-	-
水葫芦	0.24	0.07	0.11	-	-	-
水浮莲	0.22	0.06	0.10	-	-	-
绿萍	0.30	0.04	0.13	2.70	0.35	1.18

3. 绿肥的种植利用方式

绿肥首先是一种作物，本身需要一定的土壤、时间、光照、温度等条件下生长发育。在人多地少的地区，就容易产生用地矛盾。充分利用作物生长期以外可以利用的时间和粮食等作物生长发育过程中可以利用的空间，合理安排种植绿肥是协调粮肥矛盾的主要方法。

(1) 农区绿肥种植方式

① 不同农区适宜的绿肥饲草种类和组合。在黑龙江和辽宁等地，以二年

生白花草木樨与稗谷、黑麦草等混播，其比例以 5∶1 为好；在河南，以毛叶苕子与黑麦草混播较好，其比例以 1∶1 为佳。在山西，箭筈豌豆适应性广，抗旱、耐瘠、产草量高，而且种子产量高而稳；种子可加工作粉丝，草和籽都是优质饲料。苕子是西南地区云、贵、川三省冬闲旱地良好的间套种绿肥饲草作物。在集约农区，由于复种指数高，绿肥饲草应以短期、经济价值高的种类为主。在浙江，除了传统的紫云英外，紫云英与黑麦草混播的效果十分明显。江苏的[illegible]豌豆与黑麦或黑麦草混播为好，上海则以青贮玉米和黑麦混播组合较为适宜。综合各地区不同种植制度中绿肥的适宜种类如表 3-7 所示。

表 3-7　不同农区不同种植制度中绿肥的适宜种类

地区	主要作物种植方式	适宜绿肥种类	种植形式
黑龙江双城	一熟制玉米	白花草木樨	间作
辽宁阜新	粮草轮作	白花草木樨	轮作
内蒙古四子王旗	粮草轮作	白花草木樨、毛叶苕子	轮作
山西右玉	粮草轮作	箭筈豌豆	轮作
陕西蒲城	二年三熟或一年二熟	苜蓿	轮作
甘肃武威	一熟制春麦	毛叶苕子、箭筈豌豆、草木樨	间种、复种
新疆和田	一年二熟	草木樨、豆类	间套种
河南通许	小麦玉米或麦棉一年二熟	苕子、黑麦混播	间作
江苏盐城	春玉米或麦棉一年二熟	苕子、豌豆、蚕豆、黑麦草	套种或复种
浙江奉化	双季稻	紫云英、苕子、黑麦草	套种或复种
上海	双季稻	紫云英、黑麦草、青贮玉米	套种或复种
四川德阳	一熟玉米	早熟毛叶苕子	套种
四川西昌	一熟玉米	早熟毛叶苕子	套种
贵州赫章	一熟玉米	普通光叶苕子	套种
云南呈贡	一熟玉米	普通光叶苕子	套种

② 适宜的绿肥种植方式。我国不同地区自然条件差异很大，农作物种植

方式多种多样，绿肥的种植方式也多种多样（表3-8）。

表3-8 几种绿肥与农作物种植的优化模式

模式	种植方法	适宜地区
玉米、绿肥间作	一熟制玉米和草木樨2∶1形式	北方一熟制玉米地区，黑龙江、辽宁、内蒙古
玉米套种绿肥	一熟制玉米夏秋套播苕子	西南地区冬闲旱地
小麦玉米二熟制玉米套种绿肥	小麦玉米带状套种，麦收后玉米行间套种草木樨等	一年二熟制地区，新疆等
麦豆二熟制套种绿肥	大麦带状种植，秋季套种黑麦草、豌豆混合草，麦收收复种大豆	一年二熟制地区，江苏盐城、河南等
双季稻冬季麦类间作绿肥	大麦间作紫云英或紫云英黑麦草混播或青贮玉米	双季稻地区，上海、浙江等
小麦复种绿肥	一熟制春麦套种和复种箭筈豌豆和草木樨	甘肃、新疆
一草一粮轮作	春箭筈豌豆收籽，胡麻轮作	晋西北半干旱瘠薄地
一草二粮轮作	草木樨或混播稗草、玉米（或高粱），3年轮作	辽西半干旱瘠薄地

③ 粮食和绿肥饲草的合理比例。我国北方一熟制地区，由于连年种植粮食，对水肥要求相对较高，适当播种绿肥，刈割作饲料，根茬肥田，实行种养结合，扩充饲料来源，发展农区畜牧业，是建立良性的农业生态体系的一条重要途径。在甘肃，粮食、绿肥饲草作物合理轮作，可促进农牧业的发展，改变单一的种植方式，有利于土壤肥力的提高。其中，粮油草配置比例以两种形式最佳：其一是粮食作物60%、油料作物20%、饲草作物（紫花苜蓿）20%再加上粮田夏季复种短期绿肥作物40%；其二是粮食作物70%、油料作物10%、饲草作物（紫花苜蓿）20%再加上粮田夏季复种短期绿肥作物30%。在以粮食作物为主的陕西渭北旱塬地区，豆科绿肥饲草近些年来面积急剧下降，对土壤培肥和畜牧业发展十分不利，在这一地区安排一定面积的多年生豆科绿肥牧草如紫花苜蓿等，实行粮草轮作是十分必要的，绿肥饲草的面积以占耕地面积的5%～6%为宜。在江苏盐城地区的中度盐碱地上，绿肥饲草间套种，绿肥面积占到40%不会影响粮食总产，并且改土效果明显。

(2) 果桑园绿肥种植方式 在北方果园中，毛叶苕子、百脉根、小冠花、苜蓿和草木樨是较好的覆盖绿肥，其中越年生毛叶苕子、多年生百脉根和小冠花更为适合。

南方红壤丘陵柑橘园土壤偏酸，并多瘠薄，一般应选用耐酸、耐瘠、抗高温干旱的种类。主要的种植种类有印度豇豆、白三叶、竹豆、箭筈豌豆、紫云英、豌豆、黑麦草、肥田萝卜以及商陆等。

亚热带果园（龙眼、荔枝等）气温高，土壤侵蚀严重，土壤贫瘠，主要选择抗逆性强、生长快、能迅速覆盖地面的绿肥作物，本地区以印度豇豆表现最好，其次为大翼豆。

在桑园的冬季绿肥中，南部地区以箭筈豌豆、北部地区以苕子较好，其他如蚕豆、地中海三叶草、印尼绿豆等，也是较好的桑园绿肥。

选用合适的绿肥种类的同时，不同绿肥种类的组合搭配也十分重要。毛叶苕子、印度豇豆、箭筈豌豆等一年生绿肥生长速度快，产草量高，当年的覆盖度大；而多年生小冠花、三叶草等，一次播种可多年利用，具有节省工本的特点。一年生与多年生绿肥适当搭配，可充分发挥二者的优点。此外，采用豆科、禾本科、十字花科混播或间套作对增加鲜草产量及全面提高和平衡土壤氮、磷、钾养分十分有利。

目前，在黄河故道地区采用毛叶苕子自传种栽培技术是一项成功的方法。利用毛叶苕子种子成熟后自行落地和有一定量的硬籽的特性，自然形成草层，变年年播种为一次播种多年利用。具体方法是：毛叶苕子秋播前，每亩施 50 千克过磷酸钙，耕地、播种，翌年春季覆盖地表，开花结籽，6～7 月敲打和践踏使种子落地入土。茎叶干枯后，等到杂草长到 30～40 厘米时，喷洒 150 倍草甘膦 1～2 次，以利秋季毛叶苕子种子萌发再生。8 月下旬落地毛叶苕子陆续发芽、出土、成苗。如此循环 3～4 年后，于春季盛花期翻压，完成一个覆盖周期。

4. 绿肥的合理利用技术

目前，我国绿肥主要利用方式有直接翻压、作为原材料积制有机肥料和用作饲料。

(1) 直接翻压 绿肥直接翻压（也叫压青）施用后的效果与翻压绿肥的时期、翻压深度、翻压量和翻压后的水肥管理密切相关。

① 绿肥翻压时期。常见绿肥品种中紫云英应在盛花期；毛叶苕子和田菁应在现蕾期至初花期；豌豆应在初花期；柽麻应在初花期至盛花期。翻压绿肥时期的选择，除了根据不同品种绿肥植物生长特性外，还要考虑农作物的播种期和需肥时期。一般应与播种和移栽期有一段时间间距，10 天左右。

② 绿肥翻压量与深度。绿肥翻压量一般根据绿肥中的养分含量、土壤供肥特性和植物的需肥量来考虑，每亩应控制在 1 000～1 500 千克，然后再配合

施用适量的其他肥料，来满足植物对养分的需求。绿肥翻压深度一般根据耕作深度考虑，大田应控制在15～20厘米，不宜过深或过浅。而果园翻压深度应根据果树品种和果树需肥特性考虑，可适当增加翻压深度。

③ 翻压后水肥管理。绿肥在翻压后，应配合施用磷、钾肥，既可以调整氮/磷，还可以协调土壤中氮、磷、钾的比例，从而充分发挥绿肥的肥效。对于干旱地区和干旱季节，还应及时灌溉，尽量保持充足的水分，加速绿肥的腐熟。

(2) 配合其他材料进行堆肥和沤肥　可将绿肥与秸秆、杂草、树叶、粪尿、河塘泥、含有机质的垃圾等有机废弃物配合进行堆肥或沤肥；还可以配合其他有机废弃物进行沼气发酵，既可以解决农村能源，又可以保证有足够的有机肥料的施用。

(3) 协调发展农牧业　可以用作饲料，发展畜牧业。绿肥（尤其是豆科绿肥）粗蛋白含量较高，为15%～20%（干基），是很好的青饲料，可用于家畜饲养。

第三节　商品有机肥料高效安全使用

广义的商品有机肥料是指有机肥料原料经过工厂化生产后形成商品进行销售的有机肥料，如精制有机肥料、生物有机肥、有机无机复混肥料、腐殖酸肥料、氨基酸肥料、泥炭肥料、饼肥等。狭义上的商品有机肥主要是指精制有机肥料、生物有机肥、有机无机复混肥料。

一、商品有机肥高效安全使用

与传统有机肥不同，商品有机肥有着自己独特的内涵。商品有机肥料是指工厂化生产，经过物料预处理、配方、发酵、干燥、粉碎、造粒、包装等工艺加工生产的有机肥料或有机无机复混肥料。商品有机肥包括精制有机肥料类、有机无机复混肥料、生物有机肥料。精制有机肥料是指不含特定功能的微生物，以提供有机质和少量养分为主，市场上约占43%；有机无机复混肥料是由有机和无机肥料混合而成，既含有一定比例的有机质，又含有较高的养分，市场上约占40%；生物有机肥料除含较高的有机质和少量养分外，还含特定功能（固氮、解磷、解钾、抗土传病害等）的有益菌，市场上约占15%。这里主要介绍精制有机肥料。

1. 精制有机肥料

精制有机肥料主要包括两类：一类是活性有机肥料，以作物秸秆、畜禽粪便和农副产品加工下脚料为主要原料，经加入发酵微生物进行发酵脱水和无害化处理而成的优质有机肥料；另一类是腐殖酸、氨基酸类特种有机肥料，富含有机营养成分和植物生长调节剂。

(1) 精制有机肥施用特点 主要表现在：一是养分齐全，含有丰富的有机质，可以全面提供作物氮、磷、钾及多种中微量元素，作物施用商品有机肥后，能明显提高农产品的品质和产量。二是改善地力，施用商品有机肥能改善土壤理化性状，增强土壤的透气、保水、保肥能力，防止土壤板结和酸化，显著降低土壤盐分对作物的不良影响，增强作物的抗逆和抗病虫害能力，缓解连作障碍。

(2) 精制有机肥施用数量 不同种类作物施用量不相同。这里以活性商品有机肥为例：设施瓜果、蔬菜，如西瓜、草莓、辣椒、番茄、黄瓜等，基肥每季每亩 300～500 千克。露地瓜菜，如西瓜、黄瓜、马铃薯、毛豆及葱蒜类等，基肥每季每亩 300～400 千克；青菜等叶菜类，基肥每季每亩 200～300 千克；莲子，基肥每季每亩 500～750 千克。粮食作物，如小麦、水稻、玉米等，基肥每季每亩 200～250 千克。油料作物，如油菜、花生、大豆等，基肥每季每亩 300～500 千克。果树、茶叶、花卉、桑树等，根据树龄大小，基肥每季每亩 500～750 千克；新苗木基地，在育苗前每亩基施 750～1 000 千克。对于新平整后的生土田块，3～5 年内每年每亩增施 750～1 000 千克，方可逐渐恢复并提高土壤肥力。

(3) 施用注意事项及施用方法 精制有机肥的长效性不能代替化学肥料的速效性，必须根据不同作物和土壤，再配合尿素、配方肥等施用，才能取得最佳效果；精制有机肥施用方法一般以作基（底）肥施用为主，在作物栽种前将肥料均匀撒施，耕翻入土，如采用条施或沟施，要注意防止肥料集中施用发生烧苗现象，要根据作物田间实际情况确定商品有机肥的亩施用量；精制有机肥作追肥使用时，一定要及时浇足水分；精制有机肥在高温季节旱地作物上使用时，一定要注意适当减少施用量，防止发生烧苗现象；精制有机肥的 pH 一般呈碱性，在喜酸作物上使用要注意其适应性及施用量。

2. 生物有机肥

生物有机肥是指特定功能的微生物与经过无害化处理、腐熟的有机物料（主要是动植物残体，如畜禽粪便、农作物秸秆等）复合而成的一类肥料，兼有微生物肥料和有机肥料效应。生物有机肥按功能微生物的不同可分为固氮生物有机肥、解磷生物有机肥、解钾生物有机肥、复合生物有机肥等。

(1) 生物有机肥料的技术标准 生物有机肥料的技术标准为 NY 884—2012（表 3－9）。

表 3-9　生物有机肥料产品技术要求

项　目		剂　型	
		粉　剂	颗　粒
有效活菌数（cfu，亿/克）	≥	0.20	0.20
有机质（以干基计,%）	≥	40.0	40.0
水分（%）	≤	30.0	15.0
pH		5.5～8.5	5.5～8.5
粪大肠菌群数（个/克，毫升）	≤	100	
蛔虫卵死亡（%）	≥	95	
有效期（月）	≥	6	

（2）生物有机肥高效安全施用　生物有机肥根据作物的不同选择不同的施肥方法，常用的施肥方法如下：

① 种施法。播种时，将颗粒生物有机肥与少量化肥混匀，随播种机施入土壤。一般每亩施 20～50 千克。

② 撒施法。结合深耕或在播种时将生物有机肥均匀地施在根系集中分布的区域和经常保持湿润状态的土层中，做到土肥相融。一般每亩施 200～500 千克。

③ 条状沟施法。条播作物或葡萄等果树，开沟后施肥播种或在距离果树 5 厘米处开沟施肥。一般每亩施 200～500 千克。

④ 环状沟施法。苹果、桃、梨等幼年果树，距树干 20～30 厘米，绕树干开一环状沟，施肥后覆土。一般每株施 10～60 千克。

⑤ 放射状沟施。苹果、桃、梨等成年果树，距树干 30 厘米处，按果树根系伸展情况向四周开 4～5 个 50 厘米长的沟，施肥后覆土。一般每株施 10～60 千克。

⑥ 穴施法。点播或移栽作物，如玉米、棉花、番茄等，将肥料施入播种穴，然后播种或移栽。一般每亩施 30～60 千克。

⑦ 蘸根法。对移栽作物，如水稻、番茄等，按生物有机肥加 5 份水配成肥料悬浊液，浸蘸苗根，然后定植。

⑧ 盖种肥法。开沟播种后，将生物有机肥均匀地覆盖在种子上面。一般每亩施用量为 100～150 千克。

二、腐殖酸肥料高效安全使用

腐殖酸为黑色或黑褐色无定形粉末，在稀溶液条件下像水一样无黏性，或多或少地溶解在酸、碱、盐、水和一些有机溶剂中，具有弱酸性；是一种亲水胶体，具有较高的离子交换性、络合性和生理活性；经过加工可以生产腐殖酸铵、含腐殖酸水溶肥料等产品。

1. 腐殖酸肥料品种与性质

腐殖酸肥料品种主要有腐殖酸铵、硝基腐殖酸铵、腐殖酸磷、腐殖酸铵磷、腐殖酸钠、腐殖酸钾等。

(1) 腐殖酸铵　简称腐铵，化学分子式为 R—$COONH_4$，一般含水溶性腐殖酸铵 [illegible]%以上、速效氮 3%以上，外观为黑色有光泽颗粒或黑色粉末，溶于水，呈微碱性，无毒，在空气中稳定。可作基肥（亩用量 40～50 千克）、追肥、浸种或浸根等，适用于各种土壤和作物。

(2) 硝基腐殖酸铵　由腐殖酸与稀硝酸共同加热，氧化分解形成。一般含水溶性腐殖酸铵 45%以上、速效氮 2%以上。外观为黑色有光泽颗粒或黑色粉末，溶于水，呈微碱性，无毒，在空气中较稳定。可作基肥（亩用量 40～75 千克）、追肥、浸种或浸根等，适用于各种土壤和作物。

(3) 腐殖酸钠、腐殖酸钾　腐殖酸钠、腐殖酸钾的化学分子式分别为 R—COONa、R—COOK，一般腐殖酸钠含腐殖酸 40%～70%、腐殖酸钾含腐殖酸 70%以上。二者呈棕褐色，易溶于水，水溶液呈强碱性。可作基肥（0.05%～0.1%浓度液肥与农家肥拌在一起施用）、追肥（每亩用 0.01%～0.1%浓度液肥 250 千克浇灌）、种子处理（浸种浓度 0.005%～0.05%、浸根插条等浓度 0.01%～0.05%）、根外追肥（喷施浓度 0.01%～0.05%）等。

(4) 黄腐酸　又称富里酸、富啡酸、抗旱剂一号、旱地龙等，溶于水、酸、碱，水溶液呈酸性，无毒，性质稳定。黑色或棕黑色。含黄腐酸 70%以上，可作拌种（用量为种子量的 0.5%）、蘸根（100 克加水 20 千克加黏土调成糊状）、叶面喷施（大田作物稀释 1 000 倍、果树和蔬菜稀释 800～1 000 倍）等。

2. 腐殖酸肥料高效安全施用

(1) 施用条件　腐殖酸肥适于各种土壤，特别是有机质含量低的土壤、盐碱地、酸性红壤、新开垦红壤、黄土、黑黄土等施用腐殖酸肥效果更好。

腐殖酸肥对各种作物均有增产作用，效果好的作物有白菜、萝卜、番茄、马铃薯、甜菜、甘薯；效果较好的作物有玉米、水稻、高粱、裸麦等。

(2) 固体腐殖酸肥高效安全施用　腐殖酸肥与化肥混合制成腐殖酸复混肥，可以作基肥、种肥、追肥或根外追肥；可撒施、穴施、条施或压球造粒施用。

① 作基肥。可以采用撒施、穴施、条施等方法，不过集中施用比撒施效果好，深施比浅施、表施效果好，一般每亩可施腐殖酸铵等 40～50 千克、腐

殖酸复混肥 25～50 千克。

② 作种肥。可穴施于种子下方 12 厘米附近，每亩可施腐殖酸复混肥 10 千克左右。稻田可用作面肥，在插秧前把肥料均匀撒在地表，耙匀后插秧，效果很好。

③ 作追肥。应该早施，应在距离作物根系 6～9 厘米附近穴施或条施，追施后结合中耕覆土。可将硝基腐殖酸铵作为增效剂与化肥混合施用效果较好，每亩施用量 10～20 千克。

④ 秧田施用。利用泥炭、褐煤、风化煤粉覆盖秧床，对于培育壮秧、增强秧苗抗逆性具有良好作用。

(3) 注意问题　腐殖酸肥效缓慢，后效较长，应该尽量早施，在作物生长前期施用。腐殖酸本身不是肥料，必须与其他肥料配合施用才能发挥作用。腐殖酸肥料作为水溶肥料施用必须注意适宜浓度，过高会抑制作物生长，过低不起作用。腐殖酸肥料作为水溶肥料施用配制时最好不要使用含钙、镁较多的硬水，以免发生沉淀影响肥效，pH 要控制在 7.2～7.5。

三、其他杂肥类有机肥料高效安全使用

其他有机肥料，也称为杂肥，包括泥炭、饼肥或菇渣、城市有机废弃物等，它们的养分含量及施用方法如表 3-10 表示。

表 3-10　杂肥类有机肥料的养分含量与施用方法

名称	养分含量	施用
泥炭	含有机质 40%～70%、腐殖酸 20%～40%、全氮 0.49%～3.27%、全磷 0.05%～0.6%、全钾 0.05%～0.25%，多呈酸性至微酸性反应	多作垫圈或堆肥材料、肥料生产原料、营养钵无土栽培基质，一般较少直接施用
饼肥	主要有大豆饼、菜籽饼、花生饼等，含有机质 75%～85%、全氮 1.1%～7.0%、全磷 0.4%～3.0%、全钾 0.9%～2.1%、蛋白质及氨基酸等	一般作饲料，不作肥料。若用作肥料，可作基肥和追肥，但需要腐熟
菇渣	含有机质 60%～70%、全氮 1.62%、全磷 0.454%、全钾 0.9%～2.1%、速效氮 212 毫克/千克、速效磷 188 毫克/千克，并含丰富微量元素	可作饲料、吸附剂、栽培基质。腐熟后可作基肥和追肥
城市垃圾	处理后垃圾肥含有机质 2.2%～9.0%、全氮 0.18%～0.20%、全磷 0.23%～0.29%、全钾 0.29%～0.48%	经腐熟并达到无害化后多作基肥施用

第四章　新型肥料高效安全使用

新型肥料有别于传统的、常规的肥料，表现在功能拓展或功效提高、肥料形态更新、新型材料的应用、肥料使用方式的转变或更新等方面，能够直接或间接地为作物提供必需的营养成分；调节土壤酸碱度，改良土壤结构，改善土壤理化性质、生物化学性质；调节或改善作物的生长机制；改善肥料品质和性质或能提高肥料的利用率。赵秉强等将新型肥料类型归纳为：缓控释肥料、稳定性肥料、水溶性肥料、功能性肥料、商品化有机肥料、微生物肥料、增值尿素和有机无机复混肥料8个类型。

第一节　微生物肥料高效安全使用

微生物肥料是指一类含有活微生物的特定制品。应用于农业生产中，能够获得特定的肥料效应，且在这种效应的产生中，制品中活微生物起关键作用，符合上述定义的制品均归于微生物肥料。从微生物肥料登记管理来看，可分为微生物菌剂、复合微生物肥料、生物有机肥、有机物料腐熟剂等。

一、常规微生物肥料高效安全使用

主要有根瘤菌肥料、固氮菌肥料、磷细菌肥料、钾细菌肥料、抗生菌肥料等。

1. 根瘤菌肥料

根瘤菌能和豆科作物共生、结瘤、固氮，用人工选育出来的高效根瘤菌株，经大量繁殖后，用载体吸附制成的生物菌剂称为根瘤菌肥料。

（1）肥料性质　根瘤菌肥料按剂型不同分为固体、液体、冻干剂3种。固体根瘤菌肥料的吸附剂多为草炭，为黑褐色或褐色粉末状固体，湿润松散，含水量20%～35%，一般菌剂含活菌数1亿～2亿/克，杂菌数小于15%，pH 6～7.5。液体根瘤菌肥料应无异臭味，含活菌数5亿～10亿/升，杂菌数小于5%，pH 5.5～7。冻干根瘤菌肥料不加吸附剂，为白色粉末状，含菌量比固体型高几十倍，但生产上应用很少。

（2）高效安全使用　根瘤菌肥料多用于拌种，用量为每亩地种子用30～

40 克菌剂加 3.75 千克水混匀后拌种，或根据产品说明书施用。拌种时要掌握互接种族关系，选择与作物相对应的根瘤菌肥。作物出苗后，发现结瘤效果差时，可在幼苗附近浇泼兑水的根瘤菌肥料。

(3) 注意事项　根瘤菌结瘤最适温度为 20～40 ℃、土壤含水量为田间持水量的 60%～80%，适宜中性到微碱性（pH 6.5～7.5），而良好的通气条件有利于结瘤和固氮；在酸性土壤上使用时需加石灰调节土壤酸度；拌种及风干过程切忌阳光直射，已拌菌的种子需当天播完；不可与速效氮肥及杀菌农药混合使用，如果种子需要消毒，需在根瘤菌拌种前 2～3 周使用，使菌、药有较长的间隔时间，以免影响根瘤菌的活性。

2. 固氮菌肥料

固氮菌肥料是指含有大量好气性自生固氮菌的生物制品。具有自生固氮作用的微生物种类很多，在生产上得到广泛应用的是固氮菌科的固氮菌属，以圆褐固氮菌应用较多。

(1) 肥料性质　固氮菌肥料可分为自生固氮菌肥和联合固氮菌肥。自生固氮菌肥是指由人工培育的自生固氮菌制成的微生物肥料，能直接固定空气中的氮素，并产生很多激素类物质刺激植物生长。联合固氮菌是指在固氮菌中有一类自由生活的类群，生长于植物根表和近根土壤中，靠根系分泌物生存，与植物根系关系密切。联合固氮菌肥是指利用联合固氮菌制成的微生物肥料，对增加作物氮素来源、提高产量、促进植物根系的吸收作用，增强抗逆性有重要作用。

固氮菌肥料的剂型有固体、液体、冻干剂 3 种。固体剂型多为黑褐色或褐色粉末状，湿润松散，含水量 20%～35%，一般菌剂含活菌数 1 亿/克以上，杂菌数小于 15%，pH 6～7.5。液体剂型为乳白色或淡褐色，浑浊，稍有沉淀，无异臭味，含活菌数 5 亿/升以上，杂菌数小于 5%，pH 5.5～7。冻干剂型为乳白色结晶，无味，含活菌数 5 亿/升以上，杂菌数小于 2%，pH 6.0～7.5。

(2) 高效安全使用　固氮菌肥料适用于各种作物，可作基肥、追肥和种肥，施用量按说明书确定。也可与有机肥、磷肥、钾肥及微量元素肥料配合施用。

作基肥施用时可与有机肥配合沟施或穴施，施后立即覆土。也可蘸秧根或作基肥施在蔬菜苗床上，与棉花盖种肥混施。作追肥时把菌肥用水调成糊状，施于作物根部，施后覆土，一般在作物开花前施用较好。种肥一般作拌种施用，加水混匀后拌种，将种子阴干后即可播种。对于移栽作物，可采取蘸秧根的方法施用。固体固氮菌肥一般每亩用量 250～500 克、液体固氮菌肥每亩用量 100 毫升、冻干剂固氮菌肥每亩用 500 亿～1 000 亿个活菌。

(3) 注意事项 固氮菌属中温好气性细菌，最适温度为25～30℃。要求土壤通气良好，含水量为田间持水量的60%～80%，最适pH 7.4～7.6。在酸性土壤（pH<6）中活性明显受到抑制，因此，施用前需加石灰调节土壤酸度，固氮菌只有在环境中有丰富的碳水化合物而缺少化合态氮时才能进行固氮作用，与有机肥、磷肥、钾肥及微量元素肥料配合施用，对固氮菌的活性有促进作用，在贫瘠土壤上尤其重要。过酸、过碱的肥料或有杀菌作用的农药都不宜与固氮菌肥混施，以免影响其活性。

3. 磷细菌肥料

磷细菌肥料是指含有能强烈分解有机或无机磷化合物的磷细菌的生物制品。

(1) 肥料性质 目前国内生产的磷细菌肥料有液体和固体两种剂型。液体剂型的磷细菌肥料，外观呈棕褐色浑浊液，含活细菌5亿～15亿/毫升，杂菌数小于5%，含水量20%～35%，有机磷细菌≥1亿/毫升，无机磷细菌≥2亿/毫升，pH 6.0～7.5。颗粒剂型的磷细菌肥料，外观呈褐色，有效活细菌数大于3亿/克，杂菌数小于20%，含水量小于10%，有机质含量≥25%，粒径2.5～4.5毫米。

(2) 高效安全使用 磷细菌肥料可作基肥、追肥和种肥。作基肥可与有机肥、磷矿粉混匀后沟施或穴施，一般每亩用量为1.5～2千克，施后立即覆土。作追肥可将磷细菌肥料用水稀释后在作物开花前施用，菌液施于根部。作种肥主要是拌种，可先将菌剂加水调成糊状，然后加入种子拌匀，阴干后立即播种，防止阳光直接照射。一般每亩种子用固体磷细菌肥料1.0～1.5千克或液体磷细菌肥料0.3～0.6千克，加水4～5倍稀释。

(3) 注意事项 磷细菌的最适温度为30～37℃，适宜pH 7.0～7.5。拌种时随配随拌，不宜留存；暂时不用的，应该放置在阴凉处覆盖保存。磷细菌肥料不与农药及生理酸性肥料同时施用，也不能与石灰氮、过磷酸钙及碳酸氢铵混合施用。

4. 钾细菌肥料

钾细菌肥料，又名硅酸盐细菌肥料、生物钾肥。钾细菌肥料是指含有能对土壤中云母、长石等含钾的铝硅酸盐及磷灰石进行分解，释放出钾、磷与其他灰分元素，改善作物营养条件的钾细菌的生物制品。

(1) 肥料性质 钾细菌肥料产品主要有液体和固体两种剂型。液体剂型外观为浅褐色浑浊液，无异臭，有微酸味，有效活菌数大于10亿/毫升，杂菌数小于5%，pH 5.5～7.0。固体剂型是以草炭为载体的粉状吸附剂，外观呈黑褐色或褐色，湿润而松散，无异味，有效活细菌数大于1亿/克，杂菌数小于20%，含水量小于10%，有机质含量≥25%，粒径2.5～4.5毫米，pH 6.9～7.5。

(2) 高效安全使用　钾细菌肥料可作基肥、追肥、种肥。作基肥，固体剂型与有机肥料混合沟施或穴施，立即覆土，每亩用量3～4千克，液体用2～4千克菌液。果树施用钾细菌肥料，一般在秋末或早春，根据树冠大小，在距树身1.5～2.5米处环树挖沟（深、宽各15厘米），每亩用菌剂1.5～2.5千克混细肥土20千克，施于沟内后覆土即可。作追肥，按每亩用菌剂1～2千克兑水50～100千克混匀后进行灌根。作种肥，每亩用1.5～2.5千克钾细菌肥料与其他种肥混合施用。也可将固体菌剂加适量水制成菌悬液或液体菌加适量水稀释，然后喷到种子上拌匀，稍干后立即播种。也可将固体菌剂或液体菌稀释5～6倍，搅匀后，把水稻、蔬菜的根蘸入，蘸后立即插秧或移栽。

(3) 注意事项　紫外线对钾细菌有杀灭作用，因此在贮、运、用过程中应避免阳光直射，拌种时应在室内或棚内等避光处进行，拌好晾干后应立即播完，并及时覆土。钾细菌肥料不能与过酸或过碱的肥料混合施用。当土壤中速效钾含量在26毫克/千克以下时，不利于钾细菌肥料肥效发挥；当土壤速效钾含量在50～75毫克/千克时，钾细菌解钾能力可达到高峰。钾细菌的最适温度为25～27℃，适宜pH 5.0～8.0。

5. 抗生菌肥料

抗生菌肥料是利用能分泌抗菌物质和刺激素的微生物制成的微生物肥料。常用的菌种是放线菌，我国常用的是5406（细黄链霉菌），此类制品不仅有肥效作用而且能抑制一些作物的病害，促进作物生长。

(1) 肥料性质　抗生菌肥料是一种新型多功能微生物肥料，抗生菌在生长繁殖过程中可以产生刺激物质、抗生素，还能转化土壤中的氮、磷、钾元素，具有改进土壤团粒结构等功能。有防病、保苗、肥地、松土以及刺激植物生长等多种作用。

抗生菌生长的最适宜温度是28～32℃，超过32℃或低于26℃生长减弱，超过40℃或低于12℃生长近乎停止；适宜pH 6.5～8.5，含水量适宜在25%左右，要求有充分的通气条件，对营养条件要求较低。

(2) 高效安全使用　抗生菌肥料适用于棉花、小麦、油菜、甘薯、高粱和玉米等作物，一般用作浸种或拌种，也可用作追肥。作种肥一般每亩用抗生菌肥料7.5千克，加入饼粉2.5～5千克、细土500～1 000千克、过磷酸钙5千克，拌匀后覆盖在种子上，施用时最好配施有机肥料和化学肥料。浸种时，玉米种用1∶(1～4)抗生菌肥浸出液浸泡12小时，水稻种子浸泡24小时。也可用1∶(1～4)抗生菌肥浸出液浸根或蘸根。也可在作物移栽时每亩用抗生菌肥10～25千克穴施。作追肥，可在作物定植后，在苗附近开沟施用覆土。也可用抗生菌肥浸出液进行叶面喷施，主要适用于一些蔬菜和温室作物。

(3) 注意事项 抗生菌肥配合施用有机肥料、化肥效果较好；抗生菌肥不能与杀菌剂混合拌种，可与杀虫剂混用；抗生菌肥不能与硫酸铵、硝酸铵等混合施用。

二、复合微生物肥料高效安全使用

复合微生物肥料是指两种或两种以上的有益微生物或一种有益微生物与营养物质复配而成，能提供、保持或改善植物的营养，提高农产品产量或改善农产品品质的活体微生物制品。

1. 复合微生物肥料类型

一般有两种：第一种是菌与菌复合微生物肥料，可以是同一微生物菌种的复合（如大豆根瘤菌的不同菌系分别发酵，吸附时混合），也可以是不同微生物菌种的复合（如固氮菌、解磷细菌、解钾细菌等分别发酵，吸附时混合）。第二种是菌与各种营养元素或添加物、增效剂的复合微生物肥料，采用的复合方式有菌与大量元素复合、菌与微量元素复合、菌与稀土元素复合、菌与作物生长调节物质复合等。

2. 复合微生物肥料性质

复合微生物肥料可以增加土壤有机质、改善土壤菌群结构，并通过微生物的代谢物刺激植物生长，抑制有害病原菌。

目前按剂型主要有液体、粉剂和颗粒 3 种。粉剂产品应松散；颗粒产品应无明显机械杂质、大小均匀，具有吸水性。复合微生物肥料产品技术指标见表 4-1。复合微生物肥料产品中无害化指标见表 4-2。

表 4-1 复合微生物肥料产品技术指标（NY/T 798—2015）

项 目		剂 型	
		液体	固体
有效活菌数（亿/克，毫升）	≥	0.50	0.20
总养分（$N+P_2O_5+K_2O$）（%）	≥	6.0～20.0	8.0～25.0
有机质（%）	≥	-	20.0
杂菌率（%）	≤	15.0	30.0
水分（%）	≤	-	30.0
pH		5.5～8.5	5.5～8.5
细度（%）	≥	-	80.0
有效期（月）	≥	3	6

注：① 含两种以上微生物的复合微生物肥料，每一种有效菌的数量不得少于 0.01 亿/克（毫升）。

② 总养分应为规定范围内的某一确定值，其测定值与标明值正负偏差的绝对值不应大于 2.0%；各单一养分值应不少于总养分含量的 15.0%。

表 4-2 复合微生物肥料产品无害化指标（NY/T 798—2015）

参数		标准极限
粪大肠菌群数（个/克，毫升）	≤	100
蛔虫卵死亡率（%）	≥	95
砷及其化合物（以 As 计，毫克/千克）	≤	15
镉及其化合物（以 Cd 计，毫克/千克）	≤	3
铅及其化合物（以 Pb 计，毫克/千克）	≤	50
铬及其化合物（以 Cr 计，毫克/千克）	≤	150
汞及其化合物（以 Hg 计，毫克/千克）	≤	2

3. 复合微生物肥料高效安全施用

复合微生物肥料要选择获得农业农村部登记的产品，选购时要注意产品是否经过严格的检测，并附有产品合格证；还要注意产品的有效期，最好选用当年的产品。复合微生物肥料主要适用于大田作物、果树、蔬菜等。

（1）作基肥 每亩用复合微生物肥料 1～2 千克，与有机肥料或细土混匀后沟施、穴施、撒施均可，沟施或穴施后立即覆土；结合整地可撒施，应尽快将肥料翻于土中。

果树或林木施用，幼树每棵 200 克环状沟施、成年树每棵 0.5～1 千克放射状沟施。

（2）蘸根或灌根 每亩用肥 2～5 千克兑水 5～20 倍，移栽时蘸根或干栽后适当增加稀释倍数灌于根部。

（3）拌苗床土 每平方米苗床土用肥 200～300 克与之混匀后播种。花卉草坪可用复合微生物肥料 10～15 克/千克盆土或作基肥。

（4）冲施 根据不同作物每亩用 1～3 千克复合微生物肥料与化肥混合，用适量水稀释后灌溉时随水冲施。

三、功能性微生物菌剂高效安全使用

传统意义上的微生物肥料主要是指根瘤菌肥料、固氮菌肥料、磷细菌肥料、钾细菌肥料、抗生菌肥料等常规微生物菌肥，但最近几年来随着光合细菌、地衣芽孢杆菌、纤维分解菌剂、枯草芽孢杆菌等功能性微生物菌剂的应用，功能性微生物菌剂成为当前微生物肥料的发展方向之一。

1. 农药降解微生物菌剂

2015 年农业部制定了《到 2020 年农药使用量零增长行动方案》，力争到

2020 年，单位防治面积农药使用量控制在近三年平均水平以下，力争实现农药使用总量零增长。因此，果树、蔬菜等作物农药残留已成为关注焦点，应用微生物进行生物修复已成为土壤修复一个重要内容，因此研究农药的微生物降解菌剂成为热点。

常见的降解农药的微生物有细菌（假单胞菌、芽孢杆菌、黄杆菌、产碱菌、不动杆菌、红球菌和棒状杆菌等）、真菌（曲霉菌、青霉菌、根霉菌、木霉菌、白腐真菌和毛霉菌等）、放线菌（诺卡氏菌、链霉菌等）。随着分子生物学的迅猛发展，利用分子克隆技术构建“高效农药降解菌”，提高降解菌降解农药的能力，增加降解菌净化环境的作用，已成为目前微生物降解技术的重点，主要方法有三种：构建“超级细菌”、原生质体融合、降解酶或降解基因的改良。

目前，在获得农药降解菌剂基础上，找到降解过程的关键酶，运用酶制剂或固定化酶的方法提高农药降解效率，显示了良好的应有前景。经多年研究，用于农药降解的酶主要有水解和氧化还原酶类。

目前有关降解农药的微生物菌剂的报道主要有：南京农业大学李顺鹏教授研制的“佰绿得”农药残留微生物降解菌剂，共有 4 种型号：Ⅰ号可降解有机类农药残留、Ⅱ号可降解氯氰菊酯类农药残留、Ⅲ号可降解氰戊菊酯类农药残留、Ⅳ号可降解除草剂残留，目前已在江西、江苏、福建等省的水稻、茶叶、枣、韭菜、蜜橘等作物上进行应用。中国农业科学院范云六院士、伍宁丰研究员从被有机农药污染的土壤中筛选出能够降解多种有机农药残留的细菌，从中克隆出有机磷降解酶的编码基因，并研制出“比亚蔬菜瓜果农药降解酶”产品，已经投放市场。

2. 有机物料腐熟剂

有机物料腐熟剂是指能够加速各种有机物料（包括农作物秸秆、畜禽粪便、生活垃圾及城市污泥等）分解、腐熟的微生物活体制剂，如腐秆灵、酵素菌等。按剂型可分为粉状、颗粒状、液体状等。其特点为：能快速促进堆料升温，缩短物料腐熟时间；有效杀灭病虫卵、杂草种子、除水、脱臭；腐熟过程中释放部分速效养分，产生大量氨基酸、有机酸、维生素、多糖、酶类、植物生长调节物质等多种促进植物生长的物质。

(1) 腐秆灵　腐秆灵是一种含有分解纤维素、半纤维素、木质素等多种微生物群的生物制品。用它处理水稻、小麦、玉米和其他作物秸秆，可通过上述微生物作用，加速其茎秆的腐烂，使之转化成优质有机肥。腐秆灵堆沤农家肥方法如下：

第一步，按每吨农家肥用腐秆灵 2 千克（如农家肥为秸秆杂草等植物残体为主的，每吨需另加尿素 8 千克）的配比用量加水配成菌液。水的分量依据农家肥的干湿情况而定，以菌液刚好淋过堆肥为度。

第二步，把秸秆、人畜粪便、土杂肥等按每 15～20 厘米一层上堆，并每堆一层均匀加入 5%～10%的生土，再均匀泼洒一次用腐秆灵配成的菌液。

第三步，堆肥完成后用黑膜或稻草覆盖，以便保湿保温，在堆沤发酵过程中可产生 55～70 ℃的高温，可杀死肥料中的病原菌、虫卵和草籽等。堆沤中间若能翻堆 1～2 次，腐熟会更彻底、效果更好。堆沤时间为 15～30 天。

水田可在水稻收割时把脱粒后的稻秆均匀撒在田面，淹水 7～10 厘米深，结合机耕时均匀施用腐秆灵。每亩用量 2～3 千克，压秆后困水以防止菌随水流失。

（2）CM 菌 CM 菌是高效有益微生物菌群，主要由光合菌、酵母菌、醋酸杆菌、放线菌、芽孢杆菌等组成。光合菌利用太阳能或紫外线将土壤中的硫氢和碳氢化合物中的氢分离出来，变有害物质为无害物质，并和二氧化碳、氮等合成糖类、氨基酸、纤维素、生物发酵物质等，进而增肥土壤。醋酸杆菌从光合菌中摄取糖类固定氮，然后将固定的氮一部分供给植物，另一部分还给光合细菌，形成好气性和嫌气性细菌共生结构。放线菌将光合菌生产的氮素作为基质，就会使放线菌数量增加。放线菌产生的抗生物质，可增加植物对病害的抵抗力和免疫力。乳酸菌摄取光合菌生产的物质，分解在常温下不易被分解的木质素和纤维素，使未腐熟的有机物发酵，转化为植物容易吸收的养分。酵母菌可产生促进细胞分裂的生物发酵物质，同时还对促进其他有益微生物增殖起重要作用。芽孢杆菌可以产生生理发酵物质，促进作物生长。

发酵沤制有机堆肥的办法和施用量：有机肥 1 米^3（鸡粪、家禽粪便、作物秸秆和其他农作物副产物均可），用 CM 菌原液 0.5～1 千克、红糖 0.5～1 千克，35 ℃温水 5 千克活化拌入有机肥中，水分调节至 35%（手握成团，轻放即散），翻倒均匀，起堆后用大塑料布封严，绝氧发酵 15～30 天，中间翻堆一次。这就沤制好了有机菌肥。大棚菜每亩施用 3～4 米^3，果树施用 1～2 米^3，其他作物酌情施用，最少不能低于 200 千克。

（3）催腐剂 催腐剂是根据微生物中的钾细菌、磷细菌等有益微生物的营养要求，以有机物为主要原料，选用适合有益微生物营养要求的化学药品配制且定量氮、磷、钾等营养的化学制剂。催腐剂拌于秸秆等有机物中，能有效地改善有益微生物的生态环境，加速有机物分解腐烂的作用，故名催腐剂。它是化学、生物技术相结合的边缘科学产品。

水田在小麦收获后，将小麦、油菜秸秆平铺在田间，将 5 克催腐剂用 0.5 千克水浸泡 24 小时后，用 100 千克水稀释，搅匀喷施或浇施于小麦、油菜秸秆上，整地或不整地均可，然后放水插秧（或抛秧），施肥水平按常规进行。若返青出现夺氮争磷现象，补施 5 千克尿素、2 千克磷酸一铵。

旱地将催腐剂每亩 5 克用 100～500 毫升水浸泡 24 小时后，用 100 千克水稀释，加入 1 千克尿素溶解、搅匀，喷施或浇施于拔离耕地倒置于耕地中的秸秆上，施肥水平按常规执行，经 40～50 天秸秆基本腐烂。旱地水分稀少，注意秸秆保湿，湿度不低于 70%。为保持水分，可以适当增加用水量或在秸秆上覆盖少量土壤。

将其他如多年生植物枯枝落叶、干杂草置于耕地中，按比例：500 千克秸秆+100 千克水+尿素 5 千克+10 克催腐剂施用，将 10 克催腐剂用 0.5 千克水浸泡 24 小时后，用 100 千克水稀释，搅匀喷施或浇施于植物枯叶杂草上，湿度≥70%。

按以上方法施用后，经过微生物 40～50 天繁殖生长代谢发酵作用，腐熟即告完成。

（4）酵素菌 酵素菌是一种多功能菌种，是由能够产生多种酶的好气性细菌、酵母菌和霉菌组成的有益微生物群体。酵母菌能产生多种酶，如纤维素酶、脂酶、氧化还原酶等。它能够在短时间内将有机物分解，尤其能降解木屑等物质中的毒素。酵素菌作用于作物秸秆等有机质材料，利用其产生的水解酶的作用，在短时间内，对有机质成分进行糖化分解和氨化分解，产生低分子的糖、醇、酸，这些物质又可作为土壤中有益生物生长繁殖的良好培养基，能够促进堆肥中放线菌的大量繁殖，从而改善土壤的生态环境，创造农作物生长发育所需的良好环境。

利用酵素菌加工有机肥的原料配方为：麦秸 1 000 千克、钙镁磷肥 20 千克、干鸡粪 300 千克、麸皮 100 千克、红糖 1.5 千克、酵素菌 15 千克、原料总重量 60%的水分。先将麦秸摊成 50 厘米厚，用水充分泡透。将干鸡粪均匀撒在麦秸上，再将麸皮、红糖撒上，最后将酵素菌与钙镁磷肥混合均匀撒上，充分掺匀，堆成高 1.5～2 米，宽 2.5～3 米，长度不超过 4 米的长形堆进行发酵。夏季发酵温度上升很快，一般第二天温度升至 60 ℃，维持 7 天，翻堆一次，前后共翻 4 次。第四次翻堆后，注意观察温度变化，当温度日趋平稳且呈下降趋势时，表明堆肥发酵完成。

3. 有机污染物降解菌剂

光合细菌是地球上最早出现具有原始光能合成体系的原核生物，包括两个菌种：紫细菌和绿硫细菌。光合细菌的适宜水温为 15～40 ℃，最适水温为 28～36 ℃。它的细胞干物质中蛋白质含量高达到 60%以上，其蛋白质氨基酸组成比较齐全，细胞中还含有多种维生素，尤其是 B 族维生素极为丰富，叶酸、泛酸、生物素的含量也较高，同时还含有大量的类胡萝卜素、辅酶 Q 等生理活性物质。

光合细菌可有效净化高浓度有机废水，还可广泛应用于水产养殖、畜禽饲养业中。光合细菌也是一种优质生物肥料，可以改善植物营养。

（1）净化水质　随着水产养殖业的发展，水产养殖单位产量大幅度提高，但水质污染严重，特别是饲养后期，水中有机物、氨及亚硝酸盐含量偏高，严重影响了鱼的生长。光合细菌施入水体后，它可降解水体中的残存饲料、鱼类的粪便及其他有机物；同时，还能吸收利用水体中的氨、亚硝酸盐、硫化氢等有害物质。施用光合细菌，能有效避免固体有机物和有害物质的积累，起到净化水质的作用。在水产养殖中运用的光合细菌主要是光能异养型红螺菌科中的一些品种，例如沼泽红假单胞菌。

（2）饲料添加剂　光合细菌是一种营养丰富、营养价值高的细菌，菌体含有丰富的氨基酸、叶酸、B 族维生素，尤其是维生素 B_{12} 和生物素含量较高，还有生理活性物质辅酶 Q。光合细菌的体积为小球藻的 1/20，特别适合作为刚孵出仔鱼的开口饵料。使用光合细菌作为开口饵料，可大幅度提高鱼苗成活率。光合细菌还可作为饲料添加剂添加在饲料中，光合细菌所含的酶类，可以促进鱼类对饲料的消化吸收，提高饲料利用率，降低饵料系数，同时还可显著提高鱼的生长速度。

（3）减少鱼类病害　光合细菌施入水体后，迅速繁殖成为水体中的优势细菌种群，既改善了水质，又抑制了有害病菌的生长和繁殖，降低了有害病菌数量，从而减少了鱼类病害的发生。光合细菌的防病效果非常有效。

（4）培养有益藻类　水体中施入光合细菌后，硅藻、小球藻等鱼类喜欢摄食的藻类成为优势藻类，而蓝藻等有害藻类受到抑制。光合细菌能大量利用水中的氨氮，能有效避免“水华”的产生，如蓝藻的大量繁生。

（5）肥料施用　光合细菌肥料一般为液体菌液，用于作物的基肥、追肥、拌种、叶面喷施、秧菌蘸根等。

4. 防治土传病害的微生物菌剂

土传病害是指发生在植物根部或茎部以土壤为传播媒介的侵染性病害，如：猝倒病、根腐病、青枯病、黄萎病。其危害巨大，造成农作物的品质下降，大幅减产甚至是绝收。而在植物根际范围中，生存着许多对植物有益的细菌，它们在生长过程中能产生许多促进生长的物质，这类细菌统称为植物促生根际细菌，主要有：醋杆菌、气单胞菌、枯草杆菌、阴沟肠杆菌、荧光假单胞菌、恶臭假单胞菌、沙雷氏杆菌、普利茅斯沙氏菌等。

生产上可将多种菌种复配成复合微生物菌剂，通过复合微生物菌群产生的抗菌物质和位点竞争、诱导抗性的作用方式，杀灭和控制土壤中的病原菌，从而有效防治细菌性和真菌性土传病害，可使植物叶部的病害明显减少；同时，复合菌群分泌天然生长素，促进作物吸收根和侧根再生长，强化根系对营养的全面吸收，具有明显的促生长、增产作用。这类微生物菌剂可冲施、灌根、滴灌使用，也可结合有机肥作底肥撒施。目前市场上销售的功能性微生物菌剂产品类型主要见表 4-3。

表 4-3　功能性微生物菌剂产品及主要功效

菌剂	主要功效
枯草芽孢杆菌	① 抑制土壤中病原菌的繁殖和对植物根部的侵袭，减少植物土传病害，预防多种害虫暴发； ② 提高种子的出芽率和保苗率，预防种子自身的遗传病害，提高作物成活率，促进根系生长； ③ 改善土壤团粒结构，改良土壤，提高土壤蓄水、蓄能和地温，缓解重茬障碍； ④ 抑制生长环境中的有害菌的滋生繁殖，降低和预防各种菌类病害的发生； ⑤ 促使土壤中的有机质分解成腐殖质，极大地提高土壤肥效； ⑥ 促进作物生长、成熟，降低成本、增加产量； ⑦ 增强光合作用，提高肥料利用率； ⑧ 平衡土壤 pH，有益微生物调节植物根系生态环境，形成优势菌落，防止土传病害、克服连作障碍； ⑨ 能提供细菌繁殖抑制病菌的生长环境，提高农作物抗病能力，使病菌、虫卵在土壤中被除掉，尤其能防治根瘤病、寄生虫、土壤线虫病等
地衣芽孢杆菌	① 在抗病、杀灭有害菌方面功效显著； ② 改良土壤：施入土壤后迅速繁殖增生，抑制有害病菌的生长，与共生的有益菌种能长期共存，可使土壤微生态平衡； ③ 促进生根，快速生长：在代谢过程中能产生大量的植物内源酶，可明显提高作物对氮、磷、钾及中微量元素等的相互协调和吸收率； ④ 调节生命活动，增产增收，可促进作物根系生长、须根增多，菌种代谢产生的植物内源酶和植物生长调节剂经由根系进入植物体内，促进叶片光合作用，调节营养元素向果实流动，膨果增产效果明显，与施用化肥相比，在等价投入的情况下可增产 15%～30%； ⑤ 分解有机质，防止重茬； ⑥ 根际环境保护屏障，在土壤及作物体内能迅速繁殖成为优势菌群，控制根际营养和资源，使重茬、根腐、立枯、流胶，以及灰霉等病菌丧失生存空间和条件； ⑦ 增强抗逆性：可增强土壤缓冲能力，保水保湿，增强作物抗旱、抗寒、抗涝能力

（续）

菌剂	主要功效
巨大芽孢杆菌	① 抑制土壤中病原菌的繁殖和对植物根部的侵袭，减少植物土传病害，预防多种害虫暴发； ② 具有较强的固氮、解磷、解钾作用，减少化肥用量，尤其是氮肥使用量； ③ 改善土壤团粒结构，改良土壤，提高土壤蓄水、蓄能能力，有效增高地温，缓解重茬障碍； ④ 促进作物生长，提前开花、多开花、增加结果率，增产效果可达10%～30%； ⑤ 提高作物品质，如提高蛋白质、糖分、维生素等含量
解淀粉芽孢杆菌	① 抗病抑菌，光谱高效，对番茄叶霉病菌、灰霉病菌、黄瓜枯萎病菌、炭疽病菌、甜瓜枯萎病菌、辣椒晚疫病菌、小麦水稻纹枯病菌、玉米小斑病菌、大豆根腐病菌等土传病害具有显著防效； ② 抗逆防衰，促进生长，能诱导植物快速分泌内源生长素，促进作物快速生根，提高根系发育能力，促进植株健壮生长； ③ 改良土壤，增进肥力，能改善作物根际微生态，活化土壤中难融的磷、钾等潜在养分，改良土壤，疏松板结，遏制土壤退化，提高土壤肥力； ④ 降低农残，优质增产，可降解土壤及果实中的残留农药，提高果蔬维生素和糖含量，改善农产品品质，提高作物产量，易贮藏运输，提高并延长肥效，减少化学肥料的用量
淡紫紫孢菌	① 南方根结线虫与白色胞囊线虫卵的有效寄生菌，对南方根结线虫的卵寄生率高达60%～70%，对多种线虫都有防治效能，其寄主有根结线虫、胞囊线虫、金色线虫、异皮线虫等； ② 属于内寄生性真菌，是一些植物寄生线虫的重要天敌，能够寄生于卵，也能侵染幼虫和雌虫，可明显减轻多种作物根结线虫、胞囊线虫、茎线虫等植物线虫病的危害； ③ 与线虫卵囊接触后，在黏性基质中，生防菌菌丝包围整个卵，菌丝末端变粗，由于外源性代谢物和真菌几丁质酶的活动使卵壳表层破裂，随后真菌侵入并取而代之，也能分泌毒素对线虫起毒杀作用； ④ 促进植物生长，该菌能产生丰富的衍生物，其一是类似吲哚乙酸产物，它最显著的生理功效是低浓度时促进植物根系与植株的生长，促进植株营养器官的生长，同时对种子的萌发与生长也有促进作用； ⑤ 产生多种酶，几丁质酶能促进线虫卵的孵化，提高拟青霉菌对线虫的寄生率，同时还产生细胞裂解酶、葡聚糖酶与丝蛋白酶，促进作物细胞分裂
哈茨木霉	① 主要用于防治田间和温室内蔬菜、果树、花卉等农作物的白粉病、灰霉病、霜霉病、叶霉病、叶斑病等叶部真菌性病害； ② 在植物根围生长并形成“保护罩”，以防止根部病原真菌的侵染并保证植株能够健康地成长； ③ 改善根系的微环境，增强植物的长势和抗病能力，提高作物的产量和收益

（续）

菌剂	主要功效
多黏类芽孢杆菌	① 可有效防治植物细菌性和真菌性土传病害； ② 对植物具有明显的促生长、增产作用
侧孢短芽孢杆菌	① 促进植物根系生长，增强根系吸收能力，从而提高作物产量； ② 制植物体内外病原菌繁殖，减轻病虫害，降低农药残留； ③ 改良土壤，解决土壤板结现象，从而活化土壤，提高肥料利用率； ④ 增强植物新陈代谢，促进光合作用和强化叶片保护膜，抵抗病原菌； ⑤ 增强光合作用，提高化肥利用率，降低硝酸盐含量； ⑥ 固化若干重金属，降低植物体内重金属含量
胶质芽孢杆菌	① 具有溶磷、释钾和固氮功能； ② 由于菌体自身的代谢，生化反应的结果产生有机酸、氨基酸、多糖、激素等有利于植物吸收和利用的物质； ③ 增加营养元素的供应量，刺激作物生长，抑制有害微生物的活动，有较强的增产效果； ④ 有效抑制各种土传病害的发生，减少农药使用
胶冻样类芽孢杆菌	① 具有解磷、解钾的功能，能增加土壤速效磷含量 90.5%～110.8%、增加速效钾的含量 20%～35%； ② 具有活化土壤中硅、钙、镁等中量元素的作用； ③ 具有提高铁、锰、铜、锌、钼、硼等微量元素供应的功效； ④ 提高或延长肥效，减少化肥用量，每亩施用 1 千克微生物菌剂增产效果与每亩施用 15～20 千克过磷酸钙、每亩施 7.5～10 千克硫酸钾增产效果相当； ⑤ 有效提高作物抗逆性，预防或减轻病害，如小麦的白粉病、棉花立枯病、黄枯萎病等； ⑥ 增产效果明显
长枝木霉	① 抑制病原菌的侵染，使植株健康生长； ② 改善根系的微环境，增强植物的长势和抗病能力，提高作物的产量和收益； ③ 提高农产品的品质，提高作物的产量； ④ 对多种线虫都有防治效能
酿酒酵母	在秸秆腐熟剂中使用
绿色木霉	① 能够对多种病原真菌产生拮抗作用，尤其对土传病原真菌具有显著的拮抗作用； ② 绿色木霉菌能寄生的植物病原菌即拮抗对象包括丝核菌属、小核菌属、核盘菌属、长蠕孢属、镰刀菌属、毛盘孢属、轮枝孢属、黑星菌属、内座壳属、腐霉属、疫霉属、间座壳属和黑星孢属

（续）

菌剂	主要功效
乳酸菌	① 改良土壤性质，提高土壤肥力，加速土壤有机物的分解； ② 抑制有害微生物的生存与繁殖，减轻并逐步消除土传病虫害和连作障碍； ③ 增强植物的代谢功能，提高光合作用，促进种子发芽、根系发达、早开花、多结实，成熟期提前10天以上
复合木霉菌	① 木霉菌对多种重要植物病原真菌有拮抗作用； ② 寄生的同时可产生各种抗生素和溶解酶，降低病原的抗药性，加强抑菌强度； ③ 木霉菌的几丁质酶基因可在细菌、真菌和植物中表达，可防止植物真菌病害、促进农作物生长； ④ 可促进植株根部生长，适合与有机肥混拌增殖后使用，也可以育苗期开始使用，效果更为显著； ⑤ 有效防治大田作物、花卉、果树的根腐病、立枯病、猝倒病、枯萎病等土传病害
放线菌	① 其分枝状的菌丝体能够产生各种胞外水解酶，降解土壤中的各种不溶性有机物质以获得细胞代谢所需的各种营养，对有机物的矿化有着重要作用，改良土壤； ② 促进植物自身的生长，并增强土壤肥力； ③ 对致病菌进行营养和空间的争夺
米曲霉	① 使秸秆中所含的有机质及磷、钾等元素成为植物生长所需的营养，并产生大量有益微生物，刺激作物生产，提高土壤有机质，改善土壤结构； ② 补充土壤中有益微生物数量，进一步促进土壤中物质和能量转化，以及腐殖质的形成和分解，提高肥料利用率； ③ 产生有益代谢物，抑制和杀死有害菌
黑曲霉	① 黑曲霉在发酵生长过程中，产生大量草酸和柠檬酸等多种有机酸和植酸酶等多种酶，从而使有机磷和无机磷得以溶解并被作物吸收利用； ② 黑曲霉添加的生物有机肥，可以部分替代磷化肥； ③ 能明显抑制土传病菌的传播，提高作物抗病、抗逆性能
沼泽红假单胞菌	① 可作为植物的调理素和菌肥； ② 将土壤中的氢分离出来，并以植物根部的分泌物、土壤中的有机物、有害气体（硫化氢等）及二氧化碳、氮等为基质，合成糖类、氨基酸类、维生素类、氮素化合物和生理活性物质，供给植物营养并促进植物生长； ③ 光合菌群的代谢物质不仅可以被植物直接吸收，还可以成为其他微生物繁殖的养分，增加土壤中的有益菌； ④ 帮助植物进行光合作用，吸收大气和土壤中氮、磷、钾等元素，因而减少农药、化肥的使用和残留，提高农副产品品质，提高经济效益

（续）

菌剂	主要功效
苏云金芽孢杆菌	① 是一种包括许多变种的产晶体芽孢杆菌，可作微生物源低毒杀虫剂，以胃毒作用为主； ② 该菌可产生两大类毒素，即内毒素（伴胞晶体）和外毒素，使害虫停止取食，最后害虫因饥饿和死亡； ③ 具有专一、高效和对人畜安全等优点

第二节　水溶性肥料高效安全使用

水溶性肥料是我国目前大量推广应用的一类新型肥料，多为通过叶面喷施或随灌溉施入的一类水溶性肥料，可分为营养型和功能型两种。

一、水溶性肥料的主要类型

1. 营养型水溶性肥料

无机营养型包括微量元素水溶肥料、大量元素水溶肥料、中量元素水溶肥料等。

（1）微量元素水溶肥料　微量元素水溶肥料是由铜、铁、锰、锌、硼、钼微量元素按照所需比例制成的或单一微量元素制成的液体或固体水溶肥料。产品标准为 NY 1428—2010。外观要求：均匀的液体；均匀、松散的固体。微量元素水溶肥料产品技术指标应符合表 4－4 的要求。

表 4－4　微量元素水溶肥料技术指标

项目		固体指标	液体指标
微量元素含量	≥	10.0%	100 克/升
水不溶物含量	≤	5.0%	50 克/升
pH（1∶250 倍稀释）		3.0～10.0	
水分（H_2O）	≤	6.0%	－

注：微量元素含量指铜、铁、锰、锌、硼、钼元素含量之和。产品应至少包含一种微量元素。含量不低于 0.05%（0.5 克/升）的单一微量元素均应计入微量元素含量中。钼元素含量不高于 1.0%（10 克/升）（单质含钼微量元素产品除外）。

（2）大量元素水溶肥料　大量元素水溶肥料是以氮、磷、钾大量元素为主，按照适合植物生长所需比例，添加以铜、铁、锰、锌、硼、钼等微量元素或钙、镁中量元素制成的液体或固体水溶肥料。执行标准为 NY 1107—2010。大量元素水溶肥料主要有以下两种类型：

① 大量元素水溶肥料（中量元素型）。分固体和液体两种剂型。产品技术指标应符合表 4-5 要求。

表 4-5　大量元素水溶肥料（中量元素型）技术指标

项目		固体指标	液体指标
大量元素含量	≥	50.0%	500 克/升
中量元素含量	≥	1.0%	10 克/升
水不溶物含量	≤	5.0%	50 克/升
pH（1∶250 倍稀释）		3.0～9.0	
水分（H_2O）	≤	3.0%	-

注：① 大量元素含量指 N、P_2O_5、K_2O 含量之和。产品应至少包含两种大量元素。单一大量元素含量不低于 4.0%（40 克/升）。

② 中量元素含量指钙、镁元素含量之和。产品应至少包含一种中量元素。单一中量元素含量不低于 0.1%（1 克/升）。

② 大量元素水溶肥料（微量元素型）。分固体和液体两种剂型。产品技术指标应符合表 4-6 要求。

表 4-6　大量元素水溶肥料（微量元素型）技术指标

项目		固体指标	液体指标
大量元素含量	≥	50.0%	500 克/升
微量元素含量	≥	0.2%～3.0%	2～30 克/升
水不溶物含量	≤	5.0%	50 克/升
pH（1∶250 倍稀释）		3.0～9.0	
水分（H_2O）	≤	3.0%	-

注：① 大量元素含量指 N、P_2O_5、K_2O 含量之和。产品应至少包含两种大量元素。单一大量元素含量不低于 4.0%（40 克/升）。

② 微量元素含量指铜、铁、锰、锌、硼、钼元素含量之和。产品应至少包含一种微量元素。含量不低于 0.05%（0.5 克/升）的单一微量元素均应计入微量元素含量中。钼元素含量不高于 0.5%（5 克/升）（单质含钼微量元素产品除外）。

（3）中量元素水溶肥料　中量元素水溶肥料是以钙、镁中量元素为主，按照适合植物生长所需比例，或添加以铜、铁、锰、锌、硼、钼等微量元素制成的液体或固体水溶肥料。执行标准为 NY 2266—2012。中量元素水溶肥料产品技术指标应符合表 4-7 要求。

表 4-7　中量元素水溶肥料技术指标

项目		固体指标	液体指标
中量元素含量	≥	10.0%	100 克/升
水不溶物含量	≤	5.0%	50 克/升
pH（1∶250 倍稀释）		3.0～9.0	
水分（H_2O）	≤	3.0%	-

注：中量元素含量指钙含量或镁含量或钙镁含量之和。含量不低于 1.0%（10 克/升）的钙或镁均应计入中量元素含量中。硫元素含量不计入中量元素含量，仅在标识中标注。

2. 功能型水溶肥料

功能型水溶肥料包括含氨基酸水溶肥料、含腐殖酸水溶肥料、有机水溶肥料等。

(1) 含氨基酸水溶肥料　含氨基酸水溶肥料是以游离氨基酸为主体的，按适合植物生长所需比例，添加适量钙、镁中量元素或铜、铁、锰、锌、硼、钼微量元素而制成的液体或固体水溶肥料。分微量元素型和中量元素型两种类型。产品执行标准为 NY 1429—2010。

① 含氨基酸水溶肥料（中量元素型）。分固体和液体两种剂型。产品技术指标应符合表 4-8 要求。

表 4-8　含氨基酸水溶肥料（中量元素型）技术指标

项目		固体指标	液体指标
游离氨基酸含量	≥	10.0%	100 克/升
中量元素含量	≥	3.0%	30 克/升
水不溶物含量	≤	5.0%	50 克/升
pH（1∶250 倍稀释）		3.0～9.0	
水分（H_2O）	≤	4.0%	-

注：中量元素含量指钙、镁元素含量之和。产品应至少包含一种中量元素。含量不低于 0.1%（1 克/升）的单一中量元素均应计入中量元素含量中。

② 含氨基酸水溶肥料（微量元素型）。分固体和液体两种剂型。产品技术指标应符合表 4-9 要求。

表 4-9　含氨基酸水溶肥料（微量元素型）技术指标

项目		固体指标	液体指标
游离氨基酸含量	≥	10.0%	100 克/升
微量元素含量	≥	2.0%	20 克/升
水不溶物含量	≤	5.0%	50 克/升
pH（1∶250 倍稀释）		3.0～9.0	
水分（H_2O）	≤	4.0%	-

注：微量元素含量指铜、铁、锰、锌、硼、钼元素含量之和。产品应至少包含一种微量元素。含量不低于 0.05%（0.5 克/升）的单一微量元素均应计入微量元素含量中。钼元素含量不高于 0.5%（5 克/升）。

（2）含腐殖酸水溶肥料　含腐殖酸水溶肥料是以适合植物生长所需比例的腐殖酸，添加适量比例的氮、磷、钾大量元素或铜、铁、锰、锌、硼、钼微量元素而制成的液体或固体水溶肥料。分大量元素型和微量元素型两种类型。产品执行标准为 NY 1106—2010。

① 含腐殖酸水溶肥料（大量元素型）。分固体和液体两种剂型。产品技术指标应符合表 4-10 要求。

表 4-10　含腐殖酸水溶肥料（大量元素型）技术指标

项目		固体指标	液体指标
游离腐殖酸含量	≥	3.0%	30 克/升
大量元素含量	≥	20.0%	200 克/升
水不溶物含量	≤	5.0%	50 克/升
pH（1∶250 倍稀释）		4.0～10.0	
水分（H_2O）	≤	5.0%	-

注：大量元素含量指总 N、P_2O_5、K_2O 含量之和。产品应至少包含两种大量元素。单一大量元素含量不低于 2.0%（20 克/升）。

② 含腐殖酸水溶肥料（微量元素型）。只有固体剂型。产品技术指标应符合表 4-11 要求。

表 4-11　含腐殖酸水溶肥料（微量元素型）技术指标

项目		指标
游离腐殖酸含量	≥	3.0%
微量元素含量	≥	6.0%

（续）

项目		指标
水不溶物含量	≤	5.0%
pH（1∶250倍稀释）		4.0~10.0
水分（H_2O）	≤	5.0%

注：微量元素含量指铜、铁、锰、锌、硼、钼元素含量之和。产品应至少包含一种微量元素。含量不低于0.05%的单一微量元素均应计入微量元素含量中。钼元素含量不高于0.5%。

（3）有机水溶肥料 有机水溶肥料是采用有机废弃物原料经过处理后提取有机水溶原料，再与氮、磷、钾大量元素以及钙、镁、锌、硼等中微量元素复配，研制生产的全水溶、高浓缩、多功能、全营养的增效型水溶肥料产品。目前农业农村部还没有统一的登记标准，其活性有机物质一般包括腐殖酸、黄腐酸、氨基酸、海藻酸、甲壳素等。目前，农业农村部登记有100多个品种，有机质含量均在20～500克/升，水不溶物小于20克/升。

3. 其他类型水溶肥料

除上述营养型、功能型水溶肥料外，还有一些其他类型的水溶性肥料。

（1）糖醇螯合水溶肥料 糖醇螯合水溶肥料是以作物对矿质养分的需求特点和规律为依据，可以用糖醇复合体生产出含有镁、硼、锰、铁、锌、铜等微量元素的液体肥料，除了这些矿质养分对作物的产量和品质的营养功能外，糖醇物质对于作物的生长也有很好的促进作用：一是补充的微量元素促进作物生长，提高果实等产品的感官品质和含糖量等。二是植物在盐害、干旱、洪涝等逆境胁迫下，糖醇可通过调节细胞渗透性使植物适应逆境生长，提高抗逆性。三是细胞内糖醇的产生，可以提高对活性氧的抗性，避免由于紫外线、干旱、病害、缺氧等原因造成的活性氧损伤。由于糖醇螯合液体肥料产品具有养分高效吸收和运输的优势，即使在使用浓度较低的情况下，其较高的养分吸收效率也能完全满足作物的需求，其增产优质的效果甚至超过同类高浓度叶面肥产品。

（2）肥药型水溶肥料 在水溶肥料中，除了营养元素，还会加入一定数量不同种类的农药和除草剂等。肥药型水溶肥料不仅可以促进作物生长发育，还具有防治病虫害和除草功能，是一类农药和肥料相结合的肥料，通常可分为除草专用肥、除虫专用肥、杀菌专用肥等。但作物对营养调节的需求与病虫害的发生不一定同时，因此在开发和使用药肥时，应根据作物的生长发育特点，综合考虑不同作物的耐药性以及病虫害的发生规律、习性、气候条件等因素，尽量避免药害。

（3）木醋液（或竹醋液）水溶肥料　近年来，市场上还出现以木炭或竹炭生产过程中产生的木醋液或竹醋液为原料，添加营养元素而制成的水溶肥料。一般是在树木或竹材烧炭过程中，收集高温分解产生的气体，常温冷却后得到的液体物质即为原液。木醋液中含有钾、钙、镁、锌、锰、铁等矿物质。此外，还含有维生素 B_1 和维生素 B_2。竹醋液中含有近 300 种天然有机化合物，如有机酸类、酚类、醇类、酮类、醛类、酯类及微量的碱性成分等。木醋液和竹醋液最早是在日本应用，使用较广泛，也有相关的生产标准。我国这方面的研究起步较晚，两者的生产还没有国家标准，但是相关产品已经投放市场。据试验研究，木醋液不仅能提高水稻的产量，还可以提高水稻抗病虫害的能力。

（4）稀土型水溶肥料　稀土元素是指化学周期表中镧系的 14 个元素和化学性质相似的钪与钇。农用稀土元素通常是指其中的镧、铈、钕、镨等有放射性，但放射性较弱，造成污染可能性很小的轻稀土元素。最常用的是铈硝酸稀土。我国从 20 世纪 70 年代就已经开始稀土肥料的研究和使用，其在植物生理上的作用还不够清楚，现在只知道在某些作物或果树上施用稀土元素后，有增大叶面积、增加干物质重、提高叶绿素含量、提高含糖量、降低含酸量的效果。由于它的生理作用和有效施用条件还不是很清楚，一般认为是在作物不缺大中微量元素的条件下才能发挥出效果来。

（5）有益元素类水溶肥料　近年来，部分含有硒、钴等元素的叶面肥料得以开发和应用，而且施用效果很好。此类元素不是所有植物必需的养分元素，只是为某些植物生长发育所必需或有益。受其原料毒性及高成本的限制，应用较少。

二、水溶性肥料的选择

在了解水溶性肥料类型基础上，选择优质的水溶性肥料，并根据区域作物效益，结合不同的灌溉方式与作物经济效益，选择合理价位的水溶性肥料产品，进而实现作物全生育期的施肥套餐组合。

1. 根据产品包装的规范性进行选择

水溶性肥料产品的选择，首先需要根据其产品包装的规范性，选择优质的肥料产品，具体方法如下：

（1）要看包装袋上大量元素与微量元素养分的含量　对于符合农业农村部登记的水溶性肥料，以大量元素水溶肥料为例，依据其登记标准，氮、磷、钾三元素单一养分含量不能低于 4%，三者之和不能低于 50%；微量元素含量指铜、铁、锰、锌、硼、钼元素含量之和，产品应至少包含一种微量元素，含量不低于 0.05%（0.5 克/升）的单一微量元素均应计入微量元素含量中，但微量元素总含量不低于0.2%（2克/升）、钼含量不高于0.5%（5克/升）。符合以上标准的，才是正规产品。

对于硝基复合肥产品，其包装上除了标注氮、磷、钾养分含量外，还应标注硝态氮的养分含量指标。

(2) 要看包装袋上各种具体养分的标注 高品质的水溶性肥料对保证成分标识非常清楚，而且都是单一标注，这样养分含量明确，可以放心使用。

(3) 看产品配方和登记作物 高品质的水溶性肥料，一般配方种类丰富，从苗期到采收期都能找到适宜的配方。正规的肥料登记作物是一种或几种，对于没有登记的作物需要各地使用经验说明。

(4) 要看有无产品执行标准、产品通用名称和肥料登记证号 市场上通常说的全水溶性肥料，实际上产品通用名称是大量元素水溶肥料，通用的执行标准是NY 1107—2010，目前尚没有国家标准。另外，可通过农业农村部官网查询肥料登记证号的真假进行判断。

(5) 要看有无防伪标志 一般正规厂家生产的全水溶肥料，在包装袋上都有防伪标识，它是肥料的身份证，每包肥料上的防伪标识都是不一样的，刮开后在网上或打电话输入数字后便可知道肥料真假。

(6) 要看包装袋上是否标注重金属含量 正规生产厂家生产的水溶性肥料，重金属含量都低于农业农村部行业标准，且有明显的标注。

2. 根据产品特性进行选择

(1) 固体水溶性肥料产品选择 在选择固体水溶性肥料时，可通过溶解性、颗粒外观及燃烧情况进行判别。通常将肥料放入水中溶解，高品质的水溶性肥料产品在水中溶解迅速，溶液澄清且无残渣及沉淀物。质量好的水溶性肥料产品，颗粒均匀，呈结晶状。

(2) 液体水溶性肥料产品选择 目前市场上液体水溶性肥料主要有：含腐殖酸水溶肥料、含氨基酸水溶肥料、大量元素水溶肥料、中量元素水溶肥料、微量元素水溶肥料、有机水溶肥料六种。主要从看、称、闻、冷冻和检验五方面进行判别。

一是看产品物理状态。好的液体水溶性肥料，澄清透明，洁净无杂质，而悬浮肥料氨基酸、腐殖酸等黑色溶液虽不透明，但仔细观察，好的产品倒置后没有沉淀。

二是称产品重量。行业标准，每种产品都有最低营养元素含量要求，液体肥料中每种营养元素含量以“克/升”为单位，因此可用比重大小进行衡量。合格的氨基酸、腐殖酸、有机水溶肥料比重一般都在1.25以上，大、中、微量元素水溶肥料比重一般在1.35以上。

三是闻产品气味。好的产品没有明显气味。

四是通过冷冻，检验产品稳定性。好的产品放置在冰箱里速冻 24 小时不会分层、结晶。

五是检测产品性质。如用 pH 试纸检测器酸度，好的产品 pH 接近中性或呈弱酸、弱碱性。

3. 考虑市场效益需求与施肥技术水平

市场需求的构成要素有两个：一是消费者愿意购买；二是消费者有支付能力，两者缺一不可。市场需求是水溶性肥料产品配方设计最根本的出发点。分析新产品的市场需求，主要是估计市场规模大小及产品潜在需求量，因此必须了解：确定目标市场区域；目标范围市场内主要种植的作物；主要种植作物在生产中常见的问题、缺素症状；主要作物肥料施用情况；主要作物的经济效益及其栽培过程中农民施用水溶性肥料的可能性及施用时期；目标市场已经在销售的水溶性肥料信息，包括品牌、价格、规格及推广作物等。

对于种植经济价值高的作物的小农户，由于作物的附加值高，农户舍得投入，针对这类农户，可以选择高度复合化的完全水溶性肥料产品，并根据作物不同生育期养分需求情况，选择高氮、高磷、高钾和平衡型水溶性肥料产品。

对于施肥技术水平较高、种植规模较大的农户，应该结合其生产需要，考虑其肥料高效化、施肥机械化、组合专业化、水肥一体化、配方简单化、产品差异化、功能多样化、生态环保化、成本节约化需求，选择提供水溶性基础原料配方产品。

4. 根据灌溉施肥方式与作物产值进行套餐搭配

水溶性肥料主要用于生长期追肥，仅需针对作物生长后期养分调控进行选择，基本原则是：以氮定磷、钾，主要考虑到氮在土壤中非常活跃，容易发生淋洗、氨挥发、径流损失、硝化反硝化、土壤固持等现象，而磷、钾在土壤中比较稳定，因此常常根据基肥种类进行组合搭配（表 4－12）。

表 4－12　用作基肥和追肥的不同肥料种类

基肥	追肥
生物有机肥/复合微生物肥料	水溶性肥料（根外追施、滴灌、冲施）
作物专用肥/缓控释肥	水溶性专用肥/复混肥
有机无机复混肥	液体有机肥
土壤调理剂	硝基肥
普通有机肥	－

确定追肥种类后，需要结合不同作物的灌溉施肥方式进行水溶肥料的选择。如对滴灌、喷灌施肥，一般选择完全水溶性肥料产品；对于冲施和沟灌施肥，一般可以选择硝基肥或者基础性水溶性原料肥；而对于叶面喷施，一般可以选择含氨基酸、腐殖酸、有机水溶肥料等。在确定好可以选择的肥料产品种类之后，最后根据作物的产值情况，选择其能够承受价位的肥料产品（表 4 - 13）。

表 4 - 13　我国主要作物经济效益情况及适用的水溶性肥料品种

肥料品种	适宜作物	亩产值（元）
水溶性基础原料肥：尿素、硝酸铵钙、磷酸二铵、氯化钾等	大田作物：小麦、玉米、甘蔗、甜菜等	≤3 000
	大田作物：马铃薯、棉花等	3 000～6 000
	果树：苹果、葡萄、香蕉、菠萝、蜜柚等	6 000～12 000
	设施园艺作物：番茄、草莓、反季节设施蔬菜	≥12 000
水溶性硝基肥	大田作物：马铃薯、棉花等	3 000～6 000
	果树：苹果、葡萄、香蕉、菠萝、蜜柚等	6 000～12 000
	设施园艺作物：番茄、草莓、反季节设施蔬菜	≥12 000
营养型水溶肥料	果树：苹果、葡萄、香蕉、菠萝、蜜柚等	6 000～12 000
	设施园艺作物：番茄、草莓、反季节设施蔬菜	≥12 000
功能型水溶肥料	大田作物、蔬菜、果树等	均可

三、水溶性肥料高效安全使用技术

水溶性肥料不但配方多样而且使用方法十分灵活，其使用方法一般有三种。

1. 灌溉施肥或土壤浇灌

通过土壤浇水或者灌溉的时候，先行混合在灌溉水中，这样可以让植物根部全面地接触到肥料，通过根的呼吸作物把化学营养元素运输到植株的各个组织中。

利用水溶性肥料与节水灌溉相结合的进行施肥，即灌溉施肥或水肥一体化，水肥同施，以水带肥让作物根系同时全面接触水肥，水肥耦合，可以节水节肥、节约劳动力。灌溉施肥或水肥一体化适合用于极度缺水地区、规模化种植的农场，以及在高品质高附加值的作物上，是今后现代农业技术发展的重要措施之一。

水溶性肥料随同滴灌、喷灌施用，是目前生产中最为常见的方法。施用时应注意以下事项：

(1) 掐头去尾　先滴清水，等管道充满水后加入肥料，以避免前段无肥；施肥结束后立刻滴清水20～30分钟，将管道中残留的肥液全部排出（可用电导率仪监测是否彻底排出）；如不洗管，可能会在滴头处生长青苔、藻类等低等植物或微生物，堵塞滴头，损坏设备。

(2) 防止地表盐分积累　大棚或温室长期用滴灌施肥，会造成地表盐分累积，影响根系生长。可采用膜下滴灌抑制盐分向表层迁移。

(3) 做到均匀　注意施肥的均匀性，滴灌施肥原则上施肥越慢越好。特别是对在土壤中移动性差的元素（如磷），延长施肥时间，可以极大地提高难移动养分的利用率。在旱季滴灌施肥，建议施肥在2～3小时完成。在土壤不缺水的情况下，在保证均匀度的前提下，越快越好。

(4) 避免过量灌溉　在进行以施肥为主要目的灌溉时，达到根层深度湿润即可。不同的作物根层深度差异很大，可以用铲随时挖开土壤了解根层的具体深度。过量灌溉不仅浪费水，还会使养分渗析到根层以下，作物不能吸收，浪费肥料，特别是尿素、硝态氮肥（如硝酸钾、硝酸铵钙、硝基磷肥及含有硝态氮的水溶性肥）极容易随水流失。

(5) 配合施用　水溶肥料为速效肥料，只能作为追肥。特别是在常规的农业生产中，水溶肥是不能替代其他常规肥料的。因此，在农业生产中绝不能采取以水溶肥替代其他肥料的做法，要做到基肥与追肥相结合、有机肥与无机肥相结合、水溶肥与常规肥相结合，以便降低成本，发挥各种肥料的优势。

(6) 安全施用，防止烧伤叶片和根系　水溶性肥料施用不当，特别是采取随同喷灌和微喷一同施用时，极容易出现烧叶、烧根的现象。根本原因就是肥料溶液浓度过高。因此，在调配肥料溶液浓度时，要严格按照说明书的浓度进行调配。但是，由于不同地区的水源盐分不同，同样的浓度在个别地区发生烧伤叶片和根系的现象。生产中最保险的办法就是通过浓度试验，找到本地区适宜的肥料溶液浓度。

2. 叶面施肥

把水溶性肥料先行稀释溶解于水中进行叶面喷施，或者与非碱性农药一起溶于水中进行叶面喷施，养分通过叶面气孔进入植株内部。对于一些幼嫩的植物或者根系不太好的作物出现缺素症状时，叶面施肥是一个最佳纠正缺素症的选择，极大地提高了肥料吸收利用效率。叶面喷施应注意以下几点：

(1) 喷施浓度　喷施浓度以既不伤害作物叶面，又可节省肥料、提高功效为目标。一般可参考肥料包装上推荐浓度。一般每亩喷施40～50千克溶液。

(2) 喷施时期　喷施时期多数在苗期、花蕾期和生长盛期。溶液湿润叶面时间要求能维持0.5～1小时，一般选择傍晚无风时进行喷施。

(3) 喷施部位 应重点喷洒上、中部叶片，尤其是多喷洒叶片反面。若为果树则应重点喷洒新梢和上部叶片。

(4) 增添助剂 为提高肥液在叶片上的黏附力，延长肥液湿润叶片时间，可在肥料溶液中加入助剂（如中性洗衣粉、肥皂粉等），提高肥料利用率。

(5) 混合喷施 为提高喷施效果，可将多种水溶肥料混合或肥料与农药混合喷施，但应注意营养元素之间的关系、肥料与农药之间是否有害。

3. 无土栽培

在一些沙漠地区或者极度缺水的地方，人们往往用滴灌和无土栽培技术来节约灌溉水并提高劳动生产效率。这时植物所需要的营养可以通过水溶性肥料来获得，既节约了用水，又节省了劳动力。

4. 浸种蘸根

常用于浸种蘸根的水溶性肥料主要是微量元素水溶肥料、含氨基酸水溶肥料、含腐殖酸水溶肥料。浸种浓度：微量元素水溶肥料为0.01%～0.1%；含氨基酸水溶肥料、含腐殖酸水溶肥料为0.01%～0.05%。水稻、甘薯、蔬菜等移栽作物可用含腐殖酸水溶肥料进行浸根、蘸根等，浸根浓度为0.05%～0.1%，蘸根浓度为0.1%～0.2%。

第三节 缓控释肥料高效安全使用

缓控释肥料是具有延缓养分释放性能的一类肥料的总称，在概念上可进一步分为缓释肥料和控释肥料，通常是指通过某种技术手段将肥料养分速效性与缓效性相结合，其养分的释放模式（释放时间和释放率）是以实现或更接近作物的养分需求规律为目的，具有较高养分利用率的肥料。主要有聚合物包膜肥料、硫包衣肥料、包裹型肥料等。

一、缓控释肥料的主要类型

主要有聚合包膜肥料、硫包衣肥料、包裹型肥料等。

1. 聚合包膜肥料

聚合包膜肥料是指肥料颗粒表面包裹了高分子膜层的肥料。通常有两种制备工艺方法：一是喷雾相转化工艺，即将高分子材料制备成包膜剂后，用喷嘴涂布到肥料颗粒表面形成包裹层的工艺方法；二是反应成膜工艺，即将反应单体直接涂布到肥料颗粒表面，直接反应形成高分子聚合物膜层的工艺方法。

2. 硫包衣肥料

硫包衣肥料是指在传统肥料颗粒外表面包裹一层或多层阻滞肥料养分扩散

的膜，来减缓或控制肥料养分的溶出速率。硫包衣尿素是最早产业化应用的硫包衣肥料。硫包衣尿素是使用硫黄为主要包裹材料对颗粒尿素进行包裹，实现对氮素缓慢释放的缓控释肥料，一般含氮 30%～40%、含硫 10%～30%。生产方法有 TVA 法、改良 TVA 法等。

3. 包裹型肥料

包裹型肥料是一种或多种植物营养物质包裹另一种植物营养物质而形成的植物营养复合体。为区别聚合包膜肥料，包裹型肥料特指以无机材料为包裹层的缓释肥料产品，包裹层的物料所占比例达 50%以上。包裹肥料的化工行业标准 HG/T 4217—2011《无机包裹型复混肥料（复合肥料）》已颁布实施。

二、缓控释肥料的选择与高效安全使用技术

1. 缓控释肥料的选择

与传统化肥相比，缓控释肥料兼具省工、安全、高效、环保等多种优点，特别适应于当前青壮年劳力少、化肥减量增效、注重生态环境的地区施用。但由于价格相对较高，对施用技术也有一定要求，因此，在选购缓控释肥料时，要考虑多方面因素。

（1）当地环境条件　聚合包膜肥料的养分释放速度主要受温度影响，温度越高释放越快，因此在温度较高的地区或季节，宜选用养分释放速度较慢、受温度影响小的产品；反之，宜选择养分释放速度较快的产品。硫包衣肥料或包裹性肥料，养分释放速度受土壤温度、水分、酸碱度、微生物等多种因素影响，选用此类肥料，要充分考虑环境因素对肥料的影响。

（2）作物生长期　不同类型的缓控释肥料，通过调整包膜厚度、添加剂用量、肥料粒径等，可使养分释放速度发生很大变化。养分控释时间短的只有两个月，长的可达一年甚至更长，因此在选择缓控释肥料时，应充分考虑作物的生长期长短。生长期短的玉米、水稻、蔬菜等，宜选择养分释放速度较快的产品。生长期较长的茶树、果树、草坪等，宜选择控释时间长、养分释放速度较慢、肥效较长的产品。

（3）作物喜好　对于马铃薯等喜钾忌氯作物，应选择硫酸钾型缓控释肥料；对大豆、花生等具有固氮能力的豆类作物，应选择低氮、高磷、高钾型缓控释肥料；对油菜等需硼量较大的作物，应选择含硼型缓控释肥料；对于果树，宜选择高钾型缓控释肥料。

2. 缓控释肥料的施用

（1）肥料种类的选择　目前缓控释肥料根据不同控释时期和不同养分含量有多个种类，不同控释时期主要对应于作物生育期长短，不同养分含量主要对

应于不同作物的需肥量，因此，施肥过程中一定要有针对性地选择施用。

(2) 施用时期 缓控释肥料一定要作基肥或前期追肥，即在作物播种或移栽前、作物幼苗生长期施用。

(3) 施用量 建议单位面积缓控释肥料的用量按照往年作物施用量的80%进行施用。需要注意的是农民朋友根据不同目标产量和土壤条件适当增减，同时还要注意氮、磷、钾适当配合和后期是否有脱肥现象发生。

(4) 施用方法 施用缓控释肥料要做到种肥隔离，沟（穴）施覆土，种子与肥料间隔距离：农作物、蔬菜一般在7～10厘米，果树一般在15～20厘米。施入深度：农作物、蔬菜一般在10厘米，果树一般在30～50厘米。

第四节 尿素改性肥料高效安全使用

尿素是一种高浓度氮肥，属于中性肥料，可用于生产多种复合肥料。目前我国尿素颗粒度占95%以上是0.8～2.5毫米的小颗粒，有强度低、易结块和破碎粉化等弊病。同时，小颗粒尿素无法进一步加工成掺混肥料、包裹肥料、缓释或长效肥料等以提高肥料利用率。而生产大颗粒尿素，势必要大幅度增加造粒塔高度和塔径，也不现实。因此，需要对尿素进行改性，形成多种尿素改性类肥料，以提高肥料资源利用率。

一、尿素改性类肥料类型与增效原理

1. 尿素改性类肥料类型

对传统肥料进行再加工，使其营养功能得到提高或使之具有新的特性和功能，是尿素一类改性肥料的重要内容。对传统化学肥料（如尿素）进行增效改性的主要技术途径有三类：

(1) 缓释法增效改性 通过发展缓释肥料，调控肥料养分在土壤中的释放过程，最大限度地使土壤的供肥性与作物需肥规律一致，从而提高肥料利用率。缓释法增效改性的肥料产品通常称作缓释肥料，一般包括包膜缓释和合成微溶态缓释，包膜缓释主要有硫包衣和树脂包衣，合成微溶态缓释主要有脲甲醛类型。

(2) 稳定法增效改性 通过添加脲酶抑制剂或（和）硝化抑制剂，以降低土壤脲酶和硝化细菌活性，减缓尿素在土壤中的转化速度，从而减少挥发、淋洗等损失，提高氮肥利用率。

(3) 增效剂法增效改性 专指在肥料生产过程中加入海藻酸类、腐殖酸类、氨基酸类等天然活性物质所生产的肥料改性增效产品。海藻酸类、腐殖酸

类、氨基酸类等增效剂都是天然物质或是植物源的，可以提高肥料利用率，且环保安全。通过向肥料中添加生物活性物质类肥料增效剂所生产的改性增效产品，通常称为增值肥料。近几年，海藻酸尿素、锌腐酸尿素、SOD尿素、聚能网尿素等增值尿素发展速度很快，年产量超过300万吨，累积推广面积1.5亿亩，增产粮食45亿千克，减少尿素损失超过60万吨。

2. 尿素改性类肥料增效原理

据程网英介绍，改性尿素添加剂的功效和原理可以从5个方面来阐述：一是改性尿素添加剂是采用反渗透萃取营养技术，从多种天然绿色植物中提取到的一种可溶性的功能性小分子活性物质，它含有丰富的有机质、有机态氮等多种营养物质。二是改性尿素添加剂结合尿素施入土壤后，为微生物提供了有效的培养基，使微生物大量繁殖，并分泌出多种活性酶，其中脲酶可有效促进尿素分解，供作物吸收，从而提高尿素利用率。三是从改性尿素添加剂分子结构上看，它含有多种活性基团，如羧基、氨基等，化学性质均很活泼，能结合土壤中多种微量元素使其溶解，供作物有效吸收、生长。四是改性尿素添加剂分子结构上的活性基团，能使土壤中酸碱性稳定，pH维持在6～7，促使氮、磷、钾及多种微量元素更容易被作物吸收，使微生物在一个良好的空间中繁殖生长。五是由于微量元素易被作物吸收，故作物中的多种活性酶更易被激活，从而提高活性，加速了养分的吸收运转，使作物茁壮生长。

据全国各地试验证明，改性尿素具有广阔的应用推广前景，其社会效益和经济效益十分明显。在社会效益上，使用1吨改性尿素添加剂，可减少施用尿素100吨，减少30吨二氧化碳排放；减少了尿素施用量，可大幅降低叶菜类硝酸盐和亚硝酸盐含量，大幅降低农药残留，改善作物营养品质。在经济效益上，可减少尿素施用量的40%～50%，减少运输、撒施、人工等费用；一般可增产10%以上；产品卖相好，提高了商品销售率。

二、尿素改性肥料高效安全使用技术

1. 脲醛类肥料高效安全施用

脲醛类肥料是由尿素和醛类在一定条件下反应制得有机微溶性缓释性氮肥。

（1）脲醛类肥料种类 目前主要有脲甲醛、异丁叉二脲、丁烯叉二脲、脲醛缓释复合肥等，其中最具代表性的产品是脲甲醛。脲甲醛不是单一化合物，是由链长与分子量不同的甲基尿素混合而成的，主要有未反应的少量尿素、羟甲基脲、亚甲基二脲、二亚甲基三脲、三亚甲基四脲、四亚甲基五脲、五亚甲基六脲等缩合物所组成的混合物，其全氮（N）含量大约为38%。有固体粉状、片状或粒状，也可以是液体形态。脲甲醛肥料的各成分标准为：总氮（TN）≥36.0%，尿素氮（UN）≤5.0%，冷水不溶性氮（CWIN）≥14.0%，热水不溶性氮（HWIN）≤16.0%，缓效有机氮≥8.0%，活性指数≥40.0%，水分≤3.0%。

脲醛缓释复合肥是以脲醛树脂为核心原料的新型复合肥料。该肥料在不同温度下分解速度不同，满足作物不同生长期的养分需求，养分利用率高达60%以上，肥效是同等量普通氮肥的1.5倍以上，该肥无外包膜，无残留，养分释放完全，减轻养分流失和对土壤水源的污染。

我国2010年颁布了HG/T 4137—2010《脲醛缓释肥料》化工行业标准，并于2011年3月1日起实施。

（2）脲醛类肥料的特点 脲醛类肥料的特点主要表现在：一是可控。根据作物的需肥规律，通过调节添加剂多少的方式可以任意设计并生产不同释放期的缓释肥料。二是高效。养分可根据作物的需求释放，需求多少释放多少，大大减少养分的损失，提高肥料的利用率。三是环保。养分向环境散失少，同时包壳可完全生物降解，对环境友好。四是安全。较低盐分指数，不会烧苗伤根。五是经济。可一次施用，整个生育期均发挥肥效，同时较常规施肥可减少用量，节肥、节约劳动力。

（3）脲醛肥料的选择和施用 脲醛类肥料只适合作基肥施用，除了草坪和园林外，如果在水稻、小麦、棉花等大田作物上施用时，应适当配合速效水溶性氮肥。

2. 稳定性肥料的高效安全施用

稳定性肥料是指在生产过程中加入了脲酶抑制剂和（或）硝化抑制剂，施入土壤后能通过脲酶抑制剂抑制尿素的水解和（或）通过硝化抑制剂抑制铵态氮的硝化，使肥效期得到延长的一类含氮（含酰胺态氮/铵态氮）肥料，包括含氮的二元或三元肥料和单质氮肥。

（1）稳定性肥料主要类型 包括含硝化抑制剂和脲酶抑制剂的缓释产品，如添加双氰胺、3,4-二甲基吡唑磷酸盐、正丁基硫代磷酰三胺、氢醌等抑制剂的稳定肥料。

目前，脲酶抑制剂主要类型：一是磷胺类，如环乙基磷酸三酰胺、硫代磷酰三胺、磷酰三胺、N-丁基硫代磷酰三胺、N-丁基磷酰三胺等，主要官能团为P=O或$S=PNH_2$。二是酚醌类，如对苯醌、氢醌、醌氢醌、蒽醌、菲醌、1,4-对苯二酚、邻苯二酚、间苯二酚、苯酚、甲苯酚、苯三酚、茶多酚等，其主要官能团为酚羟基醌基。三是杂环类，如六酰氨基环三磷腈、硫代吡啶类、硫代吡唑-N-氧化物、N-卤-2-咪唑艾堵烯、N,N-二卤-2-咪唑艾堵烯等，主要特征是均含有—N＝基团及含—O—基团。

硝化抑制剂的原料：含硫氨基酸（蛋氨酸、甲硫氨酸等），其他含硫化合物（二甲基二硫醚、二硫化碳、烷基硫醇、乙硫醇、硫代乙酰胺、硫代硫酸、硫代氨基甲酸盐等），硫脲、烯丙基硫脲、烯丙基硫醚等，双氰胺、吡唑及其衍生物等。

（2）稳定性肥料的特点　稳定性肥料采用了尿素控释技术，可以使氮肥有效期延长到60～90天，有效时间长；稳定性肥料有效抑制了氮素的硝化作用，可以提高氮肥利用率10%～20%，40千克稳定性控释型尿素相当于50千克普通尿素。

（3）稳定性肥料的施用　可以作基肥和追肥，施肥深度7～10厘米，种肥隔离7～10厘米。作基肥时，将总施肥量折纯氮的50%施用稳定性肥料，另外50%施用普通尿素。

稳定性肥料施用时应注意：由于稳定性肥料速效性慢、持久性好，需要较普通肥料提前3～5天；稳定性肥料的肥效可达到60～90天，常见蔬菜、大田作物一季施用一次就可以，注意配合施用有机肥，效果理想；如果是作物生长前期，以长势为主的话，需要补充普通氮肥；各地的土壤墒情、气候、土壤质地不同，需要根据作物生长状况进行肥料补充。

3. 增值尿素的高效安全施用

增值尿素是指在基本不改变尿素生产工艺基础上，增加简单设备，直接添加生物活性类增效剂所生产的尿素增值产品。增效剂主要是指利用海藻酸、腐殖酸和氨基酸等天然物质经改性获得的、可以提高尿素利用率的物质。

（1）增值尿素的产品要求　增值尿素产品具有产能高、成本低、效果好的特点。增值尿素产品应符合以下原则：含氮（N）量不低于46%，符合尿素产品含氮量的国家标准；可建立添加增效剂的增值尿素质量标准，具有常规的可检测性；增效剂微量高效，添加量为0.05%～0.5%；工艺简单，成本低；增效剂为天然物质及其提取物或合成物，对环境、作物和人体无害。

（2）增值尿素的主要类型　目前，市场上的增值尿素主要产品如下。

① 木质素包膜尿素。木质素是一种含有许多负电基团的多环高分子有机物，对土壤中的高价金属离子有较强的亲和力。木质素比表面积大、质轻，作为载体与氮、磷、钾、微量元素混合，养分利用率可达80%以上，肥效可持续140天之久；无毒，能降解，能被微生物降解成腐殖酸，可以改善土壤理化性质，提高土壤通透性，防止板结；在改善肥料的水溶性、降低土壤中脲酶活性以及减少有效成分被土壤组分固持、提高磷的活性等方面有明显效果。

② 腐殖酸尿素。腐殖酸与尿素通过科学工艺进行有效复合，可以使尿素

养分具有缓释性，并通过改变尿素在土壤中的转化过程和减少氮素的损失，改善养分的供应，从而使氮肥利用率达 45%以上。如锌腐酸尿素，添加锌腐酸增效剂为每吨尿素 10～50 千克，颜色为棕色至黑色，腐殖酸含量≥0.15%，腐殖酸沉淀率≤40%，含氮量≥46%。

③ 海藻酸尿素。利用尿素常规生产工艺过程中，添加海藻酸增效剂（含有海藻酸、吲哚乙酸、赤霉素、萘乙酸等）生产的增值尿素，可促进作物根系生长，提高根系活力，增强作物吸收养分能力，可抑制土壤脲酶活性，降低尿素的氨挥发损失；发酵海藻增效剂中的物质与尿素发生反应，通过氢键等作用力延缓尿素在土壤中的释放和转化过程；海藻酸尿素还可以起到抗旱、抗盐碱、耐寒、杀菌和提高产品品质等作用。海藻酸尿素，添加海藻酸增效剂为每吨尿素 10～30 千克，颜色为浅黄色至浅棕色，海藻酸含量≥0.03%，含氮量≥46%，尿素残留差异率≥10%，氨挥发抑制率≥10%。

④ 禾谷素尿素。利用尿素常规生产工艺过程中，添加禾谷素增效剂（以天然谷氨酸为主要原料经聚合反应而生成的）生产的增值尿素，其中谷氨酸是植物体内多种氨基酸合成的前体，在作物生长过程中起着至关重要作用；谷氨酸在植物体内形成的谷氨酰胺，贮存氮素并能消除因氨浓度过高产生的毒害作用。因此，禾谷素尿素可促进作物生长，改善氮素在作物体内的贮存形态，降低氨对作物的危害，提高养分利用率，可补充土壤的微量元素。禾谷素尿素，添加禾谷素增效剂为每吨尿素 10～30 千克，颜色为白色至浅黄色，含氮量≥46%，谷氨酸含量≥0.08%，氨挥发抑制率≥10%。

⑤ 纳米尿素。利用尿素常规生产工艺过程中，添加纳米碳生产的增值尿素，纳米碳进入土壤后能溶于水，使土壤的 Ec 值增加 30%，可直接形成 HCO_3^-，以质流的形式进入根系，进而随着水分的快速吸收，携带大量的氮、磷、钾等养分进入植物合成叶绿体和线粒体，并快速转化为生物能淀粉粒，因此纳米碳起到生物泵作用，增加作物根系吸收养分和水分的潜能。每吨纳米尿素成本增加 200～300 元，在高产条件下可节肥 30%左右，每亩综合成本下降 20%～25%。

⑥ 多肽尿素。在尿素溶液中加入金属蛋白酶，经蒸发器浓缩造粒而成。酶是生物发育成长不可缺少的催化剂，因为生物体进行新陈代谢的所有化学反应几乎都是在生物催化剂酶的作用下完成的。多肽是涉及生物体内各种细胞功能的生物活性物质。肽键是氨基酸在蛋白质分子中的主要连接方式，肽键金属离子化合而成的金属蛋白酶具有很强的生物活性，酶鲜明地体现了生物的识别、催化、调节等功能，可激化化肥，促进化肥分子活跃。金属蛋白酶可以被植物直接吸收，因此可节省植物在转化微量元素中所需要的“体能”，大大促

进植物生长发育。经试验，施用多肽尿素，作物一般可提前5～15天成熟（玉米提前5天左右，棉花提前7～10天，番茄提前10～15天），且可以提高化肥利用率和农作物品质等。

⑦ 微量元素增值尿素。指在熔融的尿素中添加2%的硼砂和1%硫酸铜的大颗粒尿素。试验表明，含有硼、铜的尿素可以减少尿素中氮损失，既能使尿素增效，又能使作物得到硼、铜等微量元素营养，提高产量。硼、铜等微量元素能使尿素增效的机理是硼砂和硫酸铜有抑制脲酶的作用及抑制硝化和反硝化细菌的作用，从而提高尿素中氮的利用率。

(3) 增值尿素的高效安全施用　理论上，增值尿素可以和普通尿素一样，应用在所有适合施用尿素的作物上，但是不同的增值尿素其施用时期、施用量、施用方法等是不一样的，施用时需注意以下事项。

① 施用时期。木质素包膜尿素不能和普通尿素一样，只能作基肥一次性施用。其他增值尿素可以和普通尿素一样，既可以作基肥，也可以作追肥。

② 施肥量。增值尿素可以提高氮肥利用率10%～20%，因此，施用量可比普通尿素减少10%～20%。

③ 施肥方法。增值尿素不能像普通尿素那样表面撒施，应当采取沟施、穴施等方法，并应适当配合有机肥、普通尿素、磷钾肥及中微量元素肥料施用。增值尿素也不适合作叶面肥施用，不适合作冲施肥、滴灌或喷灌水肥一体化施用。

第五节　功能性肥料高效安全使用

功能性肥料是指除了肥料具有植物营养和培肥土壤的功能以外的特殊功能的肥料。只有符合以下四个要素，我们才能把它称作为功能性肥料：第一，本身是能直接提供植物营养所必需的营养元素或者是培肥土壤；第二，必须具有一个特定的对象；第三，不能含有法律、法规不允许添加的物质成分；第四，不能以加强或是改善肥效为主要功能。

一、功能性肥料的主要类型

功能性肥料是21世纪新型肥料的重要研究、发展方向之一，是将作物营养与其他限制作物高产的因素相结合的肥料，可以提高肥料利用率，提高单位肥料对农作物增产的效率。功能性肥料主要包括：高利用率的肥料，改善水分利用率的肥料，改善土壤结构的肥料，适应于优良品种特性的肥料，改善作物抗倒伏特性的肥料，具有防治杂草功能的肥料，以及具有抗病虫害功能的肥料等。

1. 高利用率的肥料

该功能性肥料是以提高肥料利用率为目的、在不增加肥料施用总量的基础上，提高肥料的利用率，减少肥料的流失，减少肥料流失对环境的污染，达到增加产量的目的。如底施功能性肥料，在底施（基施、冲施）肥料中添加植物生长调节剂，如复硝酚钠、DA-6、α-萘乙酸钠、芸薹素内酯、缩节胺等，可以提高植物对肥料的吸收和利用，提高肥料的利用率，提高肥料的速效性和高效性；叶面喷施功能性肥料有缓（控）释肥料，如微胶囊叶面肥料、高展着润湿肥料，均可以提高肥料的利用率。

2. 改善水分利用率的肥料

指以提高水分利用率，解决一些地区干旱问题的肥料。随着保水剂研究的不断发展，人们开始关注保水型功能肥料。如华南农业大学率先开展了保水型控释肥料的研究，利用高吸水树脂与肥料混合施用，制成保水型肥料，其产品在我国西部、北部试验，取得了良好的效果。

3. 改善土壤结构的肥料

粮食生产的任务加大和化学肥料的过量使用，导致土壤结构严重破坏，有机质不断下降，严重影响土壤的再生能力。为此，在最近十年，土壤结构改良、保护土壤成为国家农业的一项重大课题，随之产生了改善土壤结构的功能性肥料。如在肥料中增加表面活性物质，使土壤变得松散透气；增加微生物群也属于功能肥料的一个类型，如最近两年市场上流行的“免耕”肥料就是其中一例。

4. 适应优良品种特性的肥料

优良品种的使用，提高了农业产品的质量和产量，但也存在一些问题，需要有与之配套的专用肥料和相关的农业技术。如转基因抗虫棉在我国已大面积推广应用，但抗虫棉苗期的根系欠发达、抗病能力差，导致育苗困难。有关单位研究出了针对抗虫棉的苗期肥料，进行苗床施用和苗期喷施，2004 年和 2005 年收到了很好的效果。

5. 改善作物抗倒伏特性的肥料

小麦、水稻、棉花等多种农作物的产量不断提高，但其秸秆的高度和承重能力是一定的，控制它们的生长高度，提高载重能力，减少倒伏已经成为肥料施用技术的一个关键作用所在。如小麦、水稻应用多效唑、缩节胺与肥料混用，大豆应用 DA-6、缩节胺与肥料混用，玉米应用乙烯利、DA-6 与肥料混用等均收到理想的效果，有效地控制了株高，防止倒伏，使作物稳产、高产、优产。

6. 防除杂草的肥料

在芽前除草和叶面喷施除草与肥料混合施用，可以提高肥料利用率，减少杂草对肥料的争夺，且在施用上减少劳动付出，提高劳动生产率。因此，这类肥料必将成为肥料发展的一个重要品种。

7. 抗病虫害功能肥料

指将肥料与杀菌剂、杀虫剂或多功能物质相结合，通过特定工艺而生产的新型多功能肥料。如含有营养功能的种衣剂、浸种剂，防治根线虫和地下害虫的药肥、防治枯黄萎病的药肥等已被广泛应用。

二、功能性肥料高效安全使用技术

1. 保水型功能肥料高效安全施用

保水型功能肥料是将保水剂与肥料复合，把水、肥两者调控，集保水与供肥于一体，以提高水分利用率。

（1）保水型功能肥料的原理　主要有三方面：一是水肥耦合。水肥耦合在不增加施肥量和灌水量的情况下，肥料利用率提高5%以上，水分利用率可以提高到1千克/米^{3}以上，作物增产超过10%。二是水肥一体化调控及物化。保水型功能肥料集成了“农艺节水技术中水肥耦合技术”“化学制剂保水节水技术”和“肥料控释技术”的优越性，将水肥耦合技术复杂的农艺措施物化到肥料中，更有利于推广应用。三是保水剂的构型及托水力。保水材料通过空间构型而可获得托水力，它是保水构件的空间构型对土层水分运动的阻截作用而产生的保水能力。

（2）保水型功能肥料的类型　从保水剂与肥料复合工艺可分为4种类型：一是物理吸附型。将保水剂加入肥料溶液中，让其吸收溶液形成水溶胶或水凝胶，或者将其混合液烘干成干凝胶。如在保水剂中加入腐殖酸肥料。二是包膜型。保水剂具有“以水控肥”的功能，因此可作为控释材料用于包膜控释肥的生产。如利用高水性树脂与大颗粒尿素为原料生产包膜尿素。三是混合造粒型保水肥。通过挤压、圆盘及转鼓等各式造粒机将一定比例保水剂和肥料混合制成颗粒，即可制成各种保水长效复合肥。四是构型保水肥。这类肥料多为片状、碗状、盘状产品，因其构型而具有托水力，与保水材料原有的吸水力共同作用，使其保水力更大，保水保肥效果更明显。

（3）保水型功能肥料的施用　保水型功能肥料主要作基肥施用，逐渐向追肥方向发展。施用方式主要有撒施、沟施、穴施、喷施等。一般固体型多撒施、沟施、穴施，液体型多喷施，也可以与滴灌、喷灌相结合施用，但应注意选用交联度低、流动性好的保水材料，稀释为溶液，或与肥料一起制成稀液施用。

2. 药肥的高效安全施用

药肥是将农药和肥料按一定的比例配方相混合，并通过一定的工艺技术将肥料和农药稳定于特定的复合体系中而形成的新型生态复合肥料，一般以肥料作农药的载体。药肥能使田间的两个操作步骤合二为一，这不仅节省了劳动力，而且减少了时间和能源的消耗。药肥包括除草功能的药肥、防病虫害功能药肥、植物生长调节功能的药肥等。

(1) 药肥的特点 药肥是具有杀抑农作物病虫害或作物生长调节中的一种或一种以上的功能，且能为农作物提供营养或同时具有提供营养和提高肥料及农药利用率的功能性肥料。具有“平衡施肥，营养齐全；广谱高效，一次搞定；前控后促，增强抗逆性；肥药结合，互作增效；操作简便，使用安全；省工节本，增产增收；以肥代料，安全环保；贮运方便，低碳节能；多方受益，利国利民”九大优点。它将农业中使用的农药与肥料两种最重要的农用化学品统一起来，考虑两者自然相遇后各自效果可能递减的影响，将农药的植物保护和肥料的养分供给两个田间操作合二为一，节省劳力、降低生产成本。当农药和肥料均处于最佳施用期时，能提高药效和肥效。世界上一些发达国家已将农药与肥料合剂推向市场，被第二次国际化肥会议认为现代最有希望的药肥合剂（KAC）就是在其中加入除草剂、微量元素和植物生长调节剂。国外的药肥合剂制造已发展成为一个庞大的肥料工业分支，国内药肥工业尚不完善，存在很大的差距。

(2) 药肥的科学施用 药肥可以作基肥、追肥、叶面喷施等。

① 基肥。药肥可与作基肥的固体肥料混在一起撒施，然后耙混于土壤中。对于含有除草剂多的药肥，深施会降低其药效，一般应施于3～5厘米的土层。

② 种子处理。具有杀菌剂功能的药肥可以处理种子，处理种子的方法有拌种和浸种。

③ 追肥。药肥可以在作物生长期作为追肥应用。在旱地施用时注意土壤湿度，结合灌溉或下雨施用。

④ 叶面喷施。常和农药（特别是植物生长调节剂）混用的水溶性肥料，可通过叶面喷施方法进行施用。

3. 改善土壤结构肥料高效安全施用

改善土壤结构的肥料主要是含有肥料功能的土壤改良剂，如有机肥料、生物有机肥料等。这里主要以微生物松土剂为例。微生物松土剂产品可分为乳液、粉剂两大类，乳液外观为乳白色液体，粉剂外观为白色粉末。它含有腐殖酸、团粒结构黏结剂、中微量元素以及生物活性物质。

（1）微生物松土剂主要功能　主要表现在：一是疏松土壤，改善土壤环境。连续施用微生物松土剂，可消除因长期施用化肥造成的土壤板结，促进土壤团粒结构的恢复，改善土壤生态环境，在白浆土、低洼地等黏型土壤中施用，增产幅度更明显。二是抑菌抗病，提高作物抗逆性。微生物松土剂含有特效抑菌抗病成分，施用后在植株体内形成抗体，有强大的抗病菌、抑杂菌功能，减少作物病害的发生；提高作物抗低温、抗干旱、抗倒伏能力；防止因土壤低温或缺少微量元素所产生的苗僵、苗黄、无生机、沤根、烂根等生理病害。三是活化养分，提高肥料利用率。微生物松土剂含有生物活性因子可激活各种土壤养分，把固定在土壤中的磷、钾、铁、硼、钼、锌等元素活化，供植物二次利用；可增加土壤中有效磷，有效钾及微量元素；提高肥料利用率，延长肥效。四是抑菌抗病，提高作物抗逆性。微生物松土剂含有特效抑菌抗病成分，施用后在植株体内形成抗体，有强大的抗病菌、抑杂菌功能，减少作物病害的发生；提高作物抗低温、抗干旱、抗倒伏能力；防止因土壤低温或缺少微量元素所产生的苗僵、苗黄、沤根、烂根等生理病害。五是缓解药害，加速残留农药降解。微生物松土剂可加速残留农药及除草剂的降解，明显减轻残留农药及除草剂对秧苗的伤害。六是促进早熟，确保增产、增收、增效。微生物松土剂可促早熟 5～10 天，提高籽粒成熟度，增产增收；投入少，产出高。

（2）微生物松土剂应用范围　微生物松土剂适用于各种土壤、蔬菜、果树、花卉、茶树、草药、绿化苗木，特别是果园效果明显。

（3）微生物松土剂施用　根据土壤板结的程度不同，用量在 5～10 千克/亩。施用方法主要有：一是拌种。将种子放入清水内浸湿后捞出控干，随后将微生物松土剂直接扬撒在种子上，混拌均匀，阴干后播种；拌种衣剂的种子应先拌种衣剂，后拌微生物松土剂。二是拌土。播种时，将微生物松土剂均匀撒在土壤表面，类似撒化肥。三是拌肥。作种肥或底肥时，可将微生物松土剂与化肥或有机肥拌在一起，随肥料一起施入。

第五章 粮食作物高效安全施肥

粮食作物主要有禾谷类作物、豆类作物、薯类作物等，如水稻、小麦、玉米、大豆、马铃薯、甘薯、高粱、谷子等。

第一节 水稻高效安全施肥

水稻是我国的主要粮食作物，种植面积平均占谷物播种面积的 1/4 以上，稻谷总产占粮食总产的 40%以上。我国的水稻产区划分为 6 个稻作区：华南双季稻稻作区、华中双单季稻稻作区、西南高原单双季稻稻作区、华北单季稻稻作区、东北早稻单季稻稻作区和西北干燥区单季稻稻作区。

一、水稻缺素症诊断与补救

水稻缺素症状与补救措施可以参考表 5－1。

表 5－1 水稻缺素诊断与补救

营养元素	缺素症状	补救措施
氮	水稻缺氮，其叶片体积变小，植株叶片自下而上变黄，稻株矮，分蘖少，叶片直立	及时追施速效氮肥，配施适量磷、钾肥，施后中耕耘田，使肥料融入泥土中
磷	稻株缺磷，植株高度基本正常，但叶片深绿色或紫绿色，株型直立，分蘖少	浅水追肥，每亩用过磷酸钙 30 千克混合碳酸氢铵 25～30 千克随拌随施，施后中耕耘田；浅灌勤灌，反复露田，以提高地温，增强稻株对磷素的吸收代谢能力。待新根发出后，每亩追尿素 3～4 千克，促进恢复生长
钾	水稻缺钾，植株叶片由下而上，叶片叶脉出现红褐色斑点，下部叶片叶边变黄，稻株分蘖较少，植株矮，叶片暗绿色，顶部有赤褐斑	立即排水，每亩施草木灰 150 千克，施后立即中耕耘田，或每亩追氯化钾 7.5 千克。同时配施适量氮肥，并进行间隙灌溉，促进根系生长，提高吸肥力

（续）

营养元素	缺素症状	补救措施
锌	水稻缺锌，最明显的症状是植株矮小，叶片中脉变白，分蘖受阻，出叶速度慢，严重影响产量。因此，有人将锌列入仅次于氮、磷、钾的水稻“第四要素”	秧田期于插秧前2～3天，每亩用1.5%硫酸锌溶液30千克，进行叶面喷施。始穗期、齐穗期，每亩每次用硫酸锌100克兑水50千克喷施

二、水稻高效安全施肥技术

借鉴2011—2017年农业部水稻科学施肥指导意见和相关测土配方施肥技术研究资料，提出推荐施肥方法，供农民朋友参考。

1. 东北寒地单季稻区

包括黑龙江省的全部以及内蒙古自治区呼伦贝尔市的部分县。

（1）施肥原则　根据测土配方施肥的结果适当减少氮、磷肥用量，优化钾肥用量；减少分蘖肥氮量和比例，增加穗肥比例，使拔节期穗肥氮比例达到30%左右；早施返青肥促分蘖早发，插秧后3天内施用返青肥；根据土壤养分状况适当地补充中微量元素；偏酸性地块应施用钙镁磷肥，偏碱性地块少用或不用尿素作追肥，可采用硫酸铵作追肥；基肥施用后旱旋耕，实现全层施肥；采用节水灌溉技术，施肥前晒田3天左右，施肥以水带氮；有条件地区可采用侧身施肥插秧一体化。

（2）施肥建议　推荐13-19-13（$N-P_2O_5-K_2O$）或相近配方；产量水平450～550千克/亩，配方肥推荐用量18～23千克/亩，分蘖肥和穗粒肥分别追施尿素5～7千克/亩、3千克/亩；产量水平550千克/亩以上，配方肥推荐用量23～29千克/亩，分蘖肥和穗粒肥分别追施尿素7～8千克/亩、3～4千克/亩，穗粒肥追施氯化钾1～3千克/亩；产量水平450千克/亩以下，配方肥推荐用量14～18千克/亩，分蘖肥和穗粒肥分别追施尿素4～5千克/亩、2～3千克/亩。

2. 东北吉辽内单季稻区

包括吉林、辽宁两省的全部以及内蒙古自治区的赤峰市、通辽市和兴安盟三地的部分县。

（1）施肥原则　根据测土配方施肥结果确定地块合理肥料用量；控制氮肥总量、合理分配氮肥施用时期，适当增加穗肥比例；合理施用磷肥和钾肥，适当补充中微量元素肥料；提高有机肥的施用数量。

（2）施肥建议 推荐15－16－14（N－P_2O_5－K_2O）或相近配方；产量水平500～600千克/亩，配方肥推荐用量24～28千克/亩，分蘖肥和穗粒肥分别追施尿素8～9千克/亩、4～5千克/亩；产量水平600千克/亩以上，配方肥推荐用量28～33千克/亩，分蘖肥和穗粒肥分别追施尿素9～11千克/亩、5千克/亩，穗粒肥追施氯化钾1～3千克/亩；产量水平500千克/亩以下，配方肥推荐用量19～24千克/亩，分蘖肥和穗粒肥分别追施尿素6～8千克/亩、3～4千克/亩。缺锌或冷浸田基施硫酸锌1～2千克/亩，硅肥15～20千克/亩。

3. 长江上游单季稻区

包括四川省东部、重庆市的全部、陕西南部、贵州北部的部分县、湖北省西部。

（1）施肥原则 增施有机肥，提倡有机无机相结合；调整基肥与追肥比例，减少前期氮肥用量；基肥深施，追肥“以水带氮”；在油稻轮作田，适当减少水稻磷肥用量；选择中低浓度磷肥，如钙镁磷肥和普通过磷酸钙等，钾肥选择氯化钾；在土壤pH 5.5以下的田块，适当施用含硅的碱性肥料或基施生石灰。

（2）施肥建议 产量水平450千克/亩以下，氮肥（N）用量6～8千克/亩；产量水平450～550千克/亩，氮肥（N）用量8～10千克/亩；产量水平550～650千克/亩，氮肥（N）用量10～12千克/亩；产量水平650千克/亩以上，氮肥（N）用量12～14千克/亩。磷肥（P_2O_5）5～7千克/亩，钾肥（K_2O）4～6千克/亩。

氮肥基肥占35%～55%，蘖肥占20%～30%，穗肥占25%～35%；有机肥与磷肥全部基施；钾肥分基肥（占60%～70%）和穗肥（占30%～40%）两次施用。在缺锌和缺硼地区，适量施用锌肥和硼肥；在土壤酸性较强田块每亩基施含硅碱性肥料或生石灰30～50千克。

4. 长江中游单双季稻区

包括湖北省中东部、湖南省东北部、江西省北部、安徽省的全部。

（1）施肥原则 适当降低氮肥总用量，增加穗肥比例；基肥深施，追肥“以水带氮”；磷肥优先选择普通过磷酸钙或钙镁磷肥；增施有机肥料，提倡秸秆还田。

（2）施肥建议 产量水平350千克/亩以下，氮肥（N）用量6～7千克/亩；产量水平350～450千克/亩，氮肥（N）用量7～8千克/亩；产量水平450～550千克/亩，氮肥（N）用量8～10千克/亩；产量水平550千克/亩以上，氮肥（N）用量10～12千克/亩。磷肥（P_2O_5）用量4～7千克/亩，钾肥

(K_2O) 用量 4～8 千克/亩。

氮肥 50%～60%作为基肥，20%～25%作为蘖肥，10%～15%作为穗肥；磷肥全部作为基肥；钾肥 50%～60%作为基肥，40%～50%作为穗肥；在缺锌地区，适量施用锌肥；适当基施含硅肥料。施用有机肥或种植绿肥翻压的田块，基肥用量可适当减少；在常年秸秆还田的地块，钾肥用量可适当减少30%左右。

5. 长江下游单季稻区

包括江苏全部、浙江北部。

(1) 施肥原则　增施有机肥，有机无机相结合；控制氮肥总量，调整基肥及追肥比例，减少前期氮肥用量；基肥深施，追肥“以水带氮”；油（麦）稻轮作田，适当减少水稻磷肥用量。

(2) 施肥建议　产量水平 500 千克/亩以下，氮肥（N）用量 8～10 千克/亩；产量水平 500～600 千克/亩，氮肥（N）用量 10～12 千克/亩；产量水平 600 千克/亩以上，氮肥（N）用量 12～15 千克/亩。磷肥（P_2O_5）用量 5～6 千克/亩，钾肥（K_2O）用量 6～8 千克/亩。

氮肥 40%～50%作基肥，20%～30%作蘖肥，20%～30%作穗肥；有机肥与磷肥全部基施；钾肥分基肥（占 60%～70%）和穗肥（占 30%～40%）两次施用。缺锌土壤每亩施用硫酸锌 1 千克；适当基施含硅肥料。施用有机肥或种植绿肥翻压的田块，基肥用量可适当减少。

6. 江南丘陵山地单双季稻区

包括湖南省中南部、江西省东南部、浙江省南部、福建省中北部、广东省北部。

(1) 施肥原则　根据土壤肥力确定目标产量，控制氮肥总量，氮、磷、钾平衡施用，有机无机相结合；基肥深施，追肥“以水带氮”；磷肥优先选择钙镁磷肥或普通过磷酸钙；酸性土壤适当施用土壤改良剂或基施生石灰。

(2) 施肥建议　在亩产 500 千克左右条件下，氮肥（N）用量 10～13 千克/亩，磷肥（P_2O_5）用量 3～4 千克/亩，钾肥（K_2O）用量 8～10 千克/亩。氮肥分次施用，基肥占 35%～50%，分蘖肥占 25%～35%，穗肥占 20%～25%，分蘖肥适当推迟施用；磷肥全部基施；钾肥 50%作为基肥，50%作为穗肥。推荐秸秆还田或增施有机肥。常年秸秆还田的地块，钾肥用量可适当减少 30%；施用有机肥的田块，基肥用量可适当减少。在土壤酸性较强田块上，整地时每亩施含硅碱性肥料或生石灰 40～50 千克。

7. 华南平原丘陵双季早稻

包括广西壮族自治区南部、广东省南部、海南省的全部、福建省东南部。

(1) 施肥原则　控制氮肥总量，调整基、追比例，减少前期氮肥用量，实行氮肥后移；基肥深施，追肥“以水带氮”；磷肥优先选择钙镁磷肥或普通过磷酸钙；在土壤 pH5.5 以下的田块，适当施用含硅的碱性肥料或基施生石灰；缺锌田块、潜育化稻田和低温寡照地区补充微量元素锌肥。

（2）施肥建议 推荐 18－12－16（N－P_2O_5－K_2O）或相近配方；亩产水平 350～450 千克，配方肥推荐用量 26～33 千克/亩，基肥 13～20 千克/亩，分蘖肥和穗粒肥分别追施 5～8 千克/亩、3～5 千克/亩；亩产水平 450～550 千克，配方肥推荐用量 33～41 千克/亩，基肥 17～24 千克/亩，分蘖肥和穗粒肥分别追施 7～10 千克/亩、4～7 千克/亩；亩产水平 550 千克以上，配方肥推荐用量 41～48 千克/亩，基肥 22～29 千克/亩，分蘖肥和穗粒肥分别追施 8～11 千克/亩、5～8 千克/亩；亩产水平 350 千克以下，配方肥推荐用量 20～25 千克/亩，基肥 11～14 千克/亩，分蘖肥和穗粒肥分别追施 4～6 千克/亩、3～5 千克/亩。

8. 西南高原山地单季稻区

包括云南省全部、四川省西南部、贵州省大部、湖南省西部、广西壮族自治区北部。

（1）施肥原则 增施有机肥，实施秸秆还田，有机无机相结合；调整基肥与追肥比例，减少前期氮肥用量；缺磷土壤，应适当增施磷肥，以选择钙镁磷肥最佳；供钾能力低的稻田，注意水稻生长后期补钾；在土壤 pH5.5 以下的田块，适当施用含硅钙的碱性土壤改良剂或基施生石灰；肥料施用与高产优质栽培技术相结合。

（2）施肥建议 推荐 17－13－15（N－P_2O_5－K_2O）或相近配方；产量水平 400～500 千克/亩，配方肥推荐用量 26～33 千克/亩，分蘖肥和穗粒肥分别追施尿素 6～7 千克/亩、4～5 千克/亩；产量水平 500～600 千克/亩，配方肥推荐用量 33～39 千克/亩，分蘖肥和穗粒肥分别追施尿素 7～8 千克/亩、5～6 千克/亩，穗粒肥追施氯化钾 1～2 千克/亩；产量水平 600 千克/亩以上，配方肥推荐用量 39～46 千克/亩，分蘖肥和穗粒肥分别追施尿素 8～10 千克/亩、6～7 千克/亩，穗粒肥追施氯化钾 2～4 千克/亩；产量水平 400 千克/亩以下，配方肥推荐用量 20～26 千克/亩，分蘖肥和穗粒肥分别追施尿素 4～6 千克/亩、3～4 千克/亩；在缺锌地区，每亩施用 1～2 千克硫酸锌；在土壤 pH 较低的田块每亩基施含硅碱性肥料或生石灰 30～50 千克。

三、无公害水稻测土配方施肥技术

1. 水稻保健型壮秧剂育秧

（1）营养土法旱育秧 苗床初整好后，先将每袋（5 千克）中的杀菌剂袋

（D袋）与营养剂及调理剂袋（SK袋）先行拌和，充分拌匀后，掺拌过筛选的细干土1 500千克，再充分混拌均匀后，平铺在50米^{2}苗床上，厚度约2.5厘米，摊平，浇透水，然后拌种、压种、覆土。

（2）软盘和底垫旱育秧 整细整平床面后，浇透水，摆放好软盘或平铺垫底。将每袋（5千克）中的杀菌剂袋（D袋）与营养剂及调理剂袋（SK袋）先行拌和，充分拌匀后，掺拌过筛选的细干土1 500千克，再充分混拌均匀后，倒入300个软盘或平铺在50米^{2}底垫上。然后浇透水，然后拌种、压种、覆土。

（3）抛秧盘育秧 苗床经浅翻、耙碎和整平后，浇足底水，摆放钵盘，并将盘底压入泥中。每袋（5千克）能育秧50米^{2}水稻钵盘苗床。先计算出秧盘数及用土量，将营养剂、调理剂和杀菌剂三样及土充分混拌均匀，然后装入盘中，浇透水，然后拌种、压种、覆土。

（4）机插盘旱育秧 将每袋（5千克）内的D袋和SK袋先行混拌均匀，加备好的过筛旱田土900千克充分混拌成营养土，装入300个软盘（机插盘，约50米^2）或平铺在500米^{2}的隔离层上，然后浇透水，拌种、压种、覆土。

（5）育秧期施用水稻保健型壮秧剂 如果没有用水稻保健型壮秧剂作苗床基肥，如发现秧苗长势弱，或开始发现有病，可将每袋水稻保健型壮秧剂中的D袋和SK袋先行混拌均匀后，分两次（间隔5～7天），在土壤稍旱时露水干后均匀撒在80～100米^{2}苗床上。轻扫后，喷透水洗苗。

（6）移栽前施用水稻保健型壮秧剂作送嫁肥 为缓解秧苗移栽后对秧苗的各种伤害，可在移栽前4～5天，将一袋水稻保健型壮秧剂混拌均匀后，在露水干后均匀撒在100米^{2}苗床上。轻扫后，喷透水洗苗。

2. 北方无公害水稻测土配方施肥

（1）施肥配方推荐 这里以华北单季中晚熟粳稻、东北单季中晚熟粳稻为例。

①华北单季中晚熟粳稻测土施肥配方。华北地区单季稻，不同产量施肥配方为：亩产量为500～550千克，施氮（N）9～12千克、磷（P_2O_5）2～3千克、钾（K_2O）4～5千克。缺锌土壤施用硫酸锌1千克；适当基施含硅肥料。亩产量为550～600千克，施氮（N）14～16千克、磷（P_2O_5）3.5～5千克、钾（K_2O）4.5～6千克。缺锌土壤施用硫酸锌1千克；适当基施含硅肥料。氮肥基肥占40%～50%，蘖肥占20%～30%，穗肥占20%～30%；磷肥全部作基肥；钾肥基肥占60%～70%，穗肥占30%～40%。

②东北单季中晚熟粳稻测土施肥配方。不同产量水平，施肥量推荐如下：

亩产量在 700 千克，施氮（N）8～9 千克、磷（P_2O_5）3～4 千克、钾（K_2O）4～6 千克。缺锌土壤施用硫酸锌 1～1.5 千克；适当基施含硫、硅肥料。亩产量在 600 千克，施氮（N）6～7 千克、磷（P_2O_5）2～3 千克、钾（K_2O）3～5 千克。缺锌土壤施用硫酸锌 1～1.5 千克；适当基施含硫、硅肥料。亩产量在 500 千克，施氮（N）5～6 千克、磷（P_2O_5）0～3 千克、钾（K_2O）2～4 千克。缺锌土壤施用硫酸锌 1～1.5 千克；适当基施含硫、硅肥料。氮肥总量的45%作基肥施用，插秧后 5～7 天施 20%氮肥作分蘖肥，穗分化期施 15%氮肥作促花肥，减数分裂期施 20%氮肥作保花肥。或者氮肥总量的 45%作基肥施用，插秧后 5～7 天施 25%氮肥作分蘖肥，拔节期施 30%氮肥作穗肥。

（2）大田底肥 水稻底肥可根据当地水稻测土配方施肥情况及肥源情况，选择以下不同组合：每亩可施生物有机肥 150～200 千克或无害化处理过优质有机肥 1 500～2 000 千克，40%有机型专用肥或 45%腐殖酸涂层长效肥 40～50 千克或 45%腐殖酸高效缓释复混肥 40 千克，包裹型尿素 10～12 千克。

（3）生育期追肥 分蘖肥每亩追施含硅、锌腐殖酸型水稻专用肥（13-4-13-5Si-1Zn）20～25 千克。拔节肥每亩追施 20 千克腐殖酸包裹尿素或硅包尿素、5～10 千克硫酸钾等。孕穗肥每亩追施 15～20 千克腐殖酸包裹尿素或硅包尿素。

（4）根外追肥 水稻进入分蘖盛期后，可叶面喷施 500 倍的含氨基酸或腐殖酸或壳聚糖或海藻酸等有机活性叶面肥和 1 000 倍活性硅叶面肥。水稻进入孕穗灌浆期，可连续两次喷施 500 倍生物活性钾叶面肥，间隔期 14 天。

3. 南方无公害水稻测土配方施肥

（1）施肥配方推荐 这里以湖南省双季稻的测土施肥量推荐为例。

① 双季稻氮素推荐用量。基于目标产量和地力产量的双季早稻氮肥用量如表 5-2 所示、双季晚稻氮肥用量如表 5-3 所示。

表 5-2 基于目标产量和地力产量的双季早稻氮肥（N）用量（千克/亩）

地力产量（千克/亩）	双季早稻目标产量（千克/亩）			
	300	350	400	450
280	2	7.2	8.1	9.2
240	6.5	8.7	9.6	10.7
200	8.5	9.5	10.4	11.7

表 5-3　基于目标产量和地力产量的双季晚稻氮肥（N）用量（千克/亩）

地力产量（千克/亩）	双季晚稻目标产量（千克/亩）			
	350	400	450	500
350	0	7.6	8.5	9.6
290	6.5	9.1	10.0	11.1
220	8.8	9.9	10.4	11.9

② 双季稻磷素推荐用量。基于目标产量和土壤有效磷含量的双季早稻磷肥用量如表 5-4 所示、双季晚稻磷肥用量如表 5-5 所示。

表 5-4　基于目标产量和土壤有效磷含量的双季早稻磷肥（P_2O_5）用量（千克/亩）

土壤有效磷（毫克/千克）	肥力等级	双季早稻目标产量（千克/亩）			
		300	350	400	450
＞20	极高	0	0	1.5	2
15～20	高	1.5	2	3	4.5
10～15	中	2	3	4	5
5～10	低	3	4	5	6
＜5	极低	4	4.5	5.5	6.5

表 5-5　基于目标产量和土壤有效磷含量的双季晚稻磷肥（P_2O_5）用量（千克/亩）

土壤有效磷（毫克/千克）	肥力等级	双季晚稻目标产量（千克/亩）			
		350	400	450	500
＞20	极高	0	0	0	0
15～20	高	0	0	1	1.5
10～15	中	1.5	2	2.5	3
5～10	低	2	2.5	3.5	4.2
＜5	极低	2.5	3.1	3.8	4.5

③ 双季稻钾素推荐用量。基于目标产量和土壤速效钾含量的双季早稻钾肥用量如表 5-6 所示、双季晚稻钾肥用量如表 5-7 所示。

表 5-6　基于目标产量和土壤速效钾含量的双季早稻钾肥（K_2O）用量（千克/亩）

土壤速效钾（毫克/千克）	肥力等级	双季早稻目标产量（千克/亩）			
		300	350	400	450
＞140	极高	0	2	3.5	4
110～140	高	2	3.3	4	4.3
80～110	中	4	4.3	4.7	5.3
50～80	低	5	5.3	5.7	6
＜50	极低	5.3	5.7	6	6.3

表 5-7　基于目标产量和土壤速效钾含量的双季晚稻钾肥（K_2O）用量（千克/亩）

土壤速效钾（毫克/千克）	肥力等级	双季晚稻目标产量（千克/亩）			
		350	400	450	500
＞140	极高	0	2.7	3.3	4
110～140	高	2	3.3	4.7	5
80～110	中	3.7	4.3	5	5.3
50～80	低	4	5	5.3	6
＜50	极低	4.7	5.3	5.7	6.3

④ 微量元素推荐用量。锌肥推荐用量如表 5-8 所示。

表 5-8　土壤微量元素丰缺指标及对应施肥量

元素	提取方法	临界指标（毫克/千克）	基肥用量（千克/亩）
Zn	DTPA	0.5	0.5～1

（2）南方无公害双季早稻施肥

① 大田底肥。水稻底肥可根据当地水稻测土配方施肥情况及肥源情况，每亩可施生物有机肥 150～200 千克或无害化处理过的优质有机肥 1 500～2 000 千克，40%有机型水稻专用肥或 45%腐殖酸涂层长效肥 50～60 千克或 45%腐殖酸高效缓释复混肥 40～50 千克，包裹型尿素 10～12.5 千克。

② 生育期追肥。可根据水稻生育期生长情况，选择分蘖期、拔节期、孕穗期等追肥。分蘖肥每亩追施 30%含硅锌腐殖酸型水稻专用肥 20～30 千克。拔节肥每亩追施 15～20 千克腐殖酸包裹尿素或硅包尿素、7.5～10 千克硫酸

钾等。孕穗肥每亩追施 15～20 千克腐殖酸包裹尿素或硅包尿素。

③ 根外追肥。水稻进入分蘖盛期后，可叶面喷施 500 倍的含氨基酸或腐殖酸或壳聚糖或海藻酸等有机活性叶面肥和 1 000 倍活性硅叶面肥。水稻进入孕穗灌浆期，可连续两次喷施 500 倍生物活性钾叶面肥，间隔期 14 天。

(3) 南方无公害双季晚稻施肥

① 大田底肥。水稻底肥可根据当地水稻测土配方施肥情况及肥源情况，每亩可施生物有机肥 150～200 千克或无害化处理过优质有机肥 1 500～2 000 千克，40%有机型水稻专用肥 55～65 千克或 45%腐殖酸高效缓释复混肥 40～45 千克，包裹型尿素 5～7.5 千克。

② 生育期追肥。可根据水稻生育期生长情况，选择分蘖期、孕穗期等追肥。分蘖肥每亩追施 30%含硅锌腐殖酸型水稻专用肥 20～30 千克。穗肥每亩追施 20～25 千克腐殖酸包裹尿素或硅包尿素。

③ 根外追肥。水稻进入分蘖盛期后，可叶面喷施 500 倍的含氨基酸或腐殖酸或壳聚糖或海藻酸等有机活性叶面肥和 1 000 倍活性硅叶面肥。水稻进入孕穗灌浆期，可连续两次喷施 500 倍生物活性钾叶面肥，间隔期 14 天。

第二节　小麦高效安全施肥

小麦在我国的主要产区集中在河南、山东、河北、安徽、甘肃、新疆、江苏、陕西、四川、山西、内蒙古及湖北等地，种植面积占全国小麦种植面积 4/5 以上，总产量占我国小麦总产量的 90%以上，以山东、河南种植面积最大。我国冬、春小麦兼种，但以冬小麦为主，冬小麦种植面积占我国小麦种植总面积的 85%，总产量占全国小麦总产量的 90%以上。

一、小麦缺素症诊断与补救

小麦缺素症状与补救措施可以参考表 5－9。

表 5－9　小麦缺素诊断与补救措施

营养元素	缺素症状	补救措施
氮	小麦缺氮，植株矮小，叶片淡绿，叶尖由下向上变黄，分蘖少，茎秆细弱	于返青期每亩追施尿素 5～8 千克，拔节期再追施尿素 10～15 千克
磷	小麦缺磷，植株瘦小，次生根少，分蘖少，新叶暗绿，叶尖紫红色，茎呈紫色，穗小粒少，籽粒不饱满，千粒重下降	每亩追施过磷酸钙 20～25 千克，随水浇施。叶面喷施 5%过磷酸钙溶液或 0.2%磷酸二氢钾溶液，每隔 7～10 天喷一次，连喷2～3 次

（续）

营养元素	缺素症状	补救措施
钾	小麦缺钾，首先从下部老叶的叶尖、叶缘开始变黄，叶质柔弱并卷曲，然后逐渐变褐色。叶脉绿色，茎秆细而柔弱，分蘖不规则，成穗少，造成籽粒不匀实，易倒伏	每亩施硫酸钾或氯化钾10千克，并撒施草木灰100千克，叶面喷施0.2%的磷酸二氢钾溶液，每7～10天一次，连喷2～3次
硼	小麦缺硼，分蘖不正常，叶鞘呈紫褐色，有时不抽穗，或者只开花不结实	叶面喷洒0.2%硼砂溶液，每7～10天喷1次，连喷2～3次
钼	小麦缺钼，首先表现在叶片前部，叶变褐色，接着在心叶下部全展叶上，沿叶脉平行出现细小的黄白斑点，并逐渐连成线状、片状，最后使叶片前部干枯，严重的整叶干枯	叶面喷施0.5%的钼酸铵溶液，每7～10天喷一次，连喷2～3次
锰	小麦缺锰，症状同缺钼相似，但病斑发生在叶片的中后部，病叶干枯后便卷曲，叶前部逐渐干枯	叶面喷施0.2%的硫酸锰溶液，每5～7天喷一次，连喷2～3次
锌	麦苗缺锌，叶片失绿，心叶白化，节间变短，植株矮小，中部叶缘过早干裂皱缩，根系变黑，空秕粒多，千粒重降低	在拔节期叶面喷施0.3%的硫酸锌溶液，5～7天喷一次，连喷2～3次
铁	小麦缺铁，主要在新叶发病，叶肉组织黄化，上部叶片可变为黄白色。叶尖和叶缘也会逐渐枯萎并向内扩展	叶面喷洒0.2%的硫酸亚铁溶液，每7～10天一次，连喷2～3次

二、小麦高效安全施肥技术

借鉴2011—2017年农业部小麦科学施肥指导意见和相关测土配方施肥技术研究资料，提出推荐施肥方法，供农民朋友参考。

1. 华北平原及关中平原灌溉冬小麦区

包括山东和天津全部、河北中南部、北京中南部、河南中北部、陕西关中平原、山西南部。

（1）施肥原则 针对华北平原冬小麦氮肥过量施用比较普遍，氮、磷、钾养分比例不平衡，基肥用量偏高，一次性施肥面积呈增加趋势，后期氮肥供应不足，硫、锌、硼等中微量元素缺乏现象时有发生，土壤耕层浅、保水保肥能力差等问题，提出以下施肥原则：依据测土配方施肥结果，适当调减氮、磷肥用量，增加钾肥用量；氮肥要分次施用，根据土壤肥力适当增加生育中后期的施用比例，保持整个生育期养分供应平衡；依据土壤肥力条件，高效施用磷、钾肥；秸秆粉碎还田，增施有机肥，提倡有机无机配合，提高土壤保水保肥能力；重视硫、锌、硼、锰等中微量元素施用；对于出现酸化、盐渍化、板结等问题土壤，要通过科学施肥和耕作措施进行改良。

（2）施肥建议

① 基追结合施肥方案推荐配方：15－20－12（N－P_2O_5－K_2O）或相近配方。

施肥建议：产量水平400～500千克/亩，配方肥推荐用量24～30千克/亩，起身期到拔节期结合灌水追施尿素13～16千克/亩；产量水平500～600千克/亩，配方肥推荐用量30～36千克/亩，起身期到拔节期结合灌水追施尿素16～20千克/亩；产量水平600千克/亩以上，配方肥推荐用量36～42千克/亩，起身期到拔节期结合灌水追施尿素20～23千克/亩；产量水平400千克/亩以下，配方肥推荐用量18～24千克/亩，起身期到拔节期结合灌水追施尿素10～13千克/亩。

② 一次性施肥方案推荐配方：25－12－8（N－P_2O_5－K_2O）或相近配方。

施肥建议：产量水平400～500千克/亩，配方肥推荐用量38～48千克/亩，作为基肥一次性施用；产量水平500～600千克/亩，配方肥推荐用量48～58千克/亩，作为基肥一次性施用；产量水平600千克/亩以上，配方肥推荐用量58～70千克/亩，作为基肥一次性施用；产量水平400千克/亩以下，配方肥推荐用量30～38千克/亩，作为基肥一次性施用。

在缺锌或缺锰地区可以基施硫酸锌或硫酸锰1～2千克/亩，缺硼地区可酌情基施硼砂0.5～1千克/亩。提倡结合“一喷三防”，在小麦灌浆期喷施微量元素水溶肥，或每亩用磷酸二氢钾150～200克和0.5～1千克尿素兑水50千克进行叶面喷洒。若基肥施用了有机肥，可酌情减少化肥用量。

2. 华北雨养冬小麦区

包括江苏及安徽两省的淮河以北地区，河南东南部。

（1）施肥原则　针对华北雨养冬小麦区，土壤以砂姜黑土为主，土壤肥力不高，有效磷相对偏低，锌、硼等中微量元素缺乏现象时有发生，土壤耕层浅、保水保肥能力差等问题，提出以下施肥原则：依据测土配方施肥结果，适当降低氮肥用量，增加磷肥用量；秸秆粉碎还田，增施有机肥，提倡有机无机配合，提高土壤保水保肥能力；重视锌、硼、锰等微量元素的施用；对于出现酸化、盐渍化、板结等问题的土壤要通过科学施肥和耕作措施进行改良；肥料施用与绿色增产增效栽培技术相结合。

(2) 施肥建议

① 基追结合施肥方案推荐配方：18－15－12（$N-P_2O_5-K_2O$）或相近配方。

施肥建议：产量水平 350～450 千克/亩，配方肥推荐用量 28～36 千克/亩，起身期到拔节期结合灌水追施尿素 [illegible] 千克/亩；产量水平 450～600 千克/亩，配方肥推荐用量 36～47 千克/亩，起身期到拔节期结合灌水追施尿素 12～16 千克/亩；产量水平 600 千克/亩以上，配方肥推荐用量 47～55 千克/亩，起身期到拔节期结合灌水追施尿素 16～19 千克/亩；产量水平 350 千克/亩以下，配方肥推荐用量 20～28 千克/亩，起身期到拔节期结合灌水追施尿素 7～9 千克/亩。

② 一次性施肥方案推荐配方：25－12－8（$N-P_2O_5-K_2O$）或相近配方。

施肥建议：产量水平 350～450 千克/亩，配方肥推荐用量 39～50 千克/亩，作为基肥一次性施用；产量水平 450～600 千克/亩，配方肥推荐用量 50～67 千克/亩，作为基肥一次性施用；产量水平 600 千克/亩以上，配方肥推荐用量 67～78 千克/亩，作为基肥一次性施用；产量水平 350 千克/亩以下，配方肥推荐用量 28～39 千克/亩，作为基肥一次性施用。

在缺锌或缺锰地区可以基施硫酸锌或硫酸锰 1～2 千克/亩，缺硼地区可酌情基施硼砂 0.5～1 千克/亩。提倡结合“一喷三防”，在小麦灌浆期喷施微量元素水溶肥，或每亩用磷酸二氢钾 150～200 克和 0.5～1 千克尿素兑水 50 千克进行叶面喷洒。若基肥施用了有机肥，可酌情减少化肥用量。

3. 长江中下游冬小麦区

包括湖北、湖南、江西、浙江和上海全部，河南南部，安徽和江苏两省的淮河以南地区。

(1) 施肥原则 针对长江流域冬小麦有机肥用量少，氮肥偏多且前期施用比例大，硫、锌等中微量元素缺乏时有发生等问题，提出以下施肥原则：增施有机肥，实施秸秆还田，有机无机相结合；适当减少氮肥用量，调整基肥追肥比例，减少前期氮肥用量；缺磷土壤，应适当增施或稳施磷肥；有效磷丰富的土壤，适当降低磷肥用量；肥料施用与绿色增产增效栽培技术相结合。要根据小麦品种、品质的不同，适当调整氮肥用量和基追比例。强中筋小麦要适当增加氮肥用量和后期追施比例。

(2) 施肥建议

① 中低浓度配方施肥方案推荐配方：12－10－8（$N-P_2O_5-K_2O$）或相

近配方。

施肥建议：产量水平300～400千克/亩，配方肥推荐用量34～45千克/亩，起身期到拔节期结合灌水追施尿素9～12千克/亩；产量水平400～550千克/亩，配方肥推荐用量45～62千克/亩，起身期到拔节期结合灌水追施尿素12～17千克/亩；产量水平550千克/亩以上，配方肥推荐用量62～74千克/亩，起身期到拔节期结合灌水追施尿素17～20千克/亩；产量水平300千克/亩以下，配方肥推荐用量23～34千克/亩，起身期到拔节期结合灌水追施尿素6～9千克/亩。

② 高浓度配方施肥方案推荐配方：18-15-12（$N-P_2O_5-K_2O$）或相近配方。

施肥建议：产量水平300～400千克/亩，配方肥推荐用量23～30千克/亩，起身期到拔节期结合灌水追施尿素9～12千克/亩；产量水平400～550千克/亩，配方肥推荐用量30～42千克/亩，起身期到拔节期结合灌水追施尿素12～17千克/亩；产量水平550千克/亩以上，配方肥推荐用量42～49千克/亩，起身期到拔节期结合灌水追施尿素17～20千克/亩；产量水平300千克/亩以下，配方肥推荐用量15～23千克/亩，起身期到拔节期结合灌水追施尿素6～9千克/亩。

在缺硫地区可基施硫黄2千克/亩左右，若使用其他含硫肥料，可酌减硫黄用量；在缺锌或缺锰的地区，根据情况基施硫酸锌或硫酸锰1～2千克/亩。提倡结合“一喷三防”，在小麦灌浆期喷施微量元素叶面肥，或每亩用磷酸二氢钾150～200克和0.5～1千克尿素兑水50千克进行叶面喷施。

4. 西北雨养旱作冬小麦区

包括山西中部、陕西北部、河南西部、宁夏北部、甘肃东部。

(1) 施肥原则　针对西北旱作雨养区土壤有机质含量低，保水保肥能力差，冬小麦生长季节降水少，春季追肥难，有机肥施用不足等问题，提出以下施肥原则：依据土壤肥力和土壤贮水状况确定基肥用量；坚持“培肥”“适氮、稳磷、补微”的施肥方针；增施有机肥，提倡有机无机配合和秸秆适量还田；以配方肥一次性基施为主；注意锰和锌等微量元素肥料的配合施用；肥料施用应与节水高产栽培技术相结合。

(2) 施肥建议　推荐配方：23-14-8（$N-P_2O_5-K_2O$）或相近配方。

施肥建议：产量水平250～350千克/亩，配方肥推荐用量24～33千克/亩，作为基肥一次性施用；产量水平350～500千克/亩，配方肥推荐用量33～48千克/亩，作为基肥一次性施用；产量水平500千克/亩以上，配方肥推荐用量48～57千克/亩，作为基肥一次性施用；产量水平250千克/亩以下，配方肥推荐用量 14～24 千克/亩，作为基肥一次性施用。

施农家肥 2～3 米^3/亩。禁用含氯高的肥料，防止含氯肥料对麦苗的毒害。在缺锌或缺锰的地区，根据情况基施硫酸锌或硫酸锰 1～2 千克/亩。提倡结合“一喷三防”，在小麦灌浆期喷施微量元素叶面肥，或每亩用磷酸二氢钾 150～200 克和 0.5～1 千克尿素兑水 50 千克进行叶面喷施。

5. 西北灌溉春小麦区

主要以春小麦为主，包括内蒙古自治区中部、宁夏回族自治区北部、甘肃省的中西部，青海省东部和新疆维吾尔自治区。

(1) 施肥原则 根据土壤肥力确定目标产量，减少氮、磷肥投入，补充钾肥，适量补充微肥；增施有机肥，全量秸秆还田培肥地力，提倡有机无机配合；“氮、磷、钾配合，早施底肥，巧施追肥”。保证苗齐、苗全。适时追肥，防止小麦前期过旺倒伏，后期脱肥减产；施肥应与灌溉有效结合。强调早施基肥、机播种肥、灌水前追肥、孕穗期根外喷施锌和硼等微肥。

(2) 施肥建议 推荐 17－18－10（$N-P_2O_5-K_2O$）或相近配方。产量水平 300～400 千克/亩，配方肥推荐用量 20～25 千克/亩，起身期到拔节期结合灌水追施尿素 10～15 千克/亩；产量水平 400～550 千克/亩，配方肥推荐用量 30～35 千克/亩，起身期到拔节期结合灌水追施尿素 15～20 千克/亩；产量水平 550 千克/亩以上，配方肥推荐用量 35～40 千克/亩，起身期到拔节期结合灌水追施尿素 15～20 千克/亩；产量水平 300 千克/亩以下，配方肥推荐用量 15～20 千克/亩，起身期到拔节期结合灌水追施尿素 5～10 千克/亩。

三、无公害小麦测土配方施肥技术

1. 无公害冬小麦测土配方施肥

(1) 测土施肥配方 这里以华北平原地区灌溉冬小麦测土施肥配方为例。

① 氮肥总量控制，分期调控。平原灌溉区不同产量水平冬小麦氮肥推荐用量可参考表 5－10。

表 5－10 不同产量水平下冬小麦氮肥（N）推荐用量

目标产量（千克/亩）	土壤肥力	氮肥用量（千克/亩）	基/追比例（%）
＜300	极低	11～13	70/30
	低	10～11	70/30
	中	8～10	60/40
	高	6～8	60/40

（续）

目标产量（千克/亩）	土壤肥力	氮肥用量（千克/亩）	基/追比例（%）
300～400	极低	13～15	70/30
	低	11～13	70/30
	中	10～11	60/40
	高	8～10	50/50
400～500	低	14～16	60/40
	中	12～14	50/50
	高	10～12	40/60
	极高	8～10	30/40/30
500～600	低	16～18	60/40
	中	14～16	50/50
	高	12～14	40/60
	极高	10～12	30/40/30
>600	中	16～18	50/50
	高	14～16	40/60
	极高	12～14	30/40/30

② 磷、钾恒量监控技术。该地区多以冬小麦/夏玉米轮作为主，因此，磷、钾管理要将整个轮作体系统筹考虑，将 2/3 的磷肥施在冬小麦季、1/3 的磷肥施在玉米季；将 1/3 的钾肥施在冬小麦季，2/3 的磷肥施在玉米季。磷、钾分级机推荐用量参考表 5－11、表 5－12。

表 5－11　土壤磷素分级及冬小麦磷肥（P_2O_5）推荐用量

产量水平（千克/亩）	肥力等级	Olsen－P（毫克/千克）	磷肥用量（千克/亩）
<300	极低	<7	6～8
	低	7～14	4～6
	中	14～30	2～4
	高	30～40	0～2
	极高	>40	0
300～400	极低	<7	7～9
	低	7～14	5～7
	中	14～30	3～5
	高	30～40	1～3
	极高	>40	0

（续）

产量水平（千克/亩）	肥力等级	Olsen-P（毫克/千克）	磷肥用量（千克/亩）
400～500	极低	<7	8～10
	低	7～14	6～8
	中	14～30	4～6
	高	30～40	2～4
	极高	>40	0～2
500～600	低	<14	8～10
	中	14～30	7～9
	高	30～40	5～7
	极高	>40	2～5
>600	低	<14	9～11
	中	14～30	8～10
	高	30～40	6～8
	极高	>40	3～6

表 5-12　土壤钾素分级及钾肥（K_2O）推荐用量

肥力等级	速效钾（毫克/千克）	钾肥用量（千克/亩）	备注
低	50～90	5～8	连续3年以上实行秸秆还田的可酌减；没有实行秸秆还田的适当增加
中	90～120	4～6	
高	120～150	2～5	
极高	>150	0～3	

③ 微量元素因缺补缺。该地区微量元素丰缺指标及推荐用量见表 5-13。

表 5-13　微量元素丰缺指标及推荐用量

元素	提取方法	临界指标（毫克/千克）	基施用量（千克/亩）
锌	DTPA	0.5	硫酸锌 1～2
锰	DTPA	10	硫酸锰 1～2
硼	沸水	0.5	硼砂 0.5～0.75

(2) 无公害冬小麦施肥技术

① 底肥。每亩可底施生物有机肥 100～150 千克或无害化处理过的优质有

机肥 1 000～1 500 千克，40%腐殖酸型小麦专用肥 50～55 千克或 45%腐殖酸涂层长效肥 40～50 千克或 45%腐殖酸高效缓释复混肥 40～50 千克，包裹型尿素 15～20 千克，作基肥采用面肥、全层施用或深层深施。

② 生育期追肥。返青后追施腐殖酸型小麦专用肥 20～25 千克或包裹型尿素 15～20 千克或增效尿素 15 千克。拔节期再结合灌水每亩追施 45%腐殖酸涂层长效肥 20～25 千克或包裹型尿素 15 千克或增效尿素 10 千克。如果是高产田，可将拔节期的追肥推迟到孕穗期结合灌水每亩追施 45%腐殖酸涂层长效肥 20～25 千克或包裹型尿素 15 千克或增效尿素 10 千克。

③ 根外追肥。返青至拔节期可酌情选择微量元素水溶肥、大量元素水溶肥、螯合态高活性叶面肥、生物活性钾肥等其中一种或两种稀释 500～1 000 倍进行叶面喷施。小麦孕穗抽穗期结合第一次“一喷三防”同时叶面喷施大量元素水溶肥、微量元素水溶肥、生物活性钾肥等其中一种或两种。小麦灌浆期结合病虫害防治喷施螯合态高活性叶面肥、含腐殖酸水溶肥、含氨基酸水溶肥、大量元素水溶肥、微量元素水溶肥等其中一种或两种，可以预防干热风、增加粒重。

2. 无公害春小麦测土配方施肥

(1) 测土施肥配方　其氮肥采用实时实地精确监控技术，磷、钾采用恒量监控技术，中微量元素做到因缺补缺。

① 氮素实时实地监控技术。基肥推荐用量如表 5－14 所示、追肥推荐用量如表 5－15 所示。

表 5－14　春小麦氮肥（N）基肥推荐用量（千克/亩）

0～30 厘米土壤硝态氮含量	小麦目标产量（千克/亩）		
	200	300	400
30	7.7	10.9	13.9
45	6.7	9.9	12.9
60	5.7	8.9	11.9
75	4.7	7.9	10.9
90	3.7	6.9	9.9
105	2.7	5.9	8.9
120	1.5	4.9	7.9

表 5-15　春小麦氮肥（N）追肥（小麦三叶期）推荐用量（千克/亩）

0～30 厘米 土壤硝态氮含量	小麦目标产量（千克/亩）		
	200	300	400
30	3.2	4.2	5.2
45	2.2	2.2	4.2
60	1.2	1.2	2.2
75	0.2	0.2	1.2
90	–	–	0.2
105	–	–	–
120	–	–	–

② 春小麦磷肥推荐用量。基于目标产量和土壤速效磷含量的春小麦磷肥推荐用量如表 5-16 所示。

表 5-16　土壤磷素分级及春小麦磷肥（P_2O_5）推荐用量

产量水平（千克/亩）	肥力等级	Olsen-P（毫克/千克）	磷肥用量（千克/亩）
200	极低	<8	3.5
	低	8～15	2.5
	中	15～30	1.7
	高	30～40	1
	极高	>40	0
300	极低	<8	5.2
	低	8～15	3.9
	中	15～30	1.7
	高	30～40	1.3
	极高	>40	0
400	极低	<8	7
	低	8～15	5.3
	中	15～30	3.5
	高	30～40	1.7
	极高	>40	0

③ 春小麦钾肥推荐用量。基于土壤交换性钾含量的春小麦钾肥推荐用量如表 5-17 所示。

表 5-17　基于土壤交换性钾含量的春小麦钾肥（K_2O）推荐用量

肥力等级	土壤交换性钾含量（毫克/千克）	肥用量（千克/亩）
低	＜90	6
中	90～120	4
高	120～150	2
极高	＞150	0

（2）无公害春小麦施肥技术

① 基肥。每亩可底施生物有机肥 100～150 千克或无害化处理过优质有机肥 1 000～1 500 千克，40％腐殖酸型小麦专用肥 50 千克或 45％腐殖酸涂层长效肥 30～40 千克或 45％腐殖酸高效缓释复混肥 30～40 千克，包裹型尿素 10～15 千克。

② 生育期追肥。春小麦二叶一心期，每亩追施 40％腐殖酸型小麦专用肥 20～25 千克或 45％腐殖酸涂层长效肥 15～20 千克或缓释磷酸二铵 15～20 千克。拔节至抽穗期再结合灌水每亩追施包裹型尿素 10 千克或增效尿素 5～10 千克。

③ 根外追肥。分蘖期可酌情选择大量元素水溶肥、螯合态高活性叶面肥、生物活性钾肥等其中一种或两种稀释 500～1 000 倍进行叶面喷施。抽穗期可酌情选用大量元素水溶肥、微量元素水溶肥、生物活性钾肥等其中一种或两种稀释 500～1 000 倍进行叶面喷施。

第三节　玉米高效安全施肥

我国玉米种植面积和产量，在世界上居第二位，占世界总产量的 1/5 左右。玉米主产区在东北、华北和西北地区，以吉林、山东、河南等省种植面积最大。依据分布范围、自然条件和种植制度，我国玉米可划分为 6 个产区：北方春播玉米区、黄淮海夏播玉米区、西南山地丘陵玉米区、南方丘陵玉米区、西北灌溉玉米区和青藏高原玉米区。

一、玉米缺素症诊断与补救

玉米缺素症状与补救措施可以参考表 5-18。

表 5-18　玉米缺素诊断与补救措施

营养元素	缺素症状	补救措施
氮	玉米缺氮，株型细瘦，叶色黄绿。首先是下部老叶从叶尖开始变黄，然后沿中脉伸展呈楔形（V）。叶边缘仍叶绿色，最后整个叶片变黄干枯。缺氮[illegible]引起雌穗形成延迟，甚至不能发育，或穗小粒少产量降低	春玉米，施足底肥，有机肥质量要高，夏玉米来不及施底肥的，要分次追施苗肥、拔节肥和攻穗肥；后期缺氮，进行叶面喷施，用2%的尿素溶液[illegible]喷2次
磷	玉米缺磷，幼苗根系减弱，生长缓慢，叶色紫红；开花期缺磷，抽丝延迟，雌穗受精不完全，发育不良，粒行不整齐；后期缺磷，果穗成熟推迟	春玉米，基施有机肥和磷肥，混施效果更好；夏玉米由于时间紧，一般应施在前茬作物上，若发现缺磷，早期还可开沟每亩追施过磷酸钙 20 千克，后期叶面喷施 0.2%～0.5%的磷酸二氢钾溶液
钾	玉米缺钾，生长缓慢，叶片呈黄绿色或黄色。首先是老叶边缘及叶尖干枯呈灼烧状是其突出的标志，缺钾严重时，生长停滞，节间缩短，植株矮小，果穗发育不正常，常出现秃顶，籽粒淀粉含量降低，千粒重减轻，容易倒伏	春玉米，施足有机肥，高产地块每亩配施氯化钾 10 千克；夏玉米苗期和拔节期每亩追施 10～15 千克氯化钾，调节氮、钾比例；雨后及时排水
硼	玉米缺硼，在玉米早期生长和后期开花阶段植株呈现矮小，生殖器官发育不良，易成空秆或败育，造成减产。缺硼植株新叶狭长，叶脉间出现透明条纹，稍后变白变干，缺硼严重时，生长点死亡	施用硼肥，春玉米每亩基施硼砂 0.5 千克，与有机肥混施效果更好；夏玉米前期缺乏硼，开沟追施或叶面喷施两次浓度为 0.1%～0.2%的硼酸溶液；灌水抗旱，防止土壤干燥
钼	玉米缺钼，症状是玉米幼嫩叶首先枯萎，随后沿其边缘枯死。有些老叶顶端枯死，继而叶边和叶脉之间出现枯斑，甚至坏死	可用 0.15%～0.2%的钼酸铵溶液进行叶面喷施
锰	玉米缺锰，其症状是顺着叶片长出黄色斑点和条纹，最后黄色斑点穿孔，表示这部分组织破坏而死亡	每亩用硫酸锰 1 千克，以条施最为经济；叶面喷施，用 0.1%的锰肥溶液在苗期、拔节期各喷 1～2 次；种子处理，每 10 千克种子用 5～8 克硫酸锰加 150 克滑石粉

（续）

营养元素	缺素症状	补救措施
锌	玉米缺锌，幼苗期和生长中期缺锌，新生叶片下半部出现淡黄色，甚至白色。叶片成长后，叶脉之间出现淡黄色斑点或缺绿条纹，有时中脉和边缘之间出现白色或黄色组织条带或是坏死斑点，此时叶面都呈透明白色，风吹易折	基施锌肥，每亩施1～2千克硫酸锌，可用于春玉米；夏玉米来不及基施的发生缺锌可叶面喷施，用0.2%的硫酸锌溶液，在苗期和拔节期喷2～3次，亦可在苗期条施于玉米苗两侧，播种时对缺锌地块，可种子处理，种子用4～6克/千克硫酸锌加适量水溶解后浸种或拌种
铁	玉米缺铁，幼苗叶脉间失绿呈条纹状，中、下部叶片为黄绿色条纹，老叶绿色；严重时整个心叶失绿发白，失绿部分色泽均一，一般不出现坏死斑点	每亩用混入5～6千克硫酸亚铁的有机肥1 000～1 500千克作基肥，以减少与土壤接触，提高铁肥有效性；根外追肥，以0.2%～0.3%尿素、硫酸亚铁混合液连喷2～3次（选用耐缺铁品种）

二、玉米高效安全施肥技术

借鉴2011—2018年农业部玉米科学施肥指导意见和相关测土配方施肥技术研究资料，提出推荐施肥方法，供农民朋友参考。

1. 黄淮海夏玉米区

我国夏玉米主要集中在黄淮海地区，包括河南全部、山东全部、河北中南部、陕西中部、山西南部、江苏北部、安徽北部等。另外，西南地区、西北地区、南方丘陵区等也有广泛种植。

（1）施肥原则　采取氮肥总量控制、分期量调控的措施；根据土壤钾素状况，合理施用钾肥。注意锌、硼等微量元素配合施用；实施秸秆还田，培肥地力；与高产优质栽培技术相结合，实施化肥深施。

（2）施肥建议　目标产量在800千克/亩以上的田块，施用氮肥（N）推荐量为16～18千克/亩、磷肥（P_2O_5）6～8千克/亩、钾肥（K_2O）5～8千克/亩、硫酸锌1～2千克/亩；目标产量为600～800千克/亩的田块，施用氮肥（N）推荐量为14～16千克/亩、磷肥（P_2O_5）4～6千克/亩、钾肥（K_2O）4～7千克/亩、硫酸锌1～2千克/亩；目标产量为400～600千克/亩的田块，施用氮肥（N）推荐量为12～14千克/亩、磷肥（P_2O_5）3～5千克/亩、钾肥（K_2O）0～5千克/亩、硫酸锌1千克/亩；目标产量在400千克/亩以下的田块，施用氮肥（N）推荐10～12千克/亩、磷肥（P_2O_5）2～3千克/亩、钾肥

(K_2O) 0～3 千克/亩。

将氮肥总量的 30%～50%作基肥或苗期追肥，50%～70%作为大喇叭口期和灌浆期追肥。一般在总氮（N）每亩用量超过 14 千克时，分两次追肥，但氮肥施用量较低时只在大喇叭口期追肥；磷、钾肥和锌肥全部作为基肥施用，锌肥与磷肥分开施用。在前茬作物施磷较多或土壤速效磷丰富的田块，适当减少磷肥用量。

在小麦秸秆还田后直接播种的地块，应注意避免秸秆覆盖播种行，防止影响玉米出苗和幼苗生长。如果是还田秸秆翻压后播种，可采取旋耕播种机一次完成秸秆翻压还田和玉米播种。

2. 东北冷凉春玉米区

主要包括黑龙江的大部和吉林省东部。

(1) 施肥原则 依据测土配方施肥结果，确定氮、磷、钾肥合理用量；氮肥分次施用，高产田适当增加钾肥的施用比例；依据气候和土壤肥力条件，农机农艺相结合，种肥和基肥配合施用；增施有机肥，提倡有机无机肥配合，秸秆适量还田；重视硫、锌等中微量元素的施用，酸化严重土壤增施碱性肥料；建议玉米和大豆间作或者套种，同时减少化肥施用量，增施有机肥和生物肥料。

(2) 施肥建议 推荐 14－18－13（$N-P_2O_5-K_2O$）或相近配方。产量水平 500～600 千克/亩，配方肥推荐用量 23～28 千克/亩，七叶期再追施尿素 11～13 千克/亩；产量水平 600～700 千克/亩，配方肥推荐用量 28～32 千克/亩，七叶期追施尿素 13～16 千克/亩；产量水平 700 千克/亩以上，配方肥推荐用量 32～37 千克/亩，七叶期追施尿素 16～18 千克/亩；产量水平 500 千克/亩以下，配方肥推荐用量 18～23 千克/亩，七叶期追施尿素 9～11 千克/亩。

3. 东北半湿润春玉米区

包括黑龙江省西南部、吉林省中部和辽宁省北部。

(1) 施肥原则 控制氮、磷、钾肥施用量，氮肥分次施用，适当降低基肥用量，充分利用磷、钾肥后效；一次性施肥的地块，选择缓控释肥料，适当增施磷酸二铵作种肥；速效钾含量高、产量水平低的地块在施用有机肥的情况下可以少施或不施钾肥；土壤 pH 高、产量水平高和缺锌的地块注意施用锌肥，长期施用氯基复合肥的地块应改施硫基复合肥；增加有机肥用量，加大秸秆还田力度；推广应用高产耐密品种，适当增加玉米种植密度，提高玉米产量，充分发挥肥料效果；深松打破犁底层，促进根系发育，提高水肥利用效率；地膜覆盖种植区，可考虑在施底（基）肥时，选用缓控释肥料，以减少追肥次数；中高肥力土壤采用施肥方案推荐量的下限。

(2) 基追结合施肥建议　推荐 15－18－12（N－P_2O_5－K_2O）或相近配方。产量水平 550～700 千克/亩，配方肥推荐用量 24～31 千克/亩，大喇叭口期再追施尿素 13～16 千克/亩；产量水平 700～800 千克/亩，配方肥推荐用量 31～35 千克/亩，大喇叭口期追施尿素 16～18 千克/亩；产量水平 800 千克/亩以上，配方肥推荐用量 35～40 千克/亩，大喇叭口期追施尿素 18～21 千克/亩；产量水平 550 千克/亩以下，配方肥推荐用量 20～24 千克/亩，大喇叭口期追施尿素 10～13 千克/亩。

(3) 一次性施肥建议　推荐 29－13－10（N－P_2O_5－K_2O）或相近配方。产量水平 550～700 千克/亩，配方肥推荐用量 33～41 千克/亩，作为基肥或苗期追肥一次性施用；产量水平 700～800 千克/亩，要求有 30%释放期为 50～60 天的缓控释氮素，配方肥推荐用量 41～47 千克/亩，作为基肥或苗期追肥一次性施用；产量水平 800 千克/亩以上，要求有 30%释放期为 50～60 天的缓控释氮素，配方肥推荐用量 47～53 千克/亩，作为基肥或苗期追肥一次性施用；产量水平 550 千克/亩以下，配方肥推荐用量 27～33 千克/亩，作为基肥或苗期追肥一次性施用。

4. 东北半干旱春玉米区

包括吉林省西部、内蒙古自治区东北部、黑龙江省西南部。

(1) 施肥原则　采用有机无机结合施肥技术，风沙土可采用秸秆覆盖免耕施肥技术；氮肥深施，施肥深度应达 8～10 厘米；分次施肥，提倡大喇叭口期追施氮肥；充分发挥水肥耦合，利用玉米对水肥需求最大效率期同步规律，结合灌水施用氮肥；掌握平衡施肥原则，氮、磷、钾比例协调供应，缺锌地块要注意锌肥使用；根据该区域的土壤特点，采用生理酸性肥料，种肥宜采用磷酸一铵；中高肥力土壤采用施肥方案推荐量的下限。

(2) 施肥建议　推荐 13－20－12（N－P_2O_5－K_2O）或相近配方。产量水平 450～600 千克/亩，配方肥推荐用量 25～33 千克/亩，大喇叭口期追施尿素 10～14 千克/亩；产量水平 600 千克/亩以上，配方肥推荐用量 33～38 千克/亩，大喇叭口期追施尿素 14～16 千克/亩；产量水平 450 千克/亩以下，配方肥推荐用量 19～25 千克/亩，大喇叭口期追施尿素 8～10 千克/亩。

5. 东北温暖湿润春玉米区

包括辽宁省的大部和河北省东北部。

(1) 施肥原则　依据测土配方施肥结果，确定合理的氮、磷、钾肥用量；氮肥分次施用，尽量不采用一次性施肥，高产田适当增加钾肥施用比例和次数；加大秸秆还田力度，增施有机肥，提高土壤有机质含量；重视硫、锌等中微量元素的施用；肥料施用必须与深松、增密等高产栽培技术相结合；中高肥力土壤采用施肥方案推荐量的低限。

(2) 施肥建议 推荐 17－17－12（N－P_2O_5－K_2O）或相近配方。产量水平 500～600 千克/亩，配方肥推荐用量 24～29 千克/亩，大喇叭口期追施尿素 14～16 千克/亩；产量水平 600～700 千克/亩，配方肥推荐用量 29～34 千克/亩，大喇叭口期追施尿素 16～19 千克/亩；产量水平 700 千克/亩以上，配方肥推荐用量 34～39 千克/亩，大喇叭口期追施尿素 19～22 千克/亩；产量水平 500 千克/亩以下，配方肥推荐用量 20～24 千克/亩，大喇叭口期追施尿素 11～14 千克/亩。

6. 西北雨养旱作春玉米区

包括河北省北部、北京市北部、内蒙古自治区南部、山西省大部、陕西省北部、宁夏回族自治区北部、甘肃省东部。

(1) 施肥原则 有机无机结合，以腐熟和含水量偏大的有机肥为好；贯彻肥料深施原则，施肥深度达 10～20 厘米，播前表面撒施肥料要做到随撒随耕；掌握平衡施肥原则，缺锌地块要注意锌肥使用；根据春玉米需肥特性施肥，提倡大喇叭期追施氮肥。

(2) 基追结合施肥建议 推荐 15－20－10（N－P_2O_5－K_2O）或相近配方。产量水平 450～600 千克/亩，配方肥推荐用量 30～35 千克/亩，大喇叭口期追施尿素 12～16 千克/亩；产量水平 600～700 千克/亩，配方肥推荐用量 35～40 千克/亩，大喇叭口期追施尿素 16～19 千克/亩；产量水平 700 千克/亩以上，配方肥推荐用量 40～45 千克/亩，大喇叭口期追施尿素 19～22 千克/亩；产量水平 450 千克/亩以下，配方肥推荐用量 20～25 千克/亩，大喇叭口期追施尿素 10～12 千克/亩。

(3) 一次性施肥建议 推荐 26－13－6（N－P_2O_5－K_2O）或相近配方。产量水平 450～600 千克/亩，配方肥推荐用量 45～50 千克/亩，作为基肥或苗期追肥一次性施用；产量水平 600～700 千克/亩，可以有 20%～40%释放期为 50～60 天的缓控释氮肥，配方肥推荐用量 50～55 千克/亩，作为基肥或苗期追肥一次性施用；产量水平 700 千克/亩以上，可以有 20%～40%释放期为 50～60 天的缓控释氮素，配方肥推荐用量 55～60 千克/亩，作为基肥或苗期追肥一次性施用；产量水平 450 千克/亩以下，配方肥推荐用量 30～40 千克/亩，作为基肥或苗期追肥一次性施用。

7. 北部灌溉春玉米区

包括内蒙古自治区中东部、陕西省北部、宁夏回族自治区北部、甘肃省东部。

(1) 施肥原则 有机无机结合；肥料深施，施肥深度应达 10～20 厘米，播前表面撒施肥料要做到随撒随耕；氮、磷、钾比例协调供应，缺锌地块要注意锌肥使用；根据玉米需肥特性施肥，分次施肥，提倡大喇叭口期追施氮肥；充分发挥水肥耦合，利用玉米对水肥需求最大效率期同步规律，结合灌水施用氮肥。

（2）施肥建议 推荐 13－22－10（N－P_2O_5－K_2O）或相近配方。产量水平 500～650 千克/亩，配方肥推荐用量 30～40 千克/亩，大喇叭口期追施尿素 15～17 千克/亩；产量水平 650～800 千克/亩，配方肥推荐用量 40～45 千克/亩，大喇叭口期追施尿素 17～20 千克/亩；产量水平 800 千克/亩以上，配方肥推荐用量 45～50 千克/亩，大喇叭口期追施尿素 20～25 千克/亩；产量水平 500 千克/亩以下，配方肥推荐用量 25～30 千克/亩，大喇叭口期追施尿素 13～15 千克/亩。

8. 西北绿洲灌溉春玉米区

包括甘肃省的中西部、新疆维吾尔自治区全部。

（1）施肥原则 基肥为主，追肥为辅；农家肥为主，化肥为辅；氮肥为主，磷肥为辅；穗肥为主，粒肥为辅；实行测土配方施肥，适当减少氮肥用量；依据土壤钾素状况，高效施用钾肥；注意锌等微量元素配合；提倡秸秆还田，培肥地力；施肥后墒情较差时，及时灌水；提倡膜下滴灌水肥一体化施肥技术；倡导氮肥分次施用，适当增加氮肥追肥比例；适当增加种植密度，构建合理群体，提高肥料效应。

（2）施肥建议 推荐 17－23－6（N－P_2O_5－K_2O）或相近配方。产量水平 550～700 千克/亩，配方肥推荐用量 25～35 千克/亩，大喇叭口期追施尿素 10～15 千克/亩；产量水平 700～800 千克/亩，配方肥推荐用量 35～40 千克/亩，大喇叭口期追施尿素 15～20 千克/亩；产量水平 800 千克/亩以上，配方肥推荐用量 40～45 千克/亩，大喇叭口期追施尿素 20～25 千克/亩；产量水平 550 千克/亩以下，配方肥推荐用量 20～25 千克/亩，大喇叭口期追施尿素 10～15 千克/亩。

三、无公害玉米测土配方施肥技术

1. 无公害夏玉米测土配方施肥

（1）测土施肥配方 这里以河南省夏玉米测土施肥配方为例。

① 河南省夏玉米氮素推荐用量。基于目标产量和不同生产区域的氮肥用量如表 5－19 所示。

表 5-19　河南省夏玉米分区氮肥（N）推荐用量（千克/亩）

生产区域	产量水平（千克/亩）				
	<400	400～600	600～700	700～800	>800
豫北	8～12	12～14	14～16	16～18	20～22
豫东	10～12	12～14	14～16	18～21	22～24
豫中南	8～10	10～12	12～14	15～18	18～20
豫西南	7～9	9～12	12～14	13～16	16～18
豫西水浇地	8～10	10～12	12～14	16～18	18～20
豫西旱地	7～8	8～10			

② 河南省夏玉米磷素推荐用量。基于目标产量和土壤速效磷的磷肥用量如表 5-20 所示。

表 5-20　河南省夏玉米分区磷肥（P_2O_5）推荐用量（千克/亩）

有效磷（毫克/千克）	产量水平（千克/亩）				
	<400	400～600	600～700	700～800	>800
<7	2～3	3～5	-	-	-
7～14	1～2	2～3	4～5	-	-
15～20	0	0～2	3～4	4～6	5～8
>20	0	0	0～3	2～4	3～5

③ 河南省夏玉米钾素推荐用量。基于目标产量和土壤速效钾的钾肥用量如表 5-21 所示。

表 5-21　河南省夏玉米分区钾肥（K_2O）推荐用量（千克/亩）

速效钾（毫克/千克）	产量水平（千克/亩）				
	<400	400～600	600～700	700～800	>800
<80，连续还田 3 年以上	0	0～3	3～4	3～6	6～8
<80，没有或还田 3 年以下	2～3	3～4	4～5	6～8	8～10
≥80，连续还田 3 年以上	0	0～2	2～4	4～5	5～6
≥80，没有或还田 3 年以下	0～2	2～3	3～5	4～6	6～8

④ 微量元素推荐用量。河南省夏玉米各生产区建议每亩底施硫酸锌 1～2 千克。

(2) 无公害夏玉米施肥技术

① 底肥。每亩可底施生物有机肥 150～200 千克或无害化处理过优质有机

肥 1 500～2 000 千克，40%有机型玉米专用肥 50～60 千克或 45%腐殖酸涂层长效肥 40～50 千克或 45%腐殖酸高效缓释复混肥 40～50 千克，包裹型尿素或增效尿素 20～30 千克，作底肥深施。

② 生育期追肥。重施拔节肥，玉米拔节时（7 叶展开），在距苗 10 厘米处开沟或挖穴深施（10 厘米以下）、重施增效尿素 20 千克，未施底肥、种肥、促苗肥者应重施增效尿素 30 千克。

③ 根外追肥。夏玉米苗高 10 厘米，叶面喷施氨基酸螯合态含锌、硼、锰叶面肥或微量元素水溶肥等，稀释浓度 500～1 000 倍，每亩喷液量 50 千克。夏玉米大喇叭口期，酌情选择大量元素水溶肥、螯合态高活性叶面肥、生物活性钾肥等其中一种或两种稀释 500～1 000 倍进行叶面喷施。

2. 无公害春玉米测土配方施肥

（1）测土施肥配方　这里以东北春玉米测土施肥配方为例。氮肥采用总量控制，分期实施、实地精确监控技术；磷、钾采用恒量监控技术；中微量元素做到因缺补缺。

① 东北春玉米氮素实时实地监控技术。根据大量试验总结，东北春玉米氮肥总量控制在 9～15 千克/亩，并依据产量目标进行总量调控，其中 30%～40%的氮肥在播前翻耕入土，60%～70%的氮肥追施。详细技术规程和指标体系如表 5－22 所示。基肥推荐方案见表 5－23、追肥推荐方案见表 5－24。

表 5－22　东北春玉米氮肥（N）总量控制、分期调控指标（千克/亩）

目标产量（千克/亩）	氮肥总量	基肥用量	追肥用量
＜500	9～11	3～4	6～7
500～650	11～13	4～5	7～8
＞650	13～15	5～6	8～9

表 5－23　东北春玉米氮肥（N）基肥推荐用量（千克/亩）

0～30 厘米土壤硝态氮含量	玉米目标产量（千克/亩）		
	＜500	500～650	＞650
15	4	5	6
22	3.5	4.5	5.5
30	3	4	5
37	2.5	3.5	4.5
45	2	3	4
60	1.5	2.5	3

表 5-24　东北春玉米氮肥（N）追肥（大喇叭口期）推荐用量（千克/亩）

0～90 厘米 土壤硝态氮含量	玉米目标产量（千克/亩）		
	<500	500～650	>650
75	8	9	10
90	7.5	8.5	9.5
105	7	8	0
120	6.5	7.5	8.5
135	6	7	8
150	5.5	6.5	7.5

② 东北春玉米磷素恒量监控技术。基于目标产量和土壤有效磷含量的磷肥用量如表 5-25 所示。

表 5-25　东北春玉米磷肥（P_2O_5）推荐用量

划分等级	相对产量（%）	Olsen-P（毫克/千克）	目标产量（千克/亩）	磷肥用量（千克/亩）
低	<75	<10	<500	4.5～5.5
			500～650	5.5～6.5
			>650	6.5～7.5
中	75～90	10～25	<500	3～4
			500～650	3.5～4.5
			>650	4.5～5.5
高	90～95	25～40	<500	2～3
			500～650	3～4
			>650	4～5
极高	>95	>40	<500	1～2
			500～650	1.5～2.5
			>650	2～3

③ 东北春玉米钾素恒量监控技术。基于目标产量和土壤交换钾的钾肥用量如表 5-26 所示。

④ 东北春玉米微量元素推荐用量。该地区微量元素丰缺指标及推荐用量见表 5-27。

表 5-26　东北春玉米钾肥（K_2O）推荐用量

划分等级	相对产量（%）	土壤交换钾（毫克/千克）	目标产量（千克/亩）	磷肥用量（千克/亩）
低	＜75	＜60	＜500	3.5～4.5
			500～650	4～5
			＞650	4.5～5.5
中	75～90	60～120	＜500	2.5～3
			500～650	3～4
			＞650	3.5～4.5
高	90～95	120～160	＜500	0
			500～650	1.5～2.5
			＞650	2～4
极高	＞95	＞160	＜500	0
			500～650	1
			＞650	2

表 5-27　微量元素丰缺指标及推荐用量

元素	提取方法	临界指标（毫克/千克）	基施用量（千克/亩）
锌	DTPA	0.6	硫酸锌 1～2
硼	沸水	0.5	硼砂 0.5～1

（2）无公害春玉米施肥技术

① 底肥。春玉米基肥可根据当地春玉米测土配方施肥情况及肥源情况，选择以下不同组合：每亩可施生物有机肥 150～200 千克或无害化处理过优质有机肥 1 500～2 000 千克，40%有机型玉米专用肥 60～70 千克或 45%腐殖酸涂层长效肥 50～60 千克或 45%腐殖酸高效缓释复混肥 50～60 千克，增效尿素或包裹尿素 15～20 千克，作底肥深施。

② 种肥。底肥不足时，可用缓释型磷酸二铵 5 千克、腐殖酸涂层长效肥（15-5-10）15 千克穴施于种子 10 厘米处。

③ 生育期追肥。春玉米小喇叭口期，一般可在距苗 10 厘米处开沟或挖穴深施（10 厘米以下）重施 45%腐殖酸高效缓释复混肥 30 千克、增效尿素 15 千克。

④ 根外追肥。夏玉米苗高 0.5 厘米，叶面喷施螯合态高活性叶面肥、含

腐殖酸水溶肥、含氨基酸水溶肥等其中 1～2 种，稀释浓度 500～1 000 倍，每亩喷液量 50 千克。夏玉米大喇叭口期，叶面喷施生物活性钾肥，稀释 500～1 000 倍，每亩喷液量 50 千克。

第四节　大豆高效安全施肥

根据耕作栽培制度、自然条件，我国大豆主要生长在北方地区，以东北和黄淮地区为主要产区。

一、大豆缺素症诊断与补救

大豆缺素症状与补救措施可以参考表 5 - 28。

表 5 - 28　大豆缺素诊断与补救措施

营养元素	缺素症状	补救措施
氮	大豆缺氮，叶片变成淡绿色，生长缓慢，叶子逐渐变黄	应及时追施氮肥，每亩追施尿素 5～7.5 千克或用 1%～2%的尿素水溶液进行叶面喷肥，每隔 7 天左右喷施一次，共喷 2～3 次
磷	大豆缺磷，根瘤少，茎细长，植株下部叶色深绿，叶厚，凹凸不平，狭长；缺磷严重时，叶脉黄褐色，后全叶呈黄色	及时追施磷肥，每亩可追施过磷酸钙 12.5～17.5 千克或用 2%～4%的过磷酸钙水溶液进行叶面喷肥，每隔 7 天左右喷施一次，共喷 2～3 次
钾	大豆缺钾，老叶从叶片边缘出现不规则的黄色斑点并逐渐扩大，叶片中部叶脉附近及其他部分仍为绿色，籽粒常皱缩、变形	每亩可追施氯化钾 4～6 千克或用 0.1%～0.2%的磷酸二氢钾水溶液进行叶面喷肥，每隔 7 天左右喷施一次，共喷 2～3 次
硼	大豆缺硼，生育变慢，幼叶变为淡绿色，叶畸形，节间缩短，茎尖分生组织死亡，不能开花	可用 0.1%～0.2%的硼砂水溶液进行叶面喷肥
钼	大豆缺钼，叶色淡黄，生长不良，表现出缺氮症状，严重时中脉坏死，叶片变形	可用 0.05%～0.1%的钼酸铵水溶液进行叶面喷肥
锰	大豆缺锰，症状从上部叶开始，脉间组织褪绿，呈淡绿色至黄白色，并伴有褐色坏死斑点或灰色等杂色斑，叶脉间仍保持绿色，叶片变薄呈下披状；生育期后期缺锰，籽粒不饱满，甚至出现坏死	发现缺锰，及时用 0.5%～1.0%硫酸锰溶液进行叶面喷肥

（续）

营养元素	缺素症状	补救措施
锌	大豆缺锌，幼叶逐渐发生褪绿，开始发生在叶脉间，逐步蔓延到整个叶片，而看不见明显的绿色叶脉	可用0.1%～0.2%的硫酸锌水溶液进行叶面喷肥
铁	大豆缺铁，早期是上部叶子发黄并有点卷曲，叶脉仍保持绿色，严重缺铁时，新长出的叶子包括叶脉在内几乎变成白色，而且很快在靠近叶缘的地方出现棕色斑点，老叶变黄枯而脱落	可用0.4%～0.6%的硫酸亚铁水溶液进行叶面喷肥

二、大豆高效安全施肥技术

借鉴2011—2018年农业部大豆科学施肥指导意见和相关测土配方施肥技术研究资料，提出推荐施肥方法，供农民朋友参考。

1. 东北春播大豆

包括黑龙江省、吉林省、辽宁省、内蒙古自治区东部、河北省北部、北京市、天津市等。

（1）施肥原则　根据测土结果，控制氮肥用量，适当减少磷肥施用比例，对于高产大豆，可适当增加钾肥施肥量，并提倡施用根瘤菌；在偏酸性土壤上，建议选择生理碱性肥料或生理中性肥料，磷肥选择钙镁磷肥，钙肥选择石灰；提倡侧深施肥，施肥位置在种子侧面5～7厘米，种子下面5～8厘米；如做不到侧深施肥可采用分层施肥，施肥深度在种子下面3～4厘米占1/3、6～8厘米占2/3；难以做到分层施肥时，在北部高寒有机质含量高的地块采取侧施肥，其他地区采取深施肥，尤其磷肥要集中深施到种下10厘米。补施硼肥和钼肥，在缺乏症状较轻地区，钼肥可采取拌种的方式，最好和根瘤菌剂混合拌种，提高接瘤效率。在“镰刀弯”种植区域和玉米改种大豆区域，要大幅减少氮肥施用量、控制磷肥用量，增施有机肥、中微量元素和根瘤菌肥。

（2）施肥建议　依据大豆养分需求，氮、磷、钾（$N:P_2O_5:K_2O$）施用比例在高肥力土壤为1∶1.2∶（0.3～0.5）；在低肥力土壤可适当增加氮、钾用量，氮、磷、钾（$N:P_2O_5:K_2O$）施用比例为1∶1∶（0.3～0.7）。目标产量130～150千克/亩，氮肥（N）2～3千克/亩、磷肥（P_2O_5）2～3千克/亩、钾肥（K_2O）1～2千克/亩；目标产量150～175千克/亩，氮肥（N）3～4千克/亩、磷肥（P_2O_5）3～4千克/亩、钾肥（K_2O）2～3千克/亩；目标产量大于175千克/亩，氮肥（N）3～4千克/亩、磷肥（P_2O_5）4～5千克/亩、钾肥（K_2O）2～3千克/亩。在低肥力土壤可适当增加氮、钾用量，氮、磷、钾施用量：氮肥（N）4～5千克/亩、磷肥（P_2O_5）5～6千克/亩、钾肥（K_2O）2～3千克/亩。高产区或土壤钼、硼缺乏区域，应补施硼肥和钼肥；在缺乏症状较轻地区，可采取微肥拌种的方式。提倡施用大豆根瘤菌剂。

2. 黄淮海夏播大豆

包括河北省南部、山西省南部、陕西省东南部、河南省、山东省、安徽省、江苏省东北部等地区。

（1）施肥原则 根据测土结果，对磷、钾相对较丰富种植区，适当减少磷、钾肥施用比例；对大豆高产种植区，可适当增加施肥量，改氮肥一次施用为花荚期分次追施。提倡分层施肥，施肥深度在种子下面3～4厘米占1/3、6～8厘米占2/3；分层施肥无法做到时，可在有机质含量高的地块采取浅施肥，其他地区采取深施肥，尤其磷肥要集中深施到种下10厘米。补施硼肥和钼肥，在缺乏症状较轻地区，可采取微肥拌种的方式，最好和根瘤菌剂混合拌种，提高结瘤效率。

（2）施肥建议 目标产量130～150千克/亩，高、低肥力田块氮、磷、钾纯养分总用量分别为3～4千克/亩和4～6千克/亩。目标产量150～175千克/亩，高、低肥力田块纯养分总用量分别为5～7千克/亩和6～8千克/亩；依据大豆养分需求，氮、磷、钾（N∶P_2O_5∶K_2O）施用比例在高肥力土壤为1∶1.2∶（0.3～0.5），在低肥力土壤氮、磷、钾（N∶P_2O_5∶K_2O）施用比例为1∶1∶（0.3～0.5）。目标产量为175～200千克/亩时，土壤纯养分总用量为9～11千克/亩；氮、磷、钾（N∶P_2O_5∶K_2O）施用比例在高肥力土壤为1∶1.2∶（0.4～0.6），在低肥力土壤为1∶1∶（0.4～0.6）。花期撒施或喷施尿素，占总氮的30%～50%。

磷、钾、硼、锌肥基施，氮肥60%～70%基施、30%～40%追施，钼肥拌种；土壤缺乏微量元素的情况，适当喷施0.2%硫酸锌或0.2%硼砂或0.05%钼酸铵，大豆拌种已用钼酸铵，后期就不必再喷钼肥了。提倡大豆行间秸秆覆盖还田，每亩还田量为200～300千克。

三、无公害大豆测土配方施肥技术

1. 无公害春播大豆配方施肥

（1）测土施肥配方 这里以东北春大豆测土施肥配方为例。东北地区大豆采用土壤、植株测试推荐施肥方法，在综合考虑有机肥、作物秸秆应用和管理措施基础上，氮素推荐根据土壤供氮状况和作物需氮量，进行实时动态监测和精确调控；磷、钾通过土壤测试和养分平衡进行监控；中微量元素采用因缺补缺的矫正施肥策略。

① 东北春大豆基于目标产量和土壤有机质含量的氮肥用量确定。基于目标产量和土壤有机质含量的春大豆氮肥推荐用量如表 5-29 所示。

表 5-29　春播大豆氮肥（N）推荐用量（千克/亩）

土壤有机质（克/千克）	大豆目标产量（千克/亩）		
	150	200	250
<25	6	7	8
25～40	7	8	9
40～60	8	9	10
>60	9	10	11

② 东北春大豆磷肥恒量监控技术。基于目标产量和土壤速效磷含量的春大豆磷肥推荐用量如表 5-30 所示。

表 5-30　土壤磷素分级及春大豆磷肥（P_2O_5）推荐用量

产量水平（千克/亩）	肥力等级	Olsen-P（毫克/千克）	磷肥用量（千克/亩）
150	极低	<10	6
	低	10～20	5
	中	20～35	4
	高	35～45	3
	极高	>45	2
200	极低	<10	7
	低	10～20	6
	中	20～35	5
	高	35～45	4
	极高	>45	3
250	极低	<10	8
	低	10～20	7
	中	20～35	6
	高	35～45	5
	极高	>45	4

③ 东北春大豆钾肥恒量监控技术。基于土壤速效钾含量的春大豆钾肥推

荐用量如表 5－31 所示。

表 5－31　土壤交换性钾含量及春大豆钾肥（K_2O）推荐用量

产量水平（千克/亩）	肥力等级	有效钾（毫克/千克）	钾肥用量（千克/亩）
150	极低	＜70	7
	低	70～100	6
	中	100～150	[illegible]
	高	150～200	4
	极高	＞200	3
200	极低	＜70	8
	低	70～100	7
	中	100～150	6
	高	150～200	5
	极高	＞200	4
250	极低	＜70	9
	低	70～100	8
	中	100～150	7
	高	150～200	6
	极高	＞200	5

④ 东北春大豆中微量元素推荐用量。东北春大豆中微量元素丰缺指标及推荐用量如表 5－32 所示。

表 5－32　东北春大豆中微量元素丰缺指标及推荐用量

元素	提取方法	临界指标（毫克/千克）	基施用量（千克/亩）
镁	醋酸铵	50	镁（Mg）15～25
锌	DTPA	0.5	硫酸锌 1～2
硼	沸水	0.5	硼砂 0.5～0.75
钼	草酸—草酸铵	0.1	钼酸铵 0.03～0.06

(2) 无公害春播大豆施肥技术

① 基肥。每亩可用商品生态有机肥 150～200 千克或无害化处理过优质有机肥 1 500～2 000 千克，春播大豆有机型专用肥 40～50 千克或 45％腐殖酸高效缓释复混肥 40～50 千克或 30％含促生菌腐殖酸型复混肥 40～50 千克，作底肥深施。

② 种肥。每亩施用缓释型磷酸二铵 5 千克、腐殖酸型春播大豆专用肥 10 千克、15～20 千克商品生态有机肥，配合施用效果最好。

③ 根际追肥。春播大豆在初花期在距苗 10 厘米处开沟或挖穴深施（10 厘米以下），每亩追施 45%腐殖酸高效缓释复混肥 15～20 千克或 35%腐殖酸涂层长效肥 20～25 千克或增效尿素 10～15 千克＋硫酸钾 6～8 千克。

④ 根外追肥。花期至鼓粒期叶面喷施 0.2%～0.3%磷酸二氢钾水溶液、0.1%氨基酸螯合硼铜锰水溶肥、500 倍生物活性钾肥 2 次，间隔 15 天。

2. 无公害夏播大豆配方施肥

（1）测土施肥配方 这里以黄淮夏大豆测土施肥配方为例。夏播大豆在生产上一直存在忽视施肥、管理粗放等问题，致使大豆产量较低。如河南省根据测土结果，提出以下施肥配方，如表 5－33 所示。

表 5－33 夏播大豆测土施肥配方

土壤养分（毫克/千克）			施肥量（千克/亩）		
碱解氮	有效磷	速效钾	N	P_2O_5	K_2O
＜40	＜5	＜80	5～6	10	8
40～65	5～18	80～120	3～5	6～10	4～8
＞65	＞18	＞120	2～3	6	4

（2）无公害夏播大豆施肥技术

① 基肥。每亩可用商品生态有机肥 100～150 千克或无害化处理过优质有机肥 1 000～1 500 千克，40%有机型大豆专用肥 40～50 千克或 45%腐殖酸高效缓释复混肥 35～40 千克或 35%腐殖酸涂层长效肥 35～40 千克，作底肥深施。

② 根际追肥。如果底肥施用不足，可进行苗期追肥，一般可追复合专用腐殖酸型夏播大豆专用肥 30 千克、增效尿素 5 千克、缓释磷酸二铵 15～20 千克。夏播大豆在初花期在距苗 10 厘米处开沟或挖穴深施（10 厘米以下），追施增效磷酸二铵 15～20 千克。

③ 根外追肥。花期至鼓粒期叶面喷施 0.2%～0.3%磷酸二氢钾水溶液、0.1%氨基酸螯合硼铜锰水溶肥、500 倍生物活性钾肥 2 次，间隔 15 天。

第五节 马铃薯高效安全施肥

马铃薯属茄科多年生草本植物，块茎可供食用。东北称土豆，华北称山药蛋，西北和两湖地区称洋芋，江浙一带称洋番芋或洋山芋，广东称之为薯仔，粤东一带称荷兰薯，闽东地区则称之为番仔薯。2015 年我国启动马铃薯主粮化战略，推进把马铃薯加工成馒头、面条、米粉等主食，马铃薯将成稻米、小麦、玉米、大豆外的第五主粮。

一、马铃薯缺素症诊断与补救

马铃薯缺素症状与补救措施可以参考表5-34

表 5-34　马铃薯缺素诊断与补救措施

营养元素	缺素症状	补救措施
氮	马铃薯缺氮会使植株生长缓慢，植株矮小，叶片变为黄绿并卷曲严重会提前脱落，块茎小造成减产	采用腐熟农家肥作底肥，氮肥用作追肥，植株发生缺氮情况时，可亩施尿素 7～10 千克，也可用 2%尿素溶液叶面喷施快速补充氮素
磷	植株矮小，分枝少，叶片上卷暗绿，根系减少，块茎有褐色斑痕	可在基肥中施入 20 千克过磷酸钙，植株开花期施 15 千克过磷酸钙或叶面喷施 0.2%磷酸二氢钾溶液
钾	马铃薯缺钾会导致植株叶片发黄、向下卷缩、叶尖萎缩，块茎内部有蓝色。马铃薯缺钾一般出现在块茎发育期，要注意钾素的补充，否则会严重降低产量	可在基肥中混入草木灰，在收获前叶面喷施 2%硫酸钾溶液或 3%草木灰浸出液，每隔 10 天喷施一次，持续 3 次
钙	马铃薯缺钙，幼叶边缘会出现淡绿色纹路，之后皱缩坏死，成熟叶片会上卷并出现褐色斑点。侧芽会向外生长，严重会导致植株顶芽或腋芽死亡，根部易坏死、块茎小、易畸形	检测土壤酸度，施用适量石灰；增施有机肥或叶面喷施 0.4%硝酸钙或氯化钙溶液，每 3 天一次，喷施 3～4 次。适量施用氮肥，注意控制土壤含水量
镁	缺镁会影响植株叶绿素的合成，使老叶加快褪绿并向中心扩展，严重时叶片头绿坏死，块茎生长受到抑制	调理土壤酸碱度，中和土壤酸度；施用充分腐熟的有机肥，施肥配比要合理，也可叶面喷施 0.2%硫酸镁溶液，每隔 3 天一次
锌	马铃薯缺硼，根、茎停止生长，侧根生长、叶片粗糙、向下卷曲、提早脱落；叶柄增粗变短或有环节凸起，块茎少而畸形，表皮有裂痕	基肥中可施入硼酸，苗期至花期可穴施 0.7 千克硼砂，也可花期叶面喷施 0.1%硼砂溶液

（续）

营养元素	缺素症状	补救措施
铁	马铃薯缺铁易导致失绿症，叶片容易变黄、白化，但叶片没有斑点，缺铁严重时叶片全部变黄甚至变白	注意增施有机肥，改良土壤酸碱性、通透性；可叶面喷施0.4%硫酸亚铁溶液，每隔7天一次，喷施2～3次
铜	缺铜会使植株衰弱，新叶失绿向上卷曲，叶片出现坏死斑点，老叶加速黄化枯死	可叶面喷施0.03%硫酸铜溶液缓解症状

二、马铃薯高效安全施肥技术

借鉴2011—2018年农业部马铃薯科学施肥指导意见和相关测土配方施肥技术研究资料，提出推荐施肥方法，供农民朋友参考。

1. 北方马铃薯一作区

包括内蒙古、甘肃、宁夏、河北、山西、陕西、青海、新疆等地。

(1) 施肥原则　依据测土结果和目标产量，确定氮、磷、钾肥合理用量；降低氮肥基施比例，适当增加氮肥追施次数，加强块茎形成期与块茎膨大期的氮肥供应；依据土壤中微量元素养分含量状况，在马铃薯旺盛生长期叶面适量喷施中微量元素肥料；增施有机肥，提倡有机无机肥配合施用；肥料施用应与病虫草害防治技术相结合，尤其需要注意病害防治；尽量实施水肥一体化。

(2) 施肥建议　推荐11-18-16（$N-P_2O_5-K_2O$）或相近配方作种肥，尿素与硫酸钾（或氮钾复合肥）作追肥。产量水平3 000千克/亩以上，配方肥（种肥）推荐用量60千克/亩，苗期到块茎膨大期分次追施尿素18～20千克/亩、硫酸钾12～15千克/亩；产量水平2 000～3 000千克/亩，配方肥（种肥）推荐用量50千克/亩，苗期到块茎膨大期分次追施尿素15～18千克/亩、硫酸钾8～12千克/亩；产量水平1 000～2 000千克/亩，配方肥（种肥）推荐用量40千克/亩，苗期到块茎膨大期追施尿素10～15千克/亩、硫酸钾5～8千克/亩；产量水平1 000千克/亩以下，建议施用19-10-16或相近配方肥35～40千克/亩。

2. 南方春作马铃薯区

包括云南、贵州、广西、广东、湖南、四川、重庆等丘陵山地。

(1) 施肥原则　依据测土结果和目标产量，确定氮、磷、钾肥合理用量；依据土壤肥力条件优化氮、磷、钾化肥用量；增施有机肥，提倡有机无机配合施用；忌用没有充分腐熟的有机肥料；依据土壤钾素状况，适当增施钾肥；肥料分配上以基、追结合为主，追肥以氮、钾肥为主；依据土壤中微量元素养分含量状况，在马铃薯旺盛生长期叶面适量喷施中微量元素肥料；肥料施用应与高产优质栽培技术相结合，尤其需要注意病害防治。

（2）施肥建议 推荐 13－15－17（$N-P_2O_5-K_2O$）或相近配方作基肥，尿素与硫酸钾（或氮、钾复合肥）作追肥；也可选择 15－10－20 或相近配方作追肥。

产量水平 3 000 千克/亩以上：配方肥（基肥）推荐用量 60 千克/亩，苗期到块茎膨大期分次追施尿素 10～15 千克/亩、硫酸钾 10～15 千克/亩，或追施配方肥（15－10－20）20～25 千克/亩。

产量水平 2 000～3 000 千克/亩：配方肥（基肥）推荐用量 50 千克/亩；苗期到块茎膨大期分次追施尿素 5～10 千克/亩、硫酸钾 8～12 千克/亩，或追施配方肥（15－10－20）15～20 千克/亩。

产量水平 1 500～2 000 千克/亩：配方肥（基肥）推荐用量 40 千克/亩；苗期到块茎膨大期分次追施尿素 5～10 千克/亩、硫酸钾 5～10 千克/亩，或追施配方肥（15－10－20）10～15 千克/亩。

产量水平 1 500 千克/亩以下：建议施用配方肥（基肥）推荐用量 40 千克/亩；苗期到块茎膨大期分次追施尿素 3～5 千克/亩、硫酸钾 4～5 千克/亩，或追施配方肥（15－10－20）10 千克/亩。

每亩施用 2～3 米^3 有机肥作基肥；若基肥施用了有机肥，可酌情减少化肥用量。对于硼或锌缺乏的土壤，可基施硼砂 1 千克/亩或硫酸锌 1～2 千克/亩。

3. 南方秋作马铃薯区

包括长江以南各省（自治区、直辖市）。

（1）施肥原则 针对南方秋冬季马铃薯生产的有机肥和钾肥施用不足等问题，提出以下施肥原则：依据土壤肥力条件优化氮、磷、钾化肥用量；增施有机肥，提倡有机无机配施和秸秆覆盖；忌用没有充分腐熟的有机肥料；依据土壤钾素状况，适当增施钾肥；肥料分配上以基、追结合为主，追肥以氮、钾肥为主；肥料施用应与高产优质栽培技术相结合。

（2）施肥建议 产量水平 3 000 千克/亩以上，施氮肥（N）11～13 千克/亩、磷肥（P_2O_5）5～6 千克/亩、钾肥（K_2O）14～18 千克/亩；产量水平 2 000～3 000 千克/亩，施氮肥（N）9～11 千克/亩、磷肥（P_2O_5）4～5 千克/亩、钾肥（K_2O）12～14 千克/亩；产量水平 1 500～2 000 千克/亩，施氮肥（N）7～9 千克/亩、磷肥（P_2O_5）3～4 千克/亩、钾肥（K_2O）9～12 千克/亩；产量水平 1 500 千克/亩以下，施氮肥（N）6～7 千克/亩、磷肥（P_2O_5）3～4 千克/亩、钾肥（K_2O）7～8 千克/亩。

每亩施用2～3米^{3}有机肥作基肥；若基肥施用了有机肥，可酌情减少化肥用量。对于硼或锌缺乏的土壤，可基施硼砂1千克/亩或硫酸锌1～2千克/亩。对于硫缺乏的地区，选用含硫肥料，或基施硫黄2千克/亩。氮、钾肥40%～50%作基肥，50%～60%作追肥，磷肥全部作为基肥，对于马铃薯生长季降雨量大的地区和土壤质地偏沙的田块钾肥应分次施用。

第六节　甘薯高效安全施肥

甘薯，别名地瓜、红薯、红芋、白薯、山芋、番薯、甜薯等。种植面积较大的有四川、河南、山东、重庆、广东、安徽等省（直辖市）。

一、甘薯缺素症诊断与补救

甘薯缺素症状与补救措施可以参考表5-35。

表5-35　甘薯缺素诊断与补救措施

营养元素	缺素症状	补救措施
氮	老叶先发黄，以后幼叶变淡，植株生长缓慢，节间短茎蔓细，分枝少，茎及叶柄发紫，叶片边缘及主脉均呈紫色，顶梢茸毛较多，老叶不久就脱落，最后全株发黄	植株发生缺氮情况时，可亩施尿素7～10千克，也可用2%尿素溶液叶面喷施快速补充氮素
钾	在生长前期缺钾，节间和叶柄变短，叶片变小，接近生长点的叶片褪色，叶的边缘呈绿色，叶面凹凸不平。生长后期缺钾，老叶在叶脉之间严重缺绿，叶片背面有斑点，茎蔓变短，生长缓慢，叶片不久发黄脱落。缺钾时，由于老叶内的钾能转移给新叶再利用，所以缺钾的症状往往先从老叶上表现出来	叶面喷施2%硫酸钾溶液或3%草木灰浸出液，每隔10天喷施一次，持续3次
钙	甘薯叶片中钙含量少于0.2%就会出现缺钙症，表现为幼芽生长点死亡，叶片小，大叶上有褪色的斑点	叶面喷施0.4%硝酸钙或氯化钙溶液，每隔3天一次，喷施3～4次。适量施用氮肥，注意控制土壤含水量
硫	甘薯叶片中硫含量少于0.08%时就会出现缺硫症，表现为叶片呈现灰绿色及黄色，幼叶尖端发黄，幼叶主脉及支脉呈绿色窄条纹，节间不太短，叶片不太小，生长也不慢，但最后发黄死亡	施用充分腐熟的有机肥，施肥配比要合理，也可叶面喷施0.2%硫酸镁溶液，每隔3天一次

（续）

营养元素	缺素症状	补救措施
硼	甘薯缺硼节间缩短，叶柄弯曲，尖端发育受阻且略歪扭。老叶变黄色，早落。块根瘦长或呈畸形，表皮粗糙。严重缺硼的，块茎往往产生溃疡状，表面覆盖着一些硬化的分泌物。有时[illegible]	基肥中可施入硼酸，苗期至花期可穴施 0.7 千克硼砂，也可花期叶面喷施 0.1%硼砂液
铁	甘薯叶片中缺铁呈现叶色褪绿，影响叶绿素和蛋白质的形成，严重时叶片发白	可叶面喷施 0.4%硫酸亚铁溶液，每隔 7 天一次，喷施 2～3 次

二、甘薯高效安全施肥技术

1. 施肥原则

采用有机无机肥料配合，以基肥施足，补施种肥、追肥要早、后期根外追肥为原则，有机肥、磷肥全部作基肥，氮肥、钾肥分基肥和追肥。

2. 施肥配方推荐

基肥推荐方案见表 5－36、追肥推荐方案见表 5－37。

表 5－36　甘薯基肥推荐方案（千克/亩）

肥力水平		低产田	中产田	高产田
有机肥 （二选一）	商品有机肥	350～400	300～350	250～300
	农家肥	2 500～3 000	2 000～2 500	1 500～2 000
氮肥 （二选一）	尿素	10～11	8～10	7～8
	碳酸氢铵	24～28	21～24	18～21
磷肥	磷酸二铵	17～20	15～18	13～15
钾肥	硫酸钾	10～12	9～11	8～10

表 5－37　甘薯追肥推荐方案（千克/亩）

追肥时期	低产田		中产田		高产田	
	尿素	硫酸钾	尿素	硫酸钾	尿素	硫酸钾
苗期	5～6	－	4～5	－	4～5	－
结薯期	11～13	10～12	10～12	9～11	8～9	8～10

3. 无公害甘薯施肥技术

（1）甘薯苗床施肥　苗床基肥，每平方米施生态有机肥 5 千克、腐殖酸型甘薯专用肥 2 千克，与床土均匀混合。每平方米用增效尿素 40 克、豆饼粉 150 克，采苗 2～3 次后追施，撒肥后扫落苗上的肥料，并浇水冲洗，防止烧苗。

（2）大田基肥　根据鲜薯产量水平进行施肥。采用粗肥深施与细肥浅施相结合的方法。

① 高肥力地块。亩产鲜薯 4 000 千克以上，每亩底施生态有机肥 250～300 千克或无害化处理过的有机肥 2 500～3 000 千克，40%有机型甘薯专用肥 70～80 千克或 45%腐殖酸高效缓释硫基复混肥 50～60 千克或 40%腐殖酸硫基涂层缓释肥 60～70 千克或有机无机复混肥 100 千克。

② 中肥力地块。亩产鲜薯 3 000 千克左右，每亩底施生态有机肥 250～300 千克或无害化处理过的有机肥 2 500～3 000 千克，40%有机型甘薯专用肥 80～90 千克或 45%腐殖酸高效缓释硫基复混肥 60～70 千克或 40%腐殖酸硫基涂层缓释肥 70～80 千克或有机无机复混肥 120 千克。

③ 低肥力地块。亩产鲜薯不足 2 000 千克，每亩底施生态有机肥 300～350 千克或无害化处理过的有机肥 2 500～3 000 千克，40%有机型甘薯专用肥 80～90 千克或 45%腐殖酸高效缓释硫基复混肥 60～70 千克或 40%腐殖酸硫基涂层缓释肥 70～80 千克或有机无机复混肥 120 千克。

（3）大田追肥　土壤肥力低、基肥用量少的地块要及早追肥，追肥量相对较多；反之，可以适当晚追、少追。

① 促苗肥。可在栽苗 20 天后，每亩施用腐殖酸高效缓硫基释复混肥 5～10 千克、增效尿素 5 千克，在苗侧下方 7～10 厘米处穴施，注意小株多施、大株少施。

② 结薯肥。分枝结薯期，施用量视苗情而定，长势差的地块每亩追施腐殖酸硫基涂层缓释肥 20 千克、增效尿素 6～10 千克、硫酸钾 9～11 千克；长势较好的用量可减少一半。

③ 催薯肥。在地力差、施肥少的地块要施用催薯肥。施肥时期一般在薯块膨大始期，每亩施用增效尿素 5 千克、硫酸钾 8～10 千克。施肥方法以破垄施肥较好，即在垄的一侧，用犁破开 1/3，随即施肥。

（4）根外追肥　在移栽后一个月左右，喷施螯合态高活性叶面肥、含腐殖酸水溶肥、含氨基酸水溶肥等其中一种或两种 2 次，稀释浓度 500～1 000 倍，每亩喷液量 50 千克，间隔 20 天。在薯块膨大期（移栽后 80 天左右），叶面喷施 0.2%磷酸二氢钾溶液、500 倍螯合态高活性叶面肥 2 次，每亩喷液量 50 千克，间隔 15 天。

第六章

经济作物高效安全施肥

我国地域广阔，种植的经济作物种类繁多，主要有纤维作物（棉花、黄麻、红麻、苎麻、亚麻等）、油料作物（油菜、花生、芝麻、向日葵等）、糖料作物（甘蔗、甜菜）、奢好类作物（烟草、茶叶等）及其他一些经济林木。

第一节　棉花高效安全施肥

我国棉花种植主要集中在黄河流域、长江流域和西北内陆三个棉区。新疆、山东、河南、江苏、河北、湖北、安徽是我国的主要产棉地，植棉面积和产量占全国的85%左右。

一、棉花缺素症诊断与补救

棉花种缺素症状与补救措施可以参考表6-1。

表6-1　棉花缺素诊断与补救措施

营养元素	缺素症状	补救措施
氮	棉花缺氮，生长缓慢，植株矮小，叶片黄化，果枝数和果节数少，脱落多。严重缺氮时，下部老叶发黄变褐，最后干枯脱落以致成桃数少，单铃重低，产量低	苗期缺氮每亩开沟追施尿素2.5～4.0千克，蕾期缺氮开沟追施尿素4.0～5.0千克，花铃期缺氮开沟追施尿素10～15千克，后期缺氮用1%～2%尿素溶液叶面喷施
磷	棉花缺磷，棉花地上部分和地下部分均受到严重抑制，表现为植株矮小，根系不发达，叶片小并呈暗绿色，茎秆细而硬，茎和叶柄呈紫色，结铃和成熟都推迟，成铃减少，产量降低	苗期或蕾期缺磷开沟追施过磷酸钙10～15千克，后期缺氮用2%～3%过磷酸钙浸出液叶面喷施

（续）

营养元素	缺素症状	补救措施
钾	棉花缺钾，在苗期或在蕾期，主茎中部叶片首先出现叶肉失绿，进而转为淡黄色，但叶脉仍正常。以后在叶脉间出现棕色斑点，斑点中心部位死亡，叶尖和边缘似烧焦状，向下卷曲，最后整个叶片变成棕红色，过早干燥脱落，棉桃瘦小，吐絮不畅，产量低，纤维品质差，一般称为“红叶茎枯病”，湖北称“凋枯病”	前期缺钾开沟追施氯化钾 5～10 千克或草木灰 40～50 千克，后期缺钾用 0.2%～0.3%磷酸二氢钾溶液叶面喷施
硼	棉花缺硼，出现蕾而不花，典型症状是出苗后子叶小，植株矮。在真叶出现之前，子叶肥大加厚，顶芽颇似蓟马危害状。真叶出现后，叶片特小，出现速度加快	在棉花蕾期、初花期、花铃期或植株出现缺硼症状时，用 0.2%硼砂溶液叶面喷施
锰	棉花缺锰，节间变短，植株矮化，顶芽可能最后死亡	植株出现缺锌症状时，用 0.1%硫酸锰溶液叶面喷施
锌	棉花缺锌，叶片小，叶脉间失绿，呈杯形，以致叶片组织坏死，缺绿部分变为青铜色	在棉花蕾期、初花期或植株出现缺锌症状时，用 0.5%～1%硫酸锌溶液叶面喷施
钼	棉花缺钼，开始叶脉间失绿，随后发展到脉间加厚，叶片表面油滑，叶片呈杯状，最后边缘发生灰白色或灰色的坏死斑点，棉铃不正常，类似于田间的“硬铃”	植株出现缺锌症状时，用 0.02%～0.05%钼酸铵溶液叶面喷施

二、棉花高效安全施肥技术

借鉴 2011—2017 年农业部棉花科学施肥指导意见和相关测土配方施肥技术研究资料，提出推荐施肥方法，供农民朋友参考。

1. 黄淮海棉区

（1）施肥原则　增施有机肥，提倡有机无机配合；依据土壤肥力条件，适当调减氮、磷化肥用量，合理施用钾肥，注意硼和锌的配合施用；氮肥分期施用，增加生育中期的氮肥施用比例，降低基肥比例；肥料施用应与灌溉防涝技术和其他高产优质栽培技术相结合。

（2）施肥建议 亩产皮棉85～100千克的条件下，每亩施优质有机肥1～2吨、氮肥（N）12～15千克、磷肥（P_2O_5）7～9千克、钾肥（K_2O）6～8千克。对于硼、锌缺乏的棉田，注意补施硼、锌肥，硼肥（硼砂）、锌肥（硫酸锌）用量每亩1～2千克，硼肥叶片喷施每亩用量100～150克水溶性硼肥，在现蕾—开花期进行。

氮肥25%～30%用作基肥、25%～30%用在初花期、25%～30%用在盛花期、10%～25%用作盖顶肥；15%磷肥作种肥，85%磷肥作基肥；钾肥全部用作基肥或基追（初花期）各半。从盛花期开始，对长势弱的棉田，结合施药混喷0.5%～1.0%尿素和0.3%～0.5%磷酸二氢钾溶液50～75千克/亩，每隔7～10天喷一次，连续喷施2～3次。

2. 长江中下游棉区

（1）施肥原则 增施有机肥，提倡有机无机相结合；依据土壤肥力状况和肥效反应，适当调减氮、磷化肥用量，稳定钾肥用量；土壤硼、锌明显缺乏的棉田应基施硼肥和锌肥；潜在缺乏的应注重根外追施硼、锌肥；对于育苗移栽棉田，磷、钾肥采用穴施或条施等集中施用；肥料施用应与灌溉防涝技术和其他高产优质栽培技术相结合。

（2）施肥建议 皮棉亩产在90～110千克的条件下，每亩施用优质有机肥1～2吨、氮肥（N）13～16千克、磷肥（P_2O_5）6～7千克、钾肥（K_2O）10～12千克。对于硼、锌缺乏的棉田，注意补施硼砂1.0～2.0千克/亩和硫酸锌1.5～2.0千克/亩。低产田适当调低施肥量20%左右。

氮肥25%～30%作基施、25%～30%用作初花期追肥、25%～30%用作盛花期追肥、15%～20%用作铃期追肥；磷肥全部基施；钾肥60%用作基施、40%用作初花期追肥。从盛花期开始对长势较弱的棉田，喷施0.5%～1.0%尿素和0.3%～0.5%磷酸二氢钾溶液50～75千克/亩，每隔7～10天喷一次，连续喷施2～3次。

3. 西北棉区

（1）施肥原则 依据土壤肥力状况和肥效反应，适当调整氮肥用量、增加生育中期施用比例，合理施用磷、钾肥；充分利用有机肥资源，增施有机肥，重视棉秆还田；施肥与高产优质栽培技术相结合，尤其要重视水肥一体化调控。

（2）施肥建议

① 膜下滴灌棉田。皮棉亩产在120～150千克的条件下，每亩施用棉籽饼

50～75 千克、氮肥（N）20～22 千克、磷肥（P_2O_5）8～10 千克、钾肥（K_2O）5～6 千克；皮棉亩产在 150～180 千克的条件下，每亩施用棉籽饼 75～100 千克、氮肥（N）22～24 千克、磷肥（P_2O_5）10～12 千克、钾肥（K_2O）6～8 千克。对于硼、锌缺乏的棉田，补施水溶性好的硼肥 1.0～2.0 千克/亩、硫酸锌 1.5～2.0 千克/亩。硼肥适宜叶面喷施，每亩用量 100～150 克。锌肥可以作基肥施用，每亩用量 1～2 千克。

氮肥基肥占总量 25%左右，追肥占 75%左右（现蕾期 15%，开花期 20%，花铃期 30%，棉铃膨大期 10%），磷肥、钾肥基肥占 50%左右，其他作追肥。全生育期追肥次数 8 次左右，从现蕾期开始追肥，一水一肥。前期氮多磷少，中后期磷多氮少，结合滴灌系统实行灌溉施肥。提倡选用滴灌专用肥作追肥，用普通市售肥料作追肥要求氮、磷比（纯养分）2∶1 或更高。

② 常规灌溉（淹灌或沟灌）棉田。皮棉亩产在 90～110 千克条件下，每亩施用棉籽饼 50 千克或优质有机肥 1～1.5 吨、氮肥（N）18～20 千克、磷肥（P_2O_5）7～8 千克、钾肥（K_2O）2～3 千克；皮棉亩产在 110～130 千克条件下，每亩施用棉籽饼 75～100 千克或优质有机肥 1.5～2.0 吨、氮肥（N）20～23 千克、磷肥（P_2O_5）8～10 千克、钾肥（K_2O）3～6 千克。对于硼、锌缺乏的棉田，注意补施硼、锌肥。

地面灌溉棉田 45%～50%的氮肥用作基施，50%～55%作追肥施用。30%的氮肥用在初花期，20%～25%的氮肥用在盛花期。50%～60%的磷、钾肥用作基施，40%～50%用作追肥。硼肥要叶面喷施，每亩用量 100～150 克。锌肥作基肥施用，每亩用量 1～2 千克。

三、无公害棉花测土配方施肥技术

1. 无公害黄淮流域棉花测土配方施肥

（1）测土施肥配方 这里以山东省棉花测土配方推荐为例。山东省棉区土壤养分状况及推荐施肥量参考表 6-2、表 6-3。

表 6-2 山东省棉区土壤养分丰缺指标

项目 \ 肥力等级	极低	低	中	高
有机质（克/千克）	＜7	7～10	10～12	＞12
速效氮（N，毫克/千克）	＜40	45～60	60～80	＞80
有效磷（P_2O_5，毫克/千克）	＜8	8～15	15～20	＞20
速效钾（K_2O，毫克/千克）	＜80	80～120	120～150	＞150

表 6-3 山东省棉区以地定产推荐施肥

肥力等级	目标产量（千克/亩）	推荐施肥量（千克/亩）		
		N	P_2O_5	K_2O
低肥力	75	10	8	6
中肥力	100	12	6	8
高肥力	120	10	5	10

（2）黄淮流域无公害棉花施肥技术

① 基肥。在棉苗移栽前 15 天左右，进行全层施肥：每亩底施生物有机肥 200～300 千克或无害化处理过的有机肥 3 000～4 000 千克，40%腐殖酸型棉花专用肥 90～100 千克或 35%有机无机复混肥 90～100 千克或 45%腐殖酸涂层缓释肥 80～90 千克或 45%腐殖酸高效缓释复混肥 80～90 千克。

② 追肥。底肥足、苗势壮的棉田可每亩施 45%腐殖酸涂层缓释肥 15～20 千克；前期施肥不足地块每亩追施腐殖酸型棉花专用肥 30～35 千克。花铃期可在距棉株 15～17 厘米、深 7～10 厘米附近，每亩穴施增效尿素 30～50 千克、氯化钾 10 千克。

③ 根外追肥　现蕾期可叶面喷施 500 倍的含氨基酸水溶肥和 1 500 倍活力钙水溶肥，每亩喷液量 50 千克。盛花至幼铃期可叶面喷施 500 倍高活性生物钾叶面肥 2 次，每亩喷液量 50 千克，间隔 15 天。棉株谢花后，棉铃大量形成，为防止后期脱肥早衰，可叶面喷施 0.5%～1.0%的磷酸二氢钾溶液，每隔 7～10 天一次，连续 3～4 次。

2. 长江流域无公害棉花测土配方施肥

（1）测土施肥配方　长江流域包括四川、重庆、湖南、湖北、江西、安徽、江苏、浙江等地，根据土壤肥力分级和目标产量确定的肥料推荐量见表 6-4。

表 6-4 长江流域棉区根据土壤肥力分级和目标产量确定化肥推荐量

肥力等级	目标产量（千克/亩）	N 推荐量（千克/亩）		P_2O_5 推荐量（千克/亩）		K_2O 推荐量（千克/亩）	
		总量	基施	总量	基施	总量	基施
低肥力	80	16	5	5	3	9	6
中肥力	100	19	8	6	4	12	6
高肥力	120	21	10	7	6	15	8

（2）长江流域无公害棉花施肥技术

① 基肥。在棉苗移栽前 15 天左右，进行全层施肥：每亩施生物有机肥 200～250 千克或无害化处理过的有机肥 2 000～3 000 千克，40%腐殖酸型棉花专用肥 70～80 千克或 35%有机无机复混肥 80～90 千克或 45%腐殖酸涂层缓释肥 60～70 千克或 45%腐殖酸高效缓释复混肥 60～70 千克。

② 根际追肥。一般棉田棉株有 3～5 个果枝的 6 月中下旬，每亩追施生态有机肥 100 千克、腐殖酸型棉花专用肥 20～25 千克。土壤偏沙、肥力低的地块，再追施大粒钾肥 5～6 千克。重施花铃肥可分两次施用，第一次在棉株有 1～2 个大桃时（7 月 25 日前后），可在距棉株 15～17 厘米、深 7～10 厘米附近，每亩穴施增效尿素 20～25 千克、大粒钾肥 10 千克；第二次在打顶后（8 月上旬）可在距棉株 15～17 厘米、深 7～10 厘米附近，每亩穴施增效尿素 15～20 千克。

③ 根外追肥。棉花 7 片真叶期，可叶面喷施 500 倍的含腐殖酸水溶肥和 1 500 倍氨基酸螯合硼水溶肥。现蕾期可叶面喷施 500 倍的含氨基酸水溶肥和 1 500 倍氨基酸螯合硼水溶肥 2 次，间隔 15 天。花铃期可叶面喷施 0.1%～0.2%大量元素水溶肥、1 000 倍高活性生物钾叶面肥 2 次，间隔 15 天。

3. 西北内陆无公害棉花测土配方施肥

（1）膜下滴灌棉花测土施肥配方　棉花采用膜下滴灌技术，可以在每次滴灌时分次追肥，能够有效减少氮素损失，且肥料集中施在棉株根部，吸收利用效率很高，可提高肥料利用率。

① 氮素实时监控。基于目标产量和土壤硝态氮含量的棉花氮肥基肥用量如表 6－5 所示，棉花氮肥追肥用量如表 6－6 所示。

表 6－5　棉花氮肥基肥推荐用量（千克/亩）

土壤硝态氮（毫克/千克）	目标产量（千克/亩）				
	120	140	160	180	200
90	3.1	4.0	4.8	5.6	6.4
120	2.7	3.6	4.5	5.4	6.3
150	2.1	3.1	4.0	4.9	5.8
180	1.5	2.5	3.5	4.4	5.4
210	0.8	1.8	2.8	3.9	4.9

② 磷肥恒量监控。基于目标产量和土壤有效磷含量的棉花膜下滴灌磷肥推荐用量如表 6－7 所示。

表 6-6 棉花氮肥（N）追肥推荐用量（千克/亩）

土壤硝态氮（毫克/千克）	目标产量（千克/亩）				
	120	140	160	180	200
90	12.5	15.7	19.1	22.4	25.7
120	10.8	14.4	18.0	21.6	25.1
150	8.4	12.1	15.9	19.5	23.3
180	6.0	9.9	13.8	17.7	21.6
210	3.2	7.3	11.3	15.3	19.4

表 6-7 土壤磷素分级及棉花膜下滴灌磷肥（P_2O_5）推荐用量

产量水平（千克/亩）	肥力等级	Olsen-P（毫克/千克）	磷肥用量（千克/亩）
100	极低	<10	8
	低	10～15	7.3
	中	15～25	6.3
	高	25～40	5.7
	极高	>40	4.7
130	极低	<10	10
	低	10～15	9
	中	15～25	8
	高	25～40	7.3
	极高	>40	6
160	极低	<10	11.3
	低	10～15	10.7
	中	15～25	9.3
	高	25～40	8
	极高	>40	6.7

③ 钾肥恒量监控。基于土壤交换性钾含量的棉花膜下滴灌钾肥推荐用量如表 6-8 所示。

表 6-8　土壤交换性钾含量及棉花膜下滴灌钾肥（K_2O）推荐用量

肥力等级	交换性钾（毫克/千克）	钾肥用量（千克/亩）
极低	<90	10
低	90～180	6
中	180～250	4
高	250～350	2
极高	>350	0

④ 中微量元素。主要是锌、硼等微量元素（表 6-9）。

表 6-9　棉花膜下滴灌微量元素丰缺指标及推荐用量

元素	提取方法	临界指标（毫克/千克）	基施用量（千克/亩）
锌	DTPA	0.5	硫酸锌 1～2
硼	沸水	1	硼砂 0.5～0.75

(2) 西北内陆无公害棉花水肥一体化技术

① 基肥。耕地前进行全层施肥：每亩施生物有机肥 200～250 千克或无害化处理过的有机肥 2 000～3 000 千克，40%腐殖酸型棉花专用肥 60～80 千克或 45%腐殖酸高效缓释复混肥 50～60 千克。

② 滴灌追肥。分别在 5 片真叶期、现蕾前、开花始期、大量结铃期进行。5 片真叶期施用腐殖酸型（20-0-15，TE≥1.5，高活性有机酸≥5%）棉花滴灌（冲施）肥 5 千克。现蕾前施用腐殖酸型（20-0-15，TE≥1.5，高活性有机酸≥5%）棉花滴灌（冲施）肥 10 千克。开花始期施用腐殖酸型（20-0-15，TE≥1.5，高活性有机酸≥5%）棉花滴灌（冲施）肥 20 千克。大量结铃期施用腐殖酸型（20-0-15，TE≥1.5，高活性有机酸≥5%）棉花滴灌（冲施）肥 10 千克。

③ 叶面追肥。现蕾前叶面喷施 500 倍的含腐殖酸水溶肥和 1 500 倍氨基酸螯合硼水溶肥。开花始期叶面喷施 500 倍的含氨基酸水溶肥和 1 500 倍活力钙水溶肥。大量结铃期叶面喷施 500 倍高活性生物钾叶面肥 2 次，间隔 15 天。

第二节　花生高效安全施肥

花生是我国第一大油料作物。我国的黄淮、东南沿海、长江流域是三个相对集中的主产区，尤其以河南、山东、河北、广东、安徽、四川、广西栽培面积较大。

一、花生缺素症诊断与补救

花生缺素症状与补救措施可以参考表 6－10。

表 6－10　花生缺素诊断与补救措施

营养元素	缺素症状	补救措施
氮	花生缺氮，花生生长瘦弱，叶色黄，叶面积小，分枝数和开花量减少，荚果发育不良，产量品质降低	施足有机肥，始花前 10 天每亩施用硫酸铵 5～10 千克，最好与有机肥沤 15～20 天后施用
磷	花生缺磷，根须不发达，根瘤少，叶色暗绿，固氮能力下降，贪青迟熟	每亩用过磷酸钙 15～25 千克与有机肥混合沤制 15～20 天作基肥或种肥集中沟施
钾	花生缺钾，叶片呈绿色，老叶边缘先发黄，逐渐由边向内干枯，开花下针少，秕果率增加	增施草木灰或氯化钾、硫酸钾等钾肥。必要时叶面喷施 0.3%磷酸二氢钾
硼	花生缺硼，叶片出现棕色斑易枯萎脱落，幼茎粗短。根量增加，根瘤菌形成和发育受阻，种仁不饱满，子叶空心、缺陷或产生变态突起	硼酸单独用或同其他杀菌剂或肥料一起施用都可；每亩施硼酸 300 克即可，施用量大易造成花生中毒
锌	花生缺锌，叶片发生条带式失绿，条带通常在最接近叶柄的叶片上，严重时，则整个小叶失绿	在花生花针期，用 1%～2%硫酸锌溶液叶面喷施
钼	花生缺钼，根瘤菌发育不良，固氮力弱或无固氮能力	在花生苗期和花期，用 0.1%～0.2%钼酸铵溶液叶面喷施
铁	花生是对铁元素比较敏感的作物之一。花生缺铁时，首先表现为上部嫩叶失绿，而下部老叶及叶脉仍保持绿色；严重缺铁时，叶脉失绿进而黄化，新叶全部变白，久之叶片出现褐斑坏死，干枯脱落	一是用 0.1%硫酸亚铁水溶液浸种 12 小时。二是在花针期或结荚期喷施 0.2%硫酸亚铁水溶液，每 5～6 天喷一次，连续喷 2～3 次

二、花生高效安全施肥技术

借鉴全国各地花生科学施肥指导意见和相关测土配方施肥技术研究资料，

提出推荐施肥方法，供农民朋友参考。花生施肥应掌握以有机肥料为主，化学肥料为辅；基肥为主，追肥为辅；追肥以苗肥为主，花肥、壮果肥为辅；氮、磷、钾、钙配合施用的基本原则。

1. 测土施肥配方

综合全国各地花生测土配方施肥技术成果资料，我国主要花生产区的测土施肥配方如下。

（1）华北地区（河南省）花生　根据多年试验资料，河南省不同肥力的花生施肥配方如表 6-11 所示。

表 6-11　河南省不同肥力花生施肥配方（千克/亩）

不施肥花生荚果产量	推荐肥料用量		氮、磷比例
	N	P_2O_5	
＜150	8～10	6～10	0.9∶1
150～250	4～6	5～8	0.8∶1
＞250	4～6	6	0.7∶1

（2）长江流域及东南沿海花生　根据多年试验资料，长江流域及东南沿海不同肥力的花生施肥配方如表 6-12 所示。

表 6-12　长江流域及东南沿海不同肥力的花生施肥配方

肥力水平	产量水平（千克/亩）	有效磷（毫克/千克）	速效钾（毫克/千克）	推荐施肥量（千克/亩）		
				N	P_2O_5	K_2O
极高	＞500	＞30	＞180	7.5～12	3.5	3.5
高	400～500	25～30	135～180	7～10	4.5	4.5
中	300～400	12～25	60～135	6.5～8	6	6
低	200～300	6～12	26～60	5.5～7	7	7
极低	＜200	＜6	＜26	5～6	8.5	8.5

2. 无公害春花生施肥技术

（1）基肥　露地春花生，北方前茬作物收获后进行冬耕，深耕 20～25 厘米。结合冬耕可将有机肥先行施入，其他肥料在春播前浅耕施入。每亩施生物有机肥 200～300 千克或无害化处理过优质有机肥 2 000～3 000 千克，40%有机型花生专用肥 50～60 千克或 40%硫酸钾型腐殖酸涂层长效肥 45～50 千克或 45%腐殖酸高效缓释复混肥 40～45 千克。

（2）根际追肥　开花期进行条施：每亩追施 40%硫酸钾型腐殖酸涂层长效肥 15～20 千克或 45%腐殖酸高效缓释复混肥 10～15 千克。

(3) 根外追肥 花生始花期可叶面喷施 500 倍含氨基酸水溶肥、1 500 倍活力钙水溶肥 1 次，每亩喷液量 50 千克。花生下针期可叶面喷施 500 倍生物活性钾水溶肥 2 次，每亩喷液量 50 千克，间隔 15 天。

3. 无公害麦田套种花生施肥技术

麦田套种花生苗期在小麦行间生长，生长发育受到一定影响，主茎伸长快，侧枝发育慢，节间较长，叶色黄，生长细弱，呈现“高脚苗”长相。小麦收获后经过一定缓苗后生长很快。因此在施肥上，基肥以前茬作物为主，少量补施种肥，主要注重追肥。

(1) 种肥 春播种时将肥料穴施入种子附近：每亩施生物有机肥 20～30 千克，或 40%氨基酸型花生专用肥 5～10 千克或 40%硫酸钾型腐殖酸涂层长效肥（15－10－15）10～15 千克或 45%腐殖酸高效缓释复混肥 10～15 千克。

(2) 根际追肥 麦田套种花生由于底肥或种肥一般不施，因此，麦收后要及时灭茬施肥。一般在始花前，以氮肥为主，每亩追施增效尿素 8～10 千克，如果肥力足、长势好，一般可不追施。开花期每亩追施硫酸钾型腐殖酸涂层长效肥（15－10－15）15～20 千克或 40%腐殖酸高效缓释复混肥 10～15 千克或氨基酸型花生专用肥 15～20 千克。

(3) 根外追肥 花生始花期可叶面喷施 500 倍含腐殖酸水溶肥或含氨基酸水溶肥、1 000 倍氨基酸螯合硼、1 500 倍氨基酸螯合锌铁钼锰 1 次，每亩喷液量 50 千克。花生下针期可叶面喷施 1 500 倍活力钙水溶肥、500 倍生物活性钾水溶肥 2 次，每亩喷液量 50 千克，间隔 15 天。

4. 无公害夏直播花生施肥技术

夏直播花生生育期较短，一般只有 100～115 天，生育期进程表现为：苗期生长量小，有效花期短，饱果成熟期短，前期生长速度快，但分配系数较高。因此，夏直播花生在栽培上，一切措施要从“早”出发。

(1) 基肥 夏收后要抓紧时间整地施肥，每亩底施生物有机肥 100～150 千克或无害化处理过优质有机肥 1 500～2 000 千克，40%氨基酸型花生专用肥 40～50 千克或 45%硫酸钾型腐殖酸涂层长效肥 45～50 千克或 45%腐殖酸高效缓释复混肥 45～50 千克。

(2) 根际追肥 在开花期追施效果较好，进行条施：每亩追施 45%硫酸钾型腐殖酸涂层长效肥 10～15 千克或 45%腐殖酸高效缓释复混肥 10～12 千克。

(3) 根外追肥 花生始花期可叶面喷施 500 倍含氨基酸水溶肥、1 500 倍活力钙水溶肥 1 次，每亩喷液量 50 千克。花生下针期可叶面喷施 500 倍生物活性钾水溶肥 2 次，每亩喷液量 50 千克，间隔 15 天。

第三节　油菜高效安全施肥

我国长江流域多种植冬油菜，秋季播种翌年夏季收获；东北、西北、青藏高原地区多种植春油菜，春、夏季播种，夏、秋季收获。

一、油菜缺素症诊断与补救

油菜缺素症状与补救措施可以参考表 6-13。

表 6-13　油菜缺素诊断与补救措施

营养元素	缺素症状	补救措施
氮	油菜缺氮时，植株生长瘦弱，叶片少而小，呈黄绿色至黄色，茎下部叶片有的边缘发红，并逐渐扩大到叶脉；有效分枝数、角果数都大为减少，千粒重也相应减轻，产量显著降低	苗期缺氮，每亩用 15～25 千克碳酸氢铵开沟追施，或者用 750～1 000 千克人粪尿对水浇施；后期缺氮，用 1%～2%尿素溶液叶面喷施
磷	油菜缺磷时，植株矮小，生长缓慢，出叶延迟，叶面积小，叶色暗绿，缺乏光泽，边缘出现紫红色斑点或斑块，叶柄和叶背面的叶脉变为紫红色；根系发育差，角果数和千粒重显著减少，出油率降低	苗期缺磷，每亩用 25～30 千克过磷酸钙开沟追施或对水浇施，越早效果越好；后期用 1%过磷酸钙浸出液叶面喷施
钾	油菜缺钾时，植株趋向萎蔫，幼苗呈匍匐状，叶脉间部分向上凸，使叶片弯曲呈弓状；叶色变深，通常呈深蓝绿色，叶缘或脉间失绿，最初往往呈针头大小的斑点，最后发生斑块坏死，严重缺钾时叶片完全枯死，但不脱落	前期缺钾，每亩用 7～10 千克氯化钾或 75～100 千克草木灰开沟追施；后期用 0.1%～0.2%磷酸二氢钾溶液叶面喷施
硼	油菜缺硼时，油菜表现的症状是“花而不实”即进入花期后因花粉败育而不能受精结实，导致不断抽发次生分枝，缕缕不断开花，使花期大大延长；氮肥充足时，次生分枝更多，常形成特殊的帚状；叶片多数出现紫红色斑块即所谓“紫血瘢”，结荚零星稀少，有的甚至绝荚，成荚的所含籽粒数少，畸形	缺硼严重的土壤，整地时每亩施 0.5～1 千克硼砂作基肥；采用育苗移栽的油菜，在移栽前每亩施 15～25 千克硼镁肥，效果良好。在油菜苗期、抽薹前、初花期或发现植株缺硼时，用 0.1%～0.2%硼砂溶液叶面喷施

（续）

营养元素	缺素症状	补救措施
锰	油菜缺锰时，植株矮小，出现失绿症状，幼叶黄白，叶脉绿色，茎生长衰弱，黄绿色，多木质，开花及结果数减少	发现缺锰，及时用0.1%～0.2%硫酸锰溶液叶面喷施
锌	油菜缺锌时，首从叶缘开始，叶色渐渐变为灰白色，随后向中间发展，叶肉呈黄色斑块。病叶叶缘不皱缩，中下部白化较重的叶片向外翻卷，叶尖披垂	苗期每亩用0.5～0.75千克硫酸锌开沟追施；植株出现缺锌症状时，用0.2%硫酸锌溶液叶面喷施
钼	油菜缺钼时，叶片凋萎或焦枯，通常呈螺旋状扭曲，老叶变厚，植株丛生	发现缺钼，及时用0.01%～0.1%钼酸铵溶液叶面喷施

二、油菜高效安全施肥技术

借鉴2011—2017年农业部油菜科学施肥指导意见和相关测土配方施肥技术研究资料，提出推荐施肥方法，供农民朋友参考。

1. 长江上游冬油菜区

包括四川、重庆、贵州、云南和湖北西部。

（1）施肥原则 依据测土配方施肥结果，确定氮、磷、钾肥合理用量；氮肥分次施用，适当降低氮肥基施用量，高产田块抓好薹肥施用，中低产田块简化施肥环节；依据土壤有效硼含量状况，适量补充硼肥；增施有机肥，提倡有机无机肥配合，加大秸秆还田力度；酸化严重土壤增施碱性肥料；肥料施用应与其他高产优质栽培技术相结合，尤其需要注意提高种植密度、开沟降渍。

（2）施肥建议 推荐20-11-10（$N-P_2O_5-K_2O$，含硼）或相近配方专用肥。有条件产区可推荐25-7-8（$N-P_2O_5-K_2O$，含硼）或相近配方的油菜专用缓（控）释配方肥。

产量水平200千克/亩以上：配方肥推荐用量50千克/亩，越冬苗肥追施尿素5～8千克/亩，薹肥追施尿素5～8千克/亩；或者一次性施用油菜专用缓（控）释配方肥60千克/亩。产量水平150～200千克/亩：配方肥推荐用量40～50千克/亩，越冬苗肥追施尿素5～8千克/亩，薹肥追施尿素3～5千克/亩；或者一次性施用油菜专用缓（控）释配方肥50千克/亩。产量水平100～150千克/亩：配方肥推荐用量35～40千克/亩，越冬苗肥追施尿素5～8千克/亩；或者一次性施用油菜专用缓（控）释配方肥40千克/亩。产量水平100千克/亩以下：配方肥推荐用量30～40千克/亩；或者一次性施用油菜专用缓（控）释配方肥 30 千克/亩。

2. 长江中下游冬油菜区

包括安徽、江苏、浙江和湖北大部。

（1）施肥原则　依据测土配方施肥结果，确定氮、磷、钾肥合理用量，适当减少氮、磷肥用量，确定氮、磷、钾肥合理配比；移栽油菜基肥深施，直播油菜种肥同播，做到肥料集中施用，提高养分利用效率；依据土壤有效硼含量状况，适量补充硼肥；加大秸秆还田力度，提倡有机无机肥配合；酸化严重土壤增施碱性肥料；肥料施用应与其他高产优质栽培技术相结合，尤其需要注意提高种植密度，直播油菜适当提早播期。

（2）施肥建议　推荐 18－10－12（$N-P_2O_5-K_2O$，含硼）或相近配方专用肥；有条件的产区可推荐 25－7－8（$N-P_2O_5-K_2O$，含硼）或相近配方的油菜专用缓（控）释配方肥。

产量水平 200 千克/亩以上：配方肥推荐用量 50 千克/亩，越冬苗肥追施尿素 5～8 千克/亩，薹肥追施尿素 5～8 千克/亩；或者一次性施用油菜专用缓（控）释配方肥 60 千克/亩。产量水平 150～200 千克/亩：配方肥推荐用量 40～50 千克/亩，越冬苗肥追施尿素 5～8 千克/亩，薹肥追施尿素 3～5 千克/亩；或者一次性施用油菜专用缓（控）释配方肥 50 千克/亩。产量水平 100～150 千克/亩：配方肥推荐用量 35～40 千克/亩，薹肥追施尿素 5～8 千克/亩；或者一次性施用油菜专用缓（控）释配方肥 40 千克/亩。产量水平 100 千克/亩以下：配方肥推荐用量 25～30 千克/亩，薹肥追施尿素 3～5 千克/亩；或者一次性施用油菜专用缓（控）释配方肥 30 千克/亩。

3. 三熟制冬油菜区

包括湖南、江西和广西北部。

（1）施肥原则　依据测土配方施肥结果，确定氮、磷、钾肥合理用量和配比，重视施用薹肥；依据土壤有效硼含量状况，适量补充硼肥；提倡施用含镁肥料；在缺硫地区可基施硫黄 2～3 千克/亩，若使用其他含硫肥料，可酌减硫黄用量；加大秸秆还田力度，提倡有机无机肥配合；酸化严重土壤增施碱性肥料；提高油菜种植密度，注意开好厢沟，防止田块渍水。

（2）施肥建议　推荐 18－8－14（$N-P_2O_5-K_2O$，含硼）或相近配方专用肥；有条件的产区可推荐 25－7－8（$N-P_2O_5-K_2O$，含硼）或相近配方的油菜专用缓（控）释配方肥。

产量水平 180 千克/亩以上：配方肥推荐用量 50 千克/亩，薹肥追施尿素 5～8 千克/亩；或者一次性施用油菜专用缓（控）释配方肥 50 千克/亩。产量水平 150～180 千克/亩：配方肥推荐用量 40～45 千克/亩，薹肥追施尿素

5～8 千克/亩；或者一次性施用油菜专用缓（控）释配方肥 40～50 千克/亩。产量水平 100～150 千克/亩：配方肥推荐用量 35～40 千克/亩，薹肥追施尿素 3～5 千克/亩；或者一次性施用油菜专用缓（控）释配方肥 40 千克/亩。产量水平 100 千克/亩以下：配方肥推荐用量 25～30 千克/亩，薹肥追施尿素 3～5 千克/亩；或者一次性施用油菜专用缓（控）释配方肥 30 千克/亩。

4. 黄淮冬油菜区

主要包括陕西和河南冬油菜区。

(1) 施肥原则 依据测土配方施肥结果，确定氮、磷、钾肥合理用量，适当减少氮、钾肥用量，确定氮、磷、钾肥合理配比；移栽油菜基肥深施，直播油菜种肥同播，做到肥料集中施用，提高养分利用效率；依据土壤有效硼含量状况，适量补充硼肥；加大秸秆还田力度，提倡有机无机肥配合；肥料施用应与其他高产优质栽培技术相结合，尤其需要注意提高种植密度，提倡应用节水抗旱技术。

(2) 施肥建议 推荐 20－12－8（N－P_2O_5－K_2O，含硼）或相近配方。

产量水平 200 千克/亩以上：配方肥推荐用量 50 千克/亩，越冬苗肥追施尿素 3～5 千克/亩，薹肥追施尿素 5～8 千克/亩。产量水平 150～200 千克/亩：配方肥推荐用量 40～50 千克/亩，越冬苗肥追施尿素 3～5 千克/亩，薹肥追施尿素 3～5 千克/亩。产量水平 100～150 千克/亩：配方肥推荐用量 35～40 千克/亩，薹肥追施尿素 5～8 千克/亩。产量水平 100 千克/亩以下：配方肥推荐用量 25～30 千克/亩，薹肥追施尿素 5～8 千克/亩。

5. 北方春油菜区

(1) 施肥原则 根据区域性土壤养分状况，充分利用测土配方施肥技术成果，科学施肥。有条件的区域提倡施用春油菜专用配方肥；氮肥分次施用，防止生长后期脱肥；基肥施于土下 6～8 厘米处；补施硼肥、锌肥和硫肥；增施有机肥，利用油菜收获后的水热资源种植绿肥；提高播种质量，适当提高种植密度；做好土壤集墒、保墒工作，利用水肥协同作用，提高养分利用效率，促进油菜生长。

(2) 施肥建议 产量水平 100 千克/亩以下：氮肥（N）用量 6 千克/亩，磷肥（P_2O_5）用量 3 千克/亩，钾肥（K_2O）用量 2 千克/亩，硫酸锌用量 0.5 千克/亩，硼砂用量 0.5 千克/亩。产量水平 100～150 千克/亩：氮肥（N）用量 6～8 千克/亩，磷肥（P_2O_5）用量 4 千克/亩，钾肥（K_2O）用量 2.5 千克/亩，硫酸锌用量 1 千克/亩，硼砂用量 0.5 千克/亩。产量水平 150～200 千克/亩以上：氮肥（N）用量 8～9 千克/亩，磷肥（P_2O_5）用量 5 千克/亩，钾肥（K_2O）用量 2.5 千克/亩，硫酸锌用量 1.5 千克/亩，硼砂用量 0.75 千克/

亩。产量水平 200 千克/亩以上：氮肥（N）用量 9～11 千克/亩，磷肥（P_2O_5）用量 5～6 千克/亩，钾肥（K_2O）用量 3.0 千克/亩，硫酸锌用量 1.5 千克/亩，硼砂用量 1.0 千克/亩。

三、无公害油菜测土配方施肥技术

1. 无公害冬油菜测土配方施肥

(1) 冬油菜测土施肥配方

① 土壤养分丰缺指标。如长江流域油菜种植区的土壤养分丰缺指标参考表 6-14。

表 6-14 长江流域土壤养分丰缺指标（毫克/千克）

土壤等级	极低	低	中	高	极高
碱解氮	<70	70～90	90～120	120～150	>150
有效磷	<6	6～12	12～25	25～30	>30
速效钾	<26	26～60	60～135	135～180	>180

② 氮肥用量的确定。我国长江流域油菜多种植在水旱轮作的水稻土上，常根据土壤碱解氮测试值估算土壤供氮能力，并进行肥力分级。氮肥用量推荐参考表 6-15。

表 6-15 长江流域油菜氮肥（N）用量推荐（千克/亩）

目标产量（千克/亩）	肥力等级				
	极低	低	中	高	极高
100	7.5	6	5	4	3
150	11.5	9	7.5	6	4.5
200	15.5	12.5	10.5	8	6
250	21	17	14	11	8.5

③ 磷肥用量的确定。我国长江流域油菜常根据土壤有效磷（Olsen-P）测试值估算土壤供磷能力，并进行肥力分级。磷肥用量推荐参考表 6-16。

④ 钾肥用量的确定。我国长江流域油菜常根据土壤速效钾测试值估算土壤供钾能力，并进行肥力分级。钾肥用量推荐参考表 6-17。

表 6-16　长江流域油菜磷肥（P_2O_5）用量推荐（千克/亩）

目标产量（千克/亩）	肥力等级				
	极低	低	中	高	极高
100	3	2.5	2	1.5	1
150	5	4	3	2.5	2
200	6.5	5	4.0	3.5	2.5
250	9	7	6	5	3.5

表 6-17　长江流域油菜钾肥（K_2O）用量推荐（千克/亩）

目标产量（千克/亩）	肥力等级				
	极低	低	中	高	极高
100	-	7	4	2.5	1.5
150	-	10	6	4	2
200	-	13.5	8	5.5	3
250	-	19	11	7.5	4

⑤ 硼肥用量的确定。为保证油菜的正常生长，当有效硼含量低于临界值 0.6 毫克/千克时，每亩基施硼砂 0.5～1.0 千克。

(2) 无公害冬油菜施肥技术

① 苗床施肥。每亩苗床一般面积在 120～150 米^2，整地时施用腐熟的生物有机肥 50～60 千克、油菜腐殖酸型专用肥 10～15 千克，将肥料与土壤混匀后播种。结合间苗和定苗，追肥 1～2 次，追肥以无害化处理过的人畜粪尿为主，并注意肥水结合，以保证壮苗移栽。在移栽前可喷施 1 500 倍活力硼水溶肥一次。

② 大田基肥。在油菜移栽前 0.5～1 天穴施基肥，施肥深度为 10～15 厘米。每亩底施生物有机肥 150～200 千克或无害化处理过优质有机肥 1 500～2 000 千克，40%腐殖酸酸型油菜专用肥 40～50 千克或 30%腐殖酸型含硅锌高效缓释肥 50～60 千克或 45%长效缓释复混肥 30～40 千克或 30%腐殖酸型高效缓释肥 50～60 千克。

③ 根际追肥。油菜追肥一般可分为 2 次。第一次追肥在移栽后 50 天左右进行，即油菜苗进入越冬期前。每亩追施 30%腐殖酸高效缓释复混肥 20 千克，或增效尿素 8 千克、氯化钾 5 千克等。第二次追肥在开春后薹期，每亩追施腐殖酸型含硅锌高效缓释肥 10～15 千克，或增效尿素 5 千克。

④ 根外追肥。直播油菜 5 片真叶期或移栽油菜移栽成活后，可叶面喷施

500倍的含腐殖酸水溶肥或含氨基酸水溶肥、1 000倍氨基酸螯合硼一次，每亩喷液量50千克，间隔15天。油菜结荚初期可叶面喷施500倍生物活性钾水溶肥一次，每亩喷液量50千克。

2. 无公害春油菜测土配方施肥

(1) 春油菜测土施肥配方　北方春油菜根据土壤养分测定值和目标产量，氮、磷、钾肥推荐用量如表6-18、表6-19和表6-20所示。

表6-18　根据油菜籽目标产量和土壤供氮能力的氮肥（N）推荐用量

目标产量（千克/亩）	氮肥推荐用量（千克/亩）		
	高肥力田块	中肥力田块	低肥力田块
<50	<2.5	<4.5	<5.5
50～100	2.5～4.5	4.5～8.0	5.5～9.0
100～150	4.5～6.0	7.0～10.0	9.0～12.0
150～200	6.0～8.0	10.0～13.0	12.0～16.0
200～250	8.0～11.0	13.5～18.0	15.0～21.0

表6-19　根据油菜籽目标产量和土壤供磷能力的磷肥（P_2O_5）推荐用量

目标产量（千克/亩）	磷肥（P_2O_5）推荐用量（千克/亩）			
	土壤P_2O_5<5毫克/千克	土壤P_2O_5 5～10毫克/千克	土壤P_2O_5 10～20毫克/千克	土壤P_2O_5>20毫克/千克
<50	2.5	2.0	1.5	0
50～100	2.5～5.0	2.0～4.0	1.5～2.5	0
100～150	5.0～8.5	4.5～7.0	2.5～4.5	2.0～3.0
150～200	8.5～11.5	7.0～8.5	4.5～6.0	3.0～4.0
200～250	11.5～13.5	8.5～10.0	6.0～7.5	4.0～5.0

表6-20　根据油菜籽目标产量和土壤供钾能力的钾肥（K_2O）推荐用量

目标产量（千克/亩）	钾肥（K_2O）推荐用量（千克/亩）			
	土壤K_2O<50毫克/千克	土壤K_2O 50～100毫克/千克	土壤K_2O 100～130毫克/千克	土壤K_2O>130毫克/千克
<50	7.0	6.0	2.0	0
50～100	7.0～12.5	6.0～10.0	2.0～4.0	0
100～150	12.5～19.5	10.0～16.0	4.0～5.5	2.0～3.0
150～200	29.5～24.0	16.0～20.0	5.5～6.5	3.0～4.0
200～250	24.0～28.0	20.0～24.0	6.5～8.0	4.0～5.0

(2) 无公害春油菜施肥技术

① 苗床施肥。每亩苗床一般面积在 120～150 米²，整地时施用腐熟的生物有机肥 50～60 千克、油菜腐殖酸型专用肥 10～15 千克，将肥料与土壤混匀后播种。结合间苗和定苗，追肥 1～2 次，追肥以无害化处理过的人畜粪尿为主，并注意肥水结合，以保证壮苗移栽。在移栽前可喷施 1 500 倍活力硼水溶肥一次。

② 大田底肥。在油菜移栽前一天穴施基肥，施肥深度为 10～15 厘米。每亩底施生物有机肥 150～200 千克或无害化处理过优质有机肥 1 500～2 000 千克，40%腐殖酸酸型油菜专用肥 45～55 千克或 45%长效缓释复混肥 35～40 千克或 30%腐殖酸型含硅锌高效缓释肥 50～55 千克。

若不准备叶面喷施硼肥，一般土壤有效硼在 0.5 毫克/千克以上的适硼区，可底施 0.5 千克硼砂；含硼在 0.2～0.5 毫克/千克的缺硼区可底施 0.75 千克硼砂；含硼 0.2 毫克/千克以下的严重缺硼区，硼肥施用量应在 1 千克左右。

③ 根际追肥。一般可追肥 2 次。移栽油菜在栽后 7～10 天活苗后，每亩追施 30%腐殖酸高效缓释复混肥 15 千克，或增效尿素 5 千克等。要根据底肥、苗肥的施用情况和长势酌情稳施薹肥。底、苗肥充足，植株生长健壮，可不施薹肥；若底、苗肥不足，有脱肥趋势的应早施薹肥。每亩追施 45%长效缓释复混肥 15～20 千克。

④ 根外追肥。直播油菜 5 片真叶期或移栽油菜移栽成活后，可叶面喷施 500 倍的含腐殖酸水溶肥或含氨基酸水溶肥、1 000 倍氨基酸螯合硼 2 次，每亩喷液量 50 千克，间隔 15 天。油菜结荚初期，可叶面喷施 500 倍生物活性钾水溶肥一次，每亩喷液量 50 千克。

第四节　烟草高效安全施肥

我国共有 26 个省（自治区、直辖市）的 1 700 多个县（市）有烟草种植，其中，广泛种植的有 23 个省（自治区、直辖市）的 900 多个县，主产区是云南、贵州、四川、河南、山东、福建、湖南等。

一、烟草缺素症诊断与补救

烟草缺素症状与补救措施可以参考表 6-21。

表 6-21　烟草缺素诊断与补救措施

营养元素	缺素症状	补救措施
氮	烟草缺氮，烟株下位叶逐渐变黄、干枯，叶小，色发白，无光泽，组织缺乏弹性、质脆	提倡施用酵素菌沤制的堆肥或充分腐熟的有机肥，必要时混入饼肥，并配合浇水，减轻受害程度，也可以每亩施硝酸铵 10～13 千克；后期缺氮，用 1%～2%尿素溶液叶面喷施
磷	烟草缺磷，烟株生长缓慢，地上部分呈玫瑰花状，叶小，叶形狭长，叶片带铁锈色，下位叶出现褐色斑点，严重的扩展到上位叶，缺磷时叶一般不成熟，叶色也不新鲜	发现缺磷时，移栽前将磷肥作为基肥掺混在行间或采用撒施法一次施入；中后期缺磷，叶面喷施 1%～2%过磷酸钙浸出液
钾	烟草缺钾，下位叶的叶尖先变黄，后扩展到叶缘及叶脉间，从叶缘开始枯死，叶周边组织虽停止生长，但内部还在生长，致叶片向下卷曲	根据实际需要每亩施入草木灰 200 千克或硫酸钾 10 千克，必要时用 2%磷酸二氢钾溶液或 2.5%硫酸钾溶液叶面喷施
钙	烟草缺钙，初期植株呈暗绿色，后期生长点停止生长，顶芽枯死，从旁侧生出的幼芽畸形，展开的叶片变脆，叶缘失绿，根变黑，须根生长停滞	发现缺钙，可用 0.2%～0.5%烟草专用复合肥或 1%～2%过磷酸钙浸出液叶面喷施
镁	烟草缺镁，下位叶尖端和四周的叶脉间开始褪绿，黄化，进而变白，接近叶脉的部分几乎全变白，但其余部分仍保持绿色	发现缺镁，可用 0.2%～0.5%硫酸镁溶液叶面喷施
硼	烟草缺硼，早期顶端芽叶、生长点异常，幼叶呈浅绿色，基部变为灰白色，后期顶生芽叶枯死，即使不枯死，长出的叶多畸形	发现缺硼，及时用 0.1%硼砂溶液叶面喷施
锰	烟草缺锰，初期幼叶褪绿，叶脉间由浅绿色变成白色，有的叶片出现坏死斑点	发现缺锰，及时用 0.05%～0.1%硫酸锰溶液叶面喷施

（续）

营养元素	缺素症状	补救措施
锌	烟草缺锌，初期下位叶的叶脉间产生浅黄色条纹，然后逐渐白化坏死，上位新生叶展开后色浅至白色，烟株节间缩短，变矮，枯死部分呈水浸状	缺锌地块，可每亩基施硫酸锌 1.2 千克；生长期缺锌，可用 0.5%EDTA 锌溶液叶面喷施。如选用硫酸锌喷施，最好加入少量 20%熟石灰来调节 pH，以避免产生药害
钼	烟草缺钼，植株叶片凋萎或卷曲，有波状皱纹，叶片失绿呈灰白色，下位叶出现不规则形坏死斑点，病斑先为灰白色，后变棕红色	发现缺钼，及时用 0.02%～0.1%的钼酸铵溶液叶面喷施
铜	烟草缺铜，上位叶片呈暗绿色，卷曲或成永久性凋萎且不能恢复	发现缺铜，及时用 0.1%～0.2%硫酸铜溶液叶面喷施
铁	烟草缺铁，嫩叶首先失绿，顶部嫩叶的叶脉间变为浅绿色至近白色，缺铁严重时叶脉褪绿，整叶片变为白色	发现缺铁，及时用 0.1%～0.2%硫酸亚铁溶液叶面喷施

二、烟草高效安全施肥技术

烟草以收获优质烟叶为目的，施肥较其他作物复杂，必须根据烟草不同类型、品种栽培环境等因素施肥。总的施肥原则是：肥料养分的配比合理；基肥与追肥，有机肥与化肥合理配合；硝态氮肥与铵态氮肥相结合；烟草是忌氯作物，尽量不施用含氯肥料。

1. 烟草测土施肥配方

在目前的生产技术水平下，一般确定适宜施肥量应以保证获得最佳品质和适宜产量为标准，根据确定的适宜产量指标所吸收的养分数量，再根据烟田肥力等情况，来确定施肥量与养分配比。如云南烟区施肥配方推荐如下：

（1）氮肥推荐量 主要以土壤有机质含量、速效氮含量测定为依据，考虑不同烟草品种，确定氮肥施用量（表 6－22）。

表 6－22 土壤供氮能力指标与推荐施氮量

肥力等级	有机质（%）	速效氮（毫克/千克）	不同品种纯氮用量（千克/亩）			
			K326	云烟 85	云烟 87	红大
高	>4.5	>180	2～4	2～4	2～4	1～3
较高	3～4.5	120～180	4～6	4～5	4～5	3～4
中等	1.5～3	60～120	6～8	5～7	5～7	4～5
低	<1.5	<60	8～9	7～8	7～8	5～6

(2) 磷肥推荐量　经研究，云南烟草氮磷比（N∶P_2O_5）可普遍地由过去的1∶2降至1∶(0.5～1.0)。在一般情况下，如施用烟草复合肥（12-12-24、10-10-25、15-15-15）后，就不必再施用普通过磷酸钙或钙镁磷肥；如施用的烟草复合肥是硝酸钾，每亩施用普通过磷酸钙或钙镁磷20～30千克，就可满足烟株草生长的需要。磷肥可根据土壤有效磷分析结果和所用复合肥进行有针对性的施用（表6-23）。

表6-23　土壤供磷能力指标与推荐氮、磷配比

肥力等级	有效磷（毫克/千克）	烟草品种			
		K326	云烟85	云烟87	红大
高	>40	1∶(0.2～0.5)	1∶(0.2～0.5)	1∶(0.2～0.5)	1∶(0.2～0.5)
较高	10～40	1∶(0.5～1)	1∶(0.5～1)	1∶(0.5～1)	1∶(1～1.5)
低	<10	1∶(1～1.5)	1∶(1～1.5)	1∶(1～1.5)	1∶2

(3) 钾肥推荐量　烟草对钾素的吸收量是三要素中最多的，当钾供应充足时，氮、钾的吸收比为1∶(1.5～2)。对于速效钾较丰富的土壤（200毫克/千克以上），肥料中氮钾比采用1∶1即可；速效钾比较低的土壤，肥料中氮钾比则以1∶(2～3)为宜。具体可根据土壤速效钾分析结果和所用复合肥进行有针对性的施用（表6-24）。

表6-24　土壤供钾能力指标与推荐氮、钾配比

肥力等级	速效钾（毫克/千克）	烟草品种			
		K326	云烟85	云烟87	红大
高	>250	1∶(1.5～2)	1∶(1.5～2)	1∶(1.5～2)	1∶(2.5～3)
较高	100～250	1∶(2～2.5)	1∶(2～2.5)	1∶(2～2.5)	1∶(3～4)
低	<100	1∶(2.5～3)	1∶(2.5～3)	1∶(2.5～3)	1∶(4～5)

2. 烟草育苗高效安全施肥

(1) 烟草常规育苗施肥技术

① 苗床基肥。应尽量施用无害化处理过的腐熟有机肥料。根据肥源，有机肥分别选取任一即可：每平方米施生物有机肥8～10千克；腐熟的猪粪60千克；饼肥或干鸡粪20千克。在有机肥基础上，再根据情况，选取任一配施肥料：腐殖酸型烟草专用肥4～5千克；45%腐殖酸型含促生真菌生态复混肥2～3千克；40%腐殖酸型高效缓释肥3～4千克。

② 苗床追肥。出苗后，视幼苗长势，从十字期开始由少到多，一般追肥2～3次。第一次追肥每平方米用腐殖酸型烟草专用肥3～5千克，兑水淋施，

以后每隔 7～10 天喷施 1 000 倍含氨基酸水溶肥、1 500 倍生物活性钾水溶肥 2 次。

(2) 烟草母苗床与塑料托盘两段育苗施肥技术

① 母苗床基肥。根据肥源，有机肥分别选取任一即可：每平方米施生物有机肥 8～10 千克；腐熟的猪粪 60 千克；饼肥或干鸡粪 20 千克。在有机肥基础上，再根据情况，选取任一配施肥料：有机型烟草专用肥 4～5 千克；45%腐殖酸型含促生真菌生态复混肥 2～3 千克；40%腐殖酸型高效缓释肥 3～4 千克。

② 4 片真叶后。淋施 0.3%的腐殖酸型烟草专用肥，施后用清水冲洗干净附在叶面上的肥液。同时，叶面喷施 1 500 倍的活力硼水溶肥和 1 500 倍的活力钙水溶肥一次。

③ 塑料托盘基质用肥。30%干燥猪粪或牛粪、30%锯木屑、39.5%火烧土、6.5%腐殖酸型烟草专用肥。

④ 移栽前 1～2 天。叶面喷施喷施 1 000 倍含氨基酸水溶肥、1 500 倍生物活性钾水溶肥一次。

(3) 烟草漂浮育苗施肥技术

① 漂浮育苗营养液配制。应用漂浮育苗专用肥（20－10－20）配制 0.05%的营养液，配好后，每立方米营养液中加入凯普克植物生长活性物质（有效成分：海藻酸 20 克/升、大量营养元素 110 克/升、硼 5 克/升、生长素 10.7 毫克/升、细胞分裂素 0.03 毫克/升）400 毫升、悬浮根得肥 500 毫升，即可加入育苗池。

② 4 片真叶期。施一次烟草漂浮育苗专用肥（20－10－20），一般每立方米加入 1 千克左右。同时，叶面喷施 1 500 倍的活力硼水溶肥和 1 500 倍的活力钙水溶肥一次。

③ 移栽前 1～2 天。叶面喷施 1 000 倍含氨基酸水溶肥、1 500 倍生物活性钾水溶肥一次。

3. 烟草大田高效安全施肥

根据烟草“少时富，老来贫，烟株长成肥退劲”的需肥规律，要做到重施基肥、早施追肥、把握时机根外追肥。

(1) 基肥 移栽前选用下列基肥组合之一，开沟条施或结合整地沟施或穴施土中：每亩施生物有机肥 200～300 千克或无害化处理过优质有机肥 2 000～2 500 千克，40%腐殖酸型烟草专用肥 60～80 千克或 45%腐殖酸型含促生菌生态复混肥 50～60 千克或 40%腐殖酸高效缓释复混肥 50～60 千克或 45%腐殖酸硫酸钾型涂层长效肥 50～60 千克。

(2) 定根肥　在移栽时作口肥施入：每亩用腐殖酸型烟草专用肥 5～10 千克，兑水淋施，以促使提早还苗成活；或每亩可用生物有机肥 50～60 千克，40%腐殖酸高效缓释复混肥 15～20 千克；或每亩可用无害化处理过饼肥 20～30 千克、长效磷酸铵 5～10 千克、硝酸铵 5～10 千克。

(3) 根际追肥　烟草追肥分三次施用。移栽后 7 天每亩淋施腐殖酸型硝酸钾 5～10 千克。移栽后 15 天每亩淋施腐殖酸型硝酸钾 10～12 千克。烟株"团棵后、旺长前"每亩施 40%腐殖酸型烟草专用肥 10～15 千克或 40%腐殖酸高效缓释复混肥 7.5～10 千克，硫酸钾 8～10 千克，同时进行大培土。

(4) 根外追肥　移栽后 10 天，可叶面喷施 500 倍的含腐殖酸水溶肥或含氨基酸水溶肥 2 次，间隔 15 天。烟叶收获前 30 天，可叶面 500 倍腐殖酸水溶肥或含氨基酸水溶肥，1 500 倍的生物活性钾水溶肥。

第五节　茶树高效安全施肥

中国有 4 大茶产区，即西南茶区、华南茶区、江南茶区和江北茶区。西南茶区（云南、贵州、四川及西藏东南部）是中国最古老的茶区；华南茶区（广东、广西、福建、台湾、海南）是中国最适宜茶树生长的地区，福建省是我国著名的乌龙茶产区；江南茶区（浙江、湖南、江西、江苏、安徽等）是中国主要茶产区，以生产绿茶为主；江北茶区（河南、陕西、甘肃、山东等）也以生产绿茶为主。

一、茶树缺素症诊断与补救

茶树缺素症状与补救措施可以参考表 6-25。

表 6-25　茶树缺素诊断与补救措施

营养元素	缺素症状	补救措施
氮	茶树缺氮，首先生长减缓，新梢萌发轮次减少，新叶变小，对夹叶增多；严重时，叶绿素含量显著减少，叶色黄无光泽，叶脉和叶柄慢慢显现棕色，叶质粗硬，叶片提早脱落，开花结实增多，新梢停止生长，最后全株枯萎	用 0.5%～1.0%尿素溶液叶面喷施
磷	茶树缺磷初期，生长缓慢，嫩叶暗红，叶柄和主脉呈红色，老叶暗绿。随着缺磷严重，老叶失去光泽，出现紫红色块状的突起，花果少或没有花果，生育处于停止状态	叶面喷施 1%～2%过磷酸钙浸出液

（续）

营养元素	缺素症状	补救措施
钾	茶树缺钾初期，生长减慢，嫩叶褪绿，变成淡黄色，叶变薄、叶片小，对夹叶增多，节间缩短，叶脉及叶柄出现粉红色。接着老叶叶尖变黄，并慢慢向基部扩大，使叶缘呈焦灼、干枯状，并向上或向下卷曲，下表皮有明显的焦斑。严重时，老叶提早脱落，枝条灰色、枯枝增多	用0.5%～1.0%磷酸二氢钾溶液叶面喷施
钙	茶树缺钙，先表现在幼嫩芽叶上，嫩叶向下卷曲，叶尖呈钩状或匙状，色焦黄，逐渐向叶基发展。中期顶芽开始枯死，叶上出现紫红色斑块，斑块中央为灰褐色，质脆易破裂	发现缺钙，可用1%～2%过磷酸钙浸出液叶面喷施
镁	茶树缺镁，上部新叶绿色，下部老叶干燥粗糙，上表皮呈灰褐色，无光泽，有黑褐色或铁锈色突起斑块。严重时幼叶失绿，老叶全部变灰白，出现严重的缺绿症，但主脉附近有一“V”形小区保持暗绿色，以黄边围绕	发现缺镁，可用0.2%～0.5%硫酸镁溶液叶面喷施
硼	茶树缺硼，嫩叶革质增厚，表皮粗糙，叶尖叶缘出现花白色病斑，逐渐向主脉和叶基发展，后期叶柄主脉破裂，有环状突起，叶小节短	发现缺硼，及时用0.05%～0.1%硼砂溶液叶面喷施
锰	茶树缺锰，叶脉间形成杂色或黄色的斑块，成熟新叶轻微失绿，叶尖、叶缘和锯齿间出现棕褐色斑点，斑中央有红色坏死点，周围有黄色晕轮，斑块逐渐向主脉和叶基延伸扩大，叶尖叶缘开始向下卷曲，易破裂	发现缺锰，及时用0.05%～0.1%硫酸锰溶液叶面喷施
锌	茶树缺锌，嫩叶出现黄色斑块，叶狭小或萎黄，叶片两边产生不对称卷曲或是镰刀形。新梢发育不良，出现莲座叶丛，植株矮小，茎节短	可用0.5%EDTA锌溶液叶面喷施
钼	茶树缺钼，顶芽和新叶出现淡而规则的黄棕色花斑，病斑中央有锈色圆点，小而密集，由小变大，由浅变深	发现缺钼，及时用0.02%～0.1%的钼酸铵溶液叶面喷施
铜	茶树缺铜，成熟新叶上出现形状规则、大小不等的玫瑰色小圆点，中央白色。后期病叶严重失绿，病斑扩大	发现缺铜，及时用0.1%～0.2%硫酸铜溶液叶面喷施

（续）

营养元素	缺素症状	补救措施
铁	茶树缺铁，初期表现为顶芽淡黄，嫩叶花白而叶脉仍为绿色，形成网眼黄化。再后叶脉失绿，顶端芽叶全变黄，甚至白色，下部老叶仍呈绿色	发现缺铁，及时用0.1%～0.2%硫酸亚铁溶液叶面喷施

二、茶树高效安全施肥技术

借鉴2011—2017年农业部茶树科学施肥指导意见和相关测土配方施肥技术研究资料，提出推荐施肥方法，供农民朋友参考。

1. 茶树建园科学施肥

建园底肥一般以有机肥和磷肥为主，每亩施厩肥或堆肥等有机肥10吨及磷肥25～40千克。底肥数量较少时要集中施在播种沟里；底肥数量较多时要全面分层施用，即先将熟土移开、生土不动，开沟约50厘米；沟底再松土15～20厘米，按层将肥与土混合先施底层再施第二层，最后放回熟土。

2. 生产茶园科学施肥

（1）施肥原则　针对茶园有机肥料投入量不足，土壤贫瘠及保水保肥能力差，部分茶园氮肥用量偏高、磷钾肥比例不足，中微量元素镁、硫、硼等缺乏时有发生，华南及其他茶区部分茶园过量施氮肥导致土壤酸化现象比较普遍等问题，提出以下施肥原则：增施有机肥，有机无机配合施用，制定合理施肥时间和施肥量，适量深施（15厘米或以下）；依据土壤肥力条件和产量水平，适当调减氮肥用量，加强磷、钾、镁肥的配合施用，注意硫、硼等养分的补充；出现严重土壤酸化的茶园（土壤 $pH<4$）可通过施用白云石粉、生石灰等进行改良；与绿色增产增效栽培技术相结合。

（2）施肥建议　推荐18-8-12-2（$N-P_2O_5-K_2O-MgO$）或相近配方。每年基肥施用时期施用，配方肥推荐用量50千克/亩，根据不同生产茶类和采摘量补充适量的氮肥，分次追施。其中绿茶茶园每亩补充氮肥（N）6～9千克/亩，乌龙茶茶园每亩补充氮肥（N）9～10千克/亩，红茶茶园每亩补充氮肥（N）5～6千克/亩。缺镁、锌、硼茶园，土壤施用镁肥（MgO）2～3千克/亩、硫酸锌（$ZnSO_4 \cdot 7H_2O$）0.7～1千克/亩、硼砂（$Na_2B_4O_7 \cdot 10H_2O$）1千克/亩；缺硫茶园，选择含硫肥料如硫酸铵、硫酸钾、过磷酸钙等。

（3）全年肥料运筹　原则上有机肥、磷、钾和镁等以秋冬季基肥为主，氮肥分次施用。其中，基肥施入全部的有机肥、磷、钾、镁、微量元素肥料和占全年用量30%～40%的氮肥，施肥适宜时期在茶季结束后的9月底到10月底之间，基肥结合深耕施用，施用深度在20厘米左右。追肥一般以氮肥为主，追肥时期依据茶树生长和采茶状况来确定，催芽肥在采春茶前30天左右施入，占全年用量的30%～40%；夏茶追肥在春茶结束、夏茶开始生长之前进行，一般在5月中下旬，用量为全年的20%左右；秋茶追肥在夏茶结束之后进行，一般在7月中下旬施用，用量为全年的20%左右。

对于只采春茶、不采夏秋茶的茶园，氮肥用量酌量减少，可按上述施肥用量的低端确定，同时适当调整全年肥料运筹，在春茶结束，深（重）修剪之前追施全年用量20%的氮肥，当年7月下旬再追施一次氮肥，用量为全年的20%左右。

三、无公害茶树测土配方施肥技术

1. 茶树测土施肥配方

茶园施肥配方一般是按照茶叶采收后所带走的氮、磷、钾数量，同时考虑肥料施入茶园后的自然挥发损失与雨水的淋溶流失情况而确定的。根据茶园生产水平高低，先确定施氮量，然后再依据土壤有效磷、速效钾来确定磷、钾肥用量。

（1）氮肥施用量 一般根据茶园肥力水平，进行确定。幼龄茶园年用量如下：1～2年生，每亩施纯氮2.5～5千克；3～4年生，每亩施纯氮5～6.5千克；5～6年生，每亩施纯氮6.5～10千克。生产茶园亩产干茶在200千克以下的低产茶园，每采收100千克干茶，年施纯氮10千克；亩产干茶在200～250千克的中产茶园，每采收100千克干茶，年施纯氮12.5千克；亩产干茶在250～300千克的高产茶园，每采收100千克干茶，年施纯氮15千克。氮肥的1/3作基肥，2/3作追肥。

（2）磷、钾肥施用量 主要根据不同茶类的茶树各生育阶段的需肥规律，兼顾土壤有效磷、速效钾来确定磷、钾肥用量。幼龄茶园施肥应氮、磷、钾并重，年用量如下：1～2年生，氮、磷、钾三要素用量比例为1∶1∶1；3～4年生，三要素用量比例为2∶1.5∶1.5；5～6年生，三要素用量比例为2∶1∶1。生产茶园每亩干茶产量在200千克以下茶园，三要素用量比例为2∶1∶1；200千克以上茶园，三要素用量比例为4∶1∶（1～1.5）。生产绿茶时三要素用量比例为4∶1∶1；生产红茶时要增加磷、钾肥用量，三要素用量比例为3∶1.5∶1。

（3）其他肥料 缺镁、锌、硼茶园，土壤施用镁肥（MgO）2～3千克/亩、硫酸锌（$ZnSO_4 \cdot 7H_2O$）0.7～1千克/亩、硼砂（$Na_2B_4O_7 \cdot 10H_2O$）1千克/亩。缺硫茶园，选择含硫肥料如硫酸铵、硫酸钾、过磷酸钙等。

2. 种植茶苗无公害施肥技术

（1）常规茶园茶苗无公害施肥技术　建园建好后，种植茶苗前，施肥主要以保护生态环境为主，肥料选用以有机肥料为主，配施生物肥料、磷肥等，一般作底肥施用。每亩底施生物有机肥 100～150 千克或无害化处理过的厩肥（或堆肥）1 000～1 500 千克，30%有机型茶树专用肥 40～50 千克或 30%腐殖酸型硫基高效缓释肥 40～50 千克或 40%腐殖酸硫基涂层长效肥 30～40 千克。

种茶时的基肥不宜深施。如果是扦插苗，一般沟深 30～35 厘米，沟宽 20～30 厘米，沟底土壤适当疏松，施入基肥与土壤拌匀后盖土，然后再扦插茶苗；如果是种子直播，施肥沟可适当浅些，沟深 15～20 厘米，沟宽 20～30 厘米，沟底土壤适当疏松，施入基肥与土壤拌匀后盖土，然后再播种。种子直播时基肥也可穴施，穴深 15～20 厘米，直径 20～30 厘米。

（2）密植茶园茶苗无公害施肥技术　要适当增加肥料施用量，每亩可底施生物有机肥 150～200 千克或无害化处理过的厩肥（或堆肥）1 500～2 000 千克，30%有机型茶树专用肥 50～60 千克或 30%腐殖酸型硫基高效缓释肥 50～60 千克或 40%腐殖酸硫基涂层长效肥 40～50 千克。

（3）茶苗根外追肥　移栽后 15～20 天，可叶面喷施 500 倍的含腐殖酸水溶肥或含氨基酸水溶肥。夏季茶叶生长盛期，可叶面喷施 500 倍的含腐殖酸水溶肥或含氨基酸水溶肥。入秋后，可叶面喷施 500 倍的高活性有机酸水溶肥。

3. 2～3 年生幼龄茶树无公害施肥技术

（1）秋冬基肥　秋冬基肥应以有机肥料为主，适当配施化学肥料、生物肥料等。秋冬季基肥应在茶树地上部分生长即将停止时立即施用，宜早不宜迟。不同地区茶园基肥施用时间不同，北部茶区如山东等地及高山气温较低茶园，生长期短，基肥要在白露前后施用，最迟不能延到 9 月下旬；长江中下游茶区在 9 月底至 10 月底，最迟不能推迟到 11 月下旬；广东、广西、福建等南部茶区则在 11 月下旬至 12 上旬；海南茶区及云南热带地区茶树基肥可在 12 月中下旬施用。

2～3 年生幼龄茶树，可在离茶苗根茎 10～15 厘米处开沟，沟深 15～20 厘米、沟宽 15 厘米，将沟底土壤疏松后施入基肥，覆土后轻轻将土踩实并耙平。每亩茶园底施生物有机肥 100～150 千克或无害化处理过的厩肥（或堆肥）1 000～1 500 千克，30%有机型茶树专用肥 30～40 千克或 30%腐殖酸型硫基高效缓释肥 30～40 千克或 35%腐殖酸型含促生真菌生态复混肥 25～30 千克。

（2）春茶追肥　春茶第一次追肥，即“催芽肥”。施用时期一般根据茶树生育的物候期来确定当茶芽伸长到鱼叶初展期施肥的效果最好。长江以北茶区在 4 月中下旬，长江中下游茶区在 2 月中下旬至 3 月上中旬，华南茶区在 2 月上中旬，云南热带及海南茶区更早，即在茶园正式开采前15～20天施下效果最好。

春茶追肥一般采用条施或穴施，每亩可追施30%腐殖酸型硫基高效缓释肥20～25千克或30%氨基酸型茶树专用肥25～30千克或40%腐殖酸硫基涂层长效肥（15-5-20）20～25千克，也可每亩追施增效尿素12～15千克、长效磷酸铵10～12千克、硫酸钾8～10千克。

（3）夏秋茶追肥 在春茶结束后夏茶大量萌发前进行第二次追肥，以促进夏茶的萌发；夏茶结束后进行第三次追肥。在气温高、雨水充沛、无霜期长、茶芽轮次多的茶区和高产茶园要进行第四次甚至多次追肥。

夏秋茶追肥一般采用条施或穴施，每次每亩可追施30%氨基酸型茶树专用肥30～35千克或30%腐殖酸型硫基高效缓释肥（18-8-4）25～30千克或40%腐殖酸硫基涂层长效肥（15-5-20）20～25千克；也可每亩追施增效尿素10～12千克、长效磷酸铵8～10千克、硫酸钾8～10千克。

（4）茶园根外追肥 茶树叶面追肥应选择适宜时期，一般长江中下游茶区以夏、秋茶叶面喷施效果较好；长江以北茶区则以早春叶面喷施效果较好。采春茶前15～20天，可叶面喷施500倍的含腐殖酸水溶肥或含氨基酸水溶肥。春茶采摘后，可叶面喷施500倍的高活性有机酸水溶肥2次，间隔期20天。秋茶下树后，可叶面喷施500倍的含腐殖酸水溶肥或含氨基酸水溶肥。

4. 4～5年生幼龄茶树无公害施肥技术

（1）秋冬基肥 施用时期参考2～3年生幼龄茶树。施肥方法为可在离茶苗根茎30～40厘米处开沟，沟深20～25厘米、沟宽20厘米，将沟底土壤疏松后施入基肥，覆土后轻轻将土踩实并耙平。每亩茶园可底施生物有机肥150～200千克或无害化处理过的厩肥（或堆肥）1 500～2 000千克，30%有机型茶树专用肥35～45千克或30%腐殖酸型硫基高效缓释肥35～45千克或35%腐殖酸型含促生真菌生态复混肥30～35千克。

（2）春茶追肥 春茶第一次追肥，即“催芽肥”。施用时期一般根据茶树生育的物候期来确定当茶芽伸长到鱼叶初展期施肥的效果最好。长江以北茶区在4月中下旬，长江中下游茶区在2月中下旬至3月上中旬，华南茶区在2月上中旬，云南热带及海南茶区更早，即在茶园正式开采前15～20天施下效果最好。

春茶追肥一般采用条施或穴施，每亩可追施30%腐殖酸型硫基高效缓释肥30～40千克或40%腐殖酸硫基涂层长效肥（15-5-20）25～30千克，也可每亩追施增效尿素15～20千克、长效磷酸铵10～15千克、硫酸钾10千克。

（3）夏秋茶追肥 在春茶结束后夏茶大量萌发前进行第二次追肥，以促进夏茶的萌发；夏茶结束后进行第三次追肥。在气温高、雨水充沛、无霜期长、茶芽轮次多的茶区和高产茶园要进行第四次甚至多次追肥。

夏秋茶追肥一般采用条施或穴施，每次每亩可追施30%有机型茶树专用肥30～40千克或30%腐殖酸型硫基高效缓释肥25～30千克或40%腐殖酸硫基涂层长效肥25～30千克；也可每亩追施增效尿素10～15千克、长效磷酸铵10～12千克、硫酸钾10千克。

(4) 茶园根外追肥　茶树叶面追肥应选择适宜时期，一般长江中下游茶区以夏、秋茶叶面喷施效果较好；长江以北茶区则以早春叶面喷施效果较好。采春茶前15～20天，可叶面喷施500倍的含腐殖酸水溶肥或含氨基酸水溶肥。春茶采摘后，可叶面喷施500倍的高活性有机酸水溶肥2次，间隔期20天。秋茶下树后，可叶面喷施500倍的含腐殖酸水溶肥或含氨基酸水溶肥。

5. 成龄茶树无公害施肥技术

(1) 秋冬基肥　施用时期参考2～3年生幼龄茶树。施肥方法为对于成龄茶园，树冠基本形成，可沿树冠边缘垂直下方开沟，沟深25～30厘米、沟宽30厘米，将沟底土壤疏松后施入基肥，覆土后轻轻将土踩实并耙平。每亩茶园可底施生物有机肥200～300千克或无害化处理过的厩肥（或堆肥）2 000～3 000千克，30%有机型茶树专用肥40～50千克或30%腐殖酸型硫基高效缓释肥40～50千克或35%腐殖酸型含促生真菌生态复混肥35～40千克。

(2) 春茶追肥　春茶第一次追肥，即“催芽肥”。施用时期一般根据茶树生育的物候期来确定当茶芽伸长到鱼叶初展期施肥的效果最好。长江以北茶区在4月中下旬，长江中下游茶区在2月中下旬至3月上中旬，华南茶区2月上中旬，云南热带及海南茶区更早，即在茶园正式开采前15～20天施下效果最好。

春茶追肥一般采用条施或穴施，每亩可追施30%腐殖酸型硫基高效缓释肥40～45千克或40%腐殖酸硫基涂层长效肥（15-5-20）40～45千克，也可每亩追施增效尿素15～20千克、长效磷酸铵15～20千克、硫酸钾15～20千克。

(3) 夏秋茶追肥　在春茶结束后夏茶大量萌发前进行第二次追肥，以促进夏茶的萌发；夏茶结束后进行第三次追肥。在气温高、雨水充沛、无霜期长、茶芽轮次多的茶区和高产茶园要进行第四次甚至多次追肥。

夏秋茶追肥一般采用条施或穴施，每次每亩可追施30%有机型茶树专用肥35～45千克或30%腐殖酸型硫基高效缓释肥30～40千克或40%腐殖酸硫基涂层长效肥（15-5-20）30～35千克，也可每亩追施增效尿素12～15千克、长效磷酸铵15～20千克、硫酸钾15～20千克。

(4) 茶园根外追肥 茶树叶面追肥应选择适宜时期，一般长江中下游茶区以夏、秋茶叶面喷施效果较好；长江以北茶区则以早春叶面喷施效果较好。采春茶前15～20天，可叶面喷施500倍的含腐殖酸水溶肥或含氨基酸水溶肥。春茶采摘后，可叶面喷施500倍的高活性有机酸水溶肥2次，间隔期20天。秋茶下树后，可叶面喷施500倍的含腐殖酸水溶肥或含氨基酸水溶肥。

第六节 甘蔗高效安全施肥

甘蔗，多年生高大实心草本，根状茎粗壮发达。我国台湾、福建、广东、海南、广西、四川、云南等南方热带地区广泛种植。

一、甘蔗缺素症诊断与补救

甘蔗缺素症状与补救措施可以参考表6-26。

表6-26 甘蔗缺素诊断与补救措施

营养元素	缺素症状	补救措施
氮	缺氮植株瘦弱，茎呈浅红色，叶尖和边缘干枯，老叶淡红紫色	用0.5%～1.0%尿素溶液叶面喷施
磷	缺磷茎秆瘦弱，节间短，新叶较窄，色泽黄绿，老叶尖端呈干枯状	叶面喷施1%～2%过磷酸钙浸出液
钾	缺钾茎秆较短，幼叶浓绿，后渐变为灰黄色。老叶尖端与边缘焦枯，叶面有棕色条纹和白斑，中脉组织有时出现许多红棕色条斑，局部死亡	用0.5～1.0%磷酸二氢钾溶液叶面喷施
硫	缺硫幼叶失绿，呈浅黄绿色，后变为淡柠檬黄色并略带淡紫色，老叶紫色浓，植株根系发育不良	施用硫酸铵或100千克人粪尿中加硫酸亚铁500克，使人粪尿中碳酸铵转化为硫酸铵
镁	缺镁老叶上首先在脉间发现小的缺绿斑，后为棕褐色，均匀分布在叶面，后融合为大块锈斑，以致整个叶片呈锈棕色，茎细瘦	发现缺镁，可用0.2%～0.5%硫酸镁溶液叶面喷施
硼	缺硼幼叶出现小而长的水渍状斑点，方向与叶脉平行，后成条状，叶背面还常现一些瘤状突起体。后期叶片病痕中部呈深红色，叶片锯齿的内缘开裂，茎内出现狭窄的棕色条斑	发现缺硼，及时用0.05%～0.1%硼砂溶液叶面喷施

（续）

营养元素	缺素症状	补救措施
锰	缺锰幼叶先在脉间现浓淡绿相间的条纹，叶片中部比尖端更明显，叶尖初呈浅绿色，后为白色，在白色条纹中同时出现小块枯斑，后联合成长条干枯组织，沿叶片纵断面裂开	发现缺锰，及时用0.05%～0.1%硫酸锰溶液叶面喷施

二、甘蔗高效安全施肥技术

1. 甘蔗测土施肥配方

综合各地研究结果，建议氮、磷、钾肥推荐比例为1∶(0.3～0.5)∶(0.6～1.0)，其中糖蔗每亩氮肥用量为25～40千克，果蔗每亩氮肥用量为35～45千克。也有以中等肥力地块的甘蔗地为基准，按目标产量进行施肥推荐，如表6-27所示。

表6-27 目标产量施肥推荐配方

目标产量（千克/亩）	推荐施肥量（千克/亩）				
	N	P_2O_5	K_2O	Mg	S
5 000～6 000	17～20	6～8	16～18	4～6	3～5
6 000～7 000	20～23	8～9	18～20	5～7	4～6
7 000～8 000	23～28	8～10	30～35	7～8	6～7
8 000～10 000	35～40	18	35～40	8～9	7～8

2. 无公害甘蔗施肥技术

(1) 基肥 甘蔗种植耕地前选用下列基肥组合，将一部分肥料撒施后翻压，留一部分肥料在下种时施于蔗沟中，下种后盖土：亩施生物有机肥100～200千克或无害化处理过优质有机肥1 000～1 500千克，30%有机型甘蔗专用肥40～50千克或30%腐殖酸型含促生菌生态复混肥40～50千克或30%腐殖酸型高效含硅锌缓释肥40～50千克。

(2) 根际追肥 甘蔗视生长情况，采取“三攻一补”的追肥原则，即攻苗肥、攻蘖肥、攻茎肥和补施壮尾肥。在基本齐苗、幼苗3～4叶时，每亩追施30%有机型甘蔗专用肥3～5千克或缓释尿素4～6千克，结合中耕小培土进行穴施、兑水施。甘蔗幼苗长出6～7叶时开始分蘖，结合小培土可每亩施30%腐殖酸型高效含硅锌缓释肥15～20千克或增效尿素8～10千克，兑水穴施。甘蔗进入伸长初期时，结合大培土重施攻茎肥。每亩施30%腐殖酸型高效含硅锌缓释肥35～40千克或增效尿素10～12千克。甘蔗进入成熟期前45～60天，可看苗酌情施壮尾肥，每亩可施30%有机型甘蔗专用肥5～10千克，防止甘蔗脱肥早衰。

(3) 根外追肥 可以根据甘蔗生长情况在分蘖期、伸长初期、成熟后期进行根外追肥。甘蔗幼苗长出6～7叶时，可叶面喷施500倍的含腐殖酸水溶肥或含氨基酸水溶肥。甘蔗进入伸长初期时，第一次可叶面喷施500倍的含腐殖酸水溶肥或含氨基酸水溶肥、1 500倍活力钙水溶肥，第二次可叶面喷施500倍的含腐殖酸水溶肥或含氨基酸水溶肥、500倍的生物活性钾水溶肥，间隔15天。甘蔗进入成熟期后期，可叶面喷施喷施500倍的含腐殖酸水溶肥或含氨基酸水溶肥、500倍的生物活性钾水溶肥2次，间隔15天。

第七章 主要蔬菜高效安全施肥

我国地域广阔，种植的蔬菜种类繁多，南北方差距较大，主要种类有白菜类蔬菜、甘蓝类蔬菜、绿叶类蔬菜、茄果类蔬菜、瓜类蔬菜、豆类蔬菜、根菜类蔬菜、薯芋类蔬菜、葱蒜类蔬菜、多年生蔬菜、水生蔬菜等大类。采用科学施肥技术，是我国蔬菜生产的重要措施之一。随着现代农业的发展，无公害、绿色、有机农产品需求越来越多，蔬菜施肥也应进入注重施肥安全的时期。

第一节　白菜类和甘蓝类蔬菜高效安全施肥

白菜类蔬菜包括大白菜（包心白菜）、小白菜（不结球白菜）、紫菜薹、菜心等几个亚种及变种。甘蓝类蔬菜包括结球甘蓝、羽衣甘蓝和花椰菜等。

一、大白菜高效安全施肥

大白菜在我国南北各地均有栽培。白菜种类很多，主要的大白菜有山东胶州大白菜、北京青白、天津绿、东北大矮白菜、山西阳城的大毛边等。

1. 大白菜缺素症诊断与补救

大白菜缺素症状与补救措施可以参考表 7－1。

表 7－1　大白菜常见缺素症及补救措施

营养元素	缺素症状	补救措施
氮	早期植株矮小，叶片小而薄，叶色发黄，茎部细长，生长缓慢；中后期叶球不充实，包心期延迟，叶片纤维增加，品质下降	叶面喷施 0.5%～1%尿素溶液 2～3 次
磷	生长不旺盛，植株矮小。叶小，呈暗绿色。茎细，根部发育细弱	叶面喷施 0.2%的磷酸二氢钾溶液 3 次
钾	初期下部叶缘出现黄白色斑点，迅速扩大成枯斑，叶缘呈干枯卷缩状。结球期发生结球困难或疏松	叶面喷施 0.2%的磷酸二氢钾溶液 3 次

（续）

营养元素	缺素症状	补救措施
钙	发生缘腐病，内叶边缘呈水浸状，至褐色坏死，干燥时似豆腐皮状，内部顶烧死，俗称“干烧心”，又称心腐病	在莲坐期到结球期，隔 7～10 天叶面喷施 0.4%～0.7%的硝酸钙溶液，共 3 次
镁	外叶的叶脉由淡绿色变成黄色	叶面喷施 0.3%～0.5%硫酸镁溶液 2～3 次
铁	心叶先出现症状，脉间失绿呈淡绿色至黄白色，严重缺铁时，叶脉也会黄化	叶面喷施 0.2%～0.5%硫酸亚铁水溶液 3～4 次
锌	叶呈丛生状，到收获期不包心	叶面喷施 0.2%～0.3%硫酸锌或螯合锌溶液 2～3 次
硼	开始结球时，心叶多皱褶，外部第 5～7 片幼叶的叶柄内侧生出横的裂伤，维管束呈褐色，随之外叶及球叶叶柄内侧也生裂痕，并在外叶叶柄的中肋内、外侧发生群聚褐色污斑，球叶中肋内侧表皮下发生黑点，呈木栓化、株矮，叶严重萎缩、粗糙，结球小、坚硬	在大白菜生长期间发生缺硼症，可配成 0.1%～0.2%的硼砂水溶液进行根际浇施，或用 0.2%～0.3%硼砂水溶液进行叶面喷施 2～3 次
锰	新叶的叶脉间变成淡绿色乃至白色	叶面喷施 0.05%～0.1%的硫酸锰溶液 2～3 次
铜	新叶的叶尖边缘变成淡绿色至黄色，生长不良	叶面喷施 0.02%～0.04%硫酸铜溶液 2～3 次

2. 大白菜高效安全施肥技术

借鉴 2011—2017 年农业部大白菜科学施肥指导意见和相关测土配方施肥技术研究资料，提出推荐施肥方法，供农民朋友参考。

(1) 施肥原则 针对大白菜生产中盲目偏施氮肥，一次施肥量过大，氮、磷、钾配比不合理，盲目施用高磷复合肥料，部分地区有机肥施用量不足，蔬菜地土壤酸化严重等问题，提出以下施肥原则：依据土壤肥力条件和目标产量，优化氮、磷、钾肥用量；以基肥为主，基肥追肥相结合。追肥以氮、钾肥为主，适当补充微量元素。莲座期之后加强追肥管理，包心前期需要增加一次追肥，采收前两周不宜追氮肥；北方石灰性土壤有效硼、南方酸度大的土壤有效钼等微量元素含量较低，应注意微量元素的补充；土壤酸化严重时应适量施用石灰等酸性土壤调理剂；忌用没有充分腐熟的有机肥，提倡施用商品有机肥及腐熟的农家肥，培肥地力。

（2）施肥建议　产量水平 4 500～6 000 千克/亩，施有机肥 4 米^3/亩、氮肥（N）10～13 千克/亩、磷肥（P_2O_5）4～6 千克/亩、钾肥（K_2O）13～17 千克/亩；产量水平 3 500～4 500 千克/亩，施有机肥 3～4 米^3/亩、氮肥（N）8～10 千克/亩、磷肥（P_2O_5）3～4 千克/亩、钾肥（K_2O）10～13 千克/亩。

对于容易出现微量元素硼缺乏或往年已表现有缺硼症状的地块，可于播种前每亩基施硼砂 1 千克，或于生长中后期用 0.1%～0.5%的硼砂或硼酸水溶液进行叶面喷施，每隔 5～6 天喷一次，连喷 2～3 次；大白菜为喜钙作物，除了基施含钙肥料（过磷酸钙）以外，也可采取叶面补充的方法，喷施 0.3%～0.5%的氯化钙或硝酸钙。南方菜地土壤 pH<5 时，每亩需要施用生石灰 100～150 千克，可降低土壤酸度和补充钙素。

全部有机肥和磷肥以条施或穴施方式作底肥，氮肥 30%作基肥，70%分别于莲座期和结球前期结合灌溉分两次作追肥施用。注意在包心前期追施钾肥，用量占总施钾量的 50%左右。

3. 无公害大白菜测土配方施肥

（1）大白菜测土施肥配方　刘庆花等（2009）针对大白菜主产区施肥现状，提出在保证有机肥施用的基础上，氮肥推荐采用总量控制、分期调控技术，磷、钾肥推荐采取恒量监控技术，中微量元素采用因缺补缺。在播种大白菜之前，根据土壤肥沃程度每亩施有机肥 1 000～3 000 千克。

① 氮肥推荐。氮肥推荐根据土壤硝态氮含量结合目标产含量进行确定。

在大白菜定植前测定 0～30 厘米土壤硝态氮含量，并结合测定值与大白菜的目标产量来确定氮肥基肥推荐数量（表 7－2）。如果有机肥施用量较大，可相应减少 2 千克/亩氮的推荐量。如果无法测定土壤硝态氮含量，可结合肥力的高低来推荐。

表 7－2　大白菜氮肥（N）基肥推荐用量（千克/亩）

土壤硝态氮（毫克/千克）		目标产量（千克/亩）				
		<5 000	5 000～6 500	6 500～8 000	8 000～10 000	>10 000
<30	极低	6	6	6	6	6
30～60	低	4～6	4～6	4～6	4～6	4～6
60～90	中	2～4	2～4	2～4	2～4	2～4
90～120	高	0～2	0～2	0～2	0～2	0～2
>120	极高	0	0	0	0	0

在大白菜莲座期测定 0～60 厘米土壤硝态氮含量，并结合测定值与大白菜的目标产量来确定氮肥追肥推荐数量（表 7－3）。如果无法测定土壤硝态氮含

量，可结合肥力的高低来推荐。所推荐氮肥应该分 2～3 次施用，每次追肥不超过 6.7 千克/亩。

表 7-3　大白菜氮肥（N）追肥推荐用量（千克/亩）

土壤硝态氮（毫克/千克）		目标产量（千克/亩）				
		<5 000	5 000～6 500	6 500～8 000	8 000～10 000	>10 000
<30	极低	14	16	18	20	20
30～60	低	12～14	14～16	16～18	18～20	18～20
60～90	中	10～12	12～14	14～16	16～18	16～18
90～120	高	8～10	10～12	12～14	14～16	14～16
>120	极高	8	10	12	14	14

② 磷肥推荐。磷肥推荐主要考虑土壤磷素供应水平及目标产量（表 7-4）。磷肥的分配一般作基肥施用，在大白菜定植前开沟条施。在施用禽粪类有机肥时可减少 10%～20%的磷肥推荐用量；另外，如果磷肥穴施或者条施，也可减少 10%～20%的磷肥推荐用量。

表 7-4　大白菜磷肥（P_2O_5）推荐用量（千克/亩）

土壤有效磷（毫克/千克）		目标产量（千克/亩）				
		<5 000	5 000～6 500	6 500～8 000	8 000～10 000	>10 000
<20	极低	6.7	8	10	10.7	11.3
20～40	低	5	6	7.3	8	8.7
40～60	中	3.3	4	5	5.7	6
60～90	高	1.7	2	2.3	2.7	3.3
>90	极高	0	0	0	1.3	1.3

③ 钾肥推荐。钾肥推荐主要考虑土壤钾素供应水平及目标产量（表 7-5）。钾肥的分配原则：30%作基肥施用，其余按比例在莲座期和结球初期分两次施用。如果有机肥施用量较大，可相应减少 10%～20%的钾肥推荐用量。

表 7-5　大白菜钾肥（K_2O）推荐用量（千克/亩）

土壤速效钾（毫克/千克）		目标产量（千克/亩）				
		<5 000	5 000～6 500	6 500～8 000	8 000～10 000	>10 000
<80	极低	21.3	24	26.7	29.3	32
80～120	低	20	20	24	26.7	30
120～160	中	18.7	18.7	20	24	26.7
160～200	高	16	16	18.7	20	20
>200	极高	16	16	16	18.7	20

④ 中微量元素肥料推荐。大白菜生产中除了重视氮、磷、钾肥外，还应适当补充中微量元素肥料（表 7-6）。

表 7-6　大白菜中微量元素丰缺指标及对应用肥量（千克/亩）

元素	提取方法	临界指标（毫克/千克）	施用量
Ca	EDTA 络合滴定	56	石灰性土壤在开始进入结球期时喷施 0.3%～0.5%氯化钙溶液；酸性土壤施石灰 8.3 千克/亩
Zn	DTPA 浸提	0.5	土壤施硫酸锌 0.5 千克/亩
B	沸水	0.5	基施硼砂 0.5～1 千克/亩

（2）无公害大白菜施肥技术　这里以秋季露地栽培为例。

① 重施基肥。前茬腾地后，及时清除残株杂草，并深耕伏晒，施足基肥。基肥施用方法可以采用撒施、穴施和条施。每亩施生物有机肥 150～200 千克或无害化处理过的有机肥 2 500～4 000 千克，35%大白菜有机型专用肥 50～60 千克或 30%腐殖酸高效缓释肥 70～90 千克或 45%硫基长效缓释复混肥（23-12-10）40～50 千克或腐殖酸型过磷酸钙 40～50 千克。

② 根际追肥。适施莲座肥一般应在田间有少数植株开始团棵时施入。直播白菜施肥应在植株边沿开 8～10 厘米的小沟内施入肥料并盖严土；移栽的白菜则将肥料施入沟穴中，与土壤拌匀。每亩施 35%大白菜有机型专用肥 15～20 千克或 40%腐殖酸涂层高效缓释肥 10～15 千克或大白菜专用冲施肥 10～15 千克或腐殖酸包裹尿素 7～10 千克＋缓释磷酸二铵 5～10 千克＋大粒钾肥 7～10 千克。

重施结球肥，主要在结球初期和中期分两次施入。以在行间开 8～10 厘米深沟条施为宜。结球初期可在包心前 5～6 天施用结球初期肥，每亩施 35%大白菜有机型专用肥 20～25 千克或 40%腐殖酸涂层高效缓释肥 15～20 千克或大白菜专用冲施肥 15～20 千克。结球中期根据当地肥源情况，每亩施 35%大白菜有机型专用肥 15～20 千克或 40%腐殖酸涂层高效缓释肥 10～12 千克或大白菜专用冲施肥 10～12 千克。

③ 根外追肥。进入莲座期，叶面喷施 500～600 倍含氨基酸或腐殖酸水溶肥、1 500 倍活力硼混合溶液一次。结球初期，叶面喷施 800～1 000 倍氨基酸螯合微量元素水溶肥溶液一次。结球中期，若发现因缺钙造成干烧心，叶面喷施 500～600 倍含氨基酸或腐殖酸水溶肥、1 500 倍活力钙混合溶液一次。

二、结球甘蓝高效安全施肥

结球甘蓝，别名卷心菜、洋白菜、高丽菜、椰菜、包包菜（四川地区）、圆菜（内蒙古）等，为十字花科芸薹属的一年生或两年生草本植物。结球甘蓝我国重要蔬菜之一。

1. 结球甘蓝缺素症诊断与补救

结球甘蓝缺素症状与补救措施可以参考表7-7。

表7-7　结球甘蓝常见缺素症及补救措施

营养元素	缺素症状	补救措施
氮	生长缓慢，叶色褪淡呈灰绿色，无光泽，叶形狭小挺直，结球不紧或难以包心	叶面喷施0.5%～1.0%的尿素加蔗糖溶液直至症状消失为止
磷	叶背、叶脉紫红色，叶面暗绿色，叶缘枯死，结球小而易裂或不能结球	叶面喷施0.2%的磷酸二氢钾溶液3次
钾	叶球内叶减少，包心不紧，球小而松，严重时不能包心，叶片边缘发黄或发生黄白色斑，植株生长明显变差	叶面喷施0.2%的磷酸二氢钾溶液3次
钙	内叶边缘连同新叶一起变干枯，严重时结球初期未结球的叶片叶缘皱缩褐腐，结球期缺钙发生心腐	在莲坐期到结球期，隔7～10天叶面喷施一次0.4%～0.7%的硝酸钙溶液施，共3次
镁	外叶叶片的叶脉间由淡绿色或红紫色	叶面喷施0.3%～0.5%硫酸镁溶液2～3次
铁	幼叶叶脉间失绿呈淡黄色至黄白色，细小的网状叶脉仍保持绿色，严重缺铁时叶脉会黄化	叶面喷施0.2%～0.5%的硫酸亚铁水溶液3次
锌	生长变差，叶柄及叶片呈紫色	叶面喷施0.2%～0.3%硫酸锌或螯合锌溶液2～3次
硼	中心叶畸形，外叶向外卷，叶脉间变黄。茎叶发硬，叶柄外侧发生横向裂纹	用0.2%～0.3%硼砂水溶液进行叶面喷施或用1 500倍的20%进口速乐硼喷施2～3次
锰	新叶叶片变成淡绿色乃至黄色	叶面喷施0.05%～0.1%的硫酸锰溶液2～3次
铜	叶色淡绿，生长差，叶易萎蔫	叶面喷施0.02%～0.04%硫酸铜溶液2～3次
钼	生长不良，植株矮小，叶片上的主要表现为叶片畸变，叶肉严重退化缺失	叶面喷施0.05%～0.1%的钼酸铵溶液1～3次

2. 结球甘蓝高效安全施肥技术

借鉴 2011—2017 年农业部结球甘蓝科学施肥指导意见和相关测土配方施肥技术研究资料，提出推荐施肥方法，供农民朋友参考。

(1) 施肥原则 针对露地甘蓝生产中不同田块有机肥施用量差异较大，盲目偏施氮肥现象严重，钾肥施用量不足，“重大量元素，轻中量元素”现象普遍，施用时期和方式不合理，过量灌溉造成水肥浪费普遍等问题，提出以下施肥原则：合理施用有机肥，有机肥与化肥配合施用，氮、磷、钾肥的施用应遵循控氮、稳磷、增钾的原则；肥料施用宜基肥和追肥相结合；追肥以氮、钾肥为主；注意在莲座期至结球后期适当喷施钙、硼等中微量元素，防止“干烧心”等生理性病害的发生；土壤酸化严重时应适量施用石灰等酸性土壤调理剂；与高产栽培技术，特别是节水灌溉技术结合，以充分发挥水肥耦合效应，提高肥料利用率。

(2) 施肥建议 基肥一次施用优质农家肥 4 米^3/亩。产量水平 5 500 千克/亩以上，施用氮肥（N）12～14 千克/亩、磷肥（P_2O_5）5～8 千克/亩、钾肥（K_2O）12～14 千克/亩；产量水平 4 500～5 500 千克/亩，施用氮肥（N）10～12 千克/亩、磷肥（P_2O_5）4～5 千克/亩、钾肥（K_2O）10～12 千克/亩；产量水平低于 4 500 千克/亩，施用氮肥（N）8～10 千克/亩、磷肥（P_2O_5）3～4 千克/亩、钾肥（K_2O）8～10 千克/亩。

对往年“干烧心”发生较严重的地块，注意控氮补钙，可于莲座期至结球后期叶面喷施 0.3%～0.5%的氯化钙溶液或硝酸钙溶液 2～3 次；南方地区菜园土壤 pH<5 时，宜在整地前每亩施用生石灰 100～150 千克；土壤 pH<4.5 时，每亩需施用生石灰 150～200 千克。对于缺硼的地块，可基施硼砂 0.5～1 千克/亩，或叶面喷施 0.2%～0.3%的硼砂溶液 2～3 次。同时，可结合喷药喷施 2～3 次 0.5%的磷酸二氢钾，以提高甘蓝的净菜率和商品率。

氮、钾肥 30%～40%基施，60%～70%在莲座期和结球初期分两次追施，注意在结球初期增施钾肥，磷肥全部作基肥条施或穴施。

3. 无公害结球甘蓝测土配方施肥

(1) 无公害结球甘蓝测土施肥配方 根据测定土壤碱解氮、有效磷、速效钾等有效养分含量确定结球甘蓝地土壤肥力分级（表 7 - 8），然后根据不同肥力水平推荐施肥量如表 7 - 9。有机肥、磷肥全部作基肥，氮肥和钾肥作基肥和追肥施用。

(2) 春季地膜覆盖栽培无公害结球甘蓝施肥技术 春季地膜覆盖栽培结球甘蓝，早熟和中熟品种一般在 3 月中旬定植，中晚熟品种一般在 4 月上中旬定植。由于早春气温较低，故多采取地膜覆盖栽培。

表 7-8　结球甘蓝地土壤肥力分级

肥力水平	碱解氮（毫克/千克）	有效磷（毫克/千克）	速效钾（毫克/千克）
低	＜100	＜50	＜120
中	100～140	50～100	120～160
高	＞140	＞100	＞160

表 7-9　不同肥力水平结球甘蓝推荐施肥量（千克/亩）

肥力等级	施肥量		
	N	P_2O_5	K_2O
低肥力	17～20	7～8	10～13
中肥力	15～18	6～7	8～11
高肥力	13～16	5～6	7～9

① 基肥。基肥施用方法可以采用撒施和条施，每亩施生物有机肥 200～300 千克或无害化处理过的有机肥 3 000～5 000 千克，35%结球甘蓝有机型专用肥 40～50 千克或腐殖酸型过磷酸钙 30～40 千克＋30%腐殖酸含促生菌生物复混肥 40～50 千克或 45%腐殖酸高效缓释肥 30～40 千克或 45%腐殖酸高效缓释复混肥 30～40 千克或腐殖酸包裹尿素 12～15 千克＋腐殖酸型过磷酸钙 40～50 千克＋大粒钾肥 10～15 千克。缺硼、缺镁土壤一般每亩施硼砂 1.0～1.5 千克、硫酸镁 10～15 千克。

② 根际追肥。主要在莲座期、结球期追施。莲座期可结合浇水进行追肥，每亩施 35%结球甘蓝有机型专用肥 15～20 千克或 40%腐殖酸涂高效缓释肥 10～15 千克或 50%结球甘蓝专用冲施肥 10～15 千克或 45%腐殖酸高效缓释复混肥 8～10 千克或腐殖酸包裹尿素 10～15 千克＋大粒钾肥 9～12 千克。结球肥主要在结球初期可结合浇水进行追肥，每亩施 40%腐殖酸涂高效缓释肥 15～20 千克或 50%结球甘蓝专用冲施肥 15～20 千克或缓释磷酸二铵 10～15 千克＋大粒钾肥 5～10 千克。

③ 根外追肥。进入莲座期，叶面喷施 500～600 倍含氨基酸水溶肥或 500～600 倍含腐殖酸水溶肥、1 500 倍活力钙、1 500 倍活力硼混合溶液 2 次，间隔期 15 天。结球期，叶面喷施 500～600 倍高钾素或活力钾叶面肥、1 500 倍活力钙混合溶液一次。

(3) 夏季露地栽培无公害结球甘蓝施肥技术　夏季露地栽培结球甘蓝一般在 5 月下旬至 6 月上旬定植，由于其生长期正处于雨季，因此应重视有机肥。

① 基肥。基肥施用方法可以采用撒施和条施，在每亩施生物有机肥100～200千克或无害化处理过的有机肥2 000～3 000千克，35%结球甘蓝有机型专用肥30～40千克或45%腐殖酸高效缓释肥25～30千克或45%腐殖酸高效缓释复混肥（24-16-5）25～30千克或腐殖酸包裹尿素10～15千克＋腐殖酸型过磷酸钙30～40千克＋大粒钾肥10～15千克。缺硼、缺镁土壤一般每亩施硼砂1.0～1.5千克、硫酸镁10～15千克。

② 根际追肥。主要在缓苗后、莲座期、结球期追施。夏结球甘蓝植株缓苗后，及时进行第一次追肥，可穴施或条施，并浇水。每亩施50%结球甘蓝专用冲施肥10～15千克或每亩施腐殖酸包裹尿素10～15千克。

莲座期可结合浇水进行追肥，每亩施35%结球甘蓝有机型专用肥10～15千克或40%腐殖酸涂高效缓释肥10千克或50%结球甘蓝专用冲施肥8千克或45%腐殖酸高效缓释复混肥（24-16-5）8～10千克或腐殖酸包裹尿素10～15千克＋大粒钾肥8～10千克。

在结球初期可结合浇水进行追肥，每亩施35%结球甘蓝有机型专用肥20～25千克或45%腐殖酸涂高效缓释肥15～20千克或50%结球甘蓝专用冲施肥10～12千克或45%腐殖酸高效缓释复混肥10～15千克或缓释磷酸二铵10～15千克＋大粒钾肥5～10千克。

结球中期可随灌溉水冲施肥料。每亩施35%结球甘蓝专用冲施肥10～12千克或施腐殖酸包裹尿素10～12千克或无害化处理过的腐熟人粪尿600～800千克。

③ 根外追肥。进入莲座期，叶面喷施500～600倍含氨基酸水溶肥或500～600倍含腐殖酸水溶肥、1 500倍活力钙、1 500倍活力硼混合溶液2次，间隔期15天。结球期，叶面喷施500～600倍高钾素或活力钾叶面肥、1 500倍活力钙混合溶液一次。

(4) 秋冬季露地栽培无公害结球甘蓝施肥技术

① 基肥。基肥施用方法可以采用撒施和条施，在每亩施生物有机肥100～200千克或无害化处理过的有机肥2 000～3 000千克，35%结球甘蓝有机型专用肥30～40千克或45%施腐殖酸高效缓释肥25～30千克或45%腐殖酸高效缓释复混肥25～30千克或腐殖酸包裹尿素10～15千克＋腐殖酸型过磷酸钙30～40千克＋大粒钾肥10～15千克。缺硼、缺镁土壤一般每亩施硼砂1.0～1.5千克、硫酸镁10～15千克。

② 根际追肥。主要在莲座期、结球期施用。莲座期可结合浇水进行追肥，每亩施35%结球甘蓝有机型专用肥20～25千克或40%腐殖酸涂高效缓释肥15～20千克或50%结球甘蓝专用冲施肥15～20千克或45%腐殖酸高效缓释

复混肥 10～15 千克或缓释磷酸二铵 10～15 千克＋大粒钾肥 5～10 千克。

结球肥主要在结球初期可结合浇水进行追肥，每亩施 35%结球甘蓝有机型专用肥 20～25 千克或 40%腐殖酸涂高效缓释肥 15～20 千克或 50%结球甘蓝专用冲施肥 15～20 千克或 45%腐殖酸高效缓释复混肥（24－16－5）10～15 千克或缓释磷酸二铵 10～15 千克＋大粒钾肥 5～10 千克。

③ 根外追肥。进入莲座期，叶面喷施 500～600 倍含氨基酸水溶肥或 500～600 倍含腐殖酸水溶肥、1 500 倍活力钙、1 500 倍活力硼混合溶液 2 次，间隔期 15 天。结球期，叶面喷施 500～600 倍高钾素或活力钾叶面肥、1 500 倍活力钙混合溶液一次。

三、花椰菜高效安全施肥

花椰菜为十字花科芸薹属一年生植物。又名花菜、椰花菜、甘蓝花、洋花菜、球花甘蓝。

1. 花椰菜缺素症及补救

花椰菜缺素症状及补救措施可参考表 7－10。

表 7－10　花椰菜常见缺素症及补救措施

营养元素	缺素症状	补救措施
氮	苗期叶片小而挺立，叶呈紫红色。成株从下部叶呈淡褐色，生长发育衰弱。花球期缺氮则花球发育不良，球小且多为花梗，花蕾少	叶面喷施 0.2%～0.5%的尿素溶液 3 次
磷	叶片僵小挺立，叶间和叶缘呈紫红色，叶背面呈紫色。花球小，色泽灰暗	叶面喷施 0.5%的磷酸二氢钾溶液 3 次或用 2%～4%的过磷酸钙水溶液进行叶面喷肥，共喷 2～3 次
钾	下部叶的叶脉间发生不规则的浅绿或皮肤色的斑点，这些斑点相连而失绿，并逐渐往上部叶发展。花球发育不良，球体小，不紧实，色泽差，品质变劣	叶面喷施 1%～2%的磷酸二氢钾水溶液 2～3 次
钙	植株矮小，茎和根尖的分生组织受损，顶端叶生长发育受阻呈畸形，并发生淡褐色斑点，同时叶脉变黄，从上部叶开始枯死。症状表现明显时期是花椰菜开始结球后，结球苞叶的叶尖及叶缘处出现翻卷，叶缘逐渐干枯黄化，焦枯坏死	叶面喷施 0.7%氯化钙液＋0.7%硫酸锰液，或 0.2%的高效钙溶液 2～3 次

（续）

营养元素	缺素症状	补救措施
镁	症状表现在老叶上，下部叶脉间呈淡绿色，后呈鲜黄色，严重的变白，而叶片上的主脉及侧脉不失绿，这样形成了网状失绿，而叶片不增厚	用0.1%～0.2%的硫酸镁溶液叶面喷施，严重的隔5～7天再喷施一次
铁	上部叶片叶脉间变为淡绿色至黄色	叶面喷施0.2%～0.5%的硫酸亚铁水溶液3次
锌	生长差，叶或叶柄可见紫红色	叶面喷施0.1%～0.2%硫酸锌或螯合锌溶液2～3次
硼	花球周围的小叶缺硼时，叶片肥厚，发育不健全或扭曲，有时叶脉内侧有浅褐色粗糙粒点排列。主茎和小花茎上出现分散的水浸斑块，茎部变成空洞。花球外部出现褐色斑点，内部也变黑，花球质地变硬，带有苦味	出现缺硼症状时，及时用0.1%～0.2%硼砂水溶液叶面喷施，隔周后再喷施一次，或在浇水时每亩用1～1.5千克硼砂同时浇施
锰	下部叶片叶脉间淡绿色，后变为鲜黄色	叶面喷施0.03%～0.05%的硫酸锰溶液2～3次
铜	叶萎蔫下垂，生长差	叶面喷施0.02%～0.05%硫酸铜溶液2～3次
钼	幼苗缺钼，新叶的基部侧脉及叶肉大部分消失，新叶顶部仅剩的一小部分叶片卷曲成漏斗状，严重的侧脉及叶肉全部消失，只剩主脉成鞭状，甚至生长点消失。成株缺钼，初时叶片中部的主脉扭曲，整张叶片歪歪地向一边倾斜，叶片狭长条状，新叶的侧脉及叶肉会沿主脉向下卷曲，且主脉向一侧扭曲，叶片凹凸不整齐，幼叶和叶脉失绿，严重的不结球	喷施0.05%～0.1%的钼酸铵水溶液50千克，分别在苗期与开花期结合治病防虫各喷1～2次

2. 花椰菜高效安全施肥技术

借鉴2011—2018年各地花椰菜科学施肥指导意见和相关测土配方施肥技术研究资料，提出推荐施肥方法，供农民朋友参考。

（1）施肥原则　生产上花椰菜施肥存在问题主要有：轻基肥重追肥，有机肥用量少，偏施和过量施用氮肥，施肥方法不科学等。因此，施肥原则：依据测土配方施肥结果，调减氮肥用量，增加钾肥用量；增施有机肥、有机无机肥料相结合；调整基肥与追肥的比例；改进施肥方法；注意硼肥的施用。

(2) 施肥建议 目标产量2 000千克/亩以下，施氮肥（N）30～33千克/亩、磷肥（P_2O_5）7.5～8千克/亩、钾肥（K_2O）9～10千克/亩；目标产量2 000～2 500千克/亩，施氮肥（N）28～30千克/亩、磷肥（P_2O_5）5.5～6千克/亩、钾肥（K_2O）7～7.5千克/亩；目标产量2 500千克以上，施氮肥（N）26～28千克/亩、磷肥（P_2O_5）5～5.5千克/亩、钾肥（K_2O）6.5～7千克/亩。

(3) 施肥方法 每亩施农家肥1 000～1 500千克（或商品有机肥300～400千克）、配方肥（15-15-15）30～40千克作基肥，追肥用尿素、普通过磷酸钙、硫酸钾，分缓苗肥、莲座肥、催球肥、促球肥，兑水浇施，应掌握“前促、中控、后攻”的原则，普通过磷酸钙全部作促球肥用，硫酸钾在催球肥、促球肥时兑水浇施。在缺硼土壤中，每亩施0.5～1千克硼砂作基肥，或用0.2%硼砂水溶液在花菜苗后期、花期及后期各喷施一次。

3. 无公害花椰菜测土配方施肥

(1) 花椰菜测土施肥配方 陈清（2009）针对花椰菜主产区施肥现状，提出在保证有机肥施用的基础上，氮肥推荐采用总量控制分期调控技术，磷、钾肥推荐采取恒量监控技术。

① 有机肥推荐。一般根据土壤肥力的高低来确定有机肥的施用数量（表7-11）。所有的有机肥在定植前进行基施。

表7-11 花椰菜有机肥推荐用量（千克/亩）

肥料种类	土壤肥力等级		
	低肥力	中肥力	高肥力
农家肥	2 500～3 000	1 500～2 000	1 000～1 500
商品有机肥	1 000～1 500	800～1 000	500～800

② 氮肥推荐。氮肥推荐根据土壤硝态氮含量结合目标产量进行确定。

在花椰菜定植前测定0～30厘米土壤硝态氮含量，并结合测定值与花椰菜的目标产量来确定氮肥基肥推荐数量（表7-12）。如果有机肥施用量较大或者氮肥在基施过程中采用穴施或条施，可相应减少2～2.5千克/亩氮的推荐量。如果无法测定土壤硝态氮含量，可结合肥力的高低来推荐。

表7-12 花椰菜氮肥（N）基肥推荐用量（千克/亩）

土壤硝态氮（毫克/千克）		目标产量（千克/亩）				
		<1 300	1 300～1 600	1 600～2 000	2 000～2 300	>2 300
<30	极低	7.3	9.3	9.3	9.3	9.3
30～60	低	5.3～7.3	7.3～9.3	7.3～9.3	7.3～9.3	7.3～9.3

（续）

土壤硝态氮（毫克/千克）		目标产量（千克/亩）				
		<1 300	1 300～1 600	1 600～2 000	2 000～2 300	>2 300
60～90	中	3.3～5.3	5.3～7.3	5.3～7.3	5.3～7.3	5.3～7.3
90～120	高	2.0～3.3	3.3～5.3	3.3～5.3	3.3～5.3	3.3～5.3
>120	极高	0	3.3	3.3	3.3	3.3

在花椰菜莲座期测定0～60厘米土壤硝态氮含量，并结合测定值与花椰菜的目标产量来确定氮肥追肥推荐数量（表7-13）。如果无法测定土壤硝态氮含量，可结合肥力的高低来推荐。所推荐氮肥应该分两次施用，每次追肥不超过6.7千克/亩。

表7-13　花椰菜氮肥（N）追肥推荐用量（千克/亩）

土壤硝态氮（毫克/千克）		目标产量（千克/亩）				
		<1 300	1 300～1 600	1 600～2 000	2 000～2 300	>2 300
<30	极低	14	14	14	16	16
30～60	低	12～14	12～14	12～14	14～16	14～16
60～90	中	10～12	10～12	10～12	12～14	12～14
90～120	高	8.7～10	8.7～10	8.7～10	10～14	10～14
>120	极高	6.7	6.7	6.7	10	10

③ 磷肥推荐。磷肥推荐主要考虑土壤磷素供应水平及目标产量（表7-14）。磷肥的分配一般作基肥施用，在花椰菜定植前开沟条施。在施用禽粪类有机肥时可减少10%～20%的磷肥推荐用量；另外如果磷肥穴施或者条施，也可减少10%～20%的磷肥推荐用量。

表7-14　花椰菜磷肥（P_2O_5）推荐用量（千克/亩）

土壤有效磷（毫克/千克）		目标产量（千克/亩）				
		<1 300	1 300～1 600	1 600～2 000	2 000～2 300	>2 300
<20	极低	4.7	4.7	5.3	6	6.7
20～40	低	4	4	4	5.3	6
40～60	中	3.3	3.3	4	4.7	5.3
60～90	高	1.7	2	2.3	2.7	3.3
>90	极高	0	0	0	1.3	1.3

④ 钾肥推荐。钾肥推荐主要考虑土壤钾素供应水平及目标产量（表7-15）。

钾肥的分配原则：30%作基肥施用，其余按比例在莲座期和花球形成前期分两次施用。如果有机肥施用量较大或者采用条施，可相应减少10%～20%的钾、磷肥推荐用量。

表7-15 花椰菜钾肥（K_2O）推荐用量（千克/亩）

土壤速效钾（毫克/千克）		目标产量（千克/亩）				
		<1 300	1 300～1 600	1 600～2 000	2 000～2 300	>2 300
<80	极低	1[illegible].7	16.0	1[illegible].0	[illegible].7	[illegible].0
80～120	低	10.0	13.3	16.7	20.0	22.7
120～160	中	6.7	10.0	13.3	16.7	20.0
160～200	高	5.3	6.7	10.0	12.0	14.0
>200	极高	4.0	5.3	7.3	9.3	11.3

（2）无公害花椰菜施肥技术 花椰菜露地栽培有春、夏、秋三茬，但施肥技术基本相同。

① 基肥。结合整地，撒施或沟施基肥，每亩施生物有机肥150～200千克或无害化处理过的有机肥2 000～3 000千克，35%花椰菜有机型专用肥50～60千克或30%腐殖酸高效缓释肥60～70千克或45%腐殖酸高效缓释复混肥（24-16-5）50～60千克或腐殖酸包裹尿素10～15千克+腐殖酸型过磷酸钙40～50千克+大粒钾肥10～15千克。

② 根际追肥。一般在定植15天左右，进入莲座期可结合浇水进行追肥，以促进花芽、花蕾分化和花球形成：每亩施35%花椰菜蓝有机型专用肥10～15千克或40%腐殖酸涂高效缓释肥8～12千克或50%结球甘蓝专用冲施肥5～8千克或45%腐殖酸高效缓释复混肥8～10千克或腐殖酸包裹尿素10～15千克+大粒钾肥7～10千克。

花球形成初期，可结合浇水进行追肥，以促进花球的快速膨大，防止花茎空心，每亩施35%结球甘蓝有机型专用肥15～20千克或40%腐殖酸涂高效缓释肥12～15千克或50%结球甘蓝专用冲施肥8～10千克或45%腐殖酸高效缓释复混肥12～15千克或腐殖酸包裹尿素13～18千克+大粒钾肥8～12千克。

花球形成中期结合追肥，要注意保证水分供应，保持土壤一定的湿度，每亩施35%花椰菜蓝有机型专用肥10～15千克或40%腐殖酸涂高效缓释肥（15-5-20）10～12千克或50%结球甘蓝专用冲施肥8～10千克或45%腐殖酸高效缓释复混肥10～12千克或腐殖酸包裹尿素10～15千克+大粒钾肥5～8千克。

③ 根外追肥。进入莲座期，叶面喷施500～600倍含氨基酸水溶肥或

500～600 倍含腐殖酸水溶肥、1 500 倍活力钙、1 500 倍活力硼混合溶液 2 次，间隔期 15 天。花球快速膨大期，叶面喷施 500～600 倍高钾素或活力钾叶面肥、0.01%的钼酸铵 2 次，间隔期 15 天。

第二节　绿叶类蔬菜高效安全施肥

绿叶类蔬菜是一类主要以鲜嫩的绿叶、叶柄和嫩茎为产品的速生蔬菜。由于生长期短，采收灵活，栽培十分广泛，品种繁多，我国栽培的绿叶菜有 10 多个科 30 多个种。栽培比较普遍主要有菠菜、芹菜、莴苣等。

一、芹菜高效安全施肥

芹菜是绿叶菜类速生蔬菜，伞形科二年生草本植物，适应性强，栽培面积大，可多茬栽种，是春秋冬季的重要蔬菜。

1. 芹菜缺素症诊断与补救

芹菜缺素症状与补救措施可以参考表 7-16。

表 7-16　芹菜常见缺素症及补救措施

营养元素	缺素症状	补救措施
氮	植株生长缓慢，从外部叶开始黄白化至全株黄化。老叶变黄，干枯或脱落，新叶变小	叶面喷施 0.2%～0.5%尿素溶液 2～3 次
磷	植株生长缓慢，叶片变小但不失绿，外部叶逐渐开始变黄，但嫩叶的叶色与缺氮症相比，显得更浓些，叶脉发红，叶柄变细，纤维发达，下部叶片后期出现红色斑点或紫色斑点，并出现坏死斑点	叶面喷施 0.3%～0.5%的磷酸二氢钾溶液 3 次或 2%～4%的过磷酸钙溶液 2～3 次
钾	外部叶缘开始变黄的同时，叶脉间产生褐小斑点，初期心叶变小，生长慢，叶色变淡。后期叶脉间失绿，出现黄白色斑块，叶尖叶缘渐干枯。然后老叶出现白色或黄色斑点，斑点后期坏死	叶面喷施 1%～2%的磷酸二氢钾水溶液 2～3 次
钙	植株缺钙时生长点的生长发育受阻，中心幼叶枯死，外叶深绿	叶面喷施 0.5%氯化钙溶液或用 0.2%的高效钙溶液 1～2 次
镁	叶脉黄化且从植株下部向上发展，外部叶叶脉间的绿色渐渐变白，进一步发展，除了叶脉、叶缘残留点绿色外，叶脉间均黄白化。嫩叶叶色淡绿	用 0.5%的硫酸镁溶液叶面喷施，严重的隔 5～7 天再喷施一次

（续）

营养元素	缺素症状	补救措施
硫	整株呈淡绿色，嫩叶出现特别的淡绿色	结合缺镁、锌、铜等喷施含硫肥料
铁	嫩叶的叶脉间变为黄白色，接着叶色变白色	叶面喷施0.2%～0.5%的硫酸亚铁水溶液2～3次
锌	叶易上外侧卷，茎秆上可发现色素	叶面喷施0.1%～0.2%硫酸锌或螯合锌溶液2～3次
硼	叶柄异常肥大、短缩，茎叶部有许多裂纹，心叶的生长发育受阻，畸形，生长差	叶面喷施0.1%～0.2%硼砂水溶液1～2次
锰	叶缘的叶脉间淡绿色，后变为黄色	叶面喷施0.03%～0.05%的硫酸锰溶液2～3次
铜	叶色淡绿，在下部叶上易发生黄褐色的斑点	叶面喷施0.02%～0.05%硫酸铜溶液2～3次

2. 无公害芹菜测土配方施肥

(1) 芹菜测土施肥配方 续勇波等人（2009）针对西南地区西芹主产区施肥现状，提出在保证有机肥施用的基础上，氮肥推荐采用总量控制分期调控技术，磷、钾肥推荐采取恒量监控技术，中微量元素采用因缺补缺。

① 有机肥推荐。在播种前，根据土壤肥沃程度，有机肥推荐用量可参考表7-17。

表7-17 芹菜有机肥施用量推荐（千克/亩）

肥料种类	肥力等级		
	低肥力	中肥力	高肥力
猪粪	2 000	1 500	1 000
牛粪	2 500	2 000	1 500
鸡粪	1 000	650	500

② 氮肥推荐。氮肥推荐根据土壤硝态氮含量结合目标产含量进行确定。

在芹菜定植前测定0～30厘米土壤硝态氮含量，并结合测定值与芹菜的目标产量来确定氮肥基肥推荐数量（表7-18）。如果有机肥施用量较大，可相应减少2千克/亩氮的推荐量。如果无法测定土壤硝态氮含量，可结合肥力的高低来推荐。

表 7－18　芹菜氮肥（N）基肥推荐用量（千克/亩）

土壤硝态氮（毫克/千克）		目标产量（千克/亩）		
		4 000	6 000	8 000
＜30	极低	5	7	8.0
30～60	低	2～5	5～7	6～8
60～90	中	0～2	3～5	4～6
90～120	高	0	1.5～3	2～4
＞120	极高	0	1.5	2

在叶丛生育期初期测定 0～30 厘米土壤硝态氮含量，并结合测定值与芹菜的目标产量来确定氮肥追肥推荐数量（表 7－19）。

表 7－19　芹菜氮肥（N）追肥推荐用量（千克/亩）

土壤硝态氮（毫克/千克）		目标产量（千克/亩）		
		4 000	6 000	8 000
＜30	极低	10	13.5	17
30～60	低	8～10	11.5～13.5	15～17
60～90	中	6～8	9.5～11.5	13～15
90～120	高	4～6	7.5～9.5	11～13
＞120	极高	4	9.5	11

③ 磷肥推荐。磷肥推荐主要考虑土壤磷素供应水平及目标产量（表 7－20）。磷肥的分配一般作基肥施用，在芹菜定植前开沟条施。在施用禽粪类有机肥时可减少 10％～20％的磷肥推荐用量；另外如果磷肥穴施或者条施，也可减少 10％～20％的磷肥推荐用量。

表 7－20　芹菜磷肥（P_2O_5）推荐用量（千克/亩）

土壤有效磷（毫克/千克）		目标产量（千克/亩）		
		4 000	6 000	8 000
＜20	极低	8	11	13.5
20～40	低	6	8	10
40～60	中	4	5.5	7
60～90	高	2	3	3.5
＞90	极高	0	0	0

④ 钾肥推荐。钾肥推荐主要考虑土壤钾素供应水平及目标产量（表 7－21）。

钾肥的分配原则：30%作基肥施用，其余叶丛生育期初期兑水浇施。

表7-21　芹菜钾肥（K_2O）推荐用量（千克/亩）

肥力等级	土壤交换性钾（毫克/千克）	钾肥（K_2O）
极低	<50	53
低	50～90	53
中	90～120	40
高	120～150	27
极高	>150	13.5

⑤ 微量元素。芹菜生产中除了重视氮、磷、钾肥外，还应适当补充微量元素肥料（表7-22）。

表7-22　芹菜微量元素丰缺指标及对应用肥量（千克/亩）

元素	提取方法	临界指标（毫克/千克）	施用量
Zn	DTPA浸提	0.5	土壤施硫酸锌1～2千克/亩
B	沸水	0.5	基施硼砂0.5～0.75千克/亩

（2）无公害芹菜施肥技术　芹菜露地栽培有春、秋、冬季均可种植，但施肥技术基本相似。

① 基肥。结合整地，撒施或沟施基肥，每亩施生物有机肥200～300千克或无害化处理过的有机肥3 000～4 000千克，40%芹菜有机型专用肥35～40千克或40%腐殖酸高效缓释肥（15-15-10）30～35千克或40%腐殖酸高效缓释复混肥30～35千克或腐殖酸型过磷酸钙30～35千克+大粒钾肥20～25千克。

② 根际追肥。定植后10～15天应施速效性氮肥，每亩施50%芹菜专用冲施肥8～10千克或腐殖酸包裹尿素10～15千克。芹菜旺盛生长期，可每隔15天结合浇水追肥一次，共追肥3次，每次每亩冲施40%腐殖酸涂高效缓释肥12～15千克或50%芹菜专用冲施肥10～12千克或40%腐殖酸高效缓释复混肥12～15千克或腐殖酸包裹尿素10～15千克+大粒钾肥8～12千克。

③ 根外追肥。进入旺盛生长期，叶面喷施500～600倍含氨基酸水溶肥或500～600倍含腐殖酸水溶肥、1 500倍活力钾、1 500倍活力硼混合溶液2次，间隔期14天。

二、莴苣高效安全施肥

莴苣是菊科莴苣属之一年生或二年生草本植物。莴苣按食用部位可分为叶用莴苣和茎用莴苣两类，叶用莴苣又称生菜，茎用莴苣又称莴笋、香笋。

1. 莴苣缺素症及补救

莴苣缺素症状及补救措施可参考表 7－23。

表 7－23 莴苣常见缺素症及补救措施

营养元素	缺素症状	补救措施
氮	叶片从外叶开始变黄，植株生长弱小	叶面喷施 0.2%～0.3%尿素溶液 2～3 次
磷	植株生长弱小，叶色正常	叶面喷施 0.2%～0.3%的磷酸二氢钾溶液 3 次
钾	外叶叶脉间出现不规则褐色斑点	叶面喷施 0.3%～0.5%的磷酸二氢钾水溶液 2～3 次
钙	新叶叶脉变成褐色，生长受到阻碍	叶面喷施 0.5%氯化钙或 0.3%硝酸钙溶液 2～3 次
镁	外叶叶脉开始变黄，逐渐向上部叶片扩散	叶面喷施 0.2%～0.3%的硫酸镁溶液 2～3 次
铁	整株叶片变成淡绿色	叶面喷施 0.2%～0.3%硫酸亚铁溶液 2～3 次
锌	从外叶开始枯萎，植株生长弱小	叶面喷施 0.1%～0.2%硫酸锌或螯合锌溶液 2～3 次
硼	茎叶变硬，叶易外卷。心叶生长受阻，叶片变黄，侧根生长差	用 0.05%～0.1% 硼砂水溶液叶面喷施，隔周后再喷施 1 次
锰	叶脉间淡绿色，易发生不规则白色斑点	叶面喷施 0.03%～0.05%的硫酸锰溶液 2～3 次

2. 莴苣高效安全施肥技术

借鉴 2011—2018 年农业部莴苣科学施肥指导意见和相关测土配方施肥技术研究资料，提出推荐施肥方法，供农民朋友参考。

(1) 施肥原则 针对莴苣生产中有机肥施用量少，盲目偏施氮肥，磷、钾肥施用量不足，施肥时期和方式不合理等问题，提出以下施肥原则：增施有机肥料，控制氮肥，增施钾肥；肥料分配以基肥、追肥结合为主。追肥以氮肥为主，合理配施钾肥；酸化严重的菜园，应适量施用石灰等酸性土壤调理剂；施肥与优质栽培技术特别是水分管理结合，以提高肥水利用效率。

(2) 施肥建议 基肥一次施用腐熟农家肥 1 000～1 500 千克/亩；产量水平 3 500 千克/亩以上，施氮肥（N）10～12 千克/亩、磷肥（P_2O_5）4～6 千克/亩、钾肥（K_2O）10～14 千克/亩；产量水平 2 500～3 500 千克/亩，施氮肥（N）6～10 千克/亩、磷肥（P_2O_5）3～4 千克/亩、钾肥（K_2O）8～10 千克/亩；产量水平 1 500～2 500 千克/亩，施氮肥（N）5～6 千克/亩、磷肥（P_2O_5）2～3 千克/亩、钾肥（K_2O）6～8 千克/亩。

莴苣耐酸能力差，南方地区菜园土壤 pH＜5 时，每亩需施用生石灰 150～200 千克。氮肥全部作追肥，按照 20%、30%和 50%分别在移栽返青期、莲座期和快速生长初期 3 次追施；钾肥 40%～50%基施，其余部分在莲座期和快速生长初期分两次追施；磷肥全部作基肥条施或穴施。

3. 无公害莴苣测土配方施肥

(1) 莴苣测土施肥配方 根据测定土壤硝态氮、有效磷、速效钾等有效养分含量确定莴苣地土壤肥力分级（表 7－24），然后根据不同肥力水平推荐施肥量如表 7－25 所示。有机肥、磷肥全部作基肥，氮肥和钾肥作基肥和追肥施用。

表 7－24 莴苣地土壤肥力分级

肥力水平	硝态氮（毫克/千克）	有效磷（毫克/千克）	速效钾（毫克/千克）
低	＜60	＜30	＜120
中	60～90	30～60	120～160
高	＞90	＞60	＞160

表 7－25 不同肥力水平莴苣推荐施肥量（千克/亩）

肥力等级	施肥量		
	N	P_2O_5	K_2O
低肥力	16～19	7～9	12～14
中肥力	14～17	6～8	11～13
高肥力	12～15	5～7	10～12

(2) 无公害叶用莴苣施肥技术

① 基肥。春、秋露地栽培莴苣宜作平畦，因此基肥施用以撒施耕翻入土、耙平作畦。每亩施生物有机肥 200～300 千克或无害化处理过的有机肥 2 500～3 000 千克，40%莴苣有机型专用肥 40～50 千克或 45%腐殖酸高效缓释肥 30～40 千克或腐殖酸包裹尿素 12～15 千克＋腐殖酸型过磷酸钙 30～40 千克＋

大粒钾肥 20～30 千克。

② 根部追肥。叶用莴苣定植后一般进行 3 次追肥，分别在缓苗后、团棵期、叶秋合抱时进行追肥。每亩每次冲施 45%腐殖酸高效缓释肥 8～10 千克，50%大量元素冲施肥 8～10 千克或腐殖酸包裹尿素 10～12 千克＋大粒钾肥 8～10 千克。

③ 根外追肥。莴苣缓苗后 7～10 天，叶面喷施 500～600 倍含氨基酸水溶肥或 500～600 倍含腐殖酸水溶肥溶液一次。团棵期，叶面喷施 500～600 倍含氨基酸水溶肥或 500～600 倍含腐殖酸水溶肥、1 500 倍活力钾混合溶液 2 次，间隔期 14 天。

(3) 无公害茎用莴苣施肥技术

① 基肥。春、秋露地栽培莴苣宜作平畦，因此基肥施用以撒施耕翻入土、耙平作畦。每亩施生物有机肥 200～300 千克或无害化处理过的有机肥 2 500～3 000 千克，40%莴苣有机型专用肥 40～50 千克或 45%腐殖酸高效缓释肥 30～40 千克或腐殖酸包裹尿素 12～15 千克＋腐殖酸型过磷酸钙 30～40 千克＋大粒钾肥 20～30 千克。

② 春莴笋追肥。春莴笋定植后一般进行 3 次追肥。第一次追肥在定植缓苗后，每亩冲施腐殖酸包裹尿素 8～10 千克或 50%大量元素冲施肥 10～12 千克。第二次追肥在翌年返青后，叶面积迅速增大呈莲座状，每亩冲施腐殖酸包裹尿素 12～15 千克或 50%大量元素冲施肥 12～15 千克。第三次在茎部肥大速度加快期，每亩冲施腐殖酸包裹尿素 12～15 千克、大粒钾肥 10～15 千克。此期施肥可少施、勤施，以防茎部裂口。

③ 秋莴笋追肥。一般在 6 月以后播种，生长期长达 3 个月左右。一般进行 3 次追肥。第一次在缓苗后，每亩冲施腐殖酸包裹尿素 8～10 千克或 50%大量元素冲施肥 8～10 千克。第二次追肥在“团棵”时，每亩冲施腐殖酸包裹尿素 10～12 千克、缓效磷酸二铵 10～15 千克，或 50%大量元素冲施肥 12～15 千克。第三次在封垄以前茎部开始肥大时每亩冲施腐殖酸包裹尿素 10～12 千克、大粒钾肥 8～10 千克，或 50%大量元素冲施肥 12～15 千克。

④ 根外追肥。莴苣缓苗后 7～10 天，叶面喷施 500～600 倍含氨基酸水溶肥或 500～600 倍含腐殖酸水溶肥溶液一次。团棵期，叶面喷施 500～600 倍含氨基酸水溶肥或 500～600 倍含腐殖酸水溶肥、1 500 倍活力钾混合溶液 2 次，间隔期 14 天。

三、菠菜高效安全施肥

菠菜又名波斯菜、赤根菜、鹦鹉菜等，属苋科藜亚科菠菜属，一年生草本植物。菠菜为耐寒性速生绿叶类蔬菜，可四季栽培。按栽培季节可分为春菠菜、秋菠菜和越冬菠菜。

1. 菠菜缺素症及补救

菠菜缺素症状及补救措施可参考表7-26。

表7-26　菠菜常见缺素症及补救措施

营养元素	缺素症状	补救措施
氮	叶色浅绿、基部叶片变黄，逐渐向上发展，干燥时呈褐色。植株矮小，出现早衰现象	叶面喷施0.3%～0.5%尿素溶液2～3次
磷	下部叶片呈红黄色，生长发育差	叶面喷施0.3%～0.5%的磷酸二氢钾溶液3次
钾	下部叶片叶缘变黄，逐渐变褐色，最后枯死	叶面喷施0.3%～0.5%的磷酸二氢钾溶液2～3次
钙	心叶的叶尖先变黄，向内侧卷曲	叶面喷施0.5%氯化钙或0.3%硝酸钙溶液2～3次
镁	下部叶片沿叶脉变白，逐渐叶脉间变白，嫩叶淡绿	叶面喷施0.3%～0.5%的硫酸镁溶液2～3次
硫	嫩叶出现特别的淡绿色	结合缺镁、锌、铜等喷施含硫肥料
锌	叶脉间出现褐黄色斑点，失绿，生长弱	叶面喷施0.1%～0.2%硫酸锌或螯合锌溶液2～3次
硼	心叶扭曲畸形，侧根生长差，呈章鱼足状，易枯死	叶面喷施0.1%～0.2%硼砂水溶液，隔周后再喷施一次
锰	叶脉残留绿色，叶脉间发黄	叶面喷施0.03%～0.05%的硫酸锰溶液2～3次
铜	整株叶色淡绿，生长不良	叶面喷施0.02%～0.03%硫酸铜溶液2～3次

2. 菠菜高效安全施肥技术

(1) 菠菜测土施肥配方　刘庆花等（2009）针对菠菜主产区施肥现状，提出在保证有机肥施用的基础上，氮肥推荐采用总量控制分期调控技术，磷、钾肥推荐采取恒量监控技术，中微量元素采用因缺补缺。

① 有机肥推荐。由于菠菜生育期短，施肥要重施基肥，但对有机肥的依赖没有像果菜类蔬菜强，可在播种前每亩施有机肥500～1 000千克。

② 氮肥推荐。菠菜是典型喜硝态氮肥的蔬菜，菠菜的生长过程中一般追施氮肥 1～2 次。氮肥推荐根据土壤硝态氮含量结合目标产含量进行确定。

在菠菜播种前一周测定 0～30 厘米土壤硝态氮含量，并结合测定值与菠菜的目标产量来确定氮肥基肥推荐数量（表 7－27）。如果有机肥施用量较大或者氮肥在基肥施用过程中采用穴施或条施，可相应减少 1.5～2 千克/亩氮的推荐量。如果无法测定土壤硝态氮含量，可结合肥力的高低来推荐。

表 7－27　菠菜氮肥（N）基肥推荐用量（千克/亩）

土壤硝态氮（毫克/千克）		目标产量（千克/亩）		
		1 500	2 000	3 000
＜30	极低	6	7.5	7.5
30～60	低	4～6	5.5～7.5	5.5～7.5
60～90	中	0～2	3.5～5.5	3.5～5.5
90～120	高	0	2～3.5	2～3.5
＞120	极高	0	0	2

在菠菜生长到 3～片叶时测定 0～30 厘米土壤硝态氮含量，并结合测定值与菠菜的目标产量来确定氮肥追肥推荐数量（表 7－28）。

表 7－28　菠菜氮肥（N）追肥推荐用量（千克/亩）

土壤硝态氮（毫克/千克）		目标产量（千克/亩）		
		1 500	2 000	3 000
＜30	极低	5.5	6	8
30～60	低	3.5～5.5	4～6	6～8
60～90	中	2～3.5	2～4	4～6
90～120	高	0～2	0～2	2～4
＞120	极高	0	0	2

③ 磷肥推荐。磷肥推荐主要考虑土壤磷素供应水平及目标产量（表 7－29）。磷肥的分配一般作基肥施用，在菠菜定植前开沟条施。

表 7－29　菠菜磷肥（P_2O_5）推荐用量（千克/亩）

土壤有效磷（毫克/千克）		目标产量（千克/亩）		
		1 500	2 000	3 000
＜15	极低	5	6	8
15～30	低	3.5～5	4～6	6～8
30～60	中	2～3.5	2～4	4～6
60～80	高	0～2	0～2	2～4
＞80	极高	0	0	2

④ 钾肥推荐。菠菜对钾尤为敏感，钾肥推荐主要考虑土壤钾素供应水平及目标产量（表 7-30）。

表 7-30　菠菜钾肥（K_2O）推荐用量（千克/亩）

土壤速效钾（毫克/千克）		目标产量（千克/亩）		
		1 500	2 000	3 000
<80	极低	13.5	16	23.5
80～120	低	11.5～13.5	13.5～16	20～23.5
120～160	中	9.5～13.5	11.5～13.5	17.5～23.5
160～200	高	6～9.5	9.5～13.5	13.5～17.5
>200	极高	6	9.5	10

⑤ 微量元素。菠菜生产中除了重视氮、磷、钾肥外，还应适当补充微量元素肥料（表 7-31）。

表 7-31　菠菜微量元素丰缺指标及对应用肥量（千克/亩）

元素	提取方法	临界指标（毫克/千克）	施用量
Fe	DTPA	2.5～4.5	叶面喷施 0.1%～0.5%硫酸亚铁水溶液
B	沸水	0.5	叶面喷施 0.15%～0.25%硼砂水溶液
Mo	草酸、草酸铵	0.15	叶面喷施 0.05%～0.1%钼酸铵水溶液
Mn	DTPA	1.0	叶面喷施 0.1%～0.2%硫酸锰水溶液

(2) 露地春播或夏播无公害菠菜施肥技术

① 基肥。每亩施生物有机肥 150～200 千克或无害化处理过的有机肥 2 000～3 000 千克，30%菠菜有机型专用肥 30～40 千克或 30%腐殖酸高效缓释肥 30～40 千克或 45%腐殖酸高效缓释复混肥 25～35 千克或腐殖酸包裹尿素 10～15 千克+腐殖酸型过磷酸钙 30～35 千克+大粒钾肥 20～25 千克。

② 根际追肥。春、夏菠菜一般在长出 3～4 真叶时，进入旺盛生长期，此时结合灌水追肥 1～2 次，间隔 15～20 天。每亩每次冲施 50%菠菜专用冲施肥 8～10 千克或腐殖酸包裹尿素 8～10 千克+大粒钾肥 5～8 千克。

③ 根外追肥。菠菜长出 4～5 真叶时，叶面喷施 500～600 倍含氨基酸水溶肥或 500～600 倍含腐殖酸水溶肥、1 500 倍活力钾混合溶液 2 次，间隔期 14 天。

(3) 露地秋播无公害菠菜施肥技术

① 基肥。每亩施生物有机肥 150～200 千克或无害化处理过的有机肥

2 000～3 000 千克，30%菠菜有机型专用肥 30～40 千克或 30%腐殖酸高效缓释肥 30～40 千克或 45%腐殖酸高效缓释复混肥 25～35 千克或腐殖酸包裹尿素 10～15 千克+腐殖酸型过磷酸钙 30～35 千克+大粒钾肥 20～25 千克。

② 根际追肥。菠菜一般在长出 4～5 真叶时，进入旺盛生长期，此时结合灌水追肥 1～2 次，间隔 15～20 天。每亩每次冲施 50%大量元素冲施肥 8～10 千克或腐殖酸包裹尿素 10～12 千克+大粒钾肥 5～8 千克。

③ 根外追肥。菠菜长出 4～5 真叶时，叶面喷施 500～600 倍含氨基酸水溶肥或 500～600 倍含腐殖酸水溶肥、1 500 倍活力钾混合溶液 2 次，间隔期 14 天。

(4) 露地越冬无公害菠菜施肥技术

① 基肥。每亩施生物有机肥 150～200 千克或无害化处理过的有机肥 2 000～3 000 千克，30%菠菜有机型专用肥 30～40 千克或 30%腐殖酸高效缓释肥 30～40 千克或 45%腐殖酸高效缓释复混肥 25～30 千克或腐殖酸包裹尿素 10～15 千克+腐殖酸型过磷酸钙 30～35 千克+大粒钾肥 20～25 千克。

② 根际追肥。越冬菠菜生长期比较长，长达 150～210 天，追肥上主要在冬前和早春两个时期进行追肥。一般在长出 2～3 真叶时，结合灌水追肥一次，每亩施 50%菠菜专用冲施肥 7～9 千克或腐殖酸包裹尿素 5～6 千克+大粒钾肥 3～5 千克。早春返青后，心叶开始生长，结合灌水追肥 2 次，间隔 15～20 天，每次每亩施 50%菠菜专用冲施肥 10～12 千克或腐殖酸包裹尿素 8～10 千克+大粒钾肥 5～7 千克。

③ 根外追肥。菠菜长出 4～5 真叶时，叶面喷施 500～600 倍含氨基酸水溶肥或 500～600 倍含腐殖酸水溶肥、1 500 倍活力钾混合溶液 2 次，间隔期 14 天。

第三节　茄果类蔬菜高效安全施肥

茄果类蔬菜是指以果实为食用部分的茄科蔬菜，主要包括番茄、辣椒、茄子等。该类蔬菜原产于热带，其共同特点是：结果期长，产量高，喜温暖，不耐霜冻，喜强光，根系发达。

一、番茄高效安全施肥

番茄，又名西红柿、洋柿子，一年生草本植物。番茄是喜温、喜光性蔬菜，对土壤条件要求不太严格。原产于南美洲，中国南北广泛栽培。

1. 番茄缺素症诊断与补救

番茄缺素症状与补救措施可以参考表 7-32。

表 7-32　番茄常见缺素症及补救措施

营养元素	缺素症状	补救措施
氮	植株生长缓慢，初期老叶呈黄绿色，后期全株呈浅绿色，叶片细小、直立。叶脉由黄绿色变为深紫色。茎秆变硬，果实变小	可将碳酸氢铵或尿素等混入 10～15 倍液的腐熟有机肥中施于植株两侧后覆土浇水；可叶面喷洒 0.2% 尿素溶液 2～3 次
磷	早期叶背呈紫红色，叶片上出现褐色斑点，叶片僵硬，叶尖呈黑褐色枯死。叶脉逐渐变为紫红色。茎细长且富含纤维。结果延迟	可用 0.2%～0.3%磷酸二氢钾溶液叶面喷施 2～3 次
钾	缺钾症初期叶缘出现针尖大小黑褐色点，后茎部也出现黑褐色斑点，叶缘卷曲。根系发育不良。幼果易脱落或多畸形果	可用 0.2%～0.3%磷酸二氢钾溶液或 1%草木灰浸出液叶面喷施 2～3 次
钙	植株瘦弱、萎蔫，心叶边缘发黄皱缩，严重时心叶枯死，植株中部叶片形成黑褐色斑，后全株叶片上卷。根系不发达。果实易发生脐腐病及空洞果	用 0.3%～0.5%氯化钙水溶液叶面喷施，每隔 3～4 天喷施一次，共 2～3 次
镁	下部老叶失绿，后向上部叶扩展，形成黄花斑叶。严重的叶缘上卷，叶脉间出现坏死斑，叶片干枯，最后全株变黄	用 1%～3%硫酸镁溶液叶面喷施 2～3 次
硫	叶色淡绿色，向上卷曲，植株呈浅绿色或黄绿色，心叶枯死或结果少	结合缺镁、锌、铜等喷施含硫肥料
锌	从中部叶开始褪色，与健康叶比较，叶脉清晰可见；叶脉间逐渐褪色，叶缘从黄化到变成褐色，叶片螺卷变小，甚至丛生。新叶不黄化	用硫酸锌 0.1%～0.2%水溶液喷洒叶面 1～2 次
硼	最显著的症状是叶片失绿或变橘红色。生长点发暗，严重时生长点凋萎死亡。茎及叶柄脆弱，易使叶片脱落。根系发育不良变褐色。易产生畸形果，果皮上有褐色斑点	发现植株缺硼时，用 0.1%～0.2%硼砂水溶液叶面喷施，每隔 5～7 天喷一次，连喷 2～3 次
锰	番茄缺锰时，叶片脉间失绿，距主脉较远的地方先发黄，叶脉保持绿色。以后叶片上出现花斑，最后叶片变黄，很多情况下，先在黄斑出现前出现褐色小斑点。严重时，生长受抑制，不开花，不结实。	发现植株缺锰，可用 1%硫酸锰溶液叶面喷施 2～3 次

（续）

营养元素	缺素症状	补救措施
铁	新叶除叶脉均黄色，腋芽长出叶脉间黄化叶片	及时喷施0.1%～0.5%硫酸亚铁水溶液，或用柠檬酸铁100毫克/千克水溶液3～4天喷施一次，连喷3～5次
铜	节间变短，全株呈丛生枝，初期幼叶变小，老叶脉间失绿，严重时，叶片呈褐色，叶片枯萎，幼叶失绿	叶面喷施0.02%～0.03%硫酸铜溶液2～3次
钼	植株生长势差，幼叶褪绿，叶缘和叶脉间的叶肉呈黄色斑状，叶缘向内部卷曲，叶尖萎缩，常造成植株开花不结果	分别在苗期与开花期每亩喷施0.05%～0.1%的钼酸铵水溶液50千克1～2次

2. 设施栽培番茄高效安全施肥

借鉴2011—2018年农业部番茄科学施肥指导意见和相关测土配方施肥技术研究资料，提出推荐施肥方法，供农民朋友参考。

番茄的主要设施栽培方式有：一是春早熟栽培，主要采用塑料大棚、日光温室等设施。二是秋延迟栽培，主要采用塑料大棚、塑料小拱棚等设施。三是越冬长季栽培，主要采用日光温室等设施。四是越夏避雨栽培，主要采用冬暖大棚夏季休闲进行避雨栽培。

（1）施肥原则　华北等北方地区多为日光温室，华中、西南地区多为中小拱棚，针对生产中存在氮、磷、钾化肥用量偏高，养分投入比例不合理，土壤氮、磷、钾养分积累明显，过量灌溉导致养分损失严重，土壤酸化现象普遍，土壤钙、镁、硼等元素供应出现障碍，连作障碍等导致土壤质量退化严重和蔬菜品质下降等问题，提出以下施肥原则：合理施用有机肥（建议用植物源有机堆肥），调整氮、磷、钾化肥用量，非石灰性土壤及酸性土壤需补充钙、镁、硼等中微量元素；根据作物产量、茬口及土壤肥力条件合理分配化肥，大部分磷肥基施，氮、钾肥追施；生长前期不宜频繁追肥，重视花后和中后期追肥；与滴灌施肥技术结合，采用“少量多次”的原则；土壤退化的老棚需进行秸秆还田或施用高C/N比的有机肥，少施禽粪肥，增加轮作次数，达到消除土壤盐渍化和减轻连作障碍的目的；土壤酸化严重时应适量施用石灰等酸性土壤调理剂。

（2）施肥建议　育苗肥增施腐熟有机肥，补施磷肥。每10平方米苗床施腐熟的禽粪60～100千克，钙、镁、磷肥0.5～1千克，硫酸钾0.5千克，根据苗情喷施0.05%～0.1%尿素溶液1～2次；基肥施用优质有机肥4米^3/亩。

产量水平8 000～10 000千克/亩，施氮肥（N）25～30千克/亩、磷肥（P_2O_5）8～18千克/亩、钾肥（K_2O）20～35千克/亩；产量水平6 000～8 000千克/亩，施氮肥（N）20～25千克/亩、磷肥（P_2O_5）6～8千克/亩、钾肥（K_2O）18～25千克/亩；产量水平4 000～6 000千克/亩，施氮肥（N）15～20千克/亩、磷肥（P_2O_5）5～7千克/亩、钾肥（K_2O）15～20千克/亩。

菜田土壤pH＜6时易出现钙、镁、硼缺乏，可基施石灰（钙肥）50～75千克/亩、硫酸镁（镁肥）4～6千克/亩，根外补施2～3次0.1%硼肥。70%以上的磷肥作基肥条（穴）施，其余随复合肥追施，20%～30%氮、钾肥基施，70%～80%在花后至果穗膨大期间分4～8次随水追施，每次追施氮肥（N）不超过5千克/亩。如采用滴灌施肥技术，在开花坐果期、结果期和盛果期每间隔7～10天追肥一次，每次施氮（N）量可降至3千克/亩。

3. 无公害露地番茄测土配方施肥

（1）番茄测土施肥配方 根据测定土壤硝态氮、有效磷、速效钾等有效养分含量确定番茄地土壤肥力分级（表7-33），然后根据不同肥力水平推荐施肥量如表7-34所示。有机肥、磷肥全部作基肥，氮肥和钾肥作基肥和追肥施用。

表7-33 番茄地土壤肥力分级

肥力水平	硝态氮（毫克/千克）	有效磷（毫克/千克）	速效钾（毫克/千克）
低	＜100	＜60	＜100
中	100～150	60～100	100～150
高	＞150	＞100	＞150

表7-34 不同肥力水平番茄推荐施肥量（千克/亩）

肥力等级	施肥量		
	N	P_2O_5	K_2O
低肥力	19～22	7～10	12～15
中肥力	17～20	5～8	11～14
高肥力	15～18	5～7	10～12

（2）露地春季栽培无公害番茄施肥技术 番茄春季露地栽培一般采用设施育苗，露地移栽定植。一般北方多在4月中下旬定植，6月中旬至7月中旬收获；南方在3月下旬至4月上旬定植，6月上旬至7月下旬收获。

① 定植前基肥。结合整地，撒施或沟施基肥。每亩施生物有机肥 300～500 千克或无害化处理过的有机肥 3 000～5 000 千克，40％番茄有机型专用肥 50～80 千克或 40％硫酸钾型腐殖酸高效缓释肥（15－5－20）40～70 千克或 45％硫基长效缓释复混肥 40～70 千克或腐殖酸包裹尿素 15～25 千克＋腐殖酸型过磷酸钙 50～70 千克＋大粒钾肥 20～30 千克。

② 根际追肥。主要追施发棵肥、催果肥、盛果肥、防早衰肥等。

发棵肥一般在番茄定植后 10～15 天追施，晚熟品种在第一穗果长到 3～4 厘米时进行第一次追肥，每亩施 40％番茄有机型专用肥 8～10 千克或 50％大量元素冲施肥 5～7 千克或 40％酸钾型腐殖酸高效缓释肥 8～10 千克或 45％硫基长效缓释复混肥 5～7 千克或腐殖酸包裹尿素 8～10 千克。

催果肥一般在第一穗果开始膨大时，晚熟品种在第二穗果长到 3～4 厘米时进行第二次追肥，每亩施 40％番茄有机型专用肥 10～15 千克或 50％大量元素冲施肥 8～10 千克或 40％酸钾型腐殖酸高效缓释肥 10～15 千克或 45％硫基长效缓释复混肥 8～12 千克或腐殖酸包裹尿素 10～12 千克＋大粒钾肥 8～12 千克。

盛果肥一般在第一穗果采收时，第二穗果开始膨大时第三次追肥；晚熟品种在第三穗果开始膨大时进行，每亩施 40％番茄有机型专用肥 10～15 千克或 50％大量元素冲施肥 8～10 千克或 40％酸钾型腐殖酸高效缓释肥 10～15 千克或 45％硫基长效缓释复混肥 8～10 千克或腐殖酸包裹尿素 10～12 千克＋大粒钾肥 8～12 千克。

防早衰肥一般在第二穗果采收后进行第四次追肥，以防引起筋腐病和品质下降，每亩施 40％番茄有机型专用肥 10～15 千克或 50％大量元素冲施肥 8～10 千克或 40％酸钾型腐殖酸高效缓释肥 10～15 千克或 45％硫基长效缓释复混肥 8～10 千克或腐殖酸包裹尿素 10～12 千克＋大粒钾肥 8～12 千克。

③ 根外追肥。番茄移栽定植后，叶面喷施 500～600 倍含氨基酸水溶肥或 500～600 倍含腐殖酸水溶肥 2 次，间隔 15 天。进入旺盛生长期，叶面喷施 1 500 倍活力钾、1 500 倍活力硼、1 500 倍活力钙混合溶液 2 次，间隔 15 天。

(3) 露地越夏或秋季栽培无公害番茄施肥技术 番茄越夏露地栽培一般 5 月中下旬定植，6 月中下旬至 7 月中下旬收获；番茄秋季露地栽培一般 7 月下旬至 8 月中旬定植，9 月中下旬至 10 月中下旬收获。

① 定植前基肥。结合整地，撒施或沟施基肥。每亩施生物有机肥 300～500 千克或无害化处理过的有机肥 3 000～5 000 千克，40％番茄有机型专用肥 50～80 千克或 40％硫酸钾型腐殖酸高效缓释肥 40～60 千克或 45％硫基长效缓释复混肥 40～60 千克或腐殖酸包裹尿素 15～25 千克＋腐殖酸型过磷酸钙

50～70 千克＋大粒钾肥 20～30 千克。

② 根际追肥。主要追施催果肥、盛果肥等。

催果肥一般在第一穗果开始膨大时，晚熟品种在第二穗果长到 3～4 厘米时进行第一次追肥，每亩施 40％番茄有机型专用肥 10～15 千克或 50％大量元素冲施肥 8～10 千克或 40％硫酸钾型腐殖酸高效缓释肥 8～12 千克或 45％硫基长效缓释复混肥 8～12 千克或腐殖酸包裹尿素 10～12 千克＋大粒钾肥 8～12 千克。

盛果肥一般在第一穗果采收、第二穗果开始膨大时第二次追肥；晚熟品种在第三穗果开始膨大时进行，每亩施 40％番茄有机型专用肥 12～15 千克或 50％大量元素冲施肥 10～12 千克或 40％硫酸钾型腐殖酸高效缓释肥 10～12 千克或 45％硫基长效缓释复混肥 10～15 千克或腐殖酸包裹尿素 10～15 千克＋大粒钾肥 10～15 千克。

③ 根外追肥。番茄移栽定植后，叶面喷施 500～600 倍含氨基酸水溶肥或 500～600 倍含腐殖酸水溶肥 2 次，间隔 15 天。进入旺盛生长期，叶面喷施 1 500 倍活力钾、1 500 倍活力硼、1 500 倍活力钙混合溶液 2 次，间隔 15 天。

4. 无公害设施番茄水肥一体化技术

(1) 春早熟设施栽培无公害番茄水肥一体化技术 番茄春早熟设施栽培一般利用塑料大棚和日光温室。利用日光温室栽培多在 2 月上旬至 3 月上中旬定植，4 月上旬至 6 月上旬收获；利用塑料大棚一般在 2 月下旬至 3 月中旬定植，5 月上旬至 6 月中旬收获。

① 定植前基肥。定植前 3～7 天结合整地，撒施或沟施基肥。根据当地肥源情况，每亩施生物有机肥 400～500 千克或无害化处理过的有机肥 4 000～5 000 千克，35％番茄有机型专用肥 70～90 千克或 40％硫酸钾型腐殖酸高效缓释肥 50～60 千克或 45％硫基长效缓释复混肥（24－15－5）50～60 千克或腐殖酸包裹尿素 15～20 千克＋腐殖酸型过磷酸钙 50～60 千克＋大粒钾肥 20～30 千克。

② 水肥一体化。设施栽培番茄，可以滴灌等设备结合灌水进行追肥。如果采取灌溉施肥，生产上常用氮、磷、钾含量总和为 50％以上的水溶性肥料进行灌溉施肥使用，选择适合设施番茄的配方主要有：16－20－14＋TE、22－4－24＋TE、20－5－25＋TE 等水溶肥配方。不同生育期灌溉施肥次数及用量可参考表 7－35。

③ 根外追肥。番茄移栽定植后，叶面喷施 500～600 倍含氨基酸水溶肥或 500～600 倍含腐殖酸水溶肥 2 次，间隔 15 天。进入结果盛期，叶面喷施 1 500 倍活力钾、1 500 倍活力硼、1 500 倍活力钙混合溶液 2 次，间隔 15 天。

表 7-35　春早熟设施番茄灌溉施肥水肥推荐方案（千克/亩）

生育期	养分配方	每次施肥量		施肥次数	生育期总用量		每次灌溉水量（米^3）	
		滴灌	沟灌		滴灌	沟灌	滴灌	沟灌
开花坐果	16-20-14+TE	13～14	14～15	1	13～14	14～15	12～15	15～20
果实膨大	22-4-24+TE	11～12	12～13	4	44～48	48～52	12～15	15～20
采收初期	22-4-24+TE	6～7	7～8	4	24～28	28～32	12～15	15～20
采收盛期	20-5-25+TE	10～11	11～12	8	80～88	88～96	12～15	15～20
采收末期	20-5-25+TE	6～7	7～8	2	12～14	14～16	12～15	15～20

（2）秋延迟设施栽培无公害番茄施肥技术　番茄秋延迟设施栽培一般利用塑料大棚和日光温室。利用日光温室栽培多在 8 月定植，11 月中旬至翌年 1 月下旬收获；利用塑料大棚一般在 8 月上中旬定植，10 月中旬至11 月上旬收获。可以根据当地情况，选择土壤追肥或灌溉追肥。

① 定植前基肥。定植前 3～7 天结合整地，撒施或沟施基肥。根据当地肥源情况，每亩施生物有机肥 200～300 千克或无害化处理过的有机肥 2 000～3 000 千克，35%番茄有机型专用肥 50～60 千克或 40%硫酸钾型腐殖酸高效缓释肥 40～50 千克或 45%硫基长效缓释复混肥 40～50 千克或腐殖酸包裹尿素 10～15 千克+腐殖酸型过磷酸钙 30～40 千克+大粒钾肥 12～15 千克。

② 水肥一体化。设施栽培番茄，可用滴灌等设备结合灌水进行追肥。如果采取灌溉施肥，生产上常用氮、磷、钾含量总和为 50%以上的水溶性肥料进行灌溉施肥使用，选择适合设施番茄的配方主要有：16-20-14+TE、22-4-24+TE、20-5-25+TE 等水溶肥配方。不同生育期灌溉施肥次数及用量可参考表 7-36。

表 7-36　秋延后设施番茄灌溉施肥水肥推荐方案（千克/亩）

生育期	养分配方	每次施肥量		施肥次数	生育期总用量		每次灌溉水量（米^3）	
		滴灌	沟灌		滴灌	沟灌	滴灌	沟灌
缓苗后	16-20-14+TE	6～7	7～8	1	6～7	7～8	12～15	15～20
果实膨大	22-4-24+TE	11～12	12～13	4	44～48	48～52	12～15	15～20
采收初期	22-4-24+TE	6～7	7～8	4	24～28	28～32	12～15	15～20
采收盛期	20-5-25+TE	10～11	11～12	8	80～88	88～96	12～15	15～20

③ 根外追肥。番茄移栽定植后，叶面喷施 500～600 倍含氨基酸水溶肥或

500～600 倍含腐殖酸水溶肥 2 次，间隔 15 天。结果盛期，叶面喷施 1 500 倍活力钾、1 500 倍活力硼、1 500 倍活力钙混合溶液 2 次，间隔 15 天。

(3) 越冬长季设施栽培无公害番茄施肥技术 番茄越冬长季设施栽培一般利用日光温室。多在 11 月上旬定植，翌年 2～7 月收获。可以根据当地情况，选择土壤追肥或灌溉追肥。

① 定植前基肥。定植前 3～7 天结合整地，撒施或沟施基肥。根据当地肥源情况，每亩施生物有机肥 500～600 千克或无害化处理过的有机肥 5 000～10 000 千克，35%番茄有机型专用肥 60～80 千克或 40%硫酸钾型腐殖酸高效缓释肥（15-5-20）50～60 千克或 45%硫基长效缓释复混肥（24-15-5）50～60 千克或腐殖酸包裹尿素 15～25 千克＋腐殖酸型过磷酸钙 50～60 千克＋大粒钾肥 20～35 千克。

② 水肥一体化。设施栽培番茄，可用滴灌等设备结合灌水进行追肥。如果采取灌溉施肥，生产上常用氮、磷、钾含量总和为 50%以上的水溶性肥料进行灌溉施肥使用，选择适合设施番茄的配方主要有：16-20-14＋TE、22-4-24＋TE、20-5-25＋TE 等水溶肥配方。不同生育期灌溉施肥次数及用量可参考表 7-37。

表 7-37 越冬长季设施番茄灌溉施肥水肥推荐方案（千克/亩）

生育期	养分配方	每次施肥量		施肥次数	生育期总用量		每次灌溉水量（米^3）	
		滴灌	沟灌		滴灌	沟灌	滴灌	沟灌
缓苗后	16-20-14＋TE	6～7	7～8	1	6～7	7～8	12～15	15～20
开花坐果	16-20-14＋TE	13～14	14～15	1	13～14	14～15	12～15	15～20
果实膨大	22-4-24＋TE	11～12	12～13	4	44～48	48～52	12～15	15～20
采收初期	22-4-24＋TE	6～7	7～8	4	24～28	28～32	12～15	15～20
采收盛期	20-5-25＋TE	10～11	11～12	8	80～88	88～96	12～15	15～20
采收末期	20-5-25＋TE	6～7	7～8	2	12～14	14～16	12～15	15～20

③ 根外追肥。番茄移栽定植后，叶面喷施 500～600 倍含氨基酸水溶肥或 500～600 倍含腐殖酸水溶肥 2 次，间隔 15 天。结果盛期，叶面喷施 1 500 倍活力钾、1 500 倍活力硼、1 500 倍活力钙混合溶液 2 次，间隔 15 天。

二、辣椒高效安全施肥

辣椒，也称牛角椒、长辣椒、菜椒等，茄科辣椒属，一年或有限多年生草本植物。辣椒是我国主要夏秋蔬菜之一。

1. 辣椒缺素症状及补救

辣椒缺素症状及补救措施可参考表 7－38。

表 7－38　辣椒常见缺素症及补救措施

营养元素	缺素症状	补救措施
氮	幼苗缺氮，植株生长不良，叶淡黄色，植株矮小，停止生长。成株期缺氮，全株叶片淡黄色（病毒黄化为金黄色）	用 0.2%～0.3%尿素溶液叶面喷施 2～3 次
磷	苗期缺磷，植株矮小，叶色深绿，由下而上落叶，叶尖变黑枯死，生长停滞，早期缺磷一般很少表现症状。成株期缺磷植株矮小，叶背多呈紫红色、茎细、直立、分枝少，延迟结果和成熟，并引起落蕾、落花	用 0.2%～0.3%磷酸二氢钾溶液或 0.5%过磷酸钙浸出液叶面喷施 2～3 次
钾	多表现在开花以后，发病初期，下部叶尖开始发黄，然后沿叶缘在叶脉间形成黄色斑点，叶缘逐渐干枯，并向内扩展至全叶呈灼伤状或坏死状，果实变小，叶片症状是从老叶到新叶，从叶尖向叶柄发展。结果期如果土壤钾不足，叶片会表现缺钾症，坐果率低，产量不高	用 0.2%～0.3%磷酸二氢钾溶液或 1%草木灰浸出液叶面喷施 2～3 次
钙	钙吸收量比番茄低，如钙不足，易诱发果实脐腐病	用 0.5%氯化钙溶液叶面喷施 2～3 次
镁	叶片变成灰绿色，接着叶脉间黄化，基部叶片脱落，植株矮小，果实稀疏，发育不良	用 1%～3%硫酸镁或 1%硝酸镁溶液叶面喷施 2～3 次
硫	植株生长缓慢，分枝多，茎坚硬木质化，叶呈黄绿色僵硬，结果少或不结果	结合缺镁、锌、铜等喷施含硫肥料
锌	植株矮小，发生顶枯，顶部小叶丛生，叶畸形细小，叶片有褐色条斑，叶片易枯黄或脱落	用 0.1%硫酸锌溶液喷洒叶面 1～2 次
硼	茎叶变脆，易折，上部叶片扭曲畸形，果实易出毛根	用 0.05%～0.1%硼砂水溶液叶面喷施 2～3 次
锰	中上部叶片叶脉间变成淡绿色	用 1%硫酸锰溶液叶面喷施 2～3 次
铁	上部叶的叶脉仍绿，叶脉间变成淡绿色	及时喷施 0.5%～1%硫酸亚铁溶液连喷 3～5 次

（续）

营养元素	缺素症状	补救措施
铜	顶部叶片呈罩盖状，生长差	叶面喷施 0.02%～0.03%硫酸铜溶液 2～3 次
钼	叶脉间发生黄斑，叶缘向内侧卷曲	喷施 0.05%～0.1%的钼酸铵溶液 1～2 次

2. 辣椒高效安全施肥技术

借鉴 2011—2018 年农业部辣椒科学施肥指导意见和相关测土配方施肥技术研究资料，提出推荐施肥方法，供农民朋友参考。

(1) 施肥原则 辣椒生产中普遍存在重施氮肥，轻施磷、钾肥；重施化肥，轻施或不施有机肥，忽视中微量元素肥料等突出问题。辣椒施肥原则：因地制宜地增施优质有机肥；开花期控制施肥，从始花到分枝坐果时，除植株严重缺肥可略施速效肥外，都应控制施肥，以防止落花、落叶、落果；幼果期和采收期要及时施用速效肥，以促进幼果迅速膨大；辣椒移栽后到开花期前，促控结合，以薄肥勤浇；忌用高浓度肥料，忌在中午高温时追肥，忌过于集中追肥。

(2) 施肥建议 根据辣椒施肥原则，提出以下施肥建议：优质农家肥 2 000～4 000 千克/亩作基肥一次施用。

产量水平 2 000 千克/亩以下：施氮肥（N）10～12 千克/亩，磷肥（P_2O_5）3～4 千克/亩，钾肥（K_2O）8～10 千克/亩。产量水平 2 000～4 000 千克/亩：施氮肥（N）15～18 千克/亩，磷肥（P_2O_5）4～5 千克/亩，钾肥（K_2O）10～12 千克/亩。产量水平 4 000 千克/亩以上：施氮肥（N）18～22 千克/亩，磷肥（P_2O_5）5～6 千克/亩，钾肥（K_2O）13～15 千克/亩。

氮肥总量的 20%～30%作基肥，70%～80%作追肥；磷肥全部作基肥；钾肥总量的 50%～60%作基肥，40%～50%作追肥。

在辣椒生长中期注意分别喷施适宜的叶面硼肥和叶面钙肥产品，防治辣椒脐腐病。

3. 露地无公害辣椒测土配方施肥

辣椒春季露地栽培多在 4 月中下旬定植，6 月中旬至 7 月中下旬收获。秋季露地栽培多在 7～8 月定植，9～11 月收获。

(1) 露地辣椒测土施肥配方 廖育林等（2009）针对湖南辣椒主产区施肥现状，提出在保证有机肥施用的基础上，氮肥推荐采用总量控制分期调控技术，磷、钾肥推荐采取恒量监控技术。

① 有机肥推荐。依据土壤肥力和有机肥种类来决定有机肥施用量（表7-39）。有机肥一般基施。

表7-39　辣椒有机肥推荐用量（千克/亩）

肥料种类	土壤肥力		
	低	中	高
农家肥	2 000～3 000	1 500～2 000	1 000～1 500
商品有机肥	660～800	530～660	400～530

② 氮肥推荐。辣椒的辛辣味与氮肥用量有关，施氮量多会降低辣味，在初花期应控制氮肥施用。

氮肥基肥用量一般根据0～20厘米土壤的硝态氮含量，结合辣椒目标产量确定，可参考表7-40。

表7-40　辣椒氮肥（N）基肥推荐用量（千克/亩）

土壤硝态氮含量（毫克/千克）	目标产量（千克/亩）		
	2 000	3 000	4 000
＜30	5.3	6.3	6.3
30～60	3.3～5.3	4.3～6.3	4.3～6.3
60～90	1.3～3.3	2.3～4.3	2.3～4.3
90～120	0	0～2.3	0～2.3
＞120	0	0	0

氮肥追肥用量：辣椒在初花期以后，当第一果实直径达到2～3厘米时，追施氮肥一次，每次施用量不超过4千克/亩。以后每采收一次追施氮肥一次。辣椒的氮肥追施总量可参考表7-41。

表7-41　辣椒氮肥（N）追肥推荐用量（千克/亩）

土壤硝态氮含量（毫克/千克）	目标产量（千克/亩）		
	2 000	3 000	4 000
＜30	10	11.3	13.3
30～60	8～10	9.3～11.3	11.3～13.3
60～90	6～8	7.3～9.3	9.3～11.3
90～120	4～6	5.3～7.3	7.3～9.3
＞120	4	5.3	7.3

③ 磷肥推荐。磷肥推荐主要依据土壤有效磷含量和目标产量，长江中下

游地区可参考表 7-42。磷肥一般基施，采用条施方式的可减少 20%的施用量。

表 7-42　辣椒磷肥（P_2O_5）推荐用量（千克/亩）

土壤有效磷含量（毫克/千克）	目标产量（千克/亩）		
	2 000	3 000	4 000
<7	6.7	8	12
7～20	4.7	6	9.3
20～40	2.7	4	6.7
40～70	0.7	2	4
>70	0	1.3	1.3

④ 钾肥推荐。钾肥推荐主要依据土壤交换性钾含量和目标产量，长江中下游地区可参考表 7-43。一般把钾肥的 50%～60%作基肥，40%～50%作追肥。

表 7-43　辣椒钾肥（K_2O）推荐用量（千克/亩）

土壤交换性钾含量（毫克/千克）	目标产量（千克/亩）		
	2 000	3 000	4 000
<50	8	10	12
50～100	6.7	9	10.7
100～150	5.3	8	9.3
150～200	4	7	8
>200	2.7	6	6.7

(2) 露地无公害辣椒施肥技术

① 定植前基肥。结合整地，撒施或沟施基肥。每亩施生物有机肥 300～500 千克或无害化处理过的有机肥 3 000～5 000 千克，35%辣椒有机型专用肥 40～50 千克或 30%腐殖酸高效缓释肥 40～50 千克或 45%硫基长效缓释复混肥 30～40 千克或腐殖酸包裹尿素 10～15 千克+腐殖酸型过磷酸钙 40～50 千克+大粒钾肥 10～15 千克。

② 根际追肥。主要施用发棵肥、结果初期肥、结果盛期肥、结果后期肥。

发棵肥一般在定植 15 天缓苗后为促苗早发棵，结合浇水追施。每亩施 35%辣椒有机型专用肥 10～15 千克或 50%大量元素冲施肥 8～10 千克或 30%腐殖酸高效缓释肥 10～15 千克或 45%硫基长效缓释复混肥（23-12-10）8～10 千克或腐殖酸包裹尿素 10～12 千克。

结果初期肥一般在“门椒”开始膨大时结合浇水追施。每亩施35%辣椒有机型专用肥15～20千克或50%大量元素冲施肥10～15千克或30%腐殖酸高效缓释肥15～20千克或45%硫基长效缓释复混肥（23-12-10）10～12千克或腐殖酸包裹尿素12～15千克+大粒钾肥10～12千克。

结果盛期肥一般在第二层的“对椒”和第三层的“四母斗椒”开始膨大时结合浇水追施。每亩施35%辣椒有机型专用肥20～25千克或50%大量元素冲施肥15～20千克或30%腐殖酸高效缓释肥20～25千克或45%硫基长效缓释复混肥（23-12-10）15～20千克或腐殖酸包裹尿素15～20千克+大粒钾肥15～20千克。

结果后期肥一般在辣椒采收的中后期，可根据辣椒长势每10天结合浇水追肥一次。每亩每次冲施50%大量元素冲施肥10～15千克或腐殖酸包裹尿素10～12千克+大粒钾肥10～12千克或无害化处理过的畜禽粪水600～800千克。

③ 根外追肥。结果初期，叶面喷施500～600倍含氨基酸水溶肥或500～600倍含腐殖酸水溶肥、1 500倍活力钾混合溶液一次。结果盛期，叶面喷施1 500倍活力钙、1 500倍活力钾混合溶液2次，间隔20天。结果中后期，叶面喷施喷施500～600倍含氨基酸水溶肥或500～600倍含腐殖酸水溶肥、1 500倍活力钙、1 500倍活力钾混合溶液2次，间隔20天。

4. 设施无公害辣椒测土配方施肥

辣（甜）椒的主要设施栽培方式有：一是春提早栽培，主要采用塑料大棚、小拱棚全程覆盖等设施。二是秋延迟栽培，主要采用塑料大棚等设施。三是越冬长季栽培，主要采用日光温室等设施。这里以春提早设施栽培无公害辣椒施肥技术为例。

(1) 设施辣椒施肥配方 考虑到辣椒目标产量和当地施肥现状，辣（甜）椒的氮、磷、钾施肥量可参考表7-44。

表7-44 依据目标产量辣（甜）椒推荐施肥量（千克/亩）

目标产量（千克/亩）	施肥量		
	N	P_2O_5	K_2O
2 000～3 000	19～21	7～9	13～15
3 000～4 000	20～22	8～10	14～16
4 000～5 000	21～23	9～11	15～17

(2) 春提早设施栽培无公害辣椒施肥技术 辣椒春提早设施栽培多采用塑料大棚设施，一般开春后大苗带蕾定植于塑料大棚中，4月底至5月初上市。

① 定植前基肥。结合整地，撒施或沟施基肥。根据当地肥源情况，每亩施生物有机肥 400～500 千克或无害化处理过的有机肥 4 000～5 000 千克，35%辣椒有机型专用肥 50～60 千克或 30%腐殖酸高效缓释肥 50～60 千克或 45%硫基长效缓释复混肥 40～50 千克或腐殖酸包裹尿素 20～25 千克+腐殖酸型过磷酸钙 50～60 千克+大粒钾肥 20～30 千克。

② 根际追肥。主要在结果初期、“门椒”采收时、“对椒”采收时、结果后期进行追施。

结果初期肥一般在“门椒”果实长到 2～3 厘米时结合浇水追施。每亩冲施 50%大量元素冲施肥 10～15 千克或 30%硫酸钾型腐殖酸高效缓释肥 20～25 千克或 45%硫基长效缓释复混肥（23-12-10）12～15 千克或腐殖酸包裹尿素 12～15 千克或无害化处理过的腐熟人粪尿 500～1 000 千克。

“门椒”采收肥一般在“门椒”采收时，“对椒”果实长到 2～3 厘米时结合浇水追施。每亩冲施 50%大量元素冲施肥 8～12 千克或 45%硫基长效缓释复混肥（23-12-10）12～15 千克或腐殖酸包裹尿素 10～12 千克+大粒钾肥 10～15 千克。

“对椒”采收肥一般在“对椒”采收时，第三层果实已经膨大，第四层果实坐住，进入果实采收高峰，此时结合浇水追施。每亩施 50%大量元素冲施肥 10～15 千克或 45%硫基长效缓释复混肥（23-12-10）12～15 千克或腐殖酸包裹尿素 10～15 千克+大粒钾肥 10～15 千克。

结果后期肥一般在辣椒采收的中后期，可根据辣椒长势结合浇水追肥 2～3 次。每亩施 50%大量元素冲施肥 8～10 千克或腐殖酸包裹尿素 10～12 千克或无害化处理过的腐熟人粪尿 600～800 千克。

③ 根外追肥。结果初期，叶面喷施 500～600 倍含氨基酸水溶肥或 500～600 倍含腐殖酸水溶肥、1 500 倍活力钾混合溶液一次。结果中后期，叶面喷施喷施 500～600 倍含氨基酸水溶肥或 500～600 倍含腐殖酸水溶肥、1 500 倍活力钙、1 500 倍活力钾混合溶液 2 次，间隔 20 天。

5. 日光温室早春茬无公害辣椒水肥一体化技术

辣椒日光温室早春茬栽培，一般 4 月初移栽定植，7 月初采收结束。

(1) 定植前基肥 结合整地，撒施或沟施基肥。每亩施生物有机肥 400～500 千克或无害化处理过的有机肥 4 000～5 000 千克，35%辣椒有机型专用肥 50～60 千克或 30%腐殖酸高效缓释肥 50～60 千克或 45%硫基长效缓释复混肥 40～50 千克或腐殖酸包裹尿素 20～25 千克+腐殖酸型过磷酸钙 50～60 千克+大粒钾肥 20～30 千克。

(2) 滴灌追肥 这里以华北地区日光温室早春茬辣椒滴灌施肥为例。表

7-45在华北地区日光温室早春茬辣椒栽培经验基础上，总结得出的滴灌施肥方案，可供相应地区日光温室早春茬辣椒生产使用参考。

表7-45 日光温室早春茬辣椒滴灌施肥方案

生育时期	灌水次数	每次灌水量（米³/亩）	每次灌溉加入的养分量（千克/亩）				备注
			N	P_2O_5	K_2O	合计	
开花期	2	9	1.8	1.8	1.8	5.4	施肥1次
坐果期	3	14	3.0	1.5	3.0	7.5	施肥2次
采收期	6	9	1.4	0.7	2.0	4.1	施肥5次

注：该方案每亩栽植3 000～4 000株，目标产量为4 000～5 000千克/亩；定植到开花期灌水2次，定植一周后灌水一次；10天左右后再灌第二次进行施肥；开花后至坐果期灌水3次，应适当控制水肥供应，以利于开花坐果；进入采摘期，植株对水肥的需求量加大，一般前期每7天滴灌施肥一次。

(3) 根外追肥 结果初期，叶面喷施500～600倍含氨基酸水溶肥或500～600倍含腐殖酸水溶肥、1 500倍活力钾混合溶液一次。结果中后期，叶面喷施喷施500～600倍含氨基酸水溶肥或500～600倍含腐殖酸水溶肥、1 500倍活力钙、1 500倍活力钾混合溶液2次，间隔20天。

三、茄子高效安全施肥

茄子，又名矮瓜、白茄、吊菜子、落苏、茄子、紫茄、青茄。草本或亚灌木植物，高达1米。原产于亚洲热带地区，我国各地均有栽培。

1. 茄子营养缺素症及补救

茄子缺素症状及补救措施可参考表7-46。

表7-46 茄子常见缺素症及补救措施

营养元素	缺素症状	补救措施
氮	叶色变淡，老叶黄化，重时干枯脱落，花蕾停止发育并变黄，心叶变小	叶面喷施0.3%～0.5%尿素溶液2～3次
磷	茎秆细长，纤维发达，花芽分化和结果期延长，叶片变小，颜色变深，叶脉发红	叶面喷施0.2%～0.3%磷酸二氢钾溶液或0.5%过磷酸钙浸出液2～3次
钾	初期心叶变小，生长慢，叶色变淡；后期叶脉间失绿，出现黄白色斑块，叶尖叶缘渐干枯。生产上，茄子的缺钾症较为少见	叶面喷施0.2%～0.3%磷酸二氢钾溶液或1%草木灰浸出液2～3次
钙	植株生长缓慢，生长点畸形，幼叶叶缘失绿，叶片的网状叶脉变褐，呈铁锈状叶	叶面喷施2%氯化钙溶液2～3次

（续）

营养元素	缺素症状	补救措施
镁	叶脉附近，特别是主叶脉附近变黄，叶片失绿，果实变小，发育不良	叶面喷施1%～3%硫酸镁溶液2～3次
硫	叶色淡绿色，向上卷曲，植株呈浅绿色或黄绿色，心叶枯死或结果少	结合缺镁、锌、铜等喷施含硫肥料
锌	叶小呈丛生状，新叶上发生黄斑，逐渐向叶缘发展，致全叶黄化	叶面喷施0.1%硫酸锌溶液1～2次
硼	茄子缺硼时，自顶叶黄化、凋萎，顶端茎及叶柄折断，内部变黑，茎上有木栓状龟裂	叶面喷施0.05%～0.2%硼砂水溶液2～3次
锰	新叶脉间呈黄绿色，不久变褐色，叶脉仍为绿色	叶面喷施1%硫酸锰溶液2～3次
铁	幼叶和新叶呈黄白色，叶脉残留绿色。在土壤呈酸性、多肥、多湿的条件下常会发生缺铁症	及时叶面喷施0.5%～1%硫酸亚铁溶液3～5次
铜	整个叶色淡，上部叶稍有点下垂，出现沿主脉间小斑点状失绿的叶	叶面喷施0.02%～0.03%硫酸铜溶液2～3次
钼	从果实膨大时开始，叶脉间发生黄斑，叶缘向内侧卷曲	叶面喷施0.05%～0.1%钼酸铵溶液1～2次

2. 露地无公害茄子测土配方施肥

露地栽培茄子茬口有春季、夏秋季等形式，这里以春季栽培为例。

（1）茄子测土施肥配方 根据测定土壤硝态氮、有效磷、速效钾等有效养分含量确定茄子地土壤肥力分级（表7-47），考虑到茄子目标产量和当地茄子施肥现状，茄子的氮、磷、钾施肥量可参考表7-48。

表7-47 茄子地土壤肥力分级

肥力水平	硝态氮（毫克/千克）	有效磷（毫克/千克）	速效钾（毫克/千克）
低	＜100	＜60	＜100
中	100～150	60～100	100～150
高	＞150	＞100	＞150

表7-48 依据土壤肥力和目标产量茄子推荐施肥量（千克/亩）

土壤肥力等级	目标产量（千克/亩）	施肥量		
		N	P_2O_5	K_2O
低肥力	2 500～3 500	17～20	5～8	12～14
中肥力	3 500～4 500	15～18	4～7	10～12
高肥力	4 500～5 500	13～16	3～6	8～10

（2）春季栽培无公害茄子施肥　茄子春季露地栽培一般采用设施育苗，露地移栽定植。一般北方多在 4 月中下旬定植，6 月中旬至 7 月中旬收获；南方在 3 月下旬至 4 月上旬定植，6 月上旬至 7 月下旬收获。

① 定植前基肥。结合整地，撒施或沟施基肥。每亩施生物有机肥 200～300 千克或无害化处理过的有机肥 2 000～3 000 千克，35％茄子有机型专用肥 40～50 千克或 40％硫酸钾型腐殖酸高效缓释肥 35～45 千克或 45％硫基长效缓释复混肥 35～45 千克或腐殖酸包裹尿素 15～20 千克＋腐殖酸型过磷酸钙 40～50 千克＋大粒钾肥 15～20 千克。

② 根际追肥。主要追施“门茄”肥、“对茄”肥、“四母斗”肥、“八面风”肥、“满天星”肥等。

“门茄”肥一般在结束蹲苗“门茄瞪眼期”结合浇水追施。每亩施 35％茄子有机型专用肥 12～15 千克或 50％大量元素冲施肥 8～10 千克或 40％硫酸钾型腐殖酸高效缓释肥 10～12 千克或 45％硫基长效缓释复混肥 10～12 千克或腐殖酸包裹尿素 10～12 千克。

“对茄”肥一般在“门茄”开始采摘、“对茄”膨大时结合浇水追施。每亩施 35％茄子有机型专用肥 15～20 千克或 50％大量元素冲施肥 10～12 千克或 40％硫酸钾型腐殖酸高效缓释肥 12～15 千克或 45％硫基长效缓释复混肥 10～15 千克或腐殖酸包裹尿素 12～15 千克＋大粒钾肥 10～12 千克。

“四母斗”肥一般在“对茄”开始采摘、“四母斗”茄膨大时结合浇水追施。每亩施 35％茄子有机型专用肥 25～30 千克或 50％大量元素冲施肥 12～15 千克或 40％硫酸钾型腐殖酸高效缓释肥 20～25 千克或 45％硫基长效缓释复混肥 20～25 千克或腐殖酸包裹尿素 15～20 千克＋大粒钾肥 12～15 千克。

“八面风”肥一般在“四母斗”茄开始采摘、“八面风”茄膨大时结合浇水追施。每亩施 35％茄子有机型专用肥 25～30 千克或 50％大量元素冲施肥 12～15 千克或 40％硫酸钾型腐殖酸高效缓释肥 20～25 千克或 45％硫基长效缓释复混肥 20～25 千克或腐殖酸包裹尿素 15～20 千克＋大粒钾肥 12～15 千克。

“满天星”肥一般在“八面风”茄开始采摘、“满天星”茄膨大时结合浇水追施。每亩施 50％大量元素冲施肥 15～20 千克或腐殖酸包裹尿素 15～20 千克＋大粒钾肥 15～20 千克。

③ 根外追肥。“门茄”达到“瞪眼”后，叶面喷施 500～600 倍含氨基酸水溶肥或 500～600 倍含腐殖酸水溶肥、1 500 倍活力硼混合溶液 2 次，间隔 15 天。“对茄”膨大时，叶面喷施 1 500 倍活力钙、1 500 倍活力钾混合溶液一次。“四母斗”茄膨大时，叶面喷施喷施 500～600 倍含氨基酸水溶肥或 500～

600 倍含腐殖酸水溶肥、1 500 倍活力钙、1 500 倍活力钾混合溶液一次。“八面风”茄膨大时，叶面喷施 1 500 倍活力钙、1 500 倍活力钾混合溶液一次。“满天星”茄膨大时，叶面喷施 1 500 倍活力钙、1 500 倍活力钾混合溶液一次。

3. 日光温室冬春茬设施栽培无公害茄子水肥一体化技术

（1）定植前基肥 定植前 15 天结合整地，撒施或沟施基肥。根据当地肥源情况，每亩施生物有机肥 400～600 千克或无害化处理过的有机肥 4 000～6 000 千克，35%茄子有机型专用肥 60～80 千克或 40%硫酸钾型腐殖酸高效缓释肥 50～70 千克或 45%硫基长效缓释复混肥 50～70 千克或腐殖酸包裹尿素 20～25 千克+腐殖酸型过磷酸钙 50～70 千克+大粒钾肥 20～30 千克。

（2）滴灌追肥 这里以华北地区日光温室冬春茬茄子滴灌施肥为例。如表 7-49 所示，在华北地区日光温室冬春茬茄子栽培经验基础上，总结得出的滴灌施肥方案，可供相应地区日光温室冬春茬茄子生产使用参考。

表 7-49 日光温室冬春茬茄子滴灌施肥方案

生育时期	灌水次数	每次灌水量（米^3/亩）	每次灌溉加入的养分量（千克/亩）				备注
			N	P_2O_5	K_2O	合计	
苗期	2	10	1.0	1.0	0.5	2.5	施肥 2 次
开花期	3	10	1.0	1.0	1.4	3.4	施肥 3 次
采收期	10	15	1.5	0	2.0	3.5	施肥 10 次

注：①该方案早熟品种每亩栽植 3 000～3 500 株、晚熟品种每亩栽植 2 500～3 000 株，目标产量为 4 000～5 000 千克/亩。②苗期不能太早灌水，只有当土壤出现缺水现象时，才能进行施肥灌水。③开花后至坐果前，应适当控制水肥供应，以利于开花坐果。④进入采摘期，植株对水肥的需求量加大，一般前期每 8 天滴灌施肥一次，中后期每 5 天滴灌施肥一次。

（3）根外追肥 “门茄”达到“瞪眼”后，叶面喷施 500～600 倍含氨基酸水溶肥或 500～600 倍含腐殖酸水溶肥、1 500 倍活力硼混合溶液 2 次，间隔 15 天。“对茄”膨大时，叶面喷施 1 500 倍活力钙、1 500 倍活力钾混合溶液一次。“八面风”茄膨大时，叶面喷施 1 500 倍活力钙、1 500 倍活力钾混合溶液一次。

第四节 瓜类蔬菜高效安全施肥

瓜类蔬菜是指葫芦科植物中以果实供食用的栽培种群。瓜类蔬菜种类较多，主要有黄瓜、西葫芦、南瓜、冬瓜、苦瓜、丝瓜、青瓜、瓠瓜、佛手瓜等。

一、黄瓜高效安全施肥

黄瓜，又名胡瓜、刺瓜、王瓜、勤瓜、青瓜、唐瓜、吊瓜，葫芦科黄瓜属植物，一年生蔓生或攀缘草本。中国各地普遍栽培，现广泛种植于温带和热带地区。

1. 黄瓜缺素症诊断与补救

黄瓜缺素症状与补救措施可以参考表7-50。

表7-50　黄瓜常见缺素症及补救措施

营养元素	缺素症状	补救措施
氮	叶片小，从下位叶到上位叶逐渐变黄，叶脉凸出可见。最后全叶变黄，坐果数少，瓜果生长发育不良	叶面喷施0.5%尿素溶液2～3次
磷	苗期叶色浓绿、发硬、矮化，定植到露地后，就停止生长，叶色浓绿；果实成熟晚	叶面喷施0.2%～0.3%磷酸二氢钾溶液或0.5%过磷酸钙浸出液2～3次
钾	早期叶缘出现轻微的黄化，叶脉间黄化；生育中、后期，叶缘枯死，随着叶片不断生长，叶向外侧卷曲，瓜条稍短，膨大不良	叶面喷施0.2%～0.3%磷酸二氢钾溶液或1%草木灰浸出液2～3次
钙	距生长点近的上位叶片小，叶缘枯死，叶形呈蘑菇状或降落伞状，叶脉间黄化、叶片变小	叶面喷施0.3%氯化钙溶液2～3次
镁	先是上部叶片发病，后向附近叶片及新叶扩展，黄瓜的生育期提早，果实开始膨大，且进入盛期时，发现仅在叶脉间产生褐色小斑点，下位叶脉间的绿色渐渐黄化，进一步发展时，发生严重的叶枯病或叶脉间黄化；生育后期除叶缘残存点绿色外，其他部位全部呈黄白色，叶缘上卷，致叶片枯死	叶面喷施0.8%～1%硫酸镁溶液2～3次
硫	整个植株生长几乎没有异常，但中上位叶的叶色变淡	结合缺镁、锌、铜等喷施含硫肥料
锌	缺锌从中位开始褪色，叶脉间逐渐褪色，叶缘黄化至变褐，叶缘枯死，叶片稍外翻或卷曲	叶面喷施0.1%～0.2%硫酸锌溶液1～2次
硼	生长点附近的节间明显缩短，上位叶外卷，叶脉呈褐色，叶脉有萎缩现象，果实表皮出现木质化或有污点，叶脉间不黄化	叶面喷施0.15%～0.25%硼砂水溶液2～3次

（续）

营养元素	缺素症状	补救措施
锰	植株顶部及幼叶叶脉间失绿，呈浅黄色斑纹。初期末梢仍保持绿色，使之出现明显网纹状。后期除主脉外，全部叶片均呈黄白色，并在脉间出现下陷坏死斑。叶白化最重，并最先死亡。芽的生长严重受阻，常呈黄色。新叶细小，蔓较短	叶面喷施1%硫酸锰溶液2～3次
铁	缺铁植株新叶、腋芽开始变黄白，尤其是上位叶及生长点附近的叶片和新叶叶脉先黄化，逐渐失绿，但叶脉间不出现坏死斑	及时叶面喷施0.1%～0.5%硫酸亚铁溶液3～5次
铜	植株节间短，全株呈丛生状；幼叶小，老叶脉间出现失绿；后期叶片呈绿色到褐色，并出现坏死，叶片枯黄。失绿是从老叶向幼叶发展的	叶面喷施0.02%～0.05%硫酸铜溶液2～3次
钼	叶片小，叶脉间的叶肉出现不明显的黄斑，叶色白化或黄化，叶脉仍为绿色，叶缘焦枯	叶面喷施0.05%～0.1%的钼酸铵溶液1～2次

2. 设施黄瓜高效安全施肥

借鉴2011—2018年农业部黄瓜科学施肥指导意见和相关测土配方施肥技术研究资料，提出推荐施肥方法，供农民朋友参考。这里以设施黄瓜为例。

（1）施肥原则 设施黄瓜的种植季节分为秋冬茬、越冬长茬和冬春茬，针对其生产中存在的过量施肥，施肥比例不合理，过量灌溉导致养分损失严重，施用的有机肥多以畜禽粪为主导致养分比例失调和土壤生物活性降低，以及连作障碍等导致土壤质量退化严重，养分吸收效率下降，蔬菜品质下降等问题，提出以下施肥原则：合理施用有机肥，提倡施用优质有机堆肥（建议用植物源有机堆肥），老菜棚注意多施高碳氮比外源秸秆或有机肥，少施禽粪肥；依据土壤肥力条件和有机肥的施用量，综合考虑土壤养分供应，适当调整氮、磷、钾化肥用量；采用合理的灌溉施肥技术，遵循“少量多次”的灌溉施肥原则；氮肥和钾肥主要作追肥，少量多次施用，避免追施磷含量高的复合肥，苗期不宜频繁追肥，重视中后期追肥；土壤酸化严重时应适量施用石灰等酸性土壤调理剂。

（2）施肥建议 育苗肥增施腐熟有机肥，补施磷肥，每10平方米苗床施用腐熟的有机肥60～100千克、钙镁磷肥0.5～1千克、硫酸钾0.5千克，根据苗情喷施0.05%～0.1%尿素溶液1～2次；基肥施用优质有机肥4米^3/亩。

产量水平14 000～16 000千克/亩，施氮肥（N）40～45千克/亩、磷肥

（P_2O_5）13～18 千克/亩、钾肥（K_2O）50～55 千克/亩；产量水平 11 000～14 000 千克/亩，施氮肥（N）35～40 千克/亩、磷肥（P_2O_5）11～13 千克/亩、钾肥（K_2O）40～50 千克/亩；产量水平 7 000～11 000 千克/亩，施氮肥（N）28～35 千克/亩、磷肥（P_2O_5）12～17 千克/亩、钾肥（K_2O）30～40 千克/亩；产量水平 4 000～7 000 千克/亩，施氮肥（N）20～28 千克/亩、磷肥（P_2O_5）10～15 千克/亩、钾肥（K_2O）25～30 千克/亩。

如果采用滴灌施肥技术，可减少 20%的化肥施用量，如果大水漫灌，每次施肥则需要增加 20%的肥料用量。

设施黄瓜全部有机肥和磷肥作基肥施用，初花期以控为主，全部的氮肥和钾肥按生育期养分需求定期分 6～8 次追施；每次追施氮肥数量不超过 5 千克/亩；秋冬茬和冬春茬的氮、钾肥分 6～7 次追肥，越冬长茬的氮、钾肥分 8～11 次追肥。如果采用滴灌施肥技术，可采取少量多次的原则，灌溉施肥次数在 15 次左右。

3. 露地无公害黄瓜测土配方施肥

露地黄瓜栽培方式有春季、越夏或秋季栽培等，这里以春季栽培为例。

（1）露地黄瓜测土施肥配方　根据测定土壤硝态氮、有效磷、速效钾等有效养分含量确定黄瓜地土壤肥力分级（表 7－51）。然后考虑到黄瓜目标产量和当地黄瓜施肥现状，黄瓜的氮、磷、钾施肥量可参考表 7－52。

表 7－51　黄瓜地土壤肥力分级

肥力水平	硝态氮（毫克/千克）	有效磷（毫克/千克）	速效钾（毫克/千克）
低	<100	<60	<100
中	100～150	60～90	100～150
高	>150	>100	>150

表 7－52　依据土壤肥力和目标产量黄瓜推荐施肥量（千克/亩）

土壤肥力等级	目标产量（千克/亩）	施肥量		
		N	P_2O_5	K_2O
低肥力	2 500～3 500	18～22	8～10	12～15
中肥力	3 500～4 500	16～20	6～8	10～13
高肥力	4 500～5 500	14～18	4～6	8～11

（2）露地春季栽培无公害黄瓜施肥　露地黄瓜春季栽培为了提前定植、提前收获，我国大多数地区采用苗床育苗的办法，提前一个多月的时间播种，在

晚霜过后定植，采瓜期处于春夏蔬菜淡季。

① 定植前基肥。结合越冬进行秋耕冻垡，撒施或沟施基肥。每亩施生物有机肥500～700千克或无害化处理过的有机肥5 000～7 000千克，35%黄瓜有机型专用肥60～80千克或40%腐殖酸高效缓释肥50～60千克或40%硫基长效缓释复混肥50～60千克或腐殖酸包裹尿素20～25千克+腐殖酸型过磷酸钙60～70千克+大粒钾肥20～30千克。

② 根际追肥。主要在结瓜期进行追肥。

一般在黄瓜结瓜后结合浇水进行第一次追肥，每亩施35%黄瓜有机型专用肥10～15千克或50%大量元素冲施肥8～12千克或40%腐殖酸高效缓释肥10～12千克或45%硫基长效缓释复混肥10～12千克或40%腐殖酸长效缓释肥8～10千克或腐殖酸包裹尿素10～12千克+缓效磷酸二铵5～7千克+大粒钾肥8～10千克。

一般在第二批瓜采收后进行第二次追肥，以后每隔20天左右再追肥一次，共追4～7次。每次每亩施35%黄瓜有机型专用肥10～12千克或50%大量元素冲施肥8～10千克或40%腐殖酸高效缓释肥8～10千克或45%硫基长效缓释复混肥8～10千克或40%腐殖酸长效缓释肥7～9千克或腐殖酸包裹尿素8～10千克+缓效磷酸二铵5～7千克+大粒钾肥8～10千克。

③ 根外追肥。黄瓜移栽定植后，叶面喷施500～600倍含氨基酸水溶肥或500～600倍含腐殖酸水溶肥、1 500倍活力硼混合溶液一次。黄瓜进入结瓜期，叶面喷施1 500倍活力钾、1 500倍活力钙混合溶液2次，间隔15天。黄瓜进入结瓜盛期，每隔20～30天，叶面喷施500～600倍含氨基酸水溶肥或500～600倍含腐殖酸水溶肥、1 500倍活力钾混合溶液一次。

4. 日光温室冬春茬无公害黄瓜水肥一体化技术

日光温室冬春茬黄瓜滴灌栽培，一般11月至12月中旬播种，翌年3月中旬至4月采收。

(1) 定植前基肥　结合越冬进行秋耕冻垡，撒施或沟施基肥。根据当地肥源情况，每亩施生物有机肥500～700千克或无害化处理过的有机肥5 000～7 000千克，35%黄瓜有机型专用肥50～70千克或40%腐殖酸高效缓释肥（15-5-20）50～60千克或40%硫基长效缓释复混肥50～60千克或腐殖酸包裹尿素20～30千克+腐殖酸型过磷酸钙40～50千克+大粒钾肥20～30千克。

(2) 滴灌追肥　这里以华北地区日光温室冬春茬黄瓜滴灌施肥为例。如表7-53所示，在华北地区日光温室冬春茬黄瓜栽培经验基础上，总结得出的滴灌施肥方案，可供相应地区日光温室冬春茬黄瓜生产使用参考。

表 7-53 日光温室冬春茬黄瓜滴灌施肥方案

生育时期	灌水次数	每次灌水量（米³/亩）	每次灌溉加入的养分量（千克/亩）				备注
			N	P_2O_5	K_2O	合计	
定植—开花	2	9	1.4	1.4	1.4	4.2	施肥2次
开花—坐果	2	11	2.1	2.1	2.1	6.2	施肥2次
坐果—采收	17	12	1.7	1.7	3.4	6.8	施肥17次

注：①该方案每亩栽植2 900～3 000株，目标产量为13 000～15 000千克/亩。②定植到开花期灌水结合施肥2次，可采用黄瓜灌溉专用水溶肥（20-20-20）进行施肥。③开花后至坐果期灌水结合施肥2次，可采用黄瓜灌溉专用水溶肥（20-20-20）进行施肥。④进入采摘期，植株对水肥的需求量加大，一般前期每7天滴灌施肥一次，可采用黄瓜灌溉专用水溶肥（15-15-20）进行施肥。

（3）根外追肥 黄瓜移栽定植后，叶面喷施500～600倍含氨基酸水溶肥或500～600倍含腐殖酸水溶肥、1 500倍活力硼混合溶液一次。进入结瓜期，叶面喷施1 500倍活力钾、1 500倍活力钙混合溶液2次，间隔15天。进入结瓜盛期，每隔20～30天，叶面喷施500～600倍含氨基酸水溶肥或500～600倍含腐殖酸水溶肥、1 500倍活力钾混合溶液一次。

二、西瓜高效安全施肥

我国各地均有西瓜种植，以新疆吐鲁番西瓜、兰州沙田西瓜、北京大兴西瓜、河南汴梁西瓜、山东德州西瓜、陕西关中西瓜等闻名全国。

1. 西瓜营养缺素症诊断与补救

西瓜营养缺素症诊断与补救办法可以参考表7-54。

表 7-54 西瓜营养缺素症诊断与补救

营养元素	缺素症状	补救措施
氮	植株生长缓慢，茎叶细弱，下部叶片绿色褪淡，茎蔓新梢节间缩短，幼瓜生长缓慢，果实小，产量低	叶面喷施0.3%～0.5%尿素溶液或硝酸铵溶液2～3次
磷	根系发育差，植株细小，叶片背面呈紫色，花芽分化受到影响，开花迟，成熟晚，容易落花和化瓜，果肉中往往出现黄色纤维和硬块，甜度下降	叶面喷施0.4%～0.5%过磷酸钙浸出溶液2～3次
钾	植株生长缓慢，茎蔓细弱，叶面皱曲，老叶边缘变褐枯死，并逐渐向内扩展，严重时向心叶发展，使之变为淡绿色，甚至叶缘也出现焦枯状，坐果率很低，果实小，甜度低	叶面喷施0.4%～0.5%硫酸钾或磷酸二氢钾溶液2～3次

（续）

营养元素	缺素症状	补救措施
钙	叶缘黄化干枯，叶片向外侧卷曲，呈降落伞状，植株顶部一部分变褐坏死，茎蔓停止生长	叶面喷施0.2%～0.4%氯化钙溶液2～3次
镁	叶片主脉附近的叶脉首先黄化，然后逐渐地向上扩大，使整叶变黄	叶面喷施0.1%～0.2%硫酸镁溶液2～3次
锌	茎蔓细弱，节间短，叶片发育不良，向叶背翻卷，叶尖和叶缘逐渐焦枯	叶面喷施0.1%～0.2%硫酸锌或螯合锌溶液2～3次
硼	新蔓节间变短，蔓梢向上直立，新叶变小，叶面凹凸不平，有叶色不匀的斑纹	叶面喷施0.1%～0.2%硼砂或硼酸溶液2～3次
锰	嫩叶脉间黄化，主脉仍为绿色，进而发展到刚成熟的大叶，种子发育不全，易形成变形果	叶面喷施0.05%～0.1%硫酸锰溶液2～3次
铁	叶片叶脉间黄化，叶脉仍为绿色	叶面喷施0.1%～0.4%硫酸亚铁溶液2～3次

2. 露地西瓜高效安全施肥

(1) 露地西瓜测土施肥配方 通过测定土壤速效养分含量，并对基础产量低、中、高进行聚类分析，确定西瓜施肥量，如表7-55所示。

表7-55 不同土壤养分与西瓜施肥推荐

碱解氮（毫克/千克）	有效磷（毫克/千克）	速效钾（毫克/千克）	施肥量（千克/亩）		
			N	P_2O_5	K_2O
<30	<10	<100	18～21	10	12
<30	10～20	100～150	18～21	8～10	9～12
<30	>20	>150	18～21	<8	<9
30～60	<10	<100	15～18	10	12
30～60	10～20	100～150	15～18	8～10	9～12
30～60	>20	>150	15～18	<8	<9
>60	<10	<100	10～15	10	12
>60	10～20	100～150	10～15	8～10	9～12
>60	>20	>150	10～15	<8	<9

(2) 无公害露地西瓜施肥技术

①定植前基肥。在移栽前7～10天翻入土中。根据肥源，每亩施生物有机肥200～300千克或无害化处理过的腐熟有机肥2 000～3 000千克，35%瓜

有机型专用肥60～80千克或40%腐殖酸高效缓释复混肥50～70千克或45%腐殖酸硫基长效缓释肥40～60千克或增效尿素15～20千克+增效磷酸铵15～20千克+大粒钾肥25～30千克。

② 定植后追肥。主要施催蔓肥和膨瓜肥。

催蔓肥在定植后30天左右，当蔓长到70厘米，追肥一次，每亩施35%西瓜有机型专用肥15～20千克或40%腐殖酸高效缓释复混肥12～16千克或45%腐殖酸硫基长效缓释肥12～15千克或增效尿素10～12千克+腐殖酸型过磷酸钙8～10千克+大粒钾肥10～15千克。

膨瓜肥在幼果长至鸡蛋大小时，每亩施35%西瓜有机型专用肥20～25千克或40%腐殖酸高效缓释复混肥18～20千克或45%腐殖酸涂层长效肥16～18千克或增效尿素8～10千克+大粒钾肥10～15千克。也可以施用两次西瓜腐殖酸型滴灌（冲施）肥（20-0-15）10～15千克，间隔期20～30天。

③ 根外追肥。西瓜5片真叶期，叶面喷施500～1 000倍含腐殖酸水溶肥或500～1 000倍含氨基酸水溶肥、1 500倍活力硼叶面肥。小瓜期（坐住瓜后），叶面喷施500～1 000倍含腐殖酸水溶肥或500～1 000倍含氨基酸水溶肥、1 500倍活力钙叶面肥。瓜膨大期（0.5千克大时），叶面喷施500倍活力钾叶面肥2次，间隔期15天。

3. 设施西瓜水肥一体化技术

西瓜保护地栽培能够充分利用塑料大棚、日光温室的采光、增温、保温、避雨效应，使西瓜播种、上市时间提前40～50天，并能确保西瓜高产优质，经济效益大大提高。目前栽培方式有塑料大棚加小拱棚、日光温室等。

（1）定植前基肥 在移栽前7～10天，按规定的行距开30厘米深的定植沟，沟底施一层有机肥，其上施其他肥料，然后再施一层有机肥，最上层再施其他肥料。根据肥源，每亩施生物有机肥300～500千克或无害化处理过的腐熟有机肥3 000～5 000千克，35%西瓜有机型专用肥50～70千克或40%腐殖酸高效缓释复混肥40～60千克或45%腐殖酸硫基长效缓释肥30～50千克或增效尿素15～20千克+增效磷酸铵15～20千克+大粒钾肥25～30千克。

（2）滴灌追肥 这里以华北地区保护地西瓜滴灌施肥为例。

① 华北地区温室早春西瓜膜下滴灌施肥。如表7-56所示，在华北地区日光温室西瓜栽培经验基础上，总结得出的日光温室早春茬西瓜膜下滴灌施肥方案，可供相应地区日光温室早春茬西瓜使用参考。

该方案每亩栽培680～700株，目标产量为4 000～5 000千克。

② 华北地区大棚早春西瓜滴灌施肥。如表7-57所示，在华北地区日光温室西瓜栽培经验基础上，总结得出的日光温室早春茬西瓜膜下滴灌施肥方

案，可供相应地区日光温室早春茬西瓜使用参考。

表 7-56　日光温室早春茬西瓜膜下滴灌施肥方案

生育时期	灌水次数	每次灌水量（米³/亩）	每次灌溉加入的养分量（千克/亩）				备注
			N	P_2O_5	K_2O	合计	
苗期	1	10	2.0	1.5	1.5	5.0	施肥 1 次
抽蔓期	2	14	2.5	1.0	2.5	6.0	施肥 1 次
果实膨大期	4	16	3.0	0.5	4.0	15.0	施肥 2 次

表 7-57　大棚早春茬西瓜滴灌施肥方案

生育时期	灌水次数	每次灌水量（米³/亩）	每次灌溉加入的养分量（千克/亩）				备注
			N	P_2O_5	K_2O	合计	
苗期	1	10	1.6	1.6	1.2	4.4	施肥 1 次
抽蔓期	2	12	2.8	1.4	2.2	6.4	施肥 1 次
果实膨大期	4	14	1.9	0.9	3.4	12.4	施肥 2 次

该方案每亩栽培 800 株，目标产量为 3 000 千克。

③ 保护地西瓜施用水溶复合滴灌肥。主要在栽植后 15 天、开花期、膨大期结合滴灌施肥。栽植后 15 天，每亩施长效硫基含硼锌水溶滴灌肥（10-15-25）6～8 千克，分 2 次施用，每次 3～4 千克，10 天一次；开花期，每亩施长效硫基含硼锌水溶滴灌肥（10-15-25）12～15 千克，分 2 次施用，每次 7～7.5 千克，10 天一次；西瓜膨大期，每亩施长效硫基含硼锌水溶滴灌肥（10-15-25）18～21 千克，分 3 次施用，每次 6～7 千克，10 天一次。

(3) 补施气肥　早春应在晴天上午揭苫后 0.5～1 小时，施用二氧化碳气肥，浓度 800～1 300 毫克/升，可提高西瓜的光合强度，增强坐果率，增加产量，提高品质。

(4) 根外追肥　保护地西瓜 5 片真叶期，叶面喷施 500～1 000 倍含腐殖酸水溶肥或 500～1 000 倍含氨基酸水溶肥、1 500 倍活力硼叶面肥。小瓜期（坐住瓜后），叶面喷施 500～1 000 倍含腐殖酸水溶肥或 500～1 000 倍含氨基酸水溶肥、1 500 倍活力钙叶面肥。瓜膨大期（0.5 千克），叶面喷施 500 倍活力钾叶面肥 2 次，间隔期 15 天。

第五节　其他蔬菜高效安全施肥

除上述白菜类蔬菜、绿叶蔬菜、茄果类蔬菜、瓜菜类蔬菜外，还有豆类蔬菜、根菜类蔬菜、葱蒜类蔬菜、水生蔬菜等，这里主要介绍一些常见蔬菜的高效安全施肥。

一、萝卜高效安全施肥

萝卜为十字花科萝卜属二年生草本植物，起源于我国，广泛栽培于世界各地。目前我国栽培的萝卜有两大类：一是最常见的大型萝卜，分类上称为中国萝卜；另一类是小型萝卜，分类上称为四季萝卜。

1. 萝卜缺素症诊断与补救

萝卜缺素症状与补救措施可以参考表 7-58。

表 7-58　萝卜常见缺素症及补救措施

营养元素	缺素症状	补救措施
氮	自老叶新叶逐渐老化，叶片瘦小，基部变黄，生长缓慢，肉质根短细瘦弱，不膨大	每亩追尿素 7.5～10 千克，或用人粪尿加水稀释浇灌
磷	植株矮小，叶片小，呈现暗绿色，下部叶片变紫色或红褐色，侧根不良，肉质根不膨大	叶面喷施 0.2%～0.3%磷酸二氢钾溶液或 0.5%过磷酸钙浸出液 2～3 次
钾	老叶尖端和叶边变黄变褐，沿叶脉呈现组织坏死斑点，肉质根膨大时出现症状	叶面喷施 1% 的氯化钾溶液或 2%～3% 的硝酸钾溶液或 3%～5% 的草木灰浸出液 2～3 次
钙	新叶的生长发育受阻，同时叶缘变褐枯死	叶面喷施 0.3%的氯化钙水溶液 2～3 次
镁	叶片主脉间明显失绿，有多种色彩斑点，但不易出现组织坏死症	叶面喷施 0.1%硫酸镁溶液 2～3 次
硫	幼芽先变成黄色，心叶先失绿黄化，茎细弱，根细长、暗褐色、白根少	叶面喷施 0.5%～2%硫酸盐溶液，或结合镁、锌、铁、铜、锰等缺素症一并防治
钼	从下部叶片出现，顺序扩展到嫩叶，老叶的叶脉较快黄化，新叶慢慢黄化，黄化部分逐渐扩大，叶缘向内翻卷成杯状。叶片瘦长，螺旋状扭曲	叶面喷施 0.02%～0.05%钼酸铵水溶液 2～3 次
硼	茎尖死亡，叶和叶柄脆弱易断，肉质根变色坏死，折断可见其中心变黑	叶面喷施 0.1%～0.2%硼砂或硼酸溶液 2～3 次

（续）

营养元素	缺素症状	补救措施
锌	新叶出现黄斑，小叶丛生，黄斑扩展全叶，顶芽不枯死	叶面喷施 0.1%～0.2%硫酸锌溶液 2～3 次
铁	易产生失绿症，顶芽和新叶黄、白化，最初叶片间部分失绿，仅在叶脉残留网状绿色，最后上部变黄，但不产生坏死的褐斑	叶面喷施 0.2%～0.5%硫酸亚铁溶液 2～3 次
锰	产生失绿症，叶脉变成淡绿色，部分黄化枯死，一般在施用石灰的土质中易发生缺锰	叶面喷施 0.05%～0.1%硫酸锰溶液 2～3 次
铜	植株衰弱，叶柄软弱，柄细叶小，从老叶开始黄化枯死，叶色呈现水渍状	叶面喷施 0.02%～0.04%硫酸铜溶液 2～3 次

2. 萝卜高效安全施肥技术

借鉴 2011—2018 年农业部萝卜科学施肥指导意见和相关测土配方施肥技术研究资料，提出推荐施肥方法，供农民朋友参考。

(1) 施肥原则 针对萝卜生产中存在的重氮、磷肥轻钾肥，氮、磷、钾比例失调，磷、钾肥施用时期不合理，有机肥施用明显不足，微量元素施用的重视程度不够等问题，提出以下施肥原则：依据土壤肥力条件和目标产量，优化氮、磷、钾肥用量，特别注意适度降低氮、磷肥用量，增施钾肥；北方石灰性土壤有效态的锰、锌、硼、钼等微量元素含量较低，应注意微量元素的补充；南方蔬菜地酸化严重时应适量施用石灰等酸性土壤调理剂；合理施用有机肥料提高萝卜产量和改善品质，忌用没有充分腐熟的有机肥料，提倡施用商品有机肥及腐熟的农家肥。

(2) 施肥建议 有机肥施用量，产量水平在 1 000～1 500 千克/亩的小型萝卜（如四季萝卜）可施有机肥 0.5～1 米^3/亩；产量水平在 4 500～5 000 千克/亩的高产品种施有机肥 3～4 米^3/亩或商品有机肥 100～150 千克/亩。

产量水平 4 000 千克/亩以上，施氮肥（N）10～12 千克/亩、磷肥（P_2O_5）4～6 千克/亩、钾肥（K_2O）10～13 千克/亩；产量水平 2 500～4 000 千克/亩，施氮肥（N）6～10 千克/亩、磷肥（P_2O_5）3～5 千克/亩、钾肥（K_2O）8～10 千克/亩；产量水平 1 000～2 500 千克/亩，施氮肥（N）4～6 千克/亩、磷肥（P_2O_5）2～4 千克/亩、钾肥（K_2O）5～8 千克/亩。

对容易出现微量元素硼缺乏的地块，或往年已表现有缺硼症状的地块，可于播种前每亩基施硼砂 1 千克，或于萝卜生长中后期用 0.1%～0.5%的硼砂或硼酸水溶液进行叶面喷施，每隔 5～6 天喷一次，连喷 2～3 次。

基肥施用全部有机肥和磷肥，以及氮肥和钾肥总量的40%；追肥施用氮肥总量的60%，于莲座期和肉质根生长前期分两次作追肥施用，钾肥总量的60%主要在肉质根生长前期和膨大期追施。

3. 无公害萝卜测土配方施肥

（1）萝卜测土施肥配方　孙志梅等（2009）针对萝卜主产区施肥现状，提出在保证有机肥施用的基础上，氮肥推荐采用总量控制分期调控技术，磷、钾肥推荐采取恒量监控技术，中微量元素采用因缺补缺。

① 有机肥推荐。增施有机肥对萝卜肉质根的膨大很有好处，因此，可根据有机肥种类和土壤肥力高低，可参考表7-59进行推荐。

表7-59　萝卜有机肥用量推荐（千克/亩）

肥料种类	土壤肥力等级		
	低	中	高
农家肥	2 330～3 330	1 660～2 330	1 000～1 660
商品有机肥	800～1 000	660～800	400～660

② 氮肥推荐。氮肥主要考虑基肥和追肥的推荐比例。

氮肥基肥用量推荐：因萝卜苗期需氮量较低，加之施用部分有机肥料，故基施氮肥用量可参照表7-60进行。

表7-60　萝卜基施氮肥（N）的推荐用量（千克/亩）

硝态氮（毫克/千克）	目标产量（千克/亩）				
	1 660	2 330	3 000	3 660	5 000
<30	3.3	4.0	4.7	4.7	4.7
30～60	1.3～3.3	2.0～4.0	2.7～4.7	2.7～4.7	2.7～4.7
60～90	0	0～2.0	1.3～2.7	1.3～2.7	1.3～2.7
90～120	0	0	0	0	0
>120	0	0	0	0	0

氮肥追肥用量推荐：主要取决于土壤硝态氮水平及目标产量（表7-61）。施用次数可分2～3次进行，第一次可将推荐量的60%在肉质根膨大前期追施，其余可在肉质根膨大期追施。追肥时应注意侧施，追肥深度0～30厘米。

③ 磷肥推荐。磷肥推荐必须考虑土壤磷素供应及目标产量水平（表7-62）。磷肥的分配一般作基肥施用。如果穴施磷肥或者条施，可适当减少10%～20%的推荐用量。

表 7-61　萝卜追施氮肥（N）推荐用量（千克/亩）

硝态氮（毫克/千克）	目标产量（千克/亩）				
	1 660	2 330	3 000	3 660	5 000
＜30	8	9.3	10.7	12	15.3
30～60	6～8	7.3～9.3	8.7～10.7	10～12	13.3～15.3
60～90	4～6	5.3～7.3	6.7～8.7	8～10	11.3～13.3
90～120	2～4	3.3～5.3	4.7～6.7	6～8	9.3～11.3
＞120	0	3.3	4.7	6	9.3

表 7-62　萝卜磷肥（P_2O_5）推荐用量（千克/亩）

有效磷（毫克/千克）	目标产量（千克/亩）				
	1 660	2 330	3 000	3 660	5 000
＜10	4.7	6.0	8.0	9.6	13.3
10～20	3.5	4.5	6.0	7.2	10.0
20～40	2.3	3.0	4.0	4.8	6.7
40～50	1.2	1.5	2.0	2.4	3.3
＞50	0	0	0	0	0

④ 钾肥推荐。钾肥推荐必须考虑土壤钾素供应及目标产量水平（表 7-63）。钾肥分配原则：钾肥总量的 70%～80%作基肥，20%～30%作追肥于肉质根膨大期施用。

表 7-63　萝卜钾肥（K_2O）推荐用量（千克/亩）

交换性钾（毫克/千克）	目标产量（千克/亩）				
	1 660	2 330	3 000	3 660	5 000
＜80	14.0	19.3	24.7	30.0	30.0
80～150	10.7	14.7	18.7	22.7	23.3
150～200	7.0	9.7	12.3	15.0	18.3
200～250	3.7	5.0	6.3	7.7	10.0
＞250	0	0	0	0	0

⑤ 中微量元素推荐。萝卜对钙吸收较多，基肥中可配合施用钙镁磷肥，或者用 0.3%氯化钙叶面喷施 2～3 次。萝卜对硼的需要量比较高，不同土壤硼含量水平下的施硼量可参考表 7-64。

表 7-64　土壤硼含量分级及萝卜相应施硼量

土壤硼含量等级	土壤硼含量（毫克/千克）	施硼量（克/亩）
低	＜0.5	150
中	0.5～1.0	75
高	＞1.0	0

(2) 秋冬栽培无公害萝卜施肥　我国北方地区以栽培秋冬萝卜为主，夏末至初秋播种，秋末冬初收获。基本上也是全国各地普遍栽培的方式。

① 基肥。秋冬露地栽培萝卜，结合整地作畦或起垄前施足基肥。每亩施生物有机肥 300～400 千克或无害化处理过优质有机肥 3 000～4 000 千克，35%萝卜有机型专用肥 30～40 千克或 40%腐殖酸高效缓释复混肥 25～30 千克或 40%硫基长效缓释复混肥 25～30 千克或腐殖酸包裹尿素 15～20 千克＋缓释型磷酸二铵 15～20 千克＋大粒钾肥 12～15 千克。

② 根际追肥。主要在叶片生长盛期、肉质根膨大期追施。

一般在定苗结束后，进入叶片生长盛期，即莲座期，可先施肥后随即灌水，每亩施 35%萝卜有机型专用肥 10～15 千克或 40%腐殖酸高效缓释复混肥 8～12 千克或 40%硫基长效缓释复混肥 8～12 千克或 50%大量元素冲施肥 8～10 千克或腐殖酸包裹尿素 6～8 千克＋缓释型磷酸二铵 6～8 千克＋大粒钾肥 5～7 千克。

萝卜“定橛”后，肉质根开始迅速膨大，对养分需求增加，该期也是提高产量和保证质量的关键时期。每亩施 35%萝卜有机型专用肥 12～16 千克或 40%腐殖酸高效缓释复混肥 10～15 千克或 40%硫基长效缓释复混肥 10～15 千克或 50%大量元素冲施肥 10～12 千克或腐殖酸包裹尿素 8～10 千克＋缓释型磷酸二铵 10～15 千克＋大粒钾肥 8～10 千克。

③ 根外追肥。肉质根膨大前期，叶面喷施 500～600 倍含氨基酸水溶肥或 500～600 倍含腐殖酸水溶肥、500 倍生物活性钾肥、1 500 倍活力钙混合液一次。肉质根膨大盛期，叶面喷施 500 倍生物活性钾肥、1 500 倍活力钙混合液一次。

二、豇豆高效安全施肥

豇豆，俗称长豆角、角豆、裙带豆、带豆、挂豆角等。豇豆分为长豇豆和饭豇豆。豇豆属豆科一年生缠绕、草质藤本或近直立草本植物，有时顶端缠绕状。茎有矮性、半蔓性和蔓性三种。原产于热带，汉代传入我国，在我国栽培历史悠久，栽培面积大，分布于南北各地。

1. 豇豆缺素症状诊断及补救

豇豆缺素症状及补救措施可参考表7-65。

表7-65 豇豆常见缺素症及补救措施

营养元素	缺素症状	补救措施
氮	豇豆植株缺氮，长势衰弱，叶片薄且瘦小，新叶叶色为浅绿色，老叶片黄化，易脱落。荚果发育不良，弯曲，籽粒不饱满	叶面喷施0.3%尿素溶液2～3次
磷	植株缺磷时生长缓慢，叶片仍为绿色。其他症状不明显	叶面喷施0.3%磷酸二氢钾溶液或0.5%过磷酸钙浸出液2～3次
钾	植株缺钾时下位叶的叶脉间黄化，并向上翻卷。上位叶为浅绿色	叶面喷洒0.3%磷酸二氢钾溶液或1%草木灰浸出液2～3次
钙	植株缺钙时一般为叶缘黄化，严重时叶缘腐烂。顶端叶片表现为浅绿色或浅黄色，中下位叶片下垂呈降落伞状。籽粒不能膨大	叶面喷施0.3%的氯化钙水溶液2～3次
镁	植株缺镁时生长缓慢矮小。下位叶的叶脉间先黄化，逐渐由浅绿色变为黄色或白色。严重时叶片坏死，脱落	叶面喷施0.3%硫酸镁溶液2～3次
硼	缺硼时生长点坏死，茎蔓顶干枯，叶片硬，易折断，茎开裂，开花而不结实或荚果中籽粒少，严重时无粒	叶面喷施0.1%～0.2%硼砂或硼酸溶液2～3次

2. 露地豇豆高效安全施肥

露地豇豆有春播和秋播等栽培方式，这里以春播为例。

(1) 豇豆测土施肥配方 根据测定土壤硝态氮、有效磷、速效钾等有效养分含量确定豇豆地土壤肥力分级（表7-66），然后根据不同肥力水平推荐豇豆施肥量如表7-67。有机肥、磷肥全部作基肥，氮肥和钾肥作基肥和追肥施用。

表7-66 豇豆地土壤肥力分级

肥力水平	硝态氮（毫克/千克）	有效磷（毫克/千克）	速效钾（毫克/千克）
低	<80	<30	<80
中	80～120	30～50	80～120
高	>120	>50	>120

表 7－67　不同肥力水平豇豆推荐施肥量（千克/亩）

肥力等级	施肥量		
	N	P_2O_5	K_2O
低肥力	8～10	6～7	10～12
中肥力	7～9	5～6	8～10
高肥力	6～8	4～5	6～8

（2）露地春播栽培无公害豇豆施肥　豇豆春季露地栽培直播为 4 月中下旬，6 月中下旬始收；晚春茬 5 月上旬直播，7 月中旬始收。一般以直播为主，也可育苗移栽。

① 施足基肥。一般结合整地将基肥撒匀后进行耕翻整地起垄或作畦，以备播种。每亩施生物有机肥 150～200 千克或无害化处理过的有机肥 2 000～2 500 千克，35％豇豆有机型专用肥 20～30 千克或 42％腐殖酸高效缓释肥 18～25 千克或 40％硫基长效缓释复混肥 18～25 千克或腐殖酸包裹尿素 10～12 千克＋腐殖酸型过磷酸钙 20～30 千克＋大粒钾肥 10～12 千克。

② 根际追肥。主要追施结荚肥、采收肥等。

第一花序坐荚后开始结合浇水追施第一次肥。每亩施 35％豇豆有机型专用肥 8～10 千克或 42％腐殖酸高效缓释肥 6～8 千克或 40％硫基长效缓释复混肥 8～10 千克或腐殖酸包裹尿素 5～7 千克＋腐殖酸型过磷酸钙 4～5 千克＋大粒钾肥 4～5 千克。

豇豆进入结荚盛期，应重施追肥。一般每采收豆角两次追施一次肥料（或每采收一次追施肥料一次，但施肥量减半）。每亩施 35％豇豆有机型专用肥 12～15 千克或 42％腐殖酸高效缓释肥 10～15 千克或 40％硫基长效缓释复混肥 8～12 千克或腐殖酸包裹尿素 8～10 千克＋腐殖酸型过磷酸钙 10～15 千克＋大粒钾肥 8～10 千克。

③ 根外追肥。进入结荚期，叶面喷施 1 500 倍含活力硼水溶肥、1 500 倍活力钾混合溶液一次。采收期，每采收 1～2 次豆荚，叶面喷施 1 500 倍活力钾混合溶液一次。

3. 设施豇豆高效安全施肥

设施豇豆栽培方式有春提早、秋延迟、越冬长季等栽培方式，这里以越冬长季栽培方式为例。

（1）设施豇豆施肥配方　考虑到设施豇豆目标产量和当地施肥现状，设施豇豆的氮、磷、钾施肥量可参考表 7－68。

表 7-68　依据目标产量水平设施豇豆推荐施肥量（千克/亩）

目标产量（千克/亩）	有机肥	施肥量		
		N	P_2O_5	K_2O
<1 500	2 500～3 000	8～10	5～7	9～11
1 500～2 500	2 000～2 500	19～12	6～8	11～13
>2 500	1 500～2 000	12～14	7～9	13～15

(2) 越冬长季设施栽培无公害豇豆施肥　豇豆越冬长季设施栽培，一般在8月上旬至10月上旬均可播种。一般在保温好的日光温室中进行。

① 施足基肥。一般结合整地将基肥撒匀后进行耕翻整地起垄或作畦，以备播种。根据当地肥源情况，每亩施生物有机肥300～400千克或无害化处理过的有机肥3 000～4 000千克，35%豇豆有机型专用肥30～40千克或42%腐殖酸高效缓释肥25～30千克或40%硫基长效缓释复混肥25～30千克或腐殖酸包裹尿素12～15千克+腐殖酸型过磷酸钙20～30千克+大粒钾肥15～20千克。

② 根际追肥。主要追施伸蔓肥、结荚采收肥等。

一般在蔓生豇豆搭架前、矮生豇豆开花前施一次肥。每亩施35%豇豆有机型专用肥8～10千克或42%腐殖酸高效缓释肥7～9千克或40%硫基长效缓释复混肥6～8千克或50%大量元素冲施肥5～7千克或腐殖酸包裹尿素5～7千克+腐殖酸型过磷酸钙10～15千克+大粒钾肥6～8千克。

豇豆进入结荚期，每隔10～15天追肥一次。每次每亩施35%豇豆有机型专用肥15～20千克或42%腐殖酸高效缓释肥15～18千克或40%硫基长效缓释复混肥16～20千克或50%大量元素冲施肥10～15千克或腐殖酸包裹尿素10～15千克+腐殖酸型过磷酸钙15～20千克+大粒钾肥10～15千克。

③ 根外追肥。豇豆苗期，叶面喷施500～600倍含氨基酸水溶肥或500～600倍含腐殖酸水溶肥2次，间隔期15天。结荚期，叶面喷施1 500倍活力硼水溶肥、1 500倍活力钾混合溶液一次。采收期，每采收1～2次豆荚，叶面喷施1 500倍活力钾混合溶液一次。

④ 追施气肥。有条件的，开花后晴天每天上午8～10时追施二氧化碳气肥，施后2小时适当通风。

三、大葱高效安全施肥

大葱是百合科葱属中以叶鞘组成的肥大假茎和嫩叶为产品的二、三年生草本植物。主要类型有大葱、胡葱、细香葱、韭葱、分葱、楼葱等。大葱和楼葱以食用葱白为主，在北方栽培普遍；细香葱、韭葱多食用嫩叶，南方栽培较多。

1. 大葱缺素症诊断与补救

大葱缺素症状及补救措施可参考表 7-69。

表 7-69　大葱常见缺素症及补救措施

营养元素	缺素症状	补救措施
氮	植株矮小，叶色淡绿，严重缺氮时叶片呈黄绿色。叶片瘦小，无光泽	叶面喷施 0.2%～0.3%尿素溶液 2～3 次
磷	叶片前半部分呈紫红色，严重缺磷时全株变成紫苗，叶尖干缩，易弯曲	叶面喷施 0.2%～0.3%磷酸二氢钾溶液或 0.5%过磷酸钙浸出液 2～3 次
钾	首先干尖，继而叶缘黄枯，严重时全叶干枯	叶面喷施 1% 的氯化钾溶液或 2%～3% 的硝酸钾溶液或 3%～5% 的草木灰浸出液 2～3 次
钙	新叶的中下部发生不规则白色枯死斑点	叶面喷施 0.3%的氯化钙水溶液 2～3 次
镁	管状叶细弱，叶色淡绿，可见条纹花叶，下部叶片呈黄白色，继而枯死	叶面喷施 0.1%硫酸镁溶液 2～3 次
硼	新叶生长受阻，严重时易枯死，易出现畸形	叶面喷施 0.1%～0.2%硼砂或硼酸溶液 2～3 次
铁	新叶的叶脉间变成淡绿色，接着整片新叶成淡绿色	叶面喷施 0.3%～0.5%硫酸亚铁溶液 2～3 次
锰	叶脉间部分淡绿色，易发生不规则白色斑点	叶面喷施 0.2%～0.3%硫酸锰溶液 2～3 次
铜	叶色较淡，植株生长弱小	叶面喷施 0.02%～0.03%硫酸铜溶液 2～3 次

2. 露地大葱高效安全施肥

露地大葱有春播和秋播等栽培方式，这里以秋播为例。

（1）大葱测土配方施肥　大葱从定植到收获往往追肥 3～4 次。在定植之前根据土壤肥沃程度，每亩施腐熟有机肥 2 000～3 000 千克。氮肥的 10%～20%、磷肥的全部、钾肥的 30%作基肥。

① 氮肥推荐。在大葱定植前测定 0～30 厘米土壤硝态氮含量，结合测定值与目标产量来确定氮肥基肥用量可参考表 7-70、追肥用量可参考表 7-71。追肥一般分 3 次：立秋前后、白露前后（葱白生长初期）、秋分前后（葱白生

长盛期)。

表 7-70 大葱氮肥(N)基肥推荐用量(千克/亩)

土壤硝态氮(毫克/千克)	肥力等级	目标产量(千克/亩)			
		<3 000	3 000~3 660	3 660~4 330	>4 330
<30	极低	3.3	4	5.3	6
30~60	低	2~3.3	2~4	3.3~5.3	4~6
60~90	中	0~2	0~2	2~3.3	2~4
90~105	高	0	0	0~2	0~2
>105	极高	0	0	0	0

表 7-71 大葱氮肥(N)追肥推荐用量(千克/亩)

土壤硝态氮(毫克/千克)	肥力等级	目标产量(千克/亩)			
		<3 000	3 000~3 660	3 660~4 330	>4 330
<30	极低	14	19.3	22.7	26
30~60	低	9.3~14	13.3~19.3	16.7~22.7	20~26
60~90	中	3.3~9.3	7.3~13.3	10.7~16.7	15~20
90~105	高	0~3.3	4.7~7.3	6.7~10.7	8~15
>105	极高	0	1.3	4.7	8

② 磷肥推荐。在大葱定植前测定 0~30 厘米土壤有效磷含量,结合测定值与目标产量来确定磷肥用量可参考表 7-72。

表 7-72 大葱磷肥(P_2O_5)推荐用量(千克/亩)

土壤有效磷(毫克/千克)	肥力等级	目标产量(千克/亩)			
		<3 000	3 000~3 660	3 660~4 330	>4 330
<20	极低	9.3	10.7	13.3	14
20~45	低	7.3	8	10	10.7
45~70	中	4.7	5.3	6.7	7.3
70~90	高	2.7	2.7	3.3	4
>90	极高	0	0	0.7	1.3

③ 钾肥推荐。在大葱定植前测定 0~30 厘米土壤交换性钾含量,结合测定值与目标产量来确定钾肥用量可参考表 7-73。

表 7-73　大葱钾肥（K_2O）推荐用量（千克/亩）

土壤交换性钾（毫克/千克）	肥力等级	目标产量（千克/亩）			
		<3 000	3 000～3 660	3 660～4 330	>4 330
<70	极低	10.7	12	13.3	14.7
70～120	低	8	9	10	10.7
120～140	中	5.3	6	6.7	7.3
140～180	高	2.7	3	3.3	4
>180	极高	0	0	0.7	1.3

④ 微量元素推荐。大葱对锌、硼等微量元素比较敏感，大葱微量元素丰缺指标及对应施肥量可参考表 7-74。

表 7-74　大葱微量元素丰缺指标及对应施肥量

元素	提取方法	临界指标（毫克/千克）	基施用量（千克/亩）
锌	DTPA	0.5	硫酸锌：1～2
硼	沸水	0.5	硼砂：0.5～0.75

（2）露地秋播栽培无公害大葱施肥

① 苗床基肥。每亩施商品有机肥 100～200 千克或无害化处理过的有机肥 1 000～2 000 千克，35%大葱有机型专用肥 40～50 千克或腐殖酸包裹型尿素 10～12 千克＋腐殖酸型过磷酸钙 30～40 千克＋大粒钾肥 15～20 千克。

② 苗期追肥。小葱 3 片叶时第一次浇水施肥，每亩冲施 50%大量元素冲施肥 5～7 千克或无害化处理过的腐熟粪尿肥 300～500 千克。第一次追肥后，每隔 10～15 天每亩冲施 50%大量元素冲施肥 10～15 千克或腐殖酸包裹型尿素 8～10 千克＋腐殖酸型过磷酸钙 15～20 千克＋大粒钾肥 10～12 千克。

③ 定植前基肥。每亩施商品有机肥 300～500 千克或无害化处理过的有机肥 3 000～5 000 千克，35%大葱有机型专用肥 30～50 千克或 45%腐殖酸长效缓释复混肥 25～30 千克或 40%腐殖酸高效缓释肥 20～30 千克或腐殖酸包裹型尿素 8～10 千克＋腐殖酸型过磷酸钙 20～30 千克＋大粒钾肥 10～15 千克。

④ 大田根际追肥。主要追施攻叶肥、攻棵肥、葱白增重肥等。

在葱白生长初期，每亩施 35%大葱有机型专用肥 15～20 千克或 45%腐殖酸长效缓释复混肥 12～16 千克或 30%腐殖酸高效缓释复混肥 15～20 千克或腐殖酸包裹型尿素 10～15 千克＋腐殖酸型过磷酸钙 20～25 千克＋大粒钾肥 12～15 千克。

在葱白生长盛期，每亩施 35%大葱有机型专用肥 15～20 千克或 50%大量元素冲施肥 10～12 千克或腐殖酸包裹型尿素 10～15 千克＋腐殖酸型过磷酸钙 20～25 千克＋大粒钾肥 12～15 千克。

在大葱增重期，每亩施生物有机肥 100 千克，35%大葱有机型专用肥 20～25 千克或 50%大量元素冲施肥 12～15 千克或 45%腐殖酸长效缓释复混肥 15～20 千克或 30%腐殖酸高效缓释复混肥 20～30 千克或腐殖酸包裹型尿素 12～15 千克＋腐殖酸型过磷酸钙 20～25 千克＋大粒钾肥 12～15 千克。

⑤ 叶面喷肥。大葱发叶盛期，叶面喷施 500～600 倍含氨基酸水溶肥或 500～600 倍含腐殖酸水溶肥、500 倍活力硼、500 倍活力钙混合液 2 次，间隔 20 天。葱白形成期，叶面喷施 500 倍生物活性钾肥、500 倍活力钙混合液 2 次，间隔 20 天。

四、大蒜高效安全施肥

大蒜，又叫蒜头、大蒜头、胡蒜、葫、独蒜、独头蒜，是蒜类植物的统称，百合科葱属一、二年生草本植物。中国大蒜的主要产地，以山东省金乡县、河南省中牟县和杞县、安徽省来安县等闻名于世。

1. 大蒜缺素症诊断与补救

大蒜缺素症状及补救措施可参考表 7－75。

表 7－75　大蒜常见缺素症及补救措施

营养元素	缺素症状	补救措施
氮	植株生长缓慢，瘦弱，叶小而黄。苗期叶片狭长，叶色淡绿；中后期全株褪绿，下部易出现黄叶，严重时叶片干枯	叶面喷施 0.2%～0.3%尿素溶液 2～3 次
磷	植株矮小，根系短少，叶片直立狭窄，叶色暗绿色或灰绿色，缺乏光泽；下部叶片提早枯黄	叶面喷施 0.2%～0.3%磷酸二氢钾溶液或 0.5%过磷酸钙浸出液 2～3 次
钾	从 6～7 叶开始，老叶的周边部生出白斑，叶向背侧弯曲，白斑随着老叶的枯死而消失	叶面喷施 1% 的氯化钾溶液或 2%～3% 的硝酸钾溶液或 3%～5% 的草木灰浸出液 2～3 次
钙	叶片上呈现坏死斑，随着坏死斑的扩大，叶片下弯，叶尖很快死亡	叶面喷施 0.3%的氯化钙水溶液 2～3 次
镁	叶片褪绿，先在老叶片基部呈现，逐步向叶尖发展，叶片最终变黄死亡	叶面喷施 0.1%硫酸镁溶液 2～3 次

（续）

营养元素	缺素症状	补救措施
硫	叶淡绿色或黄绿色，植株矮小，叶细小	配合锰、铁、锌、铜等缺素症喷施硫酸盐溶液
硼	新生叶发生黄化，严重者叶片枯死，植株发展停滞，解剖叶鞘可见褐色小龟裂	叶面喷施0.1%～0.2%硼砂或硼酸溶液2～3次
铁	新叶黄白化，心叶常白化，脉间失绿分明	叶面喷施0.3%～0.5%硫酸亚铁溶液2～3次
锰	幼嫩叶失绿发黄，严重时出现黑褐色细小斑点，并可能坏死穿孔	叶面喷施0.2%～0.3%硫酸锰溶液2～3次
铜	叶尖发白卷曲，根系停止生长	叶面喷施0.02%～0.03%硫酸铜溶液2～3次
锌	植株矮小，节间短簇，小叶病，新叶中脉附近首先出现脉间失绿	叶面喷施0.2%～0.3%硫酸锌溶液2～3次

2. 露地大蒜高效安全施肥

（1）大蒜测土施肥配方　大蒜从定植到收获往往追肥3～4次。在定植之前根据土壤肥沃程度，每亩施腐熟有机肥2 000～3 000千克。氮肥的10%～20%、磷肥的全部、钾肥的30%作基肥。

①氮肥推荐。在大蒜定植前测定0～30厘米土壤硝态氮含量，结合测定值与目标产量来确定氮肥用量，基肥用量可参考表7-76、追肥用量可参考表7-77。追肥一般分2次：鳞芽分化期、鳞茎膨大期。

表7-76　大蒜氮肥（N）基肥推荐用量（千克/亩）

土壤硝态氮（毫克/千克）	肥力等级	目标产量（千克/亩）			
		<1 460	1 460～1 730	1 730～2 000	>2 000
<30	极低	2.7	4	5.3	6.7
30～60	低	0.7～2.7	2～4	3.3～5.3	4.7～6.7
60～90	中	0.7	2	1.3～3.3	2.7～4.7
>90	高	0	0	1.3	0

表 7－77　大蒜氮肥（N）追肥推荐用量（千克/亩）

土壤硝态氮（毫克/千克）	肥力等级	目标产量（千克/亩）			
		<1 460	1 460～1 730	1 730～2 000	>2 000
<30	极低	5.3	8.7	10.7	12
30～60	低	1.3～3.3	4.7～8.7	6.7～10.7	8～12
60～90	中	[illegible]	[illegible]	[illegible]	[illegible]
>90	高	0	1.3	2.7	4

② 磷肥推荐。在大蒜定植前测定 0～30 厘米土壤有效磷含量，结合测定值与目标产量来确定磷肥用量可参考表 7－78。

表 7－78　大蒜磷肥（P_2O_5）推荐用量（千克/亩）

土壤有效磷（毫克/千克）	肥力等级	目标产量（千克/亩）			
		<1 460	1 460～1 730	1 730～2 000	>2 000
<20	极低	10.7	12	13.3	14.7
20～45	低	8	9	10	10.7
45～65	中	5.3	6	6.7	7.3
65～90	高	2.7	3	3.3	4
>90	极高	0	0	0.7	1.3

③ 钾肥推荐。在大蒜定植前测定 0～30 厘米土壤交换性钾含量，结合测定值与目标产量来确定钾肥用量可参考表 7－79。

表 7－79　大蒜钾肥（K_2O）推荐用量（千克/亩）

土壤交换性钾（毫克/千克）	肥力等级	目标产量（千克/亩）			
		<1 460	1 460～1 730	1 730～2 000	>2 000
<80	极低	22	23.3	24.7	26
80～125	低	16.7	17.3	18.7	20
125～170	中	11	11.7	12.3	13.3
170～200	高	8	8.7	9.3	10
>200	极高	5.3	6	6	6.7

④ 微量元素推荐。大蒜对锌、硼等微量元素比较敏感，大蒜微量元素丰缺指标及对应施肥量可参考表 7－80。

表 7-80　大蒜微量元素丰缺指标及对应施肥量

元素	提取方法	临界指标（毫克/千克）	基施用量（千克/亩）
锌	DTPA	0.5	硫酸锌：1～2
硼	沸水	0.5	硼砂：0.5～0.75

（2）露地无公害大蒜施肥技术

① 基肥。每亩施商品有机肥 300～500 千克或无害化处理过的有机肥 3 000～5 000 千克，40%大蒜有机型专用肥 50～60 千克或 45%腐殖酸硫基长效缓释肥 40～50 千克或 40%腐殖酸高效缓释肥 45～55 千克或 53%长效硫基配方肥 40～45 千克或腐殖酸包裹型尿素 10～12 千克＋腐殖酸型过磷酸钙 20～30 千克＋大粒钾肥 10～15 千克。

② 根际追肥。一般施用催薹肥和催头肥。

催薹肥在大蒜返青后 9～10 片叶，每亩施大蒜有机型专用肥 15～20 千克或 50%大蒜专用冲施肥 15～20 千克或 45%腐殖酸硫基长效缓释肥 10～13 千克或 40%腐殖酸高效缓释复混肥 12～16 千克或冲施 50%大蒜硫基水溶肥 10～12 千克或冲施 50%硫基长效水溶滴灌肥 10～12 千克或腐殖酸包裹型尿素 10～15 千克＋腐殖酸型过磷酸钙 20～25 千克＋大粒钾肥 12～15 千克。

③ 催头肥。在大蒜蒜薹伸长后，每亩施大蒜有机型专用肥 10～15 千克或 50%大蒜专用冲施肥 10～15 千克或 45%腐殖酸硫基长效缓释肥 10～15 千克或 40%腐殖酸高效缓释复混肥 10～12 千克或冲施 50%大蒜硫基水溶肥 10 千克或冲施 50%硫基长效水溶滴灌肥 10 千克或腐殖酸包裹型尿素 8～10 千克＋大粒钾肥 10～12 千克。

④ 叶面喷肥。早春返青后。叶面喷施 500～600 倍含氨基酸水溶肥或 500～600 倍含腐殖酸水溶肥一次。蒜薹抽出后，叶面喷施 500 倍生物活性钾肥 2 次，间隔 15 天。

五、韭菜高效安全施肥

韭菜，别名丰本、草钟乳、起阳草、懒人菜、长生韭、壮阳草、扁菜等，属百合科多年生草本植物，适应性强，抗寒耐热，全国各地都有栽培。

1. 韭菜缺素症诊断与补救

韭菜缺素症状及补救措施可参考表 7-81。

2. 韭菜高效安全施肥技术

（1）韭菜测土施肥配方　考虑到韭菜目标产量和当地施肥现状，韭菜的氮、磷、钾施肥量可参考表7-82。

表7-81　韭菜常见缺素症及补救措施

营养元素	缺素症状	补救措施
钙	中心叶黄化，部分叶尖枯死	叶面喷施0.3%的氯化钙水溶液2～3次
镁	外叶黄化枯死	叶面喷施0.1%硫酸镁溶液2～3次
硼	整株失绿，在抽薹的叶片上出现明显的黄白两色相间的长条斑，最后叶片扭曲，组织坏死	叶面喷施0.1%～0.2%硼砂或硼酸溶液2～3次
铁	叶片失绿，呈鲜黄色或淡白色，失绿部分的叶片上无霉状物，叶片外形没有变化，一般出苗后10天左右开始出现上述症状	叶面喷施0.3%～0.5%硫酸亚铁溶液2～3次
铜	发病前期生长正常，当韭菜长到最大高度时，顶端叶片1厘米以下部位出现2厘米长失绿片段，酷似干尖，一般在出苗后20～25天开始出现症状	叶面喷施0.02%～0.03%硫酸铜溶液2～3次

表7-82　依据目标产量水平韭菜推荐施肥量（千克/亩）

目标产量（千克/亩）	有机肥	施肥量		
		N	P_2O_5	K_2O
<2 500	2 500～3 000	17～21	10～12	16～18
2 500～3 500	3 000～3 500	21～25	12～14	18～20
>3 500	3 500～4 000	25～28	14～16	20～22

(2) 无公害韭菜施肥技术

① 苗床施肥。苗床基肥，每亩施商品有机肥300～500千克或无害化处理过的有机肥3 000～5 000千克，35%韭菜有机型专用肥15～20千克或45%腐殖酸硫基长效缓释肥10～12千克或30%腐殖酸高效缓释复混肥15～20千克或腐殖酸包裹型尿素6～8千克+腐殖酸型过磷酸钙10～15千克+大粒钾肥8～12千克。

苗期追肥，出苗后20天第一次浇水施肥，每亩施50%大量元素冲施肥8～10千克或无害化处理过的腐熟粪尿肥300～500千克或35%腐殖酸型水溶肥8～10千克或50%硫基长效水溶滴灌肥6～8千克。出苗后20天，叶面喷施500～600倍含氨基酸水溶肥或500～600倍含腐殖酸水溶肥液2次，间隔15天。

② 定植前基肥。每亩施商品有机肥300～500千克或无害化处理过的有机肥3 000～5 000千克，35%韭菜有机型专用肥30～40千克或45%腐殖酸硫基长效缓释肥25～30千克或30%腐殖酸高效缓释复混肥30～40千克或腐殖酸包裹型尿素12～16千克＋腐殖酸型过磷酸钙20～25千克＋大粒钾肥12～15千克。

③ 大田根际追肥。大田定植第1年，韭菜苗移栽成活后，每隔30天追肥一次，共追2～3次，每次每亩施50%大量元素冲施肥5～8千克或35%腐殖酸型水溶肥8～10千克或50%硫基长效水溶滴灌肥6～8千克或腐殖酸包裹型尿素6～8千克＋腐殖酸型过磷酸钙10～15千克＋大粒钾肥8～10千克。

大田定植第2～4年根际追肥。分别在春季、夏季、秋季追肥一次，共追2～3次。每亩施35%韭菜有机型专用肥：春季15～20千克，夏季和秋季各10～15千克；或每亩施45%腐殖酸硫基长效缓释肥：春季12～15千克，夏季和秋季各8～10千克；或每亩施30%腐殖酸高效缓释复混肥：春季15～20千克，夏季和秋季各10～15千克；或每亩施50%大量元素冲施肥：春季10～15千克，夏季和秋季各8～10千克；或每亩施35%腐殖酸型水溶肥：春季15～20千克，夏季和秋季各10～15千克；或每亩施50%硫基长效水溶滴灌肥（15-25-10）：春季10～15千克，夏季和秋季各8～10千克。

大田定植第5年根际追肥。冬季每亩施商品有机肥150～200千克或无害化处理过的有机肥2 000～3 000千克，然后生长盛期追3～4次：每次每亩施50%大量元素冲施肥10～15千克或35%腐殖酸型水溶肥15～20千克或50%硫基长效水溶滴灌肥（15-25-10）10～15千克或腐殖酸包裹型尿素8～10千克＋腐殖酸型过磷酸钙12～15千克＋大粒钾肥10～12千克。

④ 大田叶面追肥。春季，叶面喷施500～600倍含氨基酸水溶肥或500～600倍含腐殖酸水溶肥、500倍活力钙混合液2次，间隔20天。秋季，叶面喷施500倍生物活性钾肥2次，间隔20天。

第八章 主要果树高效安全施肥

我国地域广阔，种植的果树种类繁多，南北方差别较大，北方以落叶果树为主，南方以常绿果树为主。落叶果树的主要种类有苹果、梨、桃、葡萄等；常绿果树的主要种类有柑橘、荔枝、龙眼、芒果等；除此之外，还有一类草本果树，主要是香蕉、草莓、西瓜等。

第一节 落叶果树高效安全施肥

落叶果树是秋末落叶、翌年春天又萌发的一类果树，能耐冬季低温，分布较广，如苹果、梨、桃、葡萄、核桃、杏、李子、大枣、樱桃、山楂、板栗、榛子等。

一、苹果高效安全施肥

我国共有24个省（自治区、直辖市）生产苹果，主要集中在渤海湾、西北黄土高原、黄河故道和西南冷凉高地四大产区，其中陕西、山东、河北、甘肃、河南、山西和辽宁是我国七大苹果主产省。

1. 苹果缺素症诊断与补救

苹果缺素症状与补救措施可以参考表8-1。

表8-1 苹果缺素症状及补救

元素	缺素症状	补救措施
氮	新梢短而细，叶小直立，新梢下部的叶片逐渐失绿转黄，并不断向顶端发展，花芽形成少，果小早熟易落，须根多，大根少，新根发黄。严重缺氮时，嫩梢木质化后呈淡红褐色，叶柄、叶脉变红，严重者甚至造成生理落果	叶面喷施0.5%～0.8%尿素溶液2～3次

（续）

元素	缺素症状	补救措施
磷	新梢和根系生长减弱，枝条细弱而分枝少，叶片小而薄，老叶呈古铜色，叶脉间出现淡绿色斑，幼叶呈暗绿色，叶柄、叶背呈紫色或紫红色。严重缺磷时，老叶会出现黄绿和深绿相间的花叶，甚至出现紫色、红色的斑块，叶缘出现半月形坏死，枝条茎部叶片早落，而顶端则长期保留一簇叶片。枝条下部芽不充实，春天不萌发，展叶开花迟缓，花芽少，果实着色面小，色泽差。树体抗逆性差，常引起早期落叶，产量下降。苹果树上早春或夏季生长较快的枝叶，几乎都呈紫红色，新梢末端的枝叶特别明显，这种现象是缺磷的重要特征	叶面喷施3%～5%过磷酸钙浸出液
钾	根和新梢加粗，生长减弱，新梢细弱，叶尖和叶缘常发生褐红色枯斑，易受真菌危害，降低果实产量和品质。严重缺钾时，叶片从边缘向内焦枯，向下卷曲枯死而不易脱落，花芽小而多，果实色泽差，着色面小	叶面喷施0.2%～0.3%磷酸二氢钾2～3次，或1.5%硫酸钾溶液2～3次
钙	缺钙的果实，细胞间的黏结作用消失，细胞壁和中胶层变软，细胞破裂，贮藏期果实变软，甚至出现水心病、苦痘病	喷施0.2%～0.3%的硝酸钙溶液3～4次
镁	幼树缺镁，新梢下部叶片先开始褪绿，并逐渐脱落，仅先端残留几片软而薄的淡绿色叶片。成龄树缺镁，枝条老叶叶缘或叶脉间先失绿或坏死，后渐变黄褐色，新梢、嫩枝细长，抗寒力明显降低，并导致开花受抑，果小味差	在6～7月叶面喷施1%～2%硫酸镁溶液2～3次
铁	苹果树缺铁时，首先产生于新梢嫩叶，叶片变黄，俗称黄叶病。其表现是叶肉发黄，叶脉为绿色，呈典型的网状失绿。缺铁严重时，除叶片主脉靠近叶柄部分保持绿色外，其余部分均呈黄色或白色，甚至干枯死亡。随着病叶叶龄的增长和病情的发展，叶片失去光泽，叶片皱缩，叶缘变褐、破裂	发病严重的树发芽前可喷0.3%～0.5%硫酸亚铁（黑矾）溶液，或在果树中、短枝顶部1～3片叶失绿时，喷0.5%尿素+0.3%硫酸亚铁，每隔10～15天喷一次，连喷2～3次
锌	早春发芽晚，新梢节间极短，从基部向顶端逐渐落叶，叶片狭小、质脆、小叶簇生，俗称“小叶病”，数月后可出现枯梢或病枝枯死现象。病枝以下可再发新梢，新梢叶片初期正常，以后又变得窄长，产生花斑，花芽形成减少，且病枝上的花显著变小，不易坐果，果实小而畸形。幼树缺锌，根系发育不良，老树则有根系腐烂现象	在萌芽前喷2%～3%、展叶期喷0.1%～0.2%、秋季落叶前喷0.3%～0.5%的硫酸锌溶液，重病树连续喷2～3年可使缺素症得以大幅度缓解甚至治愈

（续）

元素	缺素症状	补救措施
锰	果树缺锰，常出现缺锰性失绿。从老叶叶缘开始，逐渐扩大到主脉间失绿，在中脉和主脉处出现宽度不等的绿边，严重时全叶黄化，而顶端叶仍为绿色	喷施 0.2%～0.3%硫酸锰溶液 2～3 次
硼	缺硼可使花器官发育不良，受精不良，落花落果加重发生，坐果率明显降低。叶片变黄并卷缩，叶柄和叶脉质脆易折断。严重缺硼时，根和新梢生长点枯死，根系生长变弱，还能导致苹果、梨、桃等果实畸形（即缩果病）。病果味淡而苦，果面凹凸不平，果皮下的部分果肉木栓化，致使果实扭曲、变形，严重时，木栓化的一边果皮开裂，形成品相差的所谓“猴头果”	在开花前，开花期和落花后各喷一次 0.3%～0.5%的硼砂溶液，溶液浓度发芽前为 1%～2%，萌芽至花期为 0.3%～0.5%
铜	最初叶片出现褐色斑点，扩大后变成深褐色，引起落叶，新生枝条顶端 10～30 厘米枯死，第二年春枯死处下部的芽开始生长	喷施 0.04%～0.06%硫酸铜溶液 2～3 次

2. 苹果高效安全施肥技术

借鉴 2011—2018 年农业部苹果科学施肥指导意见和相关测土配方施肥技术研究资料，提出推荐施肥方法，供农民朋友参考。

（1）施肥存在问题 苹果主产区施肥主要存在以下问题：①果园有机肥投入不足，果园土壤有机质含量低、缓冲能力差。②非石灰性土壤产区，果园土壤酸化加重趋势明显，中微量元素钙、镁、钼和硼缺乏时有发生；石灰性土壤产区，果园土壤铁、锌和硼缺乏问题普遍。③集约化果园氮、磷肥用量普遍偏高，中微量元素养分投入不足，肥料增产效率下降，生理性病害发生严重。④施肥时期上忽视秋季施肥，春、夏季施肥偏多等施肥问题。

（2）施肥原则 针对存在的问题，提出以下施肥原则：①增施有机肥。长期施用畜禽粪便发酵腐熟类有机肥的果园，改用优质堆肥或生物有机肥，提倡有机无机配合施用。②依据土壤肥力和产量水平，适当调减氮、磷化肥用量；注意钙、镁、钼、硼和锌的配合施用。③出现土壤酸化的果园，可通过施用土壤调理剂、硅钙镁肥或石灰改良土壤。④与覆草、覆膜、自然生草和起垄等优质高产栽培技术相结合。

（3）有机肥施用方案 早熟品种或土壤较肥沃或树龄小或树势强的果园施农家肥 4～6 米^3/亩或生物有机肥 300 千克/亩；晚熟品种或土壤瘠薄或树龄大或树势弱的果园施农家肥 5～7 米^3/亩或生物有机肥 350 千克/亩。

（4）化肥施用方案

① 施肥量建议。亩产4 500千克以上的果园，施氮肥（N）15～25千克/亩、磷肥（P_2O_5）7.5～12.5千克/亩、钾肥（K_2O）15～25千克/亩；亩产3 500～4 500千克的果园，施氮肥（N）10～20千克/亩、磷肥（P_2O_5）5～10千克/亩、钾肥（K_2O）12～20千克/亩；亩产3 500千克以下的果园，施氮肥（N）10～15千克/亩、磷肥（P_2O_5）5～10千克/亩、钾肥（K_2O）10～15千克/亩。

② 因缺补缺。土壤缺锌、硼、钙的果园，相应施用硫酸锌1～1.5千克/亩、硼砂0.5～1千克/亩、硝酸钙20千克/亩左右，与有机肥混匀后在9月中旬到10月中旬施用（晚熟品种采果后尽早施用）；施肥方法采用穴施或沟施，穴或沟深度40厘米左右，每株树3～4个（条）。

③ 施肥时期。化肥分3～4次施用（晚熟品种4次），第一次在9月中旬到10月中旬（晚熟品种采果后尽早施用），在有机肥和硅钙镁肥基础上施用40%氮肥、60%磷肥、40%钾肥，适当增加氮、磷肥比例；第二次在翌年4月中旬进行，以氮、磷肥为主，施用20%氮肥、20%磷肥；第三次在翌年6月初果实套袋前后进行，根据留果情况氮、磷、钾配合施用，施用20%氮肥、20%磷肥、40%钾肥；第四次在翌年7月下旬到8月中旬，施用20%氮肥、20%钾肥，根据降雨、树势和产量情况采取少量多次的方法进行，以钾肥为主，配合少量氮肥。在10月底到11月中旬，连续喷3次1%～7%的尿素，浓度前低后高，间隔时间7～10天。

（5）配方肥施用方案　在9月中旬到10月中旬（晚熟品种采果后尽早施用）施用采果肥。在施用农家肥4～6米^3/亩（或生物有机肥300千克/亩）、硅钙镁钾肥50千克/亩、硫酸锌1～1.5千克/亩、硼砂0.5～1千克/亩的基础上，推荐15－15－15（N－P_2O_5－K_2O）或相近配方，配方肥推荐用量80～120千克/亩。在3月中旬到4月中旬施一次钙肥，每亩施硝酸铵钙30～50千克，尤其是苦痘病、裂纹等缺钙严重的果园。

在翌年6月初果实套袋前后施用套袋肥，根据留果情况，氮、磷、钾配合施用，推荐18－10－17（N－P_2O_5－K_2O）或相近配方，配方肥推荐施用量40～80千克/亩。

在翌年7月中旬到8月中旬施用二次膨果肥，推荐15－5－25（N－P_2O_5－K_2O）或相近配方，配方肥推荐用量20～60千克/亩。

3. 无公害苹果测土配方施肥技术

（1）苹果树测土施肥配方　姜远茂等（2009）针对苹果主产区施肥现状，提出在保证有机肥施用的基础上，氮肥推荐采用总量控制分期调控技术，磷、钾肥推荐采取恒量监控技术，中微量元素采用因缺补缺。

① 有机肥推荐。考虑到果园有机肥水平、产量水平和有机肥种类，苹果树有机肥推荐用量参考表 8-2。

表 8-2　苹果树有机肥推荐用量（千克/亩）

有机质含量（克/千克）	产量水平（千克/亩）			
	2 000	3 000	4 000	5 000
>15	1 000	2 000	3 000	4 000
10～15	2 000	3 000	4 000	5 000
5～10	3 000	4 000	5 000	-
<5	4 000	5 000	-	-

② 氮肥推荐。考虑到土壤供氮能力和苹果产量水平，苹果树氮肥推荐用量参考表 8-3。

表 8-3　苹果树氮肥（N）推荐用量（千克/亩）

有机质含量（克/千克）	产量水平（千克/亩）			
	2 000	3 000	4 000	5 000
<7.5	23.3～33.3	30～40	-	-
7.5～10	16.7～26.7	23.3～33.3	30～40	-
10～15	10～20	16.7～26.7	23.3～33.3	30～40
15～20	3.3～10	10～20	16.7～26.7	23.3～33.3
>20	<3.3	3.3～10	10～20	16.7～26.7

③ 磷肥推荐。考虑到土壤供磷能力和苹果产量水平，苹果树磷肥推荐用量参考表 8-4。

表 8-4　苹果树磷肥（P_2O_5）推荐用量（千克/亩）

土壤有效磷（毫克/千克）	产量水平（千克/亩）			
	2 000	3 000	4 000	5 000
<15	8～10	10～13	12～16	-
15～30	6～8	8～11	10～14	12～17
30～50	4～6	6～9	8～12	10～15
50～90	2～4	4～7	6～10	8～13
>90	<2	<4	<6	<8

④ 钾肥推荐。考虑到土壤供钾能力和苹果产量水平，苹果树钾肥推荐用

量参考表 8-5。

表 8-5　苹果树钾肥（K_2O）推荐用量（千克/亩）

土壤交换性钾（毫克/千克）	产量水平（千克/亩）			
	2 000	3 000	4 000	5 000
<50	20～30	23.3～40	26.7～43.3	-
50～100	16.7～20	20～30	23.3～40	26.7～43.3
100～150	10～13.3	16.7～20	20～30	23.3～40
150～200	6.7～10	10～13.3	16.7～20	20～30
>200	<6.7	6.7～10	10～13.3	16.7～20

⑤ 中微量元素因缺补缺。根据土壤分析结果，对照临界指标，如果缺乏进行矫正（表 8-6）。

表 8-6　苹果产区中微量元素丰缺指标及对应肥料用量

元素	提取方法	临界指标（毫克/千克）	基施用量（千克/亩）
锌	DTPA	0.5	硫酸锌：2.5～5.0
硼	沸水	0.5	硼砂：2.5～5.0
钙	醋酸铵	450	硝酸钙：10～20

（2）无公害苹果树施肥技术　这里以盛果期树为例。

① 秋施基肥。苹果树秋施基肥，采用环状施肥、放射状施肥方法施用：株施生物有机肥 10～15 千克或无害化处理过的有机肥 100～150 千克，35%苹果有机型专用肥 2～2.5 千克或 35%腐殖酸涂层长效肥 1.5～2 千克或 30%有机无机复混肥 2.5～3 千克或 45%腐殖酸涂层长效肥 1～1.5 千克或 45%硫基长效缓释复混肥 1～1.5 千克或 40%腐殖酸高效缓释复混肥 1.5～2 千克。

② 根际追肥。苹果树追肥时期主要在萌芽前、开花后、果实膨大和花芽分化期、果实生长后期，一般追肥 2～4 次，目前主要以开花后、果实膨大和花芽分化期追肥为主，视基肥施用情况、树势等，酌情在萌芽前、果实生长后期追肥。

如果基肥不足或未施基肥，或弱势树、老树，可在果园土壤解冻后至苹果树萌芽开花前，株施 35%苹果有机专用肥 1～1.5 千克或腐殖酸包裹尿素 1～1.5 千克或增效尿素 0.75～1.0 千克。

开花后追肥一般苹果树落花后立即进行。株施生物有机肥 10～15 千克，35%苹果有机专用肥 2～2.5 千克或 30%腐殖酸高效缓释复混肥 1.5～2 千克或腐殖酸型过磷酸钙 2 千克＋增效尿素 1.0～1.5 千克＋长效钾肥 0.5 千克或增效磷酸铵 1.0～1.5 千克＋大粒钾肥 1.0 千克。

果实膨大和花芽分化期株施 35%苹果有机专用肥 1.5～2.0 千克或 40%腐殖酸高效缓释复混肥 1.0～1.5 千克或 45%硫基长效水溶性肥 1.0～1.5 千克（随水冲施）或腐殖酸型过磷酸钙 1.5～2.0 千克＋增效尿素 0.75～1.0 千克＋长效钾肥 0.5 千克。

果实生长后期追肥应在早、中熟品种采收后，晚熟品种采收前施入，株施生物有机肥 10～15 千克，30%腐殖酸高效缓释复混肥 0.75～1.0 千克或 30%腐殖酸含促生菌生物复混肥 0.5～0.75 千克或 35%苹果有机专用肥 0.75～1.0 千克或腐殖酸型过磷酸钙 1.0～1.5 千克＋增效尿素 0.5 千克＋长效钾肥 0.5 千克。

③ 根外追肥。可以根据苹果树生长情况，选择表 8-7 中时期和肥料进行根外追肥。

表 8-7　苹果盛果期树的根外追肥

喷施时期	肥料种类、浓度	备注
萌芽前	500～1 000 倍含腐殖酸水溶肥或 500～1 000 倍含氨基酸水溶肥	可连续喷 2～3 次
	1 500 倍氨基酸螯合锌水溶肥	用于易缺锌果园
萌芽后	500～1 000 倍含腐殖酸水溶肥或 500～1 000 倍含氨基酸水溶肥	可连续喷 2～3 次
	1 500 倍氨基酸螯合锌水溶肥	出现小叶病
开花期	1 500 倍活力钙叶面肥、1 500 倍活力硼叶面肥、500 倍含腐殖酸水溶肥或 500 倍含氨基酸水溶肥	可连续喷 2 次
新梢旺长期	0.1%～0.2%柠檬酸铁或黄腐酸二铵铁叶面肥	可连续喷 2 次
5～6 月	1 500 倍活力硼叶面肥	
5～7 月	1 500 倍活力钙叶面肥	可连续喷 2～3 次
果实发育后期	0.4%～0.5%磷酸二氢钾溶液	可连续喷 3～4 次
采收后至落叶前	800～1 000 倍大量元素水溶肥	可连续喷 3～4 次，大年尤为重要
	1 000～1 500 倍氨基酸螯合锌叶面肥	用于易缺锌果园
	1 000～1 500 倍活力硼叶面肥	用于易缺硼果园

二、梨树高效安全施肥

梨树是我国分布面积最广的重要果树之一，全国各地均有栽培。梨树对土壤的适应能力强，且较易获得高产。其品种繁多，晚熟品种极耐贮藏与运输，对保证水果的周年供应和调节市场有重要意义。梨是人们喜食果品之一。

1. 梨缺素症诊断与补救

梨树缺素症状与补救措施可以参考表8-8。

表8-8 梨缺素症状及补救

元素	缺素症状	补救措施
氮	生长衰弱，叶小而薄，呈黄绿色或灰绿色，老叶变橙红色或紫色，易早落；花芽、花及果实都少；果小但着色较好，口感较甜	在雨季和秋梢迅速生长期，可在树冠喷施0.3%～0.5%尿素溶液
磷	叶片紫红色；新梢和根系发育不良，植株瘦长或矮化，易早期落叶，果实较小；树体抗旱性减弱	展叶期叶面喷施0.3%磷酸二氢钾或2.0%过磷酸钙
钾	当年生枝条中下部叶片边缘先产生枯黄色，后呈焦枯状，叶片皱缩，严重时整叶枯焦；枝条生长不良，果实小，品质差	果实膨大期株施硫酸钾0.4～0.5千克；6～7月叶面喷施0.2%～0.3%磷酸二氢钾2～3次
钙	新梢嫩叶形成褪绿斑，叶尖及叶缘向下卷曲，几天后褪绿部分变成暗褐色形成枯斑，并逐渐向下部叶片扩展	喷施0.3%～0.5%的氯化钙或硝酸钙溶液4～5次
镁	叶绿素渐少，先从基部叶开始出现失绿症，枝条上部花叶呈深棕色，叶脉间出现枯死斑。严重的从枝条基部开始落叶	6～7月叶面喷施2%～3%硫酸镁溶液3～4次
硫	初期时幼叶边缘淡绿或黄色，逐渐扩大，仅在主、侧脉结合处保持一块呈楔形的绿色，最后幼叶全面失绿	可结合补铁、锌喷施硫酸亚铁溶液、硫酸锌溶液
铁	出现黄叶病，多从新梢顶部嫩叶开始，初期叶片较小，叶肉失绿变黄；随病情加重全叶变黄白，叶缘出现褐色焦枯斑，严重时可焦枯脱落，顶芽枯死	发芽后喷施0.5%硫酸亚铁，或树干注射0.05%～0.1%的酸化硫酸亚铁溶液
锌	叶小而窄，簇状，有杂色斑点，叶缘向上或不伸展，叶呈淡黄绿色，节间缩短，细叶簇生成丝状，花芽渐少，不易坐果	落花后3周，用300毫克/千克环烷酸锌乳剂或0.2%硫酸锌加0.3%尿素，再加0.2%石灰溶液混喷

（续）

元素	缺素症状	补救措施
锰	叶片出现肋骨状失绿，多从新梢中部叶开始失绿	叶片生长期喷施 0.3％硫酸锰溶液 2～3 次
硼	小枝顶端枯死，叶稀疏；果实开裂而有疙瘩，未熟先黄，树皮出现溃烂	花前、花期或花后喷施 0.5％硼砂溶液后，并灌水
铜	顶叶失绿，梢间变黄，结果少，品质差	喷施 0.05％硫酸铜溶液

2. 梨树高效安全施肥

借鉴 2011—2018 年农业部梨科学施肥指导意见和相关测土配方施肥技术研究资料，提出推荐施肥方法，供农民朋友参考。

（1）施肥存在问题 梨生产中施肥存在的主要问题：有机肥施用少，土壤有机质含量较低，氮肥投入量大、利用率低，钾肥及中微量元素投入较少，施肥时期、施肥方式、肥料配比不合理，以及梨园土壤钙、铁、锌、硼等中微量元素的缺乏普遍，尤其是南方地区梨园土壤磷、钾、钙、镁缺乏，土壤酸化严重等问题。

（2）施肥原则 针对存在的问题，提出以下施肥原则：①增加有机肥的施用，实施果园种植绿肥，覆盖秸秆，培肥土壤，土壤酸化严重的果园施用石灰和有机肥进行改良；②依据梨园土壤肥力条件和梨树生长状况，适当减少氮、磷肥用量，增加钾肥施用，通过叶面喷施补充钙、镁、铁、锌、硼等中微量元素；③结合绿色增产增效栽培技术以及产量水平、土壤肥力条件，确定肥料施用时期、用量和养分配比；④优化施肥方式，改撒施为条施或穴施，合理配合灌溉与施肥，以水调肥。

（3）施肥建议 亩产 4 000 千克以上的果园，施有机肥 3～4 米^3/亩、氮肥（N）20～25 千克/亩、磷肥（P_2O_5）8～12 千克/亩、钾肥（K_2O）15～25 千克/亩；亩产 2 000～4 000 千克的果园，施有机肥 2～3 米^3/亩、氮肥（N）15～20 千克/亩、磷肥（P_2O_5）8～12 千克/亩、钾肥（K_2O）15～20 千克/亩；亩产 2 000 千克以下的果园，施有机肥 2～3 米^3/亩、氮肥（N）10～15 千克/亩、磷肥（P_2O_5）8～12 千克/亩、钾肥（K_2O）10～15 千克/亩。

土壤钙、镁较缺乏的果园，磷肥宜选用钙镁磷肥；缺铁、锌和硼的果园，可通过叶面喷施浓度为 0.3％～0.5％的硫酸亚铁、0.3％的硫酸锌、0.2％～0.5％的硼砂溶液来矫正。根据有机肥的施用量，酌情增减化肥氮、钾用量。

全部有机肥、全部磷肥、50％～60％氮肥、40％钾肥作基肥，在梨采收后施用，其余 40％～50％氮肥和 60％钾肥分别在 3 月萌芽期和 6～7 月果实膨大期施用，根据梨树树势强弱可适当增减追肥次数和用量。

3. 无公害梨树测土配方施肥技术

(1) 梨树测土施肥配方　根据梨园土壤肥力水平（表 8 - 9），梨树推荐施肥量见表 8 - 10。

表 8 - 9　梨园土壤肥力等级

肥力水平	有机质（克/千克）	碱解氮（毫克/千克）	有效磷（毫克/千克）	速效钾（毫克/千克）
低	<10	<50	<15	<80
中	10～20	50～100	15～30	80～120
高	>20	>100	>30	>120

表 8 - 10　梨树推荐施肥量

肥力等级	推荐施肥量（千克/亩）		
	N	P_2O_5	K_2O
低产田	14～17	6～8	8～11
中产田	16～19	7～9	9～12
高产田	18～21	8～10	10～13

(2) 无公害梨树施肥技术　这里以盛果期树为例。

① 秋施基肥。梨树秋施基肥，采用环状施肥、放射状施肥方法施用：株施生物有机肥 8～12 千克或无害化处理过的有机肥 80～120 千克，35％梨树有机型专用肥 2～3 千克或 30％腐殖酸涂层长效肥 2.5～3 千克或 40％腐殖酸长效缓释复混肥 1.0～1.5 千克或缓释磷酸二铵 0.5～1.0 千克＋大粒钾肥 1.0～1.25 千克。

② 根际追肥。梨树追肥时期主要在花前、花后、花芽分化期、果实膨大期等时期，通常在各时期中选择 1～3 次进行。目前主要以开花后、果实膨大期追肥为主，视基肥施用情况、树势等，酌情在其他时期追肥。

如果基肥不足或未施基肥，或弱势树、老树，可在果园土壤解冻后至梨树萌芽开花前，株施 35％梨树有机型专用肥 0.5 千克或腐殖酸包裹尿素 1～1.2 千克或增效尿素 0.75～1.0 千克。

花后追肥一般梨树落花后立即进行，株施 30％腐殖酸涂层长效肥 0.5～0.75 千克或 40％腐殖酸长效缓释复混肥 0.5 千克或增效磷酸铵 0.5 千克＋增效尿素 0.5～0.75 千克＋硫酸钾 0.5～1.0 千克。

花芽分化期追肥一般在中、短梢停止生长前 8 天左右，可根据树势或肥源，株施 30％腐殖酸涂层长效肥 1.0～1.2 千克或 40％腐殖酸长效缓释复混肥 0.75 千克或 35％梨树有机型专用肥 1.5～2.0 千克或增效尿素 0.5 千克＋增效磷酸铵 0.5 千克。

果实膨大期追肥可在果实膨大初期，根据树势或肥源，株施 30％腐殖酸涂层长效肥 2.5～3 千克或 40％腐殖酸长效缓释复混肥 1.5～2.0 千克或 35％梨树有机型专用肥 2～3 千克或增效尿素 0.5～1 千克＋增效磷酸铵 0.5～1 千克＋大粒钾肥 0.5～1 千克。

③ 根外追肥。萌芽前，叶面喷施 300～500 倍氨基酸螯合锌；春季抽梢期，叶面喷施 500～1 000 倍含腐殖酸水溶肥或 500～1 000 倍含氨基酸水溶肥、0.3％～0.5％硫酸亚铁溶液 2 次，间隔期 15 天；花期，叶面喷施 1 500 倍活力硼、1 500 倍活力钙叶面肥；花芽分化期，叶面喷施 500～1 000 倍含腐殖酸水溶肥或 500～1 000 倍含氨基酸水溶肥、1 500 倍活力钾叶面肥 2 次，间隔期 15 天；果实膨大期，叶面喷施 1 500 倍活力钾叶面肥、1 500 倍活力钙叶面肥 2 次，间隔期 20 天。

三、桃树高效安全施肥

桃原产于我国黄河上游海拔 1 200～1 300 米的高原地带，是我国栽培普遍的一种果树。我国规模化栽培的地区主要集中在华北、华东、华中、西北和东北的一些省份，其中，山东肥城、青州，河北抚宁、遵化、深州、临漳，甘肃宁县、张掖，江苏太仓、无锡、徐州，浙江奉化、宁波，天津蓟州，河南商水、开封，北京平谷，陕西宝鸡、西安，四川成都，辽宁大连等地都是我国著名产区。

1. 桃树缺素症诊断与补救

桃树缺素症状与补救措施可以参考表 8－11。

表 8－11　桃缺素症状及补救

元素	缺素症状	补救措施
氮	枝梢顶部叶片淡黄绿色，基部叶片红黄色，呈现红色、褐色和坏死斑点；叶片早期脱落，枝梢细尖、短、硬。果小、品质差、涩味重，但着色好。红色品种会出现晦暗的颜色	用 0.3％～0.5％尿素溶液叶面喷布，间隔 5～7 天，连喷 2～3 次
磷	叶片暗绿转青铜色，或发展为紫色；一些较老叶片窄小，近叶缘处向外卷曲；早期落叶，叶片稀少	可用 0.5％～1.0％过磷酸钙（滤液）、1.0％磷酸铵溶液或 0.5％磷酸二氢钾溶液，7～10 天一次，连喷 2～3 次

（续）

元素	缺素症状	补救措施
钾	当年生新梢中部叶片变皱且卷曲，随后坏死。叶片出现裂痕，开裂。叶背颜色呈淡红或紫红色。小枝纤细，花芽少	果树缺钾，应土施和叶喷相结合。如成年树土施硫酸钾0.5～1.0千克/株或施草木灰2～5千克/株，果实膨大期株施硫酸钾0.4～0.5千克；叶面喷施0.2%～0.3%磷酸二氢钾溶液2～3次
钙	顶部枝梢幼叶由叶尖及叶缘或沿中脉干枯。严重缺钙时小枝顶枯。大量落叶，根短，呈球根状，出现少量线状根后根回枯	当果树发生钙时，在新生叶生长期可进行叶面喷施0.3%～0.5%的硝酸钙溶液或0.3%磷酸二氢钙溶液，间隔5～7天，连喷2～3次
镁	当年生枝基生叶出现坏死区，呈深绿色水渍状斑纹，具有紫红边缘。坏死区几小时内可变成灰白至浅绿色，然后变成淡黄棕色。落叶严重，小枝柔韧，花芽形成大量减少	当果树缺镁时，叶面喷施1%～2%的硫酸镁溶液，间隔7～10天，连喷4～5次
铁	多从新梢顶端叶片开始，而且自上而下渐轻。缺铁抑制了叶绿素的合成，使桃树表现出从失绿到黄化再到白化的症状。缺铁轻时，一般叶片不萎蔫，新梢顶芽仍然生长；缺铁严重时，叶缘枯焦，有时叶片出现褐色坏死，连较细的侧脉也变黄，新梢顶端枯死，其中上部叶片早落	可叶面喷施尿素铁、柠檬酸铁、Fe-EDTA、Fe-DTPA等，并掌握好浓度，以免发生肥害。也可采取树干注射法、灌根法，用0.2%～0.5%的柠檬酸铁或硫酸亚铁注射入主树干或侧枝内。酸性土壤，可施用10～30克/株的Fe-EDTA；碱性土壤可施用10～30克/株的Fe-DTPA或Fe-EDDHA
锌	叶片褪绿，花叶从枝梢最基部的叶片向上发展。叶片变窄，并发生不同程度皱叶。枝梢短，近枝梢顶部节间呈莲座状叶。花芽形成减少，果实少，畸形	叶面喷施0.3%～0.5%的硫酸锌水溶液，或在硫黄合剂中加入0.1%～0.3%的硫酸锌。一般间隔10～15天，喷2～3次
锰	叶脉间褪绿，从边缘开始。顶梢叶仍保持绿色，顶部生长受阻	叶片生长期喷施0.3%硫酸锰水溶液每隔7～10天喷一次，连续喷3～4次
硼	小枝顶枯，随之落叶。出现许多侧枝。叶片小而厚，畸形且脆	当果树发生缺硼症状时，可用0.1%～0.2%的硼砂溶液叶面喷布或灌根，最佳时期是果树开花前3周。当土壤严重缺硼时，可土施硼砂或含硼肥料，成年树施硼砂0.1～0.2千克/株

2. 桃树高效安全施肥技术

借鉴2011—2018年农业部桃科学施肥指导意见和相关测土配方施肥技术研究资料，提出推荐施肥方法，供农民朋友参考。

（1）施肥原则 针对桃园施肥量差异较大，肥料用量、氮磷钾配比、施肥时期和方法等不合理，忽视施肥和灌溉协调等问题，提出以下施肥原则：①合理增加有机肥施用量，依据土壤肥力和早、中、晚熟品种及产量水平，合理调控氮、磷、钾肥施用数量，早熟品种需肥量比晚熟品种一般少15%～20%，同时，注意钙、镁、硼、锌、铁或铜肥的配合施用。②肥料分配以桃果采摘后一个月左右施用秋季基肥为宜，桃果膨大期前后是追肥的关键时期。③与绿色增产增效栽培技术相结合，采摘前3周不宜追施氮肥和大量灌水，以免影响品质；夏季排水不畅的平原地区桃园需做好起垄、覆膜、生草等土壤管理工作；干旱地区提倡采用地膜覆盖、穴贮肥水技术。

（2）施肥建议 产量水平3 000千克/亩以上，施有机肥2～3米^3/亩、氮肥（N）18～20千克/亩、磷肥（P_2O_5）8～10千克/亩、钾肥（K_2O）20～22千克/亩；产量水平2 000～3 000千克/亩，施有机肥1～2米^3/亩、氮肥（N）15～18千克/亩、磷肥（P_2O_5）7～9千克/亩、钾肥（K_2O）18～20千克/亩；产量水平1 500～2 000千克/亩，施有机肥1～2米^3/亩、氮肥（N）12～15千克/亩、磷肥（P_2O_5）5～8千克/亩、钾肥（K_2O）15～18千克/亩。

对前一年落叶早或产量高的果园，应加强根外追肥，萌芽前可喷施2～3次1%～3%的尿素，萌芽后至7月中旬之前，定期按两次尿素溶液与一次磷酸二氢钾溶液的方式喷施，磷酸二氢钾浓度为0.3%～0.5%。中微量元素推荐采用“因缺补缺”、矫正施用的管理策略。出现中微量元素缺素症时，通过叶面喷施进行矫正。

若施用有机肥数量较多，则当年秋季基施的氮、钾肥可酌情减少1～2千克/亩，果实膨大期的氮、钾肥追施量可酌情减少2～3千克/亩。全部有机肥、30%～40%氮肥、50%磷钾肥作基肥，于桃采摘后秋季采用开沟方法施用；其余60%～70%氮肥和50%磷钾肥分别在春季桃树萌芽期、硬核期和果实膨大期分次追施（早熟品种1～2次、中晚熟品种2～4次）。

3. 无公害桃树测土配方施肥技术

（1）桃树测土施肥配方 陈清（2009）针对桃树主产区施肥现状，提出在保证有机肥施用的基础上，氮肥推荐采用总量控制分期调控技术，磷、钾肥推荐采取恒量监控技术，中微量元素采用因缺补缺。

① 有机肥推荐。考虑到果园有机肥水平、产量水平和有机肥种类，桃树有机肥推荐用量参考表8-12。

表 8-12　桃树有机肥推荐用量（千克/亩）

产量水平（千克/亩）	土壤有机质（克/千克）				
	>25	15～25	10～15	6～10	<6
1 500	500	1 000	1 500	2 000	2 000
2 000	1 000	1 500	2 000	2 500	3 000
2 500	1 500	2 000	2 500	3 000	4 000
3 500	2 000	2 500	3 500	4 000	-
4 000	2 500	3 000	4 000	5 000	-

② 氮肥推荐。考虑到土壤供氮能力和产量水平，桃树氮肥推荐用量参考表 8-13。

表 8-13　桃树氮肥（N）推荐用量（千克/亩）

品种	产量水平（千克/亩）	土壤有机质（克/千克）				
		>25	15～25	10～15	6～10	<6
早熟品种	1 500	2.5	3.0	4.5	6.5	8.5
	2 000	3.5	4.5	6.5	10.0	12.5
	2 500	4.5	5.5	9.0	13.5	17.0
中晚熟品种	1 500	2.5	3.0	4.5	7.0	9.0
	2 000	3.5	4.5	7.0	10.5	13.0
	2 500	4.5	6.0	9.5	14.0	17.5
	3 500	6.0	7.5	12.0	17.5	-
	4 000	7.0	9.0	14.0	21.0	-

③ 磷肥推荐。考虑到土壤供磷能力和产量水平，桃树磷肥推荐用量参考表 8-14。

表 8-14　桃树磷肥（P_2O_5）推荐用量（千克/亩）

品种	产量水平（千克/亩）	土壤有效磷（毫克/千克）				
		>60	60～40	40～20	206～10	<10
早熟品种	1 500	1.0	1.5	2.0	3.0	4.0
	2 000	1.5	2.5	3.0	4.5	6.0
	2 500	2.0	3.0	4.0	6.0	8.0

（续）

品种	产量水平（千克/亩）	土壤有效磷（毫克/千克）				
		>60	60～40	40～20	206～10	<10
中晚熟品种	1 500	1.0	2.0	2.5	3.5	4.5
	2 000	1.5	2.5	3.5	5.0	7.0
	2 500	2.5	3.5	4.5	7.0	9.0
	[illegible]	[illegible]	[illegible]	[illegible]	[illegible]	
	4 000	3.5	5.0	7.0	10.0	-

④ 钾肥推荐。考虑到土壤供钾能力和产量水平，桃树钾肥推荐用量参考表 8－15。

表 8－15　桃树钾肥（K_2O）推荐用量（千克/亩）

品种	产量水平（千克/亩）	土壤交换钾（毫克/千克）				
		>200	200～150	150～100	100～50	<50
早熟品种	1 500	3.0	4.0	6.0	9.0	11.5
	2 000	4.5	6.0	9.0	14.0	17.5
	2 500	6.0	7.5	12.5	18.5	23.0
中晚熟品种	1 500	4.0	4.5	7.5	11.0	13.5
	2 000	5.5	7.0	11.0	16.0	20.0
	2 500	7.5	9.0	14.5	21.5	27.0
	3 500	9.0	11.5	18.0	27.0	-
	4 000	11.0	13.5	21.5	32.0	-

（2）无公害桃树施肥技术　这里以盛果期树为例。

① 秋施基肥。桃树可在采果后，最好在落叶前 1 个月施用基肥。幼树采用全环沟，成年树用半环沟、辐射沟、扇形坑等均可。基肥可株施生物有机肥 8～10 千克或无害化处理过的有机肥 80～100 千克，35%桃树有机型专用肥 2～3 千克或 45%腐殖酸涂层长效肥 1.0～1.5 千克或 40%腐殖酸长效缓释复混肥 1.0～1.5 千克或 40%NAM 长效缓释 BB 肥 1.0～1.5 千克或 30%有机无机复混肥（14－6－10）2～3 千克或缓释磷酸二铵 0.5～1.0 千克＋大粒钾肥 1.0～1.5 千克。

② 根际追肥。桃树追肥应根据桃树生长发育、土壤肥力等情况确定合理的追肥时期和次数。追肥的主要时期有早春萌芽前、开花之后、果实膨大期、果实成熟前 20 天、果实采收后等，常在上述时期中选择 2～3 次进行。目前主

要以开花后、果实膨大期追肥为主，视基肥施用情况、树势等，酌情在其他时期追肥。

萌芽肥一般在桃树萌芽前 14 天左右进行，主要是补充树体贮藏营养的不足，促进新根和新梢的生长，提高坐果率。一般以氮素营养为主，配合钾素和磷素营养。可株施 35%桃树有机型专用肥 1.0～1.5 千克或 30%腐殖酸含促生菌生物复混肥 1.0～1.5 千克或腐殖酸包裹尿素 1～1.2 千克＋腐殖酸过磷酸钙 0.75～1.0 千克＋大粒钾肥 0.25 千克或增效尿素 0.75～1.0 千克＋腐殖酸过磷酸钙 0.75～1.0 千克＋大粒钾肥 0.25 千克。

花后肥一般在桃树开花后 7 天左右进行，促使开花整齐，提高坐果率。一般以氮素营养为主，配合磷、钾素营养。株施 35%桃树有机型专用肥 0.5～1.0 千克或 30%腐殖酸长效缓释复混肥 0.75～1.0 千克或 45%腐殖酸涂层长效肥 0.5～0.75 千克或增效磷酸铵 0.5 千克＋增效尿素 0.5～0.75 千克＋硫酸钾 0.5～1.0 千克。

果实膨大肥一般在桃核硬化始期进行，促进果实快速生长，促进花芽分化，提高树体贮藏营养。可根据树势或肥源，株施 35%桃树有机型专用肥 1.5～1.0 千克或 40%腐殖酸高效缓释复混肥 1.5～2.0 千克或 45%腐殖酸涂层 BB 肥 1.5～2.0 千克或增效尿素 0.75 千克＋大粒钾肥 0.75 千克。

催果肥在果实成熟前 20 天左右追肥，主要是促进果实膨大、着色，提高果实品质。可根据树势或肥源，株施增效磷酸铵 0.5～0.75 千克、大粒钾肥 0.3～0.5 千克。

采后肥一般在果实采收后立即进行，主要作用是增加树体贮藏营养。可根据树势或肥源，株施生物有机肥 5～7 千克或无害化处理过的有机肥 50～60 千克，35%桃树有机型专用肥 0.3～0.5 千克或 40%腐殖酸高效缓释复混肥 0.3～0.5 千克或 45%腐殖酸涂层 BB 肥 0.2～0.4 千克或 30%腐殖酸长效缓释复混肥 0.5～0.7 千克或增效磷酸铵 0.5～0.75 千克＋大粒钾肥 0.5 千克。

③ 根外追肥。萌芽前，叶面喷施 300～500 倍氨基酸螯合锌叶面肥一次；初花期，叶面喷施 500～1 000 倍含腐殖酸水溶肥或 500～1 000 倍含氨基酸水溶肥、喷施 1 500 倍活力硼 2 次，间隔期 20 天。此期如果缺锌，叶面喷施 300～500 倍氨基酸螯合锌；如果缺铁，叶面喷施 300～500 倍氨基酸螯合铁。果实膨大期，叶面喷施 500～1 000 倍含腐殖酸水溶肥或 500～1 000 倍含氨基酸水溶肥、1 500 倍活力钾叶面肥、1 500 倍活力钙叶面肥 2 次，间隔期 20 天；采果后，叶面喷施 500～1 000 倍含腐殖酸水溶肥或 500～1 000 倍含氨基酸水溶肥、500～1 000 倍大量元素水溶肥、1 500 倍活力钙叶面肥 2 次，间隔期 20 天。

四、葡萄高效安全施肥

葡萄的种类繁多，全世界有8 000多种，中国有500种以上。我国各地基本都能种植，我国鲜食葡萄产量多年稳居世界首位，2013年我国葡萄栽培面积已达71.464万公顷，葡萄产量达到1 155万吨。

1. 葡萄缺素症诊断与补救

葡萄缺素症状与补救措施可以参考表8-16。

表8-16　葡萄缺素症状及补救

元素	缺素症状	补救办法
氮	发芽早，叶片小而薄，呈黄绿色；枝叶量小，新梢生长弱，停止生长早；叶柄细，花序小，不整齐，落花落果严重；果穗果粒小，品质差	叶面喷施0.3%～0.5%尿素溶液2～3次
磷	新梢生长细弱，叶小、浆果小；叶色由暗绿色转为暗紫色，叶尖叶缘干枯，叶片变厚变脆；果实发育不良，着色差，果穗变小，落花落果严重，果粒大小不匀	叶面喷施0.3%～0.5%磷酸二氢钾溶液或2.0%过磷酸钙溶液
钾	新梢纤细、节间长、叶片薄、叶色浅，基部叶片叶脉间叶肉变黄，叶缘出现黄色干枯坏死斑；叶缘出现干边，向上翻卷，叶面凹凸不平，叶脉间叶肉由黄褐色而干枯；果穗少而小，果粒小，着色不均匀，大小不整	叶面喷施1%磷酸二氢钾溶液2～3次；或1%～1.5%硫酸钾溶液2～3次
钙	幼叶叶脉间和边缘失绿，叶脉间有褐色斑点，叶缘干枯；新梢顶端枯死	喷施0.2%～0.3%的氯化钙溶液3～4次
镁	多在果实膨大期出现症状，基部老叶叶脉间褪绿，继而脉间发展成带状黄化斑点，最后叶肉组织变褐坏死，仅剩叶脉保持绿色；成熟期推迟，果实着色差，品质差	叶面喷施3%～4%硫酸镁溶液3～4次
铁	新梢顶端叶呈鲜黄色，叶脉两侧呈绿色脉带，严重时叶变成淡黄色或黄白色，后期叶缘、叶尖发生不规则坏死斑，受害新梢生长量小，花穗变黄色，坐果率低，果粒小，有时花蕾全部落光	喷施0.5%硫酸亚铁溶液，或树干注射1%～3%的硫酸亚铁溶液3～4次
锌	夏初新梢旺盛生长时表现叶斑驳；新梢和副梢生长量小，叶片小，节间短，梢端弯曲，叶片基部裂片发育不良，叶柄洼浅，叶缘无锯齿或少锯齿；坐果率低，果粒大小不一，常出现保持坚硬、绿色、不发育、不成熟的“豆粒”果	用300毫克/千克环烷酸锌乳剂或喷施0.2%～0.3%硫酸锌溶液3～4次

（续）

元素	缺素症状	补救办法
锰	夏初新梢基部叶片变浅绿，叶脉间组织出现较小的黄色斑点，斑点类似花叶病，黄斑逐渐增多，并为最小的绿色叶脉所限制；新梢、叶片生长缓慢，果实成熟晚	喷施0.3%硫酸锰溶液2～3次
硼	症状最初出现在春天刚抽出的新梢。新梢生长缓慢，节间短，两节之间有一定角度，有时呈结节状肿胀，然后坏死；新梢上部叶片出现油渍状斑点，梢尖坏死，其附近的卷须呈黑色，有时花序干枯；中后期老叶发黄，并向叶背翻卷，叶肉表现褪绿或坏死；坐果率低、果粒大小不均匀，豆粒现象严重	叶片喷施0.1%～0.2%硼砂或硼酸溶液2～3次

2. 葡萄高效安全施肥技术

借鉴2011—2018年农业部葡萄科学施肥指导意见和相关测土配方施肥技术研究资料，提出推荐施肥方法，供农民朋友参考。

（1）施肥原则　针对葡萄园土壤酸化普遍，镁、铁、锌、钙普遍缺乏，施肥量偏高，肥料配比不合理，叶面肥施用针对性不强等问题，提出以下施肥原则：①重视有机肥料施用，根据生育期养分需求特点合理搭配氮、磷、钾肥，视葡萄品种、长势、气候等因素调整施肥计划；②土壤酸化较强果园，适量施用石灰、钙镁磷肥来调节土壤酸碱度和补充相应养分；③有针对性地施用中微量元素肥料，预防生理性病害；④施肥与栽培管理措施相结合。水肥一体化葡萄果园遵循少量多次的灌溉施肥原则。

（2）施肥建议　亩产2 000千克以上的果园，施氮肥（N）35～40千克/亩、磷肥（P_2O_5）20～25千克/亩、钾肥（K_2O）20～25千克/亩；亩产1 500～2 000千克的果园，施氮肥（N）25～35千克/亩、磷肥（P_2O_5）10～15千克/亩、钾肥（K_2O）15～20千克/亩；亩产1 500千克以下的果园，施氮肥（N）20～25千克/亩、磷肥（P_2O_5）10～15千克/亩、钾肥（K_2O）10～15千克/亩。

缺硼、锌、镁和钙的果园，相应施用硫酸锌1～1.5千克/亩、硼砂1～2千克/亩、硫酸钾镁肥5～10千克/亩、过磷酸钙50千克/亩左右，与有机肥混匀后在9月中旬到10月中旬施用（晚熟品种采果后尽早施用）。施肥方法采用穴施或沟施，穴或沟深度40厘米左右。

有机肥适宜作基肥（秋肥，冬肥）施用，要选择充分腐熟的畜禽粪肥或者堆肥，严禁施用半腐熟有机肥甚至生粪，用量15～20千克/株。施肥方法可沟施或条施，深度40厘米左右。微量元素肥料宜与腐熟的有机肥混匀后一起施入。

化肥分期施用，第一次在9月中旬到10月中旬（晚熟品种采果后尽早施用），在施用有机肥和硼锌钙镁肥基础上，施用20%氮肥、20%磷肥、10%钾肥；第二次在翌年4月中旬（葡萄出土上架后）进行，以氮、磷肥为主，施用30%氮肥、20%磷肥、10%钾肥；第三次在翌年6月初果实套袋前后进行，根据留果情况适当增减肥料用量，一般施用40%氮肥、40%磷肥、20%钾肥；第四次在翌年7月上旬到8月中旬，施用10%氮肥、20%磷肥、60%钾肥，根据降雨、树势和坐果量，适当调节肥料用量，总原则是以钾肥为主，配合少量氮、磷肥。在雨水多的季节，肥料可分几次开浅沟（10～15厘米）施入。

花前至初花期喷施0.3%～0.5%的优质硼砂溶液；坐果后到成熟前喷施3～4次0.3%～0.5%的优质磷酸二氢钾溶液；幼果膨大期至转色前喷施0.3%～0.5%的优质硝酸钙或者氨基酸钙肥。

采用水肥一体化栽培管理的田块，萌芽到开花前，追施平衡型复合肥（$N:P_2O_5:K_2O=1:1:1$）8～10千克/亩，每10天追肥一次，共追3次；开花期追肥一次，以氮、磷肥为主，$N:P_2O_5:K_2O=2:1:1$，施用5～7千克/亩，辅以叶面喷施硼、钙、镁肥；果实膨大期着重追施氮肥和钾肥（$N:P_2O_5:K_2O=3:2:4$）25～30千克/亩，每10天追肥一次，共追肥9～12次；着色期追施高钾型复合肥（$N:P_2O_5:K_2O=1:1:3$）5～6千克/亩，每7天追肥一次，叶面喷施补充中微量元素。控制总氮、磷、钾投入量为氮肥（N）28～35千克/亩，磷肥（P_2O_5）18～23千克/亩，钾肥（K_2O）25～30千克/亩。

3. 无公害葡萄测土配方施肥技术

（1）葡萄树测土施肥配方 张丽娟（2009）根据目标产量、土壤肥力状况等，提出葡萄树肥料推荐施用量。

① 有机肥推荐量。根据各地经验，腐熟的鸡粪、纯羊粪可按葡萄产量与施有机肥量之比为1∶1的标准施用；厩肥（猪、牛圈肥）按1∶（2～3）标准施用；商品有机肥或生物有机肥可按1/2或1/3比例酌减。

② 氮、磷、钾肥推荐量。氮肥根据土壤有机质含量和目标产量进行推荐（表8-17），磷肥根据土壤有效磷含量和目标产量进行推荐（表8-18），钾肥根据土壤交换钾含量进行推荐（表8-19）。

③ 中微量元素因缺补缺。中微量元素通过土壤测定，低于临界指标，采用因缺补缺策略进行施肥（表8-20）。

表 8-17　根据土壤有机质和目标产量推荐葡萄树氮肥用量（千克/亩）

肥力等级	有机质（克/千克）	目标产量（千克/亩）					
		660	1 000	1 660	2 000	2 330	3 000
极低	<6	10.0	14.7	24.0	30.0	34.7	44.7
低	6～10	7.5	11.0	18.0	22.5	26.0	33.5
中	10～15	5.0	7.3	12.0	15.0	17.3	22.3
高	15～20	2.5	3.7	6.0	7.5	8.7	11.2
极高	>20	0	0	0	0	0	0

表 8-18　根据土壤有效磷和目标产量推荐葡萄树磷肥用量（千克/亩）

肥力等级	有效磷（毫克/千克）	目标产量（千克/亩）					
		660	1 000	1 660	2 000	2 330	3 000
极低	<5	6.7	10.0	17.3	20.0	24.0	30.7
低	5～15	5.0	7.5	13.0	15.0	18.0	23.0
中	15～30	3.3	5.0	8.7	10.0	12.0	15.3
高	30～40	1.7	2.5	4.3	5.0	6.0	7.7
极高	>40	0	0	0	0	0	0

表 8-19　根据土壤交换性钾和目标产量推荐葡萄树钾肥用量（千克/亩）

肥力等级	交换性钾（毫克/千克）	目标产量（千克/亩）					
		660	1 000	1 660	2 000	2 330	3 000
极低	<60	14.0	21.3	34.7	41.3	49.3	63.3
低	60～100	10.5	16.0	26.0	31.0	37.0	47.5
中	100～150	7.0	10.7	17.3	20.7	24.7	31.7
高	150～200	3.5	5.3	8.7	10.3	12.3	15.9
极高	>200	2.3	3.5	5.8	6.9	8.2	10.5

表 8-20　北方地区葡萄树中微量元素丰缺指标及施肥量

元素	提取方法	临界指标（毫克/千克）	施用时期	施用量
钙	乙酸铵	800	果实采收前	用1%～1.5%硝酸钙溶液喷施
铁	DTPA	2.5	花期	用0.3%硫酸亚铁溶液喷施
锌	DTPA	0.5	采收后、花期	用硫酸锌：1～2千克/亩
硼	沸水	0.5	花期	用0.1%～0.3%硼砂喷施

(2) 无公害葡萄树施肥

① 秋施基肥。基肥一般在葡萄采收后立即进行，施肥可采用环状沟、放射状沟等方法，沟深 20～30 厘米；或采用撒施，将肥料均匀撒于树冠下，并深翻 20 厘米，注意土肥混匀，施后覆土。亩施生态有机肥 150～200 千克或无害化处理过的有机肥 1 500～2 000 千克，35%葡萄树有机型专用肥 80～120 千克或 40%腐殖酸高效复混肥 60～70 千克或 45%硫基长效缓释 BB 肥 60～70 千克或增效尿素 13～15 千克+缓释磷酸二铵 8～10 千克+大粒钾肥 13～15 千克。

② 根际追肥。葡萄树追肥主要在抽梢期、谢花期和浆果着色初期结合灌溉进行追肥。

抽梢期，依据当地肥源，每亩施生态有机肥 200～300 千克，35%葡萄树有机型专用肥 10～15 千克或 40%腐殖酸高效复混肥 8～9 千克或 45%硫基长效缓释 BB 肥（24-16-5）7～8 千克或 45%长效缓释 BB 肥 7～8 千克或增效尿素 10～12 千克。

谢花期，每亩施葡萄树有机型专用肥 18～20 千克或 40%腐殖酸高效复混肥 8～9 千克或 45%硫基长效缓释 BB 肥 16～18 千克或 45%长效缓释 BB 肥 15～17 千克或增效尿素 12～15 千克+增效磷酸铵 5～7 千克+大粒钾肥 7～10 千克。

浆果着色初期，每亩施 40%腐殖酸高效复混肥 7～9 千克或 45%硫基长效缓释 BB 肥 6～8 千克或 45%长效缓释 BB 肥 7～8 千克或增效尿素 4～5 千克+大粒钾肥 6～8 千克。

③ 根外追肥。葡萄抽梢期叶面喷施 500～1 000 倍含腐殖酸水溶肥或 500～1 000 倍含氨基酸水溶肥、1 500 倍活力硼叶面肥 2 次，间隔期 15 天；幼果期叶面喷施 500～1 000 倍含氨基酸水溶肥、1 500 倍活力钾叶面肥、1 500 倍活力钙叶面肥 2 次，间隔期 15 天；浆果着色初期叶面喷施 500～1 000 倍含腐殖酸水溶肥、1 500 倍活力钾叶面肥 2 次，间隔期 15 天；采果后叶面喷施 500～1 000 倍含腐殖酸水溶肥或 500～1 000 倍或含氨基酸水溶肥、500～1 000 倍大量元素水溶肥 2 次，间隔期 15 天。

4. 无公害葡萄树水肥一体化技术

(1) 秋施基肥 葡萄树基肥一般在葡萄采收后立即施用，施肥可采用环状沟、放射状沟等方法，沟深 20～30 厘米；或采用撒施，将肥料均匀撒于树冠下，并深翻 20 厘米，注意土肥混匀，施后覆土。每亩施生态有机肥 150～200 千克或无害化处理过的有机肥 1 500～2 000 千克，35%葡萄树有机型专用肥

80～120 千克或 40%腐殖酸高效复混肥 60～70 千克或 45%硫基长效缓释 BB 肥 60～70 千克或增效尿素 13～15 千克＋缓释磷酸二铵 8～10 千克＋大粒钾肥 13～15 千克。

(2) 滴灌追肥 葡萄树追肥应根据树体生长发育状况、土壤肥力等情况确定合理的追肥时期和次数。主要在抽梢期、谢花期和浆果着色初期进行滴灌追肥。

① 抽梢期。依据当地肥源，可选用下列肥料之一：每亩施有机水溶肥（20-0-5）15～20 千克、增效尿素 8～9 千克；或每亩施硫基长效水溶滴灌肥（10-15-25）9～10 千克。

② 开花前。依据当地肥源，可选用下列肥料之一：每亩施有机水溶肥（20-0-5）20～22 千克；或每亩施硫基长效水溶滴灌肥（10-15-25）10～12 千克。

③ 幼果期。依据当地肥源，可选用下列肥料之一：结合滴灌施 2 次，每次每亩施有机水溶肥（20-0-5）22～25 千克；或每亩施硫基长效水溶滴灌肥（10-15-25）12～15 千克。

④ 浆果着色初期。依据当地肥源，可选用下列肥料之一：每亩施有机水溶肥（20-0-5）20～22 千克；或每亩施硫基长效水溶滴灌肥（10-15-25）10～12 千克。

(3) 根外追肥 抽梢期叶面喷施 500～1 000 倍含腐殖酸水溶肥或 500～1 000 倍含氨基酸水溶肥、1 500 倍活力硼叶面肥 2 次，间隔期 15 天；幼果期叶面喷施 500～1 000 倍含氨基酸水溶肥、1 500 倍活力钾叶面肥、1 500 倍活力钙叶面肥 2 次，间隔期 15 天；浆果着色初期叶面喷施 500～1 000 倍含腐殖酸水溶肥、1 500 倍活力钾叶面肥 2 次，间隔期 15 天；采果后叶面喷施 500～1 000 倍含腐殖酸水溶肥或 500～1 000 倍或含氨基酸水溶肥、500～1 000 倍大量元素水溶肥 2 次，间隔期 15 天。

五、枣树高效安全施肥

枣树在我国吉林、辽宁、河北、山东、山西、陕西、河南、甘肃、新疆、安徽、江苏、浙江、江西、福建、广东、广西、湖南、湖北、四川、云南、贵州等省（自治区）广为栽培。

1. 枣树缺素症诊断与补救

枣树营养缺素症诊断与补救办法可以参考表 8-21。

表 8-21　枣树营养缺素症诊断与补救

营养元素	缺素症状	补救办法
氮	老叶开始黄化，逐渐到嫩叶；叶小，落花落果，落叶早；果实小，早熟，着色好，产量低	叶面喷施1%尿素溶液2～3次
磷	展开的幼叶呈青铜色或紫红色，边缘和叶尖焦枯，叶片稀疏，叶小质硬，新梢短，叶片与枝梢呈锐角；花芽发育不良，开花和坐果少，果小，品质差	叶面喷施0.2%～0.5%磷酸二氢钾溶液或1.5%过磷酸钙溶液
钾	叶缘和叶尖黄化失绿，呈棕黄色或棕黑色，叶缘上卷；叶片边缘出现焦枯状褐斑，然后逐渐焦枯	叶面喷施0.5%～1%磷酸二氢钾溶液2～3次
钙	新梢幼叶叶脉间和叶缘失绿，叶片淡黄色，叶脉间有褐色斑点，后叶缘焦枯，新梢顶端枯死，严重时大量落叶；叶片小，花朵萎缩；果小而畸形，淡绿色或裂果	叶面喷施0.2%～0.3%的氯化钙溶液3～4次
镁	新梢中下部叶片失绿黄化，后变为黄白色或呈条纹状、斑点状，逐渐扩大到全叶，进而形成坏死焦枯斑，叶脉仍绿色；果小畸形，不能正常成熟，品质差	叶面喷施1%～2%硫酸镁溶液3～4次
铁	新梢顶部叶片黄绿色，逐渐变为黄白色，发白叶片出现褐色斑点；严重时叶片变白变薄，叶脉变黄，叶缘坏死，叶片脱落，顶端新梢及叶片焦枯；果实少，皮发黄，果汁少，品质差	叶面喷施0.5%硫酸亚铁溶液，或树干注射0.5%～1%的硫酸亚铁溶液3～4次
锌	新梢顶端叶片狭小丛生，叶肉褪绿，叶脉浓绿；枝细节短；花芽减少，不易坐果；果实畸形，果小产量低	叶面喷施0.3%～0.5%硫酸锌溶液3～4次
锰	多从新梢中部叶片脉间失绿，逐渐向上或下扩展，严重时失绿部位出现焦灼斑点；叶脉保持绿色	叶面喷施0.3%硫酸锰溶液2～3次
硼	新梢顶端停止生长，早春发生枯梢，夏末新梢叶片呈棕色，幼叶畸形，叶片扭曲，叶柄紫色，叶脉出现黄化，叶尖和叶缘出现坏死斑，生长点死亡，并由顶端向下枯死，新梢节间短，花序小，落花落果严重。果实出现褐斑，果实畸形，出现大量缩果	叶面喷施0.1%～0.2%硼砂或硼酸溶液2～3次
钼	生长发育不良，植株矮小；叶片失绿枯萎，最后坏死	叶面喷施0.1%～0.2%钼酸铵溶液2～3次

2. 无公害枣树测土配方施肥技术

（1）枣树测土施肥配方　西北农林科技大学徐福利等（2010）根据树龄、土壤肥力、栽植密度和树势状况等，经过施肥耦合试验，总结提出不同树龄的最佳施肥用量和元素配比，如表 8－22 所示。

表 8－22　不同树龄枣树施肥量推荐（千克/株）

树龄（年）	有机肥	尿素	过磷酸钙	硫酸钾
当年栽植	10～15	0.2～0.3	0.5～0.6	0.1～0.2
2	15～25	0.4～0.5	0.7～0.8	0.3～0.4
3～5	25～35	0.6～0.8	1.0～1.4	0.4～0.6
6～7	35～45	1.0～2.0	2.0～3.0	0.7～1.0
8～14	45～60	2.0～3.0	3.0～4.0	1.2～2.0
14 年以上	60～100	3.0～4.0	3.0～5.0	1.5～2.5

（2）无公害枣树施肥技术　这里以密植园或专用枣园为例。

① 基肥。枣树基肥自秋季至翌春均可施用，但以秋季施用最好。基肥可采用环状沟施、放射状沟施、条状沟施、全园和树盘撒施等方法。株施生物有机肥 3～5 千克或无害化处理过的有机肥料 40～60 千克，35%枣树有机型专用肥 2.5～3.0 千克或 40%腐殖酸硫基高效复混肥 2.0～2.5 千克或 45%腐殖酸涂层长效肥（20－10－15）1.5～2 千克或 45%硫基长效缓释复混肥（23－12－10）1.5～2 千克或 30%有机无机复混肥（14－6－10）3～4 千克或增效尿素 0.5～1.0 千克＋增效磷酸铵 0.5～1.0 千克＋大粒钾肥 0.5～1.0 千克。

② 根际追肥。成龄枣树一般追肥 3～4 次，追肥方法以放射状沟施为好。

萌芽前 7～10 天，即 4 个月中上旬施入肥料，主要目的是促进花芽分化、开花坐果、提高产量。成龄枣树株施 35%枣树有机型专用肥 0.8～1.0 千克或 45%硫基长效缓释复混肥 0.4～0.6 千克或 40%腐殖酸硫基高效复混肥 0.5～0.8 千克或增效尿素 0.5～0.8 千克＋腐殖酸型过磷酸钙 1～1.5 千克。

开花前（5 月下旬）施入肥料，促进开花坐果，提高坐果率。株施 35%枣树有机型专用肥 1～1.5 千克或 40%腐殖酸硫基高效复混肥 0.8～1.2 千克或 30%含促生真菌生物复混肥 1.0～1.5 千克＋腐殖酸型过磷酸钙 0.5～1.0 千克。

幼果发育期（6 月下旬至 7 月上旬），追施氮、磷、钾肥，作用是促进幼果生长，防止大量落果，增大果个。株施 35%枣树有机型专用肥 2～2.5 千克或 40%腐殖酸硫基高效复混肥 1.6～1.8 千克或 45%硫基长效缓释复混肥

1.5～1.7 千克或 45%腐殖酸涂层长效肥 1.5～2 千克。

果实生长期，即 8 月中上旬施入，追肥以氮、磷、钾肥配合施用，适当提高钾肥施用量，作用是有利果个增大和光合作用，提高果实含糖量，增加果实品质，有利于提高树体贮藏养分。株施 35%枣树有机型专用肥 1～1.5 千克或 40%腐殖酸硫基高效复混肥 0.8～1.2 千克或 45%硫基长效缓释复混肥 0.7～1.0 千克或 45%腐殖酸涂层长效肥 0.8～1.2 千克或增效尿素 0.3～0.50 千克＋增效磷酸铵 0.5～0.7 千克＋大粒钾肥 0.5～0.7 千克

③ 根外追肥。成龄枣树一般叶面追肥 3～4 次。4 月中上旬叶面喷施 500～1 000 倍含腐殖酸水溶肥或 500～1 000 倍含氨基酸水溶肥、1 500 倍活力硼叶面肥；6 月上旬叶面喷施 500～1 000 倍含腐殖酸水溶肥或 500～1 000 倍含氨基酸水溶肥、1 500 倍活力钙叶面肥、1 500 倍活力硼叶面肥；果实膨大期，连续 2 次叶面喷施 1 500 倍活力钙叶面肥、1 500 倍活力钾叶面肥，间隔期 14 天。

六、杏树高效安全施肥

杏树原产于中国新疆，是中国最古老的栽培果树之一，华北、西北、东北、华东等地均有栽培。杏树为阳性树种，适应性强，山地、丘陵、平原、沙荒地、盐碱地、旱地等都能生长结果。

1. 杏树营养缺素症诊断与补救

杏树营养缺素症诊断与补救办法可以参考表 8－23。

表 8－23　杏树营养缺素症诊断与补救

营养元素	缺素症状	补救办法
氮	树体生长势弱，叶片小而薄，呈黄绿色，易早落；花芽少、果小；产量下降，品质变差	叶面喷施 1%～2%尿素溶液 2～3 次
磷	易引起生长停止，新根少，枝条细弱，叶片小易脱落，花芽分化不良，果实小；叶片紫红色；生长中后期枝条顶端形成轮生叶	叶面喷施 0.3%磷酸二氢钾溶液或 2.0%过磷酸钙溶液
钾	叶片小而薄，呈黄绿色，边缘焦枯并向上卷曲，焦梢以致越冬枯死；果实不耐贮藏；病症最初出现在新梢中部或稍下部位；花芽分化受到影响	叶面喷施 0.2%～0.3%磷酸二氢钾溶液 2～3 次；或 1.5%硫酸钾溶液 2～3 次
钙	幼根根尖停长，严重时死亡；幼叶开始变色形成淡绿色斑逐渐变为茶褐色并有坏死区	叶面喷施 0.2%～0.3%的硝酸钙溶液 3～4 次

（续）

营养元素	缺素症状	补救办法
镁	初期叶色浓绿，新梢顶端叶片褪绿，成熟叶叶脉间出现淡绿色斑，逐渐变成黄褐色或深褐色，病叶易卷缩脱落；果实变小，色泽不鲜亮	叶面喷施2%硫酸镁3～4次
铁	起初新梢顶端嫩叶叶肉变黄，叶脉仍保持绿色，叶片出现绿色网状，逐渐变白；叶片失绿部分出现褐色枯斑或叶缘焦枯，数斑相连，严重时可焦枯脱落	叶面喷施0.5%硫酸亚铁溶液，或树干注射0.2%～0.3%的硫酸亚铁溶液3～4次
锌	主要表现为小叶。主要发生在新梢和叶片上，以树冠外围的顶梢表现最为严重；病梢发芽较晚，仅枝梢顶部发芽萌发，下部芽多萌动露出绿色尖端或长出极小叶片即停止生长；顶部数芽叶色萎黄，叶脉间色淡，节间短，似轮坐；病枝花朵小而色淡，坐果率低；有烂根现象，树势弱，树冠稀疏不能扩展	用300毫克/千克环烷酸锌乳剂或喷施0.3%～0.5%硫酸锌溶液3～4次
锰	叶绿素的合成及光合作用受阻；新梢基部和中部叶片从边缘到叶脉开始失绿，阻碍新梢生长	叶面喷施0.2%硫酸锰溶液2～3次
硼	主要表现在新梢和果实上。小枝顶端枯死，叶片小而窄、卷曲，尖端坏死，叶脉与叶脉间失绿；果肉中有褐色斑块，常引起落果，果实畸形，果肉松软呈海绵状，味淡，木栓化部分味苦	叶片喷施0.1%～0.3%硼砂或硼酸溶液2～3次
铜	顶梢从尖端枯死，生长停止；顶梢上生成簇状叶，并有许多芽萌发生长	叶面喷施0.04%～0.06%硫酸铜溶液2～34次

2. 无公害杏树测土配方施肥技术

（1）杏树测土施肥配方　根据杏园有机质、碱解氮、有效磷、速效钾含量确定土壤肥力分级，然后根据不同肥力水平确定施肥量。如表8-24为杏园的土壤肥力分级，表8-25为杏园不同肥力水平推荐施肥量。

表8-24　杏园土壤肥力分级

肥力水平	有机质（克/千克）	碱解氮（毫克/千克）	有效磷（毫克/千克）	速效钾（毫克/千克）
低	＜9	＜80	＜10	＜80
中	9～15	80～120	10～20	80～120
高	＞15	＞120	＞20	＞120

表 8-25　杏园不同肥力水平推荐施肥量

肥力等级	推荐施肥量（千克/亩）		
	N	P_2O_5	K_2O
低肥力	13～14	5～6	6～8
中肥力	14～15	6～7	7～9
高肥力	15～16	7～8	8～10

（2）无公害杏树施肥技术　这里以有灌溉条件的杏园为例。

① 秋施基肥。杏树基肥最好在早秋施，一般在 8 月下旬至 9 月。施肥可采用环状沟、短条沟或放射状沟等方法，沟深 50 厘米，注意土肥混匀，施后覆土。基肥株施生物有机肥 6～8 千克或无害化处理过的有机肥 60～80 千克，35%杏树有机型专用肥 1.0～1.5 千克或 40%腐殖酸高效缓释复混肥 0.7～1.0 千克或 30%有机无机复混肥 1～1.5 千克或缓释磷酸二铵 1～1.5 千克＋大粒钾肥 0.5～1.0 千克。

② 根际追肥。杏树追肥应根据树体生长发育状况、土壤肥力等情况确定合理的追肥时期和次数。追肥的主要时期有花前、花后、果实硬核、催果、采后等进行追施。可采用环状沟、放射状沟等方法，沟深 15～20 厘米，注意土肥混匀，施后覆土。

花前肥在杏树开花前 7～15 天，一般成年杏树根据肥源，株施 35%杏树有机型专用肥 0.7～1.0 千克或 45%腐殖酸涂层 BB 肥 0.5～1 千克或增效尿素 0.5～0.7 千克＋腐殖酸型过磷酸钙 0.3～0.5 千克＋大粒钾肥 0.3～0.5 千克。

花后肥应在开花后 7～10 天进行，以氮素营养为主，一般成年杏树根据肥源，可选择株施下列肥料组合之一：腐殖酸包裹尿素 0.7～1.0 千克＋硼砂（或硼酸）0.3～0.5 千克或增效尿素 0.6～0.8 千克＋硼砂（或硼酸）0.3～0.5 千克。

果实硬核期肥在果实硬核期，应以钾肥为主，氮、磷肥为辅，株施 35%杏树有机型专用肥 2.5～3.0 千克或 40%腐殖酸高效缓释复混肥 2.0～2.5 千克或增效磷酸铵 1.0～1.5 千克＋增效尿素 0.5～0.7 千克＋硫酸钾 0.7～1.0 千克。

催果肥在采果前 15～20 天，果实膨大速度加快，采果后施肥以氮、磷肥为主，配施钾肥，同时适当浇水，以促进根系生长，增强杏树的越冬能力。株施 35%杏树有机型专用肥 1.0～1.2 千克或 45%腐殖酸涂层 BB 肥 0.8～1.0 千克或增效磷酸铵 0.5～1.0 千克＋增效尿素 0.3～0.5 千克＋硫酸钾 0.3～0.5 千克。

采收肥在果实采收后，以氮、磷肥为主，对补充树体营养、为翌年多结果奠定基础。株施35%杏树有机型专用肥0.8～1.1千克或45%腐殖酸涂层BB肥0.6～0.8千克或30%有机无机复混肥1.0～1.2千克或增效磷酸铵0.4～0.6千克+增效尿素0.2～0.4千克。

③ 根外追肥。杏树开花后7～10天，叶面喷施500～1 000倍含腐殖酸水溶肥或500～1 000倍含氨基酸水溶肥、1 500倍活力钙叶面肥2次，间隔期20天。此期如果缺锌，叶面喷施500～800倍氨基酸螯合锌水溶肥；如果缺铁，叶面喷施500～800倍螯合铁溶液；花芽分化期，叶面喷施1 500倍活力硼叶面肥、1 500倍活力钙叶面肥2次，间隔期15天；果实膨大期，叶面喷施1 500倍活力钾叶面肥、1 500倍活力钙叶面肥；采果后至落叶前，叶面喷施500～1 000倍含腐殖酸水溶肥或500～1 000倍含氨基酸水溶肥、500～1 000倍大量元素水溶肥2次，间隔期15天。

七、樱桃高效安全施肥

我国栽培以中国樱桃和甜樱桃为主。中国樱桃在我国分布很广，北起辽宁，南至云南、贵州、四川，西至甘肃、新疆均有种植，但以江苏、浙江、山东、北京、河北为多。

1. 樱桃树营养缺素症诊断与补救

樱桃树营养缺素症诊断与补救办法可以参考表8-26。

表8-26　樱桃树营养缺素症诊断与补救

营养元素	缺素症状	补救办法
氮	叶片小淡绿，较老的叶呈橙色、红色甚至紫色，提前脱落；枝条短，树势弱，树冠扩大慢；坐果率低，花芽少、果小；产量下降，果实着色好，提前成熟	叶面喷施1%～2%尿素溶液2～3次
磷	叶色由暗绿色转为铜绿色，严重为紫色；新叶较老叶窄小，近叶缘处向外卷曲，叶片稀少，花少，坐果率低	叶面喷施0.3%～0.5%磷酸二氢钾溶液或2.0%过磷酸钙溶液
钾	叶片初呈青绿色，叶片与主脉平行向上纵卷，严重时呈筒形或船形，叶背面赤褐色，叶缘呈黄褐色焦枯，叶面出现灼伤或坏死；新梢基部叶片发生卷叶和烧焦症状；枝条较短，叶片变小，易提前落叶	叶面喷施1%磷酸二氢钾溶液2～3次；或1%～1.5%硫酸钾溶液2～3次

（续）

营养元素	缺素症状	补救办法
钙	樱桃园缺钙较少见。先从幼叶出现，叶上有淡褐色和黄色斑点，叶尖及叶缘干枯，叶易变成带有很多洞的网架状叶，大量落叶；小枝顶芽枯死，枝条生长受阻；幼根根尖变褐死亡	叶面喷施0.2%～0.3%的硝酸钙溶液3～4次
镁	樱桃园缺镁较少见。叶脉间褐化和坏死，叶色亮红色或黄色坏死，叶片提前脱落	叶面喷施1%硫酸镁溶液3～4次
铁	初期幼叶失绿，叶肉呈黄绿色，叶脉绿色，整叶呈绿色网纹状，叶小而薄；严重时叶片出现棕褐色的枯斑或枯边，逐渐枯死脱落	叶面喷施0.5%硫酸亚铁溶液，或树干注射0.3%～0.5%的硫酸亚铁溶液3～4次
锌	主要表现为小叶。叶片出现不正常的斑驳和失绿，并提前落叶；枝条不能正常伸长，节间缩短，枝条上部呈莲座状	叶面喷施300毫克/千克环烷酸锌乳剂或0.2%～0.3%硫酸锌溶液3～4次
锰	叶片失绿，叶脉保持绿色；失绿叶缘开始到叶脉开始失绿；枝条生长受阻，叶片变小；果实小，汁液少，着色深，果肉变硬	叶面喷施0.1%硫酸锰溶液2～3次
硼	春天芽不萌发，或萌发后萎缩死亡，叶片变形带有不正常的锯齿，叶下卷或呈杯状；小枝顶端枯死，生长量小；受精不良，大量落花落果，果实畸形，缩果和裂果，果实可产生数个硬斑，硬斑逐渐木质化	叶面喷施0.2%～0.3%硼砂或硼酸溶液2～3次

2. 无公害樱桃测土配方施肥技术

(1) 樱桃树测土施肥配方 根据樱桃园有机质、碱解氮、有效磷、速效钾含量确定土壤肥力分级，然后根据不同肥力水平确定施肥量。如表8-27为樱桃园的土壤肥力分级，表8-28为樱桃园不同肥力水平推荐施肥量。

表8-27 樱桃园土壤肥力分级

肥力水平	有机质（克/千克）	碱解氮（毫克/千克）	有效磷（毫克/千克）	速效钾（毫克/千克）
低	<6	<60	<20	<80
中	6～15	60～90	20～60	80～160
高	>15	>90	>60	>160

表 8－28　樱桃园不同肥力水平推荐施肥量

肥力等级	推荐施肥量（千克/亩）		
	N	P_2O_5	K_2O
低肥力	12～14	5～7	8～10
中肥力	13～15	5～7	10～12
高肥力	14～16	6～8	12～14

（2）无公害樱桃测土配方施肥

① 秋施基肥。樱桃树基肥一般在秋季尽早施用，即在樱桃树秋天停止生长后（8 月下旬至 9 月上旬），施肥可采用环状沟、放射状沟等方法。基肥株施生态有机肥 2～4 千克或无害化处理过的有机肥 20～40 千克，35％樱桃树有机型专用肥 0.8～1.0 千克或 30％腐殖酸硫酸钾型复混肥 1.0～1.2 千克或 45％腐殖酸涂层长效肥 0.5～0.7 千克或 30％有机无机复混肥 0.8～1.0 克或增效尿素 0.2～0.3 千克＋缓释磷酸二铵 0.2～0.4 千克＋大粒钾肥 0.3～0.5 千克。

② 根际追肥。樱桃树追肥应根据树体生长发育状况、土壤肥力等情况确定合理的追肥时期和次数。主要在开花结果期和采收后进行追肥，多采用放射状或环状沟施，沟深 15～20 厘米，注意土肥混匀，施后覆土。

樱桃树初花期追施氮肥对促进樱桃树开花坐果和枝叶生长都有显著的作用。株施 35％樱桃树有机型专用肥 0.8～1.0 千克或 30％腐殖酸硫酸钾型复混肥 0.8～1.2 千克或 45％腐殖酸涂层长效肥 0.5～0.7 千克或增效尿素 0.3～0.5 千克＋腐殖酸型过磷酸钙 0.2～0.3 千克＋大粒钾肥 0.3～0.5 千克。

樱桃采果后 10 天左右，即开始大量分化花芽，此时正是新梢接近停止生长的时期，这是一次非常关键的追肥，对增加营养积累、促进花芽分化、维持树势健壮都有重要作用。株施生态有机肥 2～4 千克，35％樱桃树有机型专用肥 0.5～0.7 千克或 30％腐殖酸硫酸钾型复混肥 0.6～0.8 千克或 30％有机无机复混肥（14－6－10）0.5～0.7 千克或增效磷酸铵 0.3～0.5 千克＋大粒钾肥 0.3～0.5 千克。

③ 根外追肥。由于樱桃树果实生长期短，具有需肥迅速、集中的特点，因此，施用根外追肥具有重要意义。萌芽前，叶面喷施 500～1 000 倍含腐殖酸水溶肥或 500～1 000 倍或含氨基酸水溶肥。盛花期，叶面喷施 500～1 000 倍含腐殖酸水溶肥、1 500 倍活力硼叶面肥、1 500 倍活力钙叶面肥。落花后 7～10 天，叶面喷施 500～1 000 倍含腐殖酸水溶肥或 500～1 000 倍或含氨基酸水溶肥、1 500 倍活力钾叶面肥。幼果期，叶面喷施 500～1 000 倍含腐殖酸

水溶肥或500～1 000倍含氨基酸水溶肥、1 500倍活力钾叶面肥。采果后，叶面喷施500～1 000倍含腐殖酸水溶肥或500～1 000倍含氨基酸水溶肥、500～1 000倍大量元素水溶肥2次，间隔期15天。

八、猕猴桃高效安全施肥

我国猕猴桃主要分布于陕西、四川、河南、湖南、贵州、浙江、江西等省份。陕西省周至县和眉县、江西省奉新县、四川省苍溪县、河南省西峡县、浙江省江山市、湖南省凤凰县和永顺县、广东省和平县、贵州省修文县、湖北省红安县和开阳县等是中国著名的猕猴桃之乡。

1. 猕猴桃树营养缺素症诊断与补救

猕猴桃树营养缺素症诊断与补救办法可以参考表8-29。

表8-29　猕猴桃树营养缺素症诊断与补救

营养元素	缺素症状	补救办法
氮	一般先在老叶中出现，叶片变为淡绿色，甚至为黄色，叶脉仍保持绿色，老叶顶端叶缘为褐色日灼状，并沿叶脉向基部扩展，坏死组织向上卷曲；果实小，品质差	叶面喷施0.3%～0.5%尿素溶液2～3次
磷	老叶从顶端向叶柄基部扩展叶脉间失绿，叶片上面逐渐呈红葡萄酒色，叶缘更为明显，背面主、侧脉红色，向基部逐渐变深	叶面喷施0.3%～0.5%磷酸二氢钾溶液或2.0%过磷酸钙溶液
钾	萌芽时长势差，叶片小，叶片边缘向上卷起，叶片从边缘开始褪绿，多数褪绿组织变褐坏死，叶片呈焦枯状	叶面喷施1%磷酸二氢钾溶液2～3次；或1%～1.5%硫酸钾溶液2～3次
钙	新成熟叶的基部叶脉颜色暗淡，坏死，逐渐形成坏死组织，然后干枯落叶，枝梢死亡，下面腋芽萌发后或成莲叶状，也会发展到老叶上；严重时根端死亡	叶面喷施0.3%～0.5%的氯化钙溶液3～4次
镁	在生长中、晚期发生。当成熟叶上出现叶脉间或叶缘淡黄绿色，但叶基部近叶柄处仍保持绿色，呈马蹄形	叶面喷施2%硫酸镁溶液或2%硝酸镁溶液3～4次
硫	初期症状为幼叶边缘淡绿或黄色，逐渐扩大，仅在主、侧脉结合处保持一块楔形的绿色，最后嫩叶全部失绿	结合补铁、锌等，喷施硫酸亚铁、硫酸镁

（续）

营养元素	缺素症状	补救办法
铁	外观症状先为幼叶脉间失绿，变成淡黄和黄白色，有的整个叶片、枝梢和老叶的叶缘失绿，叶片变薄，容易脱落	叶面喷施0.5%硫酸亚铁溶液，或树干注射1%～3%的硫酸亚铁溶液3～4次
锌	出现小叶症状，老叶脉间失绿，开始从叶缘扩大到叶脉之间，叶片未见坏死组织，但侧根发育受到影响	叶面喷施300毫克/千克环烷酸锌乳剂或0.2%～0.3%硫酸锌溶液3～4次
锰	新成熟叶叶缘失绿，主脉附近失绿，小叶脉间的组织向上隆起，并像蜡色有光泽，最后仅叶脉保持绿色	叶面喷施1%硫酸锰溶液2～3次
硼	幼叶中心出现不规则黄色，随后在主、侧脉两边连接大片黄色，未成熟叶变成扭曲、畸形，枝蔓生长受到严重影响	叶面喷施0.5%～1%硼砂或硼酸溶液2～3次
铜	开始幼叶及未成熟叶失绿，随后发展为漂白色，结果枝生长点死亡，落叶	叶面喷施0.1%～0.2%硫酸铜溶液2～3次
氯	先在老叶顶端主、侧脉间出现散状失绿，从叶缘向主、侧脉扩张，有时边缘连续状，老叶常反卷成杯状，幼叶叶面积减少，根生长减少，离根端2～3厘米的组织肿大	叶面喷施0.1%～0.2%氯化钾溶液2～3次

2. 无公害猕猴桃树测土配方施肥技术

（1）猕猴桃树施肥配方　根据猕猴桃树树龄大小、结果量大小及土壤条件，一般中等肥力下不同树龄的施肥量推荐如表8-30所示。

表8-30　不同树龄的猕猴桃园建议施肥量（千克/亩）

树龄	产量	有机肥	N	P_2O_5	K_2O
1	-	1 500	4	3～4	3～5
2～3	-	2 000	8	5～7	6～8
4～5	1 000	3 000	12	8～10	9～11
6～7	1 500	4 000	16	11～13	13～15
成龄园	2 000	5 000	20	14～16	16～18

（2）无公害猕猴桃树施肥技术

① 秋施基肥。猕猴桃树基肥一般在秋季，宜早施。施肥可采用环状沟、放射状沟等方法，沟深 50～60 厘米，沟宽 40 厘米，注意土肥混匀，施后覆土。基肥株施生态有机肥 5～10 千克或无害化处理过的有机肥 50～80 千克，35％猕猴桃树有机型专用肥 1.5～2.0 千克或 30％腐殖酸高效复混肥 1.5～2.0 千克或 45％腐殖酸长效缓释肥 1.0～1.2 千克或增效尿素 0.3～0.5 千克＋缓释磷酸二铵 0.3～0.4 千克＋大粒钾肥 0.4～0.6 千克。

② 根际追肥。猕猴桃树主要在早春追萌芽肥，花后追促果肥，盛夏追壮果肥。

萌芽肥一般在早春 2、3 月萌芽前后施入。株施 35％猕猴桃树有机型专用肥 1.0～1.5 千克或 30％腐殖酸高效复混肥 1.0～1.5 千克或 45％腐殖酸长效缓释肥 0.8～1.0 千克或增效尿素 0.3～0.5 千克＋腐殖酸过磷酸钙 0.5～0.7 千克＋大粒钾肥 0.2～0.4 千克。

促果肥一般在落花后 30～40 天果实迅速膨大期施入。株施猕猴桃树有机型专用肥 0.3～0.5 千克或 30％腐殖酸高效复混肥 0.3～0.5 千克或 45％腐殖酸长效缓释肥 0.2～0.4 千克。

壮果促梢肥一般在落花后的 6～8 月，可根据树势、结果量酌情追肥 1～2 次。株施 35％猕猴桃树有机型专用肥 30～40 千克或 30％腐殖酸高效复混肥 30～40 千克或 45％腐殖酸长效缓释肥 20～25 千克或增效尿素 10～12 千克＋腐殖酸过磷酸钙 22～24 千克＋大粒钾肥 7～9 千克。

③ 根外追肥。猕猴桃树开花后，叶面喷施 500～1 000 倍含腐殖酸水溶肥或 500～1 000 倍含氨基酸水溶肥、1 500 倍活力硼叶面肥、800 倍螯合铁水溶肥 2 次，间隔期 15 天；果实膨大期，叶面喷施 500～1 000 倍含氨基酸水溶肥、1 500 倍活力钾叶面肥、1 500 倍活力钙叶面肥 2 次，间隔期 15 天；采果后，叶面喷施 500～1 000 倍含腐殖酸水溶肥或 500～1 000 倍含氨基酸水溶肥、500～1 000 倍大量元素水溶肥 2 次，间隔期 15 天。

3. 无公害猕猴桃树水肥一体化技术

（1）秋施基肥　猕猴桃树基肥一般在秋季，宜早施。施肥可采用环状沟、放射状沟等方法，沟深 50～60 厘米，沟宽 40 厘米，注意土肥混匀，施后覆土。基肥株施生态有机肥 5～10 千克或无害化处理过的有机肥 50～80 千克，35％猕猴桃树有机型专用肥 1.5～2.0 千克或 30％腐殖酸高效复混肥 1.5～2.0 千克或 45％腐殖酸长效缓释肥 1.0～1.2 千克或增效尿素 0.3～0.5 千克＋缓释磷酸二铵 0.2～0.4 千克＋大粒钾肥 0.4～0.6 千克。

（2）滴灌追肥　猕猴桃树主要在早春追萌芽肥，花后追促果肥，盛夏追壮果肥，每次随滴灌灌水追施。

① 萌芽肥。一般在早春 2、3 月萌芽前后施入。根据当地肥源，一般成年树每亩施有机水溶肥（20－0－5）17～20 千克、增效尿素 6～8 千克；或硫基长效水溶滴灌肥（10－15－25）12～15 千克。

② 促果肥。一般在落花后 30～40 天果实迅速膨大期施入。根据当地肥源，一般成年树每亩施有机水溶肥（20－0－5）12～15 千克或硫基长效水溶滴灌肥（10－15－25）8～10 千克。

③ 壮果促梢肥。一般在落花后的 6～8 月，可根据树势、结果量酌情追肥 1～2 次。根据当地肥源，一般成年树每亩施有机水溶肥（20－0－5）20～25 千克或硫基长效水溶滴灌肥（10－15－25）16～18 千克。

（3）根外追肥　猕猴桃树开花后，叶面喷施 500～1 000 倍含腐殖酸水溶肥或 500～1 000 倍含氨基酸水溶肥、1 500 倍活力硼叶面肥、800 倍螯合铁水溶肥 2 次，间隔期 15 天；果实膨大期，叶面喷施 500～1 000 倍含氨基酸水溶肥、1 500 倍活力钾叶面肥、1 500 倍活力钙叶面肥 2 次，间隔期 15 天；采果后，叶面喷施 500～1 000 倍含腐殖酸水溶肥或 500～1 000 倍含氨基酸水溶肥、500～1 000 倍大量元素水溶肥 2 次，间隔期 15 天。

第二节　常绿果树高效安全施肥

常绿果树是指树叶寿命较长，三五年不落叶的一类果树，如柑橘、橙、龙眼、柠檬、香蕉、枇杷、荔枝、菠萝、杨梅、芒果、椰子、腰果、罗汉果、橄榄等。

一、柑橘高效安全施肥

柑橘是橘、柑、橙、金柑、柚、枳等的总称。我国主产柑橘的有浙江、福建、湖南、四川、广西、湖北、广东、江西、重庆和台湾等 21 个地区。

1. 柑橘缺素症诊断与补救

柑橘缺素症状与补救措施可以参考表 8－31。

表 8－31　柑橘缺素症状及补救

元素	缺素症状	补救办法
氮	新梢抽发不正常，枝叶稀少而细小；叶薄发黄，呈淡绿色至黄色，以致全株叶片均匀黄化，提前脱落；花少果小，果皮苍白光滑，常早熟；严重缺氮时出现枯梢，树势衰退，树冠光秃	叶面喷施 1%～2%尿素溶液 2～3 次

（续）

元素	缺素症状	补救办法
磷	幼树生长缓慢，枝条细弱，较老叶片变为淡绿色至暗绿色或青铜色，失去光泽，有的叶片上有不定形枯斑，下部叶片趋向紫色，病叶早落；落叶后抽生的新梢上有小而窄的稀疏叶片，有的病树枝条枯死，开花很少或花而不实；成年树长期缺磷生长极度衰弱，枝小，叶片狭小，病果果皮厚而粗糙，未成熟即变软脱落，未落果畸形、味酸	叶面喷施0.5%～1%磷酸二氢钾溶液或1.5%过磷酸钙溶液
钾	老叶的叶尖和上部叶缘部分首先变黄，逐渐向下部扩展变为黄褐色至褐色焦枯，叶缘向上卷曲，叶片呈畸形，叶尖枯落；树冠顶部衰弱，新梢纤细，叶片较小；严重缺钾时在开花期即大量落叶，枝梢枯死；果小皮薄光滑，汁多酸少，易腐烂脱落；根系生长差，全树长势衰退	叶面喷施0.5%～1%磷酸二氢钾2～3次；或1%～1.5%硫酸钾溶液2～3次
钙	春梢嫩叶的上部叶缘处首先呈黄色或黄白色；主、侧脉间及叶缘附近黄化，主、侧脉及其附近叶肉仍为绿色；以后黄化部分扩大，叶面大块黄化，并产生枯斑，病叶窄而小、不久脱落；生理落果严重，枝梢顶端向下枯死，侧芽发出的枝条也会很快枯死；病果常小而畸形，淡绿色，汁胞皱缩；根系少，生长衰弱，棕色，最后腐烂	喷施0.5%～1%的硝酸钙溶液3～4次
镁	老叶和果实附近叶片先发病，症状表现亦最明显。病叶沿中脉两侧生不规则黄斑，逐渐向叶缘扩展，使侧脉向叶肉呈肋骨状黄白色带，后则黄斑相互联合，叶片大部分黄化，仅中脉及其基部或叶尖处残留三角形或倒“V”形绿色部分。严重缺镁时病叶全部黄化，遇不良环境很容易脱落	叶面喷施1%～2%硫酸镁溶液3～4次
铁	新梢嫩叶发病变薄黄化，叶肉淡绿色至黄白色，叶脉呈明显绿色网纹状，以小枝顶端嫩叶更为明显，但病树老叶仍保持绿色。严重缺铁时除主脉近叶柄处为绿色外，全叶变为黄色至黄白色，失去光泽，叶缘变褐色和破裂，并可使全株叶片均变为橙黄色至白色	喷施0.5%硫酸亚铁溶液，或树干注射0.5%～1%的硫酸亚铁溶液3～4次
锌	一般新梢成熟的新叶叶肉先黄化，呈黄绿色至黄色，主、侧脉及其附近叶肉仍为正常绿色。老叶的主、侧脉具有不规则绿色带，其余部分呈淡绿色、淡黄色或橙黄色。有的叶片仅在绿色主、侧脉间呈现黄色和淡黄色小斑块。严重缺锌时病叶显著直立、窄小，新梢缩短，枝叶呈丛生状，随后小枝枯死，但在主枝或树干上长出的新梢叶片接近正常	叶面喷施0.3%～0.5%硫酸锌溶液3～4次

（续）

元素	缺素症状	补救办法
锰	幼叶上表现明显症状，病叶变为黄绿色，主、侧脉及附近叶肉绿色至深绿色。轻度缺锰的叶片在成长后可恢复正常，严重或继续缺锰时侧脉间黄化部分逐渐扩大，最后仅主脉及部分侧脉保持绿色，病叶变薄。缺锰症的病叶大小，形状基本正常，黄化部分色较绿。缺锰症不同于缺锌症和缺铁症，缺锌症嫩叶小而尖，黄化部分色较黄；缺铁症的病叶黄化部分呈显著的黄白色	叶面喷施0.3％硫酸锰溶液2～3次
硼	嫩叶上初生水渍状细小黄斑。叶片扭曲，随着叶片长大，黄斑扩大成黄白色半透明或透明状，叶脉亦变黄，主、侧脉肿大木栓化，最后开裂。病叶提早脱落，以后抽出的新芽丛生，严重时全树黄叶脱落和枯梢。老叶上主、侧脉亦肿大，出现木栓化和开裂，有暗褐色斑，斑点多时全叶呈暗褐色，无光泽，叶肉较厚，病叶向背面卷曲呈畸形。病树幼果果皮生乳白色微突起小斑，严重时出现下陷的黑斑，并引起大量落果。残留树上的果实小，畸形，皮厚而硬，果面有褐色木栓化瘤状突起	叶面喷施0.1％～0.2％硼砂或硼酸溶液2～3次
铜	幼嫩枝叶先表现明显症状。幼枝长而软弱，上部扭曲下垂或呈“S”状，以后顶端枯死。嫩叶变大而呈深绿色，叶面凹凸不平，叶脉弯曲呈弓形；以后老叶亦表现大而深绿色，略呈畸形。严重缺铜时，从病枝一处能长出许多柔嫩细枝，形成丛枝，长至数厘米则从顶端向下枯死。果实常较枝条表现症状迟，轻度缺铜时果面只生许多大小不一的褐色斑点，后则斑点变为黑色。严重缺铜时病树不结果，或结果小，显著畸形，淡黄色。果皮光滑增厚，幼果常纵裂或横裂而脱落，其果皮和中轴以及嫩枝有流胶现象	叶面喷施0.2％～0.3％硫酸铜溶液3～4次

2. 柑橘高效安全施肥技术

借鉴2011—2017年农业部柑橘科学施肥指导意见和相关测土配方施肥技术研究资料，提出推荐施肥方法，供农民朋友参考。

（1）施肥存在问题　柑橘生产中常存在以下问题：忽视有机肥施用和土壤改良培肥，瘠薄果园面积大，土壤保水保肥能力弱；农户用肥量差异较大，肥料用量和配比、施肥时期和方法等不合理；赣南—湘南—桂北柑橘带、浙—闽—粤柑橘带土壤酸化严重，中微量元素钙、镁、硼普遍缺乏，长江上中游柑橘带部分土壤偏碱性，锌、铁、硼、镁缺乏时有发生，肥料利用率低等。

(2) 施肥原则 针对存在的问题，提出以下施肥原则：重视有机肥料的施用，大力发展果园绿肥，实施果园生草或秸秆覆盖；酸化严重的果园，适量施用硅钙肥或石灰等酸性土壤调理剂；根据柑橘产量水平、果园土壤肥力状况，优化氮磷钾肥用量、配施比例和施肥时期，针对性补充钙、镁、硼、锌、铁等中微量元素；施肥方式改全园撒施为集中穴施或沟施；施肥与水分管理和绿色增产增效栽培技术结合，有条件的果园提倡采用水肥一体化技术。

(3) 施用单质肥料施肥方案

① 施肥量建议：亩产 3 000 千克以上的果园，施用农家肥 2～4 米^3/亩或生物有机肥、商品有机肥 300 千克/亩，氮肥（N）20～30 千克/亩、磷肥（P_2O_5）8～12 千克/亩、钾肥（K_2O）20～30 千克/亩；亩产 1 500～3 000 千克的果园，施用农家肥 2～4 米^3/亩或生物有机肥、商品有机肥 300 千克/亩，氮肥（N）15～25 千克/亩、磷肥（P_2O_5）6～10 千克/亩、钾肥（K_2O）15～25 千克/亩；亩产 1 500 千克以下的果园，施用农家肥 2～3 米^3/亩或生物有机肥、商品有机肥 300 千克/亩，氮肥（N）10～20 千克/亩、磷肥（P_2O_5）6～10 千克/亩、钾肥（K_2O）10～20 千克/亩。

② 缺素补救。缺钙、镁的果园，秋季选用钙镁磷肥 25～50 千克/亩与有机肥混匀后施用；钙和镁严重缺乏的南方酸性土果园在 5～7 月再施用硝酸钙 20 千克/亩、硫酸镁 10 千克/亩左右。缺硼、锌、铁的果园，每亩施用硼砂 0.5～0.75 千克、硫酸锌 1～1.5 千克、硫酸亚铁 2～3 千克，与有机肥混匀后于秋季施用；土壤 pH＜5.0 的果园，每亩施用硅钙肥或石灰 50～100 千克，50%秋季施用，50%夏季施用。

③ 施肥时期。春季施肥（萌芽肥或花前肥）：30%～40%的氮肥、30%～40%的磷肥、20%～30%的钾肥在 2～3 月萌芽前施用；夏季施肥（壮果肥）：30%～40%的氮肥、20%～30%的磷肥、40%～50%钾肥在 6～7 月施用；秋冬季施肥（采果肥）：20%～30%的氮肥、40%～50%的磷肥、20%～30%的钾肥，全部有机肥及硼肥、锌肥、铁肥在 10～12 月采果前后施用。

(4) 配方肥施肥方案

① 秋冬季施肥（采果肥）。在 10～12 月采果前后施用，推荐平衡性配方，例如 15-15-15（N-P_2O_5-K_2O）或相近配方。在施用有机肥的基础上，配方肥推荐用量 30～50 千克/亩（为柑橘产量 1 500～3 000 千克/亩水平的推荐用量，下同）。

② 春季施肥（萌芽肥或花前肥）。在翌年的 2～4 月施用，推荐高氮中磷中钾型配方，例如 20-10-10（N-P_2O_5-K_2O）或相近配方，推荐用量 30～

50 千克/亩。在缺锌、缺硼的果园注意补施锌、硼肥。

③ 夏季施肥（壮果肥）。在翌年 6～8 月前后施用，推荐高钾型配方，例如 15－5－25（$N-P_2O_5-K_2O$）或相近配方，推荐用量 40～50 千克/亩。钙、镁缺乏的果园注意补施。

3. 无公害柑橘测土配方施肥技术

（1）柑橘测土施肥配方　胡承孝等（2009）综合考虑品种、树龄、产量水平、土壤肥力等因素，提出“以果定肥，以树调肥，以土补肥”原则，柑橘施肥应以提高果园土壤缓冲性为核心，氮采取总量控制分期调控技术，磷、钾采取恒量监控技术，中微量元素做到因缺补缺。

① 有机肥推荐。综合考虑品种、树龄、产量水平、土壤肥力等因素，早熟品种、土壤肥沃、树龄小的果园有机肥施用量为 2 000～3 000 千克/亩；高产品种、土壤瘠薄、树龄大的果园有机肥施用量为 3 000～4 000 千克/亩。

② 氮采取总量控制分期调控。氮肥施用量取决于土壤有机质和柑橘的产量水平（表 8－32）。

表 8－32　柑橘氮肥（N）推荐用量（千克/亩）

有机质含量（克/千克）	产量水平（千克/亩）			
	<1 330	1 330～2 000	2 000～3 330	>3 330
<7.5	>10	>16.7	>23.3	－
7.5～10	10	16.7	20.0	23.3
10～15	6.7	13.3	16.7	20.0
15～20	3.3	10.0	13.3	16.7
>20	<3.3	6.7	10.0	13.3

③ 磷、钾采取恒量监控。磷肥施用量取决于土壤有效磷和柑橘的产量水平（表 8－33）。钾肥施用量取决于土壤交换性钾含量和柑橘的产量水平（表 8－34）。

表 8－33　柑橘磷肥（P_2O_5）推荐用量（千克/亩）

有效磷含量（毫克/千克）	产量水平（千克/亩）			
	<1 330	1 330～2 000	2 000～3 330	>3 330
<15	>6	>8	>10	>12
15～30	6	8	10	12
30～50	4	6	8	10
>50	<2	4	6	8

表 8-34　柑橘钾肥（K_2O）推荐用量（千克/亩）

交换性钾含量（毫克/千克）	产量水平（千克/亩）			
	<1 330	1 330～2 000	2 000～3 330	>3 330
<50	>16.7	>20	>23.3	>26.7
50～100	16.7	20	23.3	26.7
100～150	13.3	16.7	20	23.3
>150	<6.7	6.7～10	10～13.3	16.7～20.0

④ 中微量元素做到因缺补缺。主要是硼、锌等微量元素。

硼肥：有效硼≤0.25 毫克/千克，基施硼砂 15 克/株，幼果期喷施 0.1%～0.2%硼砂溶液 1～2 次；有效硼为 0.25～0.50 毫克/千克，基施硼砂 10 克/株，幼果期喷施 0.1%～0.2%硼砂溶液一次；有效硼为 0.50～0.80 毫克/千克，幼果期喷施 0.1%～0.2%硼砂溶液 2～3 次。

锌肥：有效锌（DTPA 提取）≤0.55 毫克/千克，基施硫酸锌 1.5 千克/亩；也可在幼果期喷施 0.1%～0.2%硫酸锌溶液。

（2）无公害柑橘树施肥技术　这里以结果树为例。柑橘进入结果期后，施肥的目的主要是不断扩大树冠，同时获得果实的丰产和优质，施肥要做到调节营养生长和生殖生长达到相对平衡。

① 基肥。柑橘结果树基肥一般在采果后（11～12 月）施用最好。基肥可采用放射状沟施、条状沟施、穴施等方法。株施生物有机肥 3～5 千克或无害化处理过的有机肥料 30～50 千克，35%柑橘树有机型专用肥 1.5～2.0 千克或 45%腐殖酸涂层长效肥 1.2～1.5 千克或 30%腐殖酸高效缓释复混肥 2.0～3.0 千克或 40%海藻有机无机复混肥 1.0～1.3 千克或增效尿素 0.4～0.6 千克+增效磷酸铵 0.3～0.5 千克+大粒钾肥 0.5～0.7 千克。

② 根际追肥。柑橘幼树一般追肥 3 次，追肥方法以放射状沟施、条状沟施为好。

春梢肥一般在柑橘春梢萌芽前 15～20 天施入，株施生物有机肥 1～2 千克或无害化处理过的有机肥料 10～15 千克，35%柑橘树有机型专用肥 1.0～1.5 千克或 40%海藻有机无机复混肥 0.8～1.0 千克或 30%腐殖酸高效缓释复混肥 1.0～1.5 千克或增效尿素 0.4～0.6 千克+腐殖酸型过磷酸钙 0.8～1.0 千克+大粒钾肥 0.2～0.3 千克。

谢花肥（保果肥）一般于 5 月中旬施用。株施 35%柑橘树有机型专用肥 0.5～0.7 千克或 40%海藻有机无机复混肥 0.3～0.5 千克或 30%腐殖酸高效缓释复混肥 0.5～0.7 千克或增效尿素 0.1～0.2 千克+腐殖酸型过磷酸钙

0.8～1.0 千克＋大粒钾肥 0.2～0.4 千克。

壮果促梢肥一般在 7 月末至 8 月中旬施入。株施 35%柑橘树有机型专用肥 1.0～1.2 千克或 40%海藻有机无机复混肥 0.8～1.0 千克或 30%腐殖酸高效缓释复混肥 1.0～1.3 千克或增效尿素 0.6～0.8 千克＋腐殖酸型硫酸镁 0.2～0.4 千克＋大粒钾肥 0.2～0.3 千克。

③ 根外追肥。柑橘幼树一般叶面追肥 2～3 次。春梢萌芽期，叶面喷施 500～1 000 倍含腐殖酸水溶肥或 500～1 000 倍含氨基酸水溶肥、1 500 倍活力硼叶面肥。谢花保果期，叶面喷施 500～1 000 倍含腐殖酸水溶肥或 500～1 000 倍含氨基酸水溶肥、1 500 倍活力钙叶面肥 2 次，间隔期 20 天。果实膨大期，叶面喷施 600～800 倍大量元素水溶肥、1 500 倍活力钙叶面肥 2 次，间隔期 20 天。

二、荔枝高效安全施肥

荔枝是我国南方的特色果树，是色、香、味俱佳的优质水果。我国荔枝主要产地为广东、广西、福建、台湾和海南，另外四川、云南、浙江、贵州等也有少量栽培。目前，栽植面积在 843.8 万亩，总产 154.7 万吨（不包括台湾）。

1. 荔枝缺素症诊断与补救

荔枝缺素症状与补救措施可以参考表 8－35。

表 8－35　荔枝缺素症状及补救

营养元素	缺素症状	补救措施
氮	植株叶变小，老叶黄化，叶变薄，叶缘卷曲，易脱落，根系变小，树势较弱，果实小	叶面喷施 0.5%尿素溶液或硝酸铵溶液 2～3 次
磷	老叶叶尖和叶缘干枯，显棕褐色，并向主脉发展，枝梢生长细弱，果汁少，酸度大	叶面喷施 1%磷酸二氢钾或磷酸铵溶液 2～3 次
钾	老叶叶片变褐，叶尖有枯斑，并沿叶缘发展，叶片易脱落，坐果少，甜度低	叶面喷施 0.5%～1%磷酸二氢钾溶液 2～3 次
钙	新叶片小，叶缘干枯，易折断，老叶较脆，枝梢顶端易枯死，根系发育不良，易折断，坐果少，果实耐贮性差	叶面喷施 0.5%硝酸钙或螯合钙溶液 2～3 次
镁	老叶叶肉显淡黄色，叶脉仍显绿色，显“鱼骨状失绿”，叶片易脱落	叶面喷施 0.5%硫酸镁或硝酸镁溶液 2～3 次
硫	老熟叶片沿叶脉出现坏死，显褐灰色，叶片质脆，易脱落	叶面喷施 0.5%硫酸钾或硫酸镁溶液 2～3 次

（续）

营养元素	缺素症状	补救措施
锌	顶端幼芽易发生簇生小叶，叶片显青铜色，枝条下部叶片显叶脉间失绿，叶片小，果实小	叶面喷施0.2%～0.3%硫酸锌或螯合锌溶液2～3次
硼	生长点坏死，幼梢节间变短，叶脉坏死或木栓化，叶片厚、质脆，花粉发育不良，坐果少	叶面喷施0.2%～0.3%硼砂或硼酸溶液2～3次

2. 荔枝高效安全施肥技术

借鉴2011—2018年农业部荔枝科学施肥指导意见和相关测土配方施肥技术研究资料，提出推荐施肥方法，供农民朋友参考。

（1）施肥原则 针对荔枝果园土壤酸化普遍，保肥保水能力差，镁、硼、锌、钙普遍缺乏，施肥量和肥料配比不合理，叶面肥滥用及针对性不强等问题，提出以下施肥原则：重视有机肥料施用，根据生育期施肥，合理搭配氮、磷、钾肥，视荔枝品种、长势、气候等因素调整施肥计划；土壤酸性较强果园，适量施用石灰、钙镁磷肥来调节土壤酸碱度和补充相应养分；采用适宜施肥方法，有针对性施用中微量元素肥料；施肥与其他管理措施相结合，例如采用滴喷灌施肥、拖管淋灌施肥、施肥枪施肥等。

（2）施肥建议 盛果期果园（株产50千克左右），每株施有机肥10～20千克、氮肥（N）0.75～1.0千克、磷肥（P_2O_5）0.25～0.3千克、钾肥（K_2O）0.8～1.1千克、钙肥（CaO）0.35～0.50千克、镁肥（MgO）0.10～0.15千克。

幼年未结果树或结果较少树，每株施有机肥5～10千克、氮肥（N）0.4～0.6千克、磷肥（P_2O_5）0.1～0.15千克、钾肥（K_2O）0.3～0.5千克、镁肥（MgO）0.1千克。

肥料分6～8次分别在采后（一梢一肥，2～3次）、花前、谢花及果实发育期施用。视荔枝树体长势，可将花前和谢花肥合并施用，或将谢花肥和壮果肥合并施用。氮肥在上述4个生育期施用比例分别为40%、10%、20%和30%，磷肥可在采后一次施入或分采后、花前两次施入，钾钙镁肥施用比例为30%、10%、20%和40%。花期可喷施磷酸二氢钾溶液。

缺硼和缺钼果园，在花前、谢花及果实膨大期喷施0.2%硼砂溶液和0.05%钼酸铵溶液；在荔枝梢期喷施0.2%的硫酸锌溶液或复合微量元素溶液。土壤pH<5.0的果园，每亩施用石灰100千克；pH5.0以上每亩施用石灰为40～60千克，在冬季清园时施用。

3. 无公害荔枝树测土配方施肥技术

(1) 荔枝树测土施肥配方 邓兰生等(2009)根据树龄、产量水平、土壤肥力等因素，对有机肥、氮肥、磷肥、钾肥进行推荐，中微量元素做到因缺补缺。

① 有机肥推荐。根据荔枝树龄和土壤肥力水平，有机肥推荐用量如表8-36所示。

表8-36 荔枝全年有机肥推荐用量(千克/亩)

树龄(年)	土壤肥力水平		
	低	中	高
1～3	2 000	1 500	1 500
4～8	3 000	2 500	2 000
8年以上	3 500	3 000	2 500

② 氮肥推荐。根据荔枝树龄和土壤肥力水平，氮肥推荐用量如表8-37所示。

表8-37 荔枝氮肥(N)推荐用量(千克/亩)

树龄(年)	土壤肥力水平		
	低	中	高
1～3	8	6	4
4～8	16.7	14.7	13.3
8年以上	22	20	17.3

③ 磷肥推荐。根据荔枝树龄和土壤肥力水平，磷肥推荐用量如表8-38所示。

表8-38 荔枝磷肥(P_2O_5)推荐用量(千克/亩)

树龄(年)	土壤肥力水平		
	低	中	高
1～3	5.3	4	2.7
4～8	8	6.7	5.3
8年以上	10.7	9.3	8

④ 钾肥推荐。根据荔枝树龄和土壤肥力水平，钾肥推荐用量如表8-39

所示。

表 8-39 荔枝钾肥（K_2O）推荐用量（千克/亩）

树龄（年）	土壤肥力水平		
	低	中	高
1～3	30	26.7	23.3
4～8	40	36.7	33.3
8年以上	53.3	46.7	43.3

⑤ 中微量元素因缺补缺。钙、镁肥：一般株施石灰 3～5 千克，采果后清园施用。一般株施硫酸镁 0.5～1 千克，与氮、磷、钾肥同时施用。硼、锌肥：出现缺素症状时，叶面喷施 0.1%～0.2%硼砂或硫酸锌溶液 2～3 次。

(2) 无公害荔枝青壮年树施肥 荔枝种植 5 年后，即可进入投产期。5～25 年属于青壮年树。

① 花前肥。在开花前 25～30 天，花芽分化期施好花前肥，在树冠滴水线两侧开沟浇施后盖土。株施生物有机肥 2～3 千克或无害化处理过的有机肥料 20～30 千克，35%荔枝树有机型专用肥 0.5～1 千克或 45%腐殖酸涂层长效肥 0.4～0.6 千克或 40%腐殖酸高效缓释复混肥 0.3～0.5 千克或增效尿素 0.2～0.3 千克＋增效磷酸铵 0.1 千克＋大粒钾肥 0.25～0.5 千克。

② 幼果肥。于并粒期后（6 月上旬前后），在树冠滴水线两侧开沟浇施幼果肥后盖土。株施 35%荔枝树有机型专用肥 0.8～1.2 千克或 40%海藻有机无机复混肥 0.8～1.2 千克或 45%腐殖酸涂层长效肥 0.6～0.8 千克或 40%腐殖酸高效缓释复混肥 0.5～0.7 千克或增效尿素 0.3～0.5 千克＋腐殖酸型过磷酸钙 1～1.2 千克。

③ 壮果肥。于采果后 15～20 天再施一次肥，在树冠滴水线两侧开沟浇施壮果肥后盖土。株施生物有机肥 3～5 千克或无害化处理过的有机肥料 30～50 千克，35%荔枝树有机型专用肥 1.5～2 千克或 45%腐殖酸涂层长效肥 1.0～1.5 千克或 40%腐殖酸高效缓释复混肥 1.0～1.5 千克或增效尿素 0.6～0.8 千克＋腐殖酸型过磷酸钙 1～1.5 千克＋大粒钾肥 0.5～0.8 千克。

④ 根外追肥。荔枝青壮年树一般叶面追肥 2～3 次。在开花前 25～30 天，叶面喷施 500～1 000 倍含腐殖酸水溶肥或 500～1 000 倍含氨基酸水溶肥、1 500 倍活力硼叶面肥、800～1 000 倍氨基酸螯合复合微量元素肥料。果实膨大期，叶面喷施 500～1 000 倍含腐殖酸水溶肥或 500～1 000 倍含氨基酸水溶肥、1 500 倍活力钙叶面肥、1 500 倍活力钾叶面肥 2 次，间隔 15 天。采果后，

叶面喷施 500～1 000 倍含腐殖酸水溶肥或 500～1 000 倍含氨基酸水溶肥、600～800 倍大量元素水溶肥 2 次，间隔 20 天。

(3) 无公害荔枝成年结果树施肥 荔枝种植 25～30 年后进入盛产期。

① 花前肥。开花前（比开花期提早 20～30 天，即萌芽时）应进行施肥。一般在树冠缘直下方挖深约 10 厘米的环沟，施入肥料。株施生物有机肥 3～5 千克或无害化处理过的有机肥料 30～50 千克，35%荔枝树有机型专用肥 0.8～1.2 千克或 45%腐殖酸涂层长效肥 0.7～1.0 千克或 40%腐殖酸高效缓释复混肥 0.8～1.0 千克或增效尿素 0.5～0.7 千克＋腐殖酸型过磷酸钙 1～1.2 千克＋大粒钾肥 0.5～0.7 千克。

② 壮果肥。于 5 月中旬起，需氮、磷、钾肥配合施用，以减少落果，提高坐果率。株施 35%荔枝树有机型专用肥 1～1.5 千克或 40%海藻有机无机复混肥 1.0～1.2 千克或 45%腐殖酸涂层长效肥 1.0～1.2 千克或 40%腐殖酸高效缓释复混肥 1～1.5 千克或增效尿素 0.8～1.0 千克＋腐殖酸型过磷酸钙 2～2.5 千克＋大粒钾肥 1.0～1.2 千克。

③ 采果促梢肥。一般在采果前后施肥。株施生物有机肥 8～10 千克或无害化处理过的有机肥料 100～150 千克，35%荔枝树有机型专用肥 1.5～2 千克或 45%腐殖酸涂层长效肥 1.0～1.5 千克或 40%腐殖酸高效缓释复混肥 1.0～1.5 千克或增效尿素 0.8～1.0 千克＋腐殖酸型过磷酸钙 1.5～2 千克＋大粒钾肥 0.8～1.0 千克。

④ 根外追肥。荔枝青壮年树一般叶面追肥 2～3 次。在开花前 25～30 天，叶面喷施 500～1 000 倍含腐殖酸水溶肥或 500～1 000 倍含氨基酸水溶肥、1 500 倍活力硼叶面肥、800～1 000 倍氨基酸螯合复合微量元素肥料。果实膨大期，叶面喷施 500～1 000 倍含腐殖酸水溶肥或 500～1 000 倍含氨基酸水溶肥、1 500 倍活力钙叶面肥、1 500 倍活力钾叶面肥 2 次，间隔 15 天。采果后，叶面喷施 500～1 000 倍含腐殖酸水溶肥或 500～1 000 倍含氨基酸水溶肥、600～800 倍大量元素水溶肥 2 次，间隔 20 天。

三、芒果高效安全施肥

芒果被列为世界 5 种热带名果之一，在我国热带和亚热带广泛种植，我国的主产区有海南、广东、广西、福建、云南、台湾等地。

1. 芒果树营养缺素症诊断与补救

芒果树营养缺素症诊断与补救办法可以参考表 8－40。

表 8-40　芒果树营养缺素症诊断与补救

营养元素	缺素症状	补救措施
氮	枝软叶黄，叶片黄化，顶部嫩叶变小、失绿、无光泽；严重时叶尖和叶缘出现坏死斑点。成年树提早开花，但花朵少，坐果率低，果实小	叶面喷施 0.5%尿素溶液或硝酸铵溶液 2～3 次
磷	下部老叶的叶脉间先出现坏死褐色斑点或花青素沉积斑块，叶变黄，最后变为紫褐色干枯脱落。顶部抽生出的嫩叶小且硬，两边叶缘向上卷，植株生长缓慢。严重时，树体生长迟缓，分枝少，叶小，花芽分化不良，果实成熟晚，产量低	叶面喷施 0.5%～1%磷酸二氢钾或磷酸铵溶液 2～3 次
钾	下部老叶先出现症状，老叶的叶缘先出现黄斑，叶片逐渐变黄，发病后期导致叶片坏死干枯。严重时顶部嫩叶变小。叶片伸展后叶缘出现水渍状坏死或不规则黄色斑点，整叶变黄	叶面喷施 0.5%～1%磷酸二氢钾溶液 2～3 次
钙	叶片黄绿色，且顶部叶片先黄化。严重时，老叶沿叶缘部分带有褐色伤状，且叶片卷曲；顶芽变现干枯，花朵萎缩	叶面喷施 2%硝酸钙或螯合钙溶液 2～3 次
镁	老叶从叶缘开始黄化，中脉缺绿，新叶表现不明显	叶面喷施 0.1%硫酸镁或硝酸镁溶液 2～3 次
硫	叶肉深绿，叶缘干枯，新叶未成熟就先脱落	结合缺硫、锰喷施硫酸盐溶液
锰	老叶症状不明显，新叶叶肉变黄，叶脉仍为绿色，整片叶片形成网络，侧脉仍然保持绿色	叶面喷施 0.2%～0.3%硫酸锰溶液 2～3 次
锌	成熟叶片的叶尖出现不规则棕色斑点，随着斑点扩大最后合并成大斑块，形成整片坏死。幼叶向下反卷，叶片成熟后变厚而脆，叶小且皱，最后主枝节间缩短，有大量带有小而变形叶片的侧枝发生	叶面喷施 0.2%～0.3%硫酸锌或螯合锌溶液 2～3 次
硼	成熟叶片黄化而变小，黄化部分逐渐变为深棕色坏死；幼叶叶缘的叶肉有棕色斑点出现，随着生长发育逐渐枯萎凋谢；主枝生长点坏死，大量抽生侧枝，侧枝生长点逐渐坏死，生长完全受阻。花粉管不能伸长，影响受精，坐果率低。幼果畸形，果肉部分木栓化，呈褐黑色，出现裂果现象，严重时成熟后果肉硬化，出现水渍状斑点，有些果肉呈海绵状，并有中空现象，但外观并无任何迹象	叶面喷施 0.2%～0.3%硼砂或硼酸溶液 2～3 次
铁	幼叶缺绿呈黄绿色，生长缓慢，幼叶逐渐黄化脱落，新梢生长受阻	叶面喷施 0.2%～0.3%硫酸亚铁溶液 2～3 次

2. 无公害芒果测土配方施肥技术

（1）芒果树测土施肥配方 根据芒果园有机质、碱解氮、有效磷、速效钾含量确定土壤肥力分级，然后根据不同肥力水平确定施肥量。芒果园的土壤肥力分级如表 8-41 所示，芒果园不同肥力水平推荐施肥量如表 8-42 所示。

表 8-41 芒果园土壤肥力分级

肥力水平	有机质（克/千克）	碱解氮（毫克/千克）	有效磷（毫克/千克）	速效钾（毫克/千克）
低	<5	<60	<5	<50
中	5～20	60～120	5～20	50～150
高	>20	>120	>20	>150

表 8-42 芒果园不同肥力水平推荐施肥量

肥力等级	推荐施肥量（千克/亩）		
	N	P_2O_5	K_2O
低肥力	12～17	6～9	16～19
中肥力	17～22	9～12	19～22
高肥力	22～30	12～15	22～25

（2）无公害芒果施肥技术 这里以结果树施肥为例。

① 采果前后肥。在树两侧滴水线内挖宽 30 厘米、深 40 厘米的沟一条，每年交替，将树盘杂草填入沟底。根据肥源，株施生物有机肥 2～3 千克或无害化处理过的有机肥料 20～30 千克、硫酸镁 0.2～0.3 千克、生石灰 0.5～1 千克，35%芒果树有机型专用肥 1.0～1.5 千克或 40%腐殖酸高效缓释复混肥 0.8～1.0 千克或 35%腐殖酸涂层长效肥 0.9～1.2 千克。

② 催花肥。一般在秋梢老熟雨季结束前结合断根施入。株施生物有机肥 1～2 千克或无害化处理过的有机肥料 10～15 千克，35%芒果树有机型专用肥 0.2～0.5 千克或 40%腐殖酸高效缓释复混肥 0.1～0.3 千克或 35%腐殖酸涂层长效肥 0.2～0.4 千克。

③ 谢花肥。开花后期至谢花时施用，株施 35%芒果树有机型专用肥 0.3～0.5 千克或 40%腐殖酸高效缓释复混肥 0.2～0.4 千克或 35%腐殖酸涂层长效肥 0.2～0.5 千克或增效尿素 0.1～0.2 千克＋腐殖酸型过磷酸钙 0.3～0.5 千克＋大粒钾肥 0.2～0.4 千克。

④ 壮果肥。一般在谢花后 30～40 天施用，株施花生饼肥 0.2～0.5 千克或无害化处理过的腐熟粪水 15～20 千克，35%芒果树有机型专用肥 0.6～0.8

千克或30%含促生真菌生物复混肥0.6～0.9千克或40%腐殖酸高效缓释复混肥0.5～0.7千克或35%腐殖酸涂层长效肥0.7～0.9千克。

⑤ 根外追肥。在秋梢转绿期、花蕾期、幼果发育期各叶面喷肥2～3次，间隔期10～15天。秋梢转绿期，叶面喷施500～1 000倍含腐殖酸水溶肥或500～1 000倍含氨基酸水溶肥、600～800倍大量元素水溶肥。花蕾期，叶面喷施500～1 000倍含腐殖酸水溶肥或500～1 000倍含氨基酸水溶肥、1 500倍活力硼叶面肥、600～800倍氨基酸螯合锌水溶肥。幼果发育期，叶面喷施500～1 000倍含腐殖酸水溶肥或500～1 000倍含氨基酸水溶肥、1 500倍活力钾叶面肥、1 500倍活力钙叶面肥。

四、龙眼高效安全施肥

龙眼原产于我国南部及西南部，在我国具有悠久的栽培历史，2 000多年前已有栽培种植，我国龙眼栽培面积和产量居世界首位，主要分布于广东、广西、福建和台湾等地，此外，海南、四川、云南和贵州也有一定的栽培面积。

1. 龙眼树营养缺素症诊断与补救

龙眼树营养缺素症诊断与补救办法可以参考表8-43。

表8-43　龙眼树营养缺素症诊断与补救

营养元素	缺素症状	补救措施
氮	老叶变黄，叶变薄，叶缘卷曲，易脱落，花穗短而弱，果实少	叶面喷施0.5%尿素溶液或硝酸铵溶液2～3次
磷	老叶叶尖和叶缘干枯，显棕褐色，并向主脉发展，枝梢生长细弱，果汁少，酸度大	叶面喷施1%磷酸二氢钾或磷酸铵溶液2～3次
钾	老叶叶片褐绿，叶尖有枯斑，并沿叶缘发展，叶片易脱落，坐果少，甜度低	叶面喷施0.5%～1%磷酸二氢钾溶液2～3次
钙	新叶片小，叶缘干枯，易折断，老叶较脆，枝梢顶端易枯死，根系发育不良，易折断，坐果少，果实耐贮性差	叶面喷施0.5%硝酸钙或螯合钙溶液2～3次
镁	老叶叶肉显淡黄色，叶脉仍显绿色，显“鱼骨状失绿”，叶片易脱落	叶面喷施0.5%硫酸镁或硝酸镁溶液2～3次
硫	老熟叶片沿叶脉出现坏死，显褐灰色，叶片质脆，易脱落	叶面喷施0.5%硫酸钾或硫酸镁溶液2～3次
锌	顶端幼芽易发生簇生小叶，叶片显青铜色，枝条下部叶片显叶脉间失绿，叶片小，果实小	叶面喷施0.2%～0.3%硫酸锌或螯合锌溶液2～3次
硼	生长点坏死，幼梢节间变短，叶脉坏死或木栓化，叶片厚、质脆，花粉发育不良，坐果少	叶面喷施0.2%～0.3%硼砂或硼酸溶液2～3次

2. 无公害龙眼配方施肥技术

(1) 龙眼施肥配方　龙眼对营养元素的需求对不同树龄有较大的差异，应根据树龄确定施肥量，幼年树期应随着树龄增长，逐年增加养分的施肥量（表 8-44）。

表 8-44　龙眼树不同树龄施肥量推荐表（千克/株）

树龄（年）	施肥量			$N:P_2O_5:K_2O$
	N	P_2O_5	K_2O	
1	0.02～0.03	0.01	0.02	1∶(0.5～0.75)∶(0.6～1.0)
2～3	0.04～0.08	0.02～0.04	0.04～0.08	1∶(0.2～0.5)∶1.0
4～5	0.24～0.40	0.12～0.20	0.24～0.40	1∶(0.2～0.5)∶1.0
6～7	0.50～0.64	0.20～0.32	0.40～0.64	1∶(0.4～0.53)∶(0.8～1.0)
8～10	0.65～0.80	0.35～0.40	0.60～0.80	1∶(0.5～0.54)∶(0.92～1.0)
11～25	0.92～1.60	0.32～0.63	0.60～1.65	1∶0.5∶(0.65～1.1)
26～50	1.2～1.8	0.4～0.7	1.15～1.65	1∶(0.35～0.56)∶(0.92～0.97)
>50	1.60～1.85	0.35～0.85	0.90～1.65	1∶(0.30～0.67)∶(0.82～0.90)

(2) 无公害龙眼施肥技术　这里以结果树施肥为例。正常情况下，不同树龄的龙眼树各时期施肥可选择表 8-45 中的配方，在应用时，应根据以上原则酌情增加或减少。

表 8-45　无公害结果龙眼树不同生育期的施肥配方推荐（千克/株）

树龄	施肥期	配方（根据当地肥源，选择下列配方之一）
4 年生	采果肥	① 株施生物有机肥 4～6 千克或无害化处理过的有机肥料 40～60 千克、35%龙眼树有机型专用肥 1.0～1.2 千克； ② 株施生物有机肥 4～6 千克或无害化处理过的有机肥料 40～60 千克、35%腐殖酸涂层长效肥 1.0～1.2 千克； ③ 株施生物有机肥 4～6 千克或无害化处理过的有机肥料 40～60 千克、40%腐殖酸高效缓释复混肥 0.8～1.0 千克； ④ 株施生物有机肥 4～6 千克或无害化处理过的有机肥料 40～60 千克、30%含促生真菌生物复混肥 1.0～1.2 克、腐殖酸型过磷酸钙 1.0 千克； ⑤ 株施生物有机肥 4～6 千克或无害化处理过的有机肥料 40～60 千克、增效尿素 0.35～0.45 千克、腐殖酸型过磷酸钙 0.32～0.38 千克、大粒钾肥 0.13～0.2 千克、硫酸镁 0.05～0.075 千克

（续）

树龄	施肥期	配方（根据当地肥源，选择下列配方之一）
4年生	促花肥	① 株施35%龙眼树有机型专用肥0.5～0.7千克； ② 株施35%腐殖酸涂层长效肥0.5～0.7千克； ③ 株施40%腐殖酸高效缓释复混肥0.4～0.6千克； ④ 株施30%含促生真菌生物复混肥0.5～0.7克、腐殖酸型过磷酸钙0.3千克； ⑤ 增效尿素0.16～0.2千克、腐殖酸型过磷酸钙0.27～0.32千克、大粒钾肥0.1～0.13千克
	壮果肥	① 株施35%龙眼树有机型专用肥0.7～0.9千克； ② 株施35%腐殖酸涂层长效肥0.7～0.9千克； ③ 株施40%腐殖酸高效缓释复混肥0.5～0.7千克； ④ 株施30%含促生真菌生物复混肥0.6～0.8克、腐殖酸型过磷酸钙0.5千克； ⑤ 增效尿素0.20～0.25千克、腐殖酸型过磷酸钙0.4～0.5千克、大粒钾肥0.2～0.3千克
5～6年生	采果肥	① 株施生物有机肥5～7千克或无害化处理过的有机肥料50～70千克、35%龙眼树有机型专用肥1.2～1.5千克； ② 株施生物有机肥5～7千克或无害化处理过的有机肥料50～70千克、35%腐殖酸涂层长效肥1.2～1.5千克； ③ 株施生物有机肥5～7千克或无害化处理过的有机肥料50～70千克、40%腐殖酸高效缓释复混肥1.0～1.2千克； ④ 株施生物有机肥5～7千克或无害化处理过的有机肥料50～70千克、30%含促生真菌生物复混肥1.2～1.5克、腐殖酸型过磷酸钙1.5千克； ⑤ 株施生物有机肥5～7千克或无害化处理过的有机肥料50～70千克、增效尿素0.53～0.68千克、腐殖酸型过磷酸钙0.48～0.58千克、大粒钾肥0.2～0.32千克、硫酸镁0.1～0.15千克
	促花肥	① 株施35%龙眼树有机型专用肥0.7～0.9千克； ② 株施35%腐殖酸涂层长效肥0.7～0.9千克； ③ 株施40%腐殖酸高效缓释复混肥0.6～0.8千克； ④ 株施30%含促生真菌生物复混肥0.7～0.9克、腐殖酸型过磷酸钙0.5千克； ⑤ 增效尿素0.23～0.32千克、腐殖酸型过磷酸钙0.4～0.48千克、大粒钾肥0.15～0.2千克
	壮果肥	① 株施35%龙眼树有机型专用肥0.8～1.0千克； ② 株施35%腐殖酸涂层长效肥0.8～1.0千克； ③ 株施40%腐殖酸高效缓释复混肥0.6～0.8千克； ④ 株施30%含促生真菌生物复混肥0.7～0.9克、腐殖酸型过磷酸钙0.7千克； ⑤ 增效尿素0.30～0.38千克、腐殖酸型过磷酸钙0.6～0.75千克、大粒钾肥0.3～0.4千克

（续）

树龄	施肥期	配方（根据当地肥源，选择下列配方之一）
7～8年生	采果肥	① 株施生物有机肥6～8千克或无害化处理过的有机肥料60～80千克、35%龙眼树有机型专用肥1.4～1.6千克； ② 株施生物有机肥6～8千克或无害化处理过的有机肥料60～80千克、35%腐殖酸涂层长效肥1.4～1.6千克； ③ 株施生物有机肥6～8千克或无害化处理过的有机肥料60～80千克、40%腐殖酸高效缓释复混肥1.2～1.5千克； ④ 株施生物有机肥6～8千克或无害化处理过的有机肥料60～80千克、30%含促生真菌生物复混肥1.4～1.7克、腐殖酸型过磷酸钙1.7千克； ⑤ 株施生物有机肥6～8千克或无害化处理过的有机肥料60～80千克、增效尿素0.8～1千克、腐殖酸型过磷酸钙0.7～0.87千克、大粒钾肥0.3～0.45千克、硫酸镁0.15～0.2千克
	促花肥	① 株施35%龙眼树有机型专用肥0.8～1.0千克； ② 株施35%腐殖酸涂层长效肥0.8～1.0千克； ③ 株施40%腐殖酸高效缓释复混肥0.7～0.9千克； ④ 株施30%含促生真菌生物复混肥0.8～1.0克、腐殖酸型过磷酸钙0.8千克； ⑤ 增效尿素0.35～0.45千克、腐殖酸型过磷酸钙0.6～0.72千克、大粒钾肥0.23～0.3千克
	壮果肥	① 株施35%龙眼树有机型专用肥1.0～1.2千克； ② 株施35%腐殖酸涂层长效肥1.0～1.2千克； ③ 株施40%腐殖酸高效缓释复混肥0.8～1.0千克； ④ 株施30%含促生真菌生物复混肥1.0～1.2克、腐殖酸型过磷酸钙1.0千克； ⑤ 增效尿素0.45～0.57千克、腐殖酸型过磷酸钙0.9～1千克、大粒钾肥0.5～0.6千克
9～10年生	采果肥	① 株施生物有机肥7～9千克或无害化处理过的有机肥料70～90千克、35%龙眼树有机型专用肥1.6～1.8千克； ② 株施生物有机肥7～9千克或无害化处理过的有机肥料70～90千克、35%腐殖酸涂层长效肥1.6～1.8千克； ③ 株施生物有机肥7～9千克或无害化处理过的有机肥料70～90千克、40%腐殖酸高效缓释复混肥1.5～1.7千克； ④ 株施生物有机肥7～9千克或无害化处理过的有机肥料60～80千克、30%含促生真菌生物复混肥1.7～1.9克、腐殖酸型过磷酸钙2千克； ⑤ 株施生物有机肥7～9千克或无害化处理过的有机肥料70～90千克、增效尿素1～1.3千克、腐殖酸型过磷酸钙0.9～1.2千克、大粒钾肥0.4～0.6千克、硫酸镁0.2～0.3千克

（续）

树龄	施肥期	配方（根据当地肥源，选择下列配方之一）
9～10年生	促花肥	① 株施 35%龙眼树有机型专用肥 1.0～1.2 千克； ② 株施 35%腐殖酸涂层长效肥 1.0～1.2 千克； ③ 株施 40%腐殖酸高效缓释复混肥 0.9～1.1 千克； ④ 株施 30%含促生真菌生物复混肥 1.0～1.2 克、腐殖酸型过磷酸钙 0.8 千克； ⑤ 增效尿素 0.[illegible]～0.[illegible] 千克、腐殖酸型过磷酸钙 [illegible] 千克、大粒钾肥 0.3～0.4 千克
	壮果肥	① 株施 35%龙眼树有机型专用肥 1.2～1.5 千克； ② 株施 35%腐殖酸涂层长效肥 1.2～1.5 千克； ③ 株施 40%腐殖酸高效缓释复混肥 1.0～1.2 千克； ④ 株施 30%含促生真菌生物复混肥 1.20～1.5 克、腐殖酸型过磷酸钙 1.2 千克； ⑤ 增效尿素 0.59～0.74 千克、腐殖酸型过磷酸钙 1.2～1.3 千克、大粒钾肥 0.6～0.75 千克
11～15年生	采果肥	① 株施生物有机肥 10～15 千克或无害化处理过的有机肥料 100～150 千克、35%龙眼树有机型专用肥 2.0～2.5 千克； ② 株施生物有机肥 10～15 千克或无害化处理过的有机肥料 100～150 千克、35%腐殖酸涂层长效肥 1.8～2.2 千克； ③ 株施生物有机肥 10～15 千克或无害化处理过的有机肥料 100～150 千克、40%腐殖酸高效缓释复混肥 1.8～2.2 千克； ④ 株施生物有机肥 10～15 千克或无害化处理过的有机肥料 100～150 千克、30%含促生真菌生物复混肥 1.9～2.3 克、腐殖酸型过磷酸钙 2.2 千克； ⑤ 株施生物有机肥 10～15 千克或无害化处理过的有机肥料 100～150 千克、增效尿素 1.2～1.5 千克、腐殖酸型过磷酸钙 1.0～1.35 千克、大粒钾肥 0.45～0.68 千克、硫酸镁 0.3～0.4 千克
	促花肥	① 株施 35%龙眼树有机型专用肥 1.2～1.5 千克； ② 株施 35%腐殖酸涂层长效肥 1.2～1.5 千克； ③ 株施 40%腐殖酸高效缓释复混肥 1.1～1.3 千克； ④ 株施 30%含促生真菌生物复混肥 1.2～1.4 克、腐殖酸型过磷酸钙 1.2 千克； ⑤ 增效尿素 0.5～0.68 千克、腐殖酸型过磷酸钙 0.9～1 千克、大粒钾肥 0.35～0.45 千克
	壮果肥	① 株施 35%龙眼树有机型专用肥 1.5～2.0 千克； ② 株施 35%腐殖酸涂层长效肥 1.5～2.0 千克； ③ 株施 40%腐殖酸高效缓释复混肥 1.3～1.6 千克； ④ 株施 30%含促生真菌生物复混肥 1.5～2.0 克、腐殖酸型过磷酸钙 1.2 千克； ⑤ 增效尿素 0.58～0.85 千克、腐殖酸型过磷酸钙 1.35～1.5 千克、大粒钾肥 0.8～1 千克

（续）

树龄	施肥期	配方（根据当地肥源，选择下列配方之一）
>15年生	采果肥	① 株施生物有机肥 15～20 千克或无害化处理过的有机肥料 150～200 千克、35%龙眼树有机型专用肥 2.3～2.8 千克； ② 株施生物有机肥 15～20 千克或无害化处理过的有机肥料 150～200 千克、35%腐殖酸涂层长效肥 2.0～2.5 千克； ③ 株施生物有机肥 15～20 千克或无害化处理过的有机肥料 150～200 千克、40%腐殖酸高效缓释复混肥 2.0～2.5 千克； ④ 株施生物有机肥 15～20 千克或无害化处理过的有机肥料 150～200 千克、30%含促生真菌生物复混肥 2.2～2.7 克、腐殖酸型过磷酸钙 2.5 千克； ⑤ 株施生物有机肥 15～20 千克或无害化处理过的有机肥料 150～200 千克、增效尿素 1.5～2.5 千克、腐殖酸型过磷酸钙 1.5～2.5 千克、大粒钾肥 0.8～1.5 千克、硫酸镁 0.5 千克
	促花肥	① 株施 35%龙眼树有机型专用肥 1.5～1.8 千克； ② 株施 35%腐殖酸涂层长效肥 1.5～1.8 千克； ③ 株施 40%腐殖酸高效缓释复混肥 1.3～1.6 千克； ④ 株施 30%含促生真菌生物复混肥 1.4～1.8 克、腐殖酸型过磷酸钙 1.5 千克； ⑤ 增效尿素 0.6～0.9 千克、腐殖酸型过磷酸钙 1～1.25 千克、大粒钾肥 0.5～0.7 千克
	壮果肥	① 株施 35%龙眼树有机型专用肥 1.7～2.2 千克； ② 株施 35%腐殖酸涂层长效肥 1.7～2.2 千克； ③ 株施 40%腐殖酸高效缓释复混肥 1.5～1.9 千克； ④ 株施 30%含促生真菌生物复混肥 1.7～2.2 克、腐殖酸型过磷酸钙 1.5 千克； ⑤ 增效尿素 0.7～1 千克、腐殖酸型过磷酸钙 1.4～1.8 千克、大粒钾肥 1～1.5 千克

结果龙眼树的施肥方法主要是环状沟施（沟深 15～20 厘米）、放射状沟施（沟深 20～30 厘米）、条状沟施（沟深 20～30 厘米）等方法。

结果龙眼树在春梢老熟前期，叶面喷施 500～1 000 倍含腐殖酸水溶肥或 500～1 000 倍含氨基酸水溶肥；开花期叶面喷施 500～1 000 倍含腐殖酸水溶肥或 500～1 000 倍含氨基酸水溶肥、1 500 倍活力硼叶面肥、800～1 000 倍氨基酸螯合复合微量元素肥料。幼果期，叶面喷施 500～1 000 倍含腐殖酸水溶肥或 500～1 000 倍含氨基酸水溶肥、1 500 倍活力钙叶面肥、1 500 倍活力钾叶面肥 2 次，间隔 15 天。秋梢老熟期，叶面喷施 500～1 000 倍含腐殖酸水溶肥或 500～1 000 倍含氨基酸水溶肥、600～800 倍大量元素水溶肥 2 次，间隔

20天。

五、杨梅高效安全施肥

杨梅是我国特产水果，一般多栽植在远离城市的山区，极少或没有大气污染，栽培管理粗放，病虫害较少，具有“绿色水果”之美誉。浙江、湖南、广东、福建是我国杨梅的四大主产区，另外江西、广西、重庆、贵州、台湾等地也有种植。

1. 杨梅树营养缺素症诊断与补救

杨梅树营养缺素症诊断与补救办法可以参考表8-46。

表8-46　杨梅树营养缺素症诊断与补救

营养元素	缺素症状	补救措施
氮	叶片发黄变小、较薄，枝梢生长不良且发生数减少，翌年结果枝减少，树势衰弱，大小年更明显	叶面喷施0.3%～0.5%尿素溶液或硝酸铵溶液2～3次
磷	新梢和根系生长减弱，叶片变小且缺乏光泽，严重时引起早期落叶，花芽分化不良，果实色泽不鲜艳，含糖量低，品质差	叶面喷施0.5%～1%磷酸二氢钾或磷酸铵溶液2～3次
钾	老叶的叶尖和叶缘先黄化，但不枯焦，果实小，着色差，品质劣，产量低	叶面喷施0.5%～1%磷酸二氢钾溶液2～3次
钙	土壤理化性状变劣，树体生长弱，果实品质差	叶面喷施1%硝酸钙或螯合钙溶液2～3次
镁	较老叶叶尖或叶缘开始黄化，并向叶脉间蔓延，叶缘两侧的中部出现黄色条斑，最后整个叶片只有基部留下一个界限明显的绿色倒“V”形。严重时叶片全部黄化，提早落叶，树体生长受阻	叶面喷施0.1%～0.2%硫酸镁或硝酸镁溶液2～3次
锰	叶脉间失绿，新叶具有明显的网状绿色叶脉，叶片大小正常，无光泽；严重时全叶发黄，提早落叶，植株矮化	叶面喷施0.1%～0.3%硫酸锰溶液2～3次
锌	植株矮小，节间短，叶小，叶片丛生，叶脉间失绿发白	叶面喷施0.2%～0.3%硫酸锌或螯合锌溶液2～3次
硼	枝条顶端小叶簇生、新梢焦枯或多年生枝条枯死，着花着果不良，产量低	叶面喷施0.2%～0.3%硼砂或硼酸溶液2～3次

（续）

营养元素	缺素症状	补救措施
钼	叶脉间黄化，植株矮小，严重时致死	叶面喷施 0.01%～0.03%钼酸铵或钼酸钠溶液 2～3 次
铜	初期叶片大，叶色暗绿，新梢长软，略带弯曲。严重时梢尖和叶尖枯萎，花器发育不良	叶面喷施 0.1%～0.2%硫酸铜溶液 2～3 次

2. 无公害杨梅测土配方施肥技术

（1）杨梅树测土施肥配方　根据杨梅园有机质、碱解氮、有效磷、速效钾含量确定土壤肥力分级，然后根据不同肥力水平确定施肥量。如表 8-47 为杨梅园的土壤肥力分级，表 8-48 为杨梅园不同肥力水平推荐施肥量。

表 8-47　杨梅园土壤肥力分级

肥力水平	有机质（克/千克）	碱解氮（毫克/千克）	有效磷（毫克/千克）	速效钾（毫克/千克）
低	<5	<60	<5	<50
中	5～20	60～120	5～20	50～150
高	>20	>120	>20	>150

表 8-48　杨梅园不同肥力水平推荐施肥量

肥力等级	推荐施肥量（千克/亩）		
	N	P_2O_5	K_2O
低肥力	12～14	2～3	11～13
中肥力	14～16	3～4	12～14
高肥力	16～18	4～5	13～15

（2）无公害杨梅施肥技术　这里以结果盛期树（植后 10 年以上）施肥为例。杨梅结果盛期树树冠较大，根系分布广，须根大多分布在树冠滴水线内外，施肥时应沿树冠四周滴水线附近，开挖宽 20～30 厘米的环状浅沟，施肥后覆土。施肥量按树体大小和结果量而定，每年施肥 2～3 次。

① 采果肥。一般于 6～7 月中旬前采果后，最迟在采果后 15～20 天内完成。施肥量应根据树势强弱和结果量而定，以有机肥为主，配施速效氮肥。根据肥源，株施生物有机肥 5～7 千克或无害化处理过的有机肥料 20～25 千克、草木灰 10～12 千克，35%杨梅有机型专用肥 2～3 千克或 40%腐殖酸高效缓释复混肥 1.5～2 千克或增效尿素 0.3～0.5 千克＋硫酸钾 1～1.5 千克＋腐殖

酸型过磷酸钙 0.5～1 千克。

② 壮果肥。一般在 4 月底至 5 月中旬前施入，占总施肥量的 30%，以速效氮、钾肥为主。株施 30%腐殖酸含促生菌生物复混肥 0.5～1 千克+草木灰 5～10 千克或 40%腐殖酸高效缓释复混肥 0.6～0.8 千克或株施增效尿素 0.2～0.3 千克+硫酸钾 0.5～1 千克。

③ 秋后肥。9～10 月重施秋后肥。株施生物有机肥 3～4 千克或株施无害化处理过的菜籽饼 [illegible] 千克或株施无害化处理过的牛或猪栏肥 [illegible] 千克。

④ 越冬肥。一般在 11 月中下旬至翌年 1 月下旬施入。株施生物有机肥 3～5 千克或无害化处理过的有机肥料 15～25 千克、草木灰 15～20 千克、硼砂 50～100 克，35%杨梅有机型专用肥 4～5 千克或 30%腐殖酸含促生菌生物复混肥 4～5 千克或 40%腐殖酸高效缓释复混肥 3～4 千克或施硫酸钾 0.5～1.0 千克。

⑤ 根外追肥。杨梅结果盛期树一般于 6～7 月中旬前采果后，叶面喷施 500～1 000 倍含腐殖酸水溶肥或 500～1 000 倍含氨基酸水溶肥、氨基酸螯合锌钼锰水溶肥 2 次，间隔期 15 天；或叶面喷施 0.01%～0.02%钼酸铵、0.2%～0.4%硫酸锰、0.2%磷酸二氢钾、0.2%尿素溶液。花芽萌发初期至开花前，叶面喷施 500～1 000 倍含腐殖酸水溶肥或 500～1 000 倍含氨基酸水溶肥、1 500 倍活力硼叶面肥、氨基酸螯合锌水溶肥 1～2 次，间隔期 20 天；或叶面喷施 0.1%～0.2%硫酸锌或 0.1%～0.2%硼砂+0.05%尿素+0.1%磷酸二氢钾混合液 1～2 次，间隔期 20 天。幼果期和果实发白期，可叶面喷施 500～800 倍氨基酸水溶肥、500～1 000 倍大量元素水溶肥、1 500 倍活力钙叶面肥 2～3 次，间隔期 15 天。

第三节　草本果树高效安全施肥

北方的落叶果树和南方的常绿果树多为木本乔木植物，我国果树生产中，还存在一些草本果树，如香蕉、菠萝、草莓、火龙果、木瓜等。

一、香蕉高效安全施肥

香蕉是热带亚热带的特产水果，具有产量高、投产快、风味独特、营养丰富、价值高、供应期长、综合利用范围广等特点。我国主要分布在广东、广西、海南、福建、台湾等地，云南、四川等地南部也有种植。

1. 香蕉缺素症诊断与补救

要先做好香蕉科学施肥，首先要了解香蕉缺肥时各种表现症状。生产中常见缺素症状主要是缺氮、缺磷、缺钾、缺钙、缺镁、缺硫、缺铁、缺锰、缺硼、缺锌、缺铜等，各种缺素症状与补救措施可以参考表8-49。

表8-49　香蕉缺素症状及补救

元素	缺素症状	补救办法
氮	叶色淡绿而失去光泽，叶小而薄，新叶生长慢，茎干细弱，吸芽萌发少，果实细而短，梳数少，皮色暗，产量低	叶面喷施1%～2%尿素溶液2～3次
磷	老叶边缘会出现失绿状态，继而出现紫褐斑点，后期会连片产生“锯齿状”枯斑，导致叶片卷曲，叶柄易折断，幼叶深蓝绿色。吸芽抽身迟而弱，果实香味和甜味均差	叶面喷施0.5%～1%磷酸二氢钾溶液或1.5%过磷酸钙溶液
钾	叶变小且展开缓慢，老叶出现橙黄色失绿，提早黄化，使植株保存青叶数少，抽蕾迟，果穗的梳数、果数较少，果实瘦小畸形。植株表现脆弱，易折；果实品质下降，不耐贮运，茎秆软弱易折	叶面喷施1%～1.5%氯化钾溶液2～3次
钙	最初的症状表现在幼叶上，其侧脉变粗且叶缘失绿，继而向中脉扩展，呈锯状叶斑。4～6月有的蕉园还表现叶片变形或穗状叶	叶面喷施0.3%～0.5%的硝酸钙溶液3～4次
镁	叶片出现枯点，进而转黄晕，但叶缘仍绿，仅叶边缘与中脉两侧的叶片黄化，叶柄呈紫斑，叶鞘与假茎分开，叶寿命缩短，并影响果实发育	叶面喷施1%～2%硫酸镁溶液3～4次
硫	在幼叶上呈黄白色，随缺乏程度加深，叶缘出现坏死斑点，侧脉稍微变粗，有时出现没叶片的叶子。缺硫抑制香蕉的生长，果穗长得很小或抽不出来	叶面喷施0.5%～1%的硫酸盐溶液3～4次
铁	表现在幼叶上，最常见的症状是整个叶片失绿，呈黄白色，失绿程度是春季比夏季严重，干旱条件下更为明显。铁的过剩症是叶边缘变黑，接着便坏死	喷施0.5%硫酸亚铁溶液3～4次
锌	叶片条带状失绿并有时坏死，但仍可抽正常叶；果穗小，呈水平状，不下垂，果指先端乳头状	叶面喷施0.3%～0.5%硫酸锌溶液3～4次
锰	幼叶叶缘附近叶脉间失绿，叶面有针头状褐黑斑，第2～4叶条纹状失绿，主脉附近叶脉间组织保持绿色；叶柄出现紫色斑块，叶片易出现旅人蕉式排列，果小，果肉黄色果实表面有1～6毫米深褐色至黑色斑	叶面喷施0.3%硫酸锰溶液2～3次
硼	叶片失绿下垂，有时心叶不直，新叶主脉处出现交叉状失绿条带，叶片窄短；根系生长差、坏死，果心、果肉或果皮下出现琥珀色	叶面喷施0.1%～0.2%硼砂或硼酸溶液2～3次

（续）

元素	缺素症状	补救办法
铜	植株所有叶片上出现均匀一致的灰白色，与氮的缺乏相似，氮叶柄不出现粉红色，柄脉弯曲，使整株呈伞状。植株易感真菌和病毒	叶面喷施0.2%～0.3%硫酸铜溶液3～4次

2 香蕉高效安全施肥技术

借鉴2011—2018年农业部香蕉科学施肥指导意见和相关测土配方施肥技术研究资料，提出推荐施肥方法，供农民朋友参考。

（1）施肥原则 针对香蕉生产中普遍忽视有机肥施用和土壤培肥，钙、镁、硼等中微量元素缺乏，施肥总量不足及过量现象同时存在，重施钾肥但时间偏迟等问题，提出以下施肥原则：施肥依据“合理分配肥料、重点时期重点施用”的原则；氮、磷、钾肥配合施用，根据生长时期合理分配肥料，花芽分化期后加大肥料用量，注重钾肥施用，增加钙、镁肥，补充缺乏的微量元素养分；施肥配合灌溉，有条件地方采用水肥一体化技术；整地时增施石灰调节土壤酸碱度，同时补充土壤钙营养及杀灭有害菌。

（2）施肥建议 亩产5 000千克以上的蕉园，视有机肥种类决定用量，施传统有机肥1 000～3 000千克/亩或腐熟禽畜粪用量不超过1 000千克/亩，氮肥（N）45～55千克/亩，磷肥（P_2O_5）15～20千克/亩，钾肥（K_2O）70～90千克/亩。亩产3 000～5 000千克的蕉园，施传统有机肥1 000～2 000千克/亩或腐熟禽畜粪用量不超过1 000千克/亩，氮肥（N）30～45千克/亩，磷肥（P_2O_5）8～12千克/亩，钾肥（K_2O）50～70千克/亩。亩产3 000千克以下的蕉园，施传统有机肥1 000～1 500千克/亩或腐熟禽畜粪用量不超过1 000千克/亩，氮肥（N）18～25千克/亩，磷肥（P_2O_5）6～8千克/亩，钾肥（K_2O）30～45千克/亩。

根据土壤酸度，定植前每亩施用石灰40～80千克、硫酸镁25～30千克，与有机肥混匀后施用；缺硼、锌的果园，每亩施用硼砂0.3～0.5千克、七水硫酸锌0.8～1.0千克。

香焦苗定植成活后至花芽分化前，施入约占总肥料量20%氮肥、50%磷肥和20%钾肥；在花芽分化期前至抽蕾前施入约占总施肥量45%氮肥、30%磷肥和50%钾肥；在抽蕾后施入35%氮肥、20%磷肥和30%钾肥。前期可施水溶肥或撒施固体肥，从花芽分化期开始宜沟施或穴施，共施肥7～10次。

3. 无公害香蕉测土配方施肥技术

（1）常规沟灌条件香蕉测土施肥配方 根据土壤肥力水平、有机肥品种、产量水平等，有机肥推荐用量参考表 8－50；氮肥推荐用量参考表 8－51；磷肥推荐用量参考表 8－52；钾肥推荐用量参考表 8－53。

表 8－50　常规沟灌香蕉有机肥推荐用量（千克/亩）

肥力等级	产量水平（千克/亩）					
	3 330		4 660		6 000	
	商品有机肥	禽粪类	商品有机肥	禽粪类	商品有机肥	禽粪类
低	360	733	453	867	533	1 067
中	267	533	320	667	400	867
高	187	333	213	467	267	667
极高	80	133	107	267	133	467

表 8－51　常规沟灌香蕉氮肥推荐用量（千克/亩）

肥力等级	产量水平（千克/亩）		
	3 330	4 660	6 000
低	16.7	23.3	26.7
中	13.3	20.0	23.3
高	10.0	16.7	20.0
极高	6.7	13.3	16.7

表 8－52　常规沟灌香蕉磷肥推荐用量（千克/亩）

肥力等级	极低	低	中	高	极高
Bray Ⅱ－P（毫克/千克）	<7	7～20	20～30	30～45	>45
磷肥用量	26.7	23.3	20.0	16.7	13.3

表 8－53　常规沟灌香蕉钾肥推荐用量（千克/亩）

肥力等级	产量水平（千克/亩）		
	3 330	4 660	6 000
低	50.0	70.0	80.0
中	40.0	60.0	70.0
高	30.0	50.0	60.0
极高	20.0	40.0	50.0

（2）常规沟灌条件下无公害香蕉施肥技术

① 冬春底肥。一般开沟环状施肥，施后覆土。如遇土壤干旱，还需适量浇水，株施生物有机肥 1～1.5 千克或无害化处理过的腐熟有机肥 5～10 千克，

35%香蕉有机型专用肥 1～1.2 千克或 42%腐殖酸高效缓释复混肥 0.8～1.0 千克或 45%腐殖酸涂层长效肥 0.8～1.0 千克或增效尿素 0.2～0.3 千克＋腐殖酸型过磷酸钙 0.5～0.7 千克＋大粒钾肥 0.5～0.7 千克。

② 15 叶龄期肥。株施 35%香蕉有机型专用肥 0.8～1 千克或 42%腐殖酸高效缓释复混肥 0.6～0.8 千克或 45%腐殖酸涂层长效肥 0.5～0.7 千克或增效尿素 0.1～0.2 千克＋腐殖酸型过磷酸钙 0.3～0.5 千克＋大粒钾肥 0.3～0.6 千克。

如发现蕉苗长势不均匀，小苗、弱苗比例在 10%以上时，要施"提苗肥"，可每株用有机水溶肥（20－0－15）0.1 千克、增效尿素 0.1 千克，兑水 100 倍浇在小苗、弱苗离根兜 10 厘米处。

③ 花芽分化肥。抽蕾前 40 天左右（吸芽苗叶龄 20 叶、组培苗叶龄 28 叶）施，株施 35%香蕉有机型专用肥 0.8～1 千克或 42%腐殖酸高效缓释复混肥 0.6～0.8 千克或 45%腐殖酸涂层长效肥 0.5～0.7 千克或增效尿素 0.1～0.2 千克＋腐殖酸型过磷酸钙 0.3～0.5 千克＋大粒钾肥 0.3～0.6 千克。

④ 抽蕾肥。抽蕾前后施，株施 35%香蕉有机型专用肥 0.5～0.7 千克或 42%腐殖酸高效缓释复混肥 0.4～0.6 千克或 45%腐殖酸涂层长效肥 0.3～0.5 千克或增效尿素 0.1 千克＋腐殖酸型过磷酸钙 0.2～0.3 千克＋大粒钾肥 0.2～0.3 千克。

⑤ 根外追肥。香蕉开春前后，可叶面喷施 500～1 000 倍含腐殖酸水溶肥或 500～1 000 倍含氨基酸水溶肥 2 次，间隔期 14 天。花芽分化期，叶面喷施 1 500 倍含活力硼叶面肥、1 500 倍活力钙叶面肥。抽蕾期前后，叶面喷施 500～1 000 倍含腐殖酸水溶肥或 500～1 000 倍含氨基酸水溶肥、1 500 倍活力钙叶面肥。抽蕾至果实成熟前 20 天左右，叶面喷施 500～1 000 倍含腐殖酸水溶肥或 500～1 000 倍含氨基酸水溶肥、500 倍活力钾叶面肥。

4. 无公害香蕉水肥一体化技术

（1）滴灌条件香蕉测土施肥配方　有机肥和磷肥作基肥，可参考表 8－50 和表 8－52。氮肥和钾肥作追肥，灌水时随滴灌管道施入（表 8－54）。

表 8－54　香蕉滴灌追肥推荐用量（千克/亩）

肥力等级	产量水平（千克/亩）					
	3 330		4 660		6 000	
	N	K_2O	N	K_2O	N	K_2O
低	8.3	25.0	11.7	35.0	13.3	40.0
中	6.7	20.0	10.0	30.0	11.7	35.0
高	5.0	15.0	8.3	25.0	10.0	30.0
极高	3.3	10.0	6.7	20.0	8.3	25.0

(2) 滴灌条件下无公害香蕉施肥

① 底肥。一般开沟环状施肥，施后覆土。如遇土壤干旱，还需适量浇水。株施生物有机肥 1～1.5 千克或无害化处理过的腐熟有机肥 5～10 千克，35% 香蕉有机型专用肥 1～1.2 千克或 42%腐殖酸高效缓释复混肥 0.8～1.0 千克或 45%腐殖酸涂层长效肥 0.8～1.0 千克或增效尿素 0.2～0.3 千克＋腐殖酸型过磷酸钙 0.5～0.7 千克＋大粒钾肥 0.5～0.7 千克。

② 滴灌施肥。主要施用多元素滴灌肥（20－0－28）、大粒钾肥等（表 8－55）。

表 8－55　香蕉滴灌用肥技术

叶片数	多元素滴灌肥（克/株）	大粒钾肥（克/株）
9～10	6	3
11～12	8	4
13～14	12	6
15～16	15	10
17～18	20	－
19～20	25	30
21～22	30	－
23～24	30	30
25～26	30	－
27～28	35	40
29～30	45	30
31～32	45	45
33～34	45	45
35～36	45	35
37～38	45	35
39～40	40	35
41～42	30	20
43～44	20	20
44 叶后 20 天	20	10
44 叶后 40 天	20	10
44 叶后 60 天	20	10

③ 根外追肥。香蕉开春前后，可叶面喷施500～1 000倍含腐殖酸水溶肥或500～1 000倍含氨基酸水溶肥2次，间隔期14天。花芽分化期，叶面喷施1 500倍含活力硼叶面肥、1 500倍活力钙叶面肥。抽蕾期前后，叶面喷施500～1 000倍含腐殖酸水溶肥或500～1 000倍含氨基酸水溶肥、1 500倍活力钙叶面肥。抽蕾至果实成熟前20天左右，叶面喷施500～1 000倍含腐殖酸水溶肥或500～1 000倍含氨基酸水溶肥、500倍活力钾叶面肥。

二、菠萝高效安全施肥

我国菠萝主要集中种植在雷州半岛的徐闻、雷州，海南的万宁、琼海、昌江，广西的南宁、钦州、防城，福建的龙海、漳浦，云南的西双版纳、德宏等地。

1. 菠萝营养缺素症诊断与补救

菠萝营养缺素症诊断与补救办法可以参考表8-56。

表8-56　菠萝营养缺素症诊断与补救

营养元素	缺素症状	补救办法
氮	总体失绿，黄化，叶尖坏死，特别是老叶	叶面喷施2%～3%尿素溶液2～3次
磷	叶色变褐，特别是老叶明显。老叶叶尖和叶缘干枯，显棕褐色，并向主脉发展，枝梢生长细弱，果实汁少、酸度大	叶面喷施2%～3%磷酸二氢钾或1.5%过磷酸钙溶液
钾	植株矮小，叶窄	叶面喷施2%～3%氯化钾溶液2～3次
钙	很少出现缺钙可视症状	对于酸性过强土壤，可合理使用石灰
镁	首先出现在低位衰老叶片上，基部叶叶肉为黄色、青铜色或红色，但叶脉仍呈绿色。进一步发展，整个叶片组织全部淡黄，然后变褐直至最终坏死	叶面喷施1%～2%硫酸镁溶液3～4次
铁	叶片颜色就会变黄且下垂，最后导致全株枯死	叶面喷施1%～1.5%硫酸亚铁溶液3～4次
锌	叶片增厚且歪扭，变脆，边缘向上卷，叶色逐渐变黄，尤其是幼叶，呈扇状散开，轮生扭曲，后期叶片有坏死斑出现，叶片上有明显的斑点	叶面喷施0.3%～0.5%硫酸锌溶液3～4次

（续）

营养元素	缺素症状	补救办法
硼	畸形，皮厚小果，小果之间爆裂，充斥着果皮分泌物，顶苗少或没有，托芽多，叶末端干枯	叶面喷施0.3%～1%硼砂或硼酸溶液2～3次
铜	植株叶片绿色较浅，且叶片薄而窄，直立，部分没有白粉盖着的叶片而现绿色斑，称为菠萝绿萎病。抽出的心叶较短，窄。最后会导致整株死亡	叶面喷施0.2%～0.3%硫酸铜溶液3～4次

2. 无公害菠萝测土配方施肥技术

（1）无公害菠萝施肥配方　中国农业大学张江周等（2011）在广东省徐闻县进行“3414”肥效试验，提出不同产量水平下的施肥量推荐，如表8-57所示。

表8-57　不同产量水平下施肥量推荐（千克/亩）

目标产量	N	P_2O_5	K_2O
>4 000	68.0～81.9	48.8～62.0	65.8～79.8
3 000～4 000	60.0～71.1	38.9～49.5	57.6～68.5
<3 000	49.7～60.9	32.3～38.3	51.5～61.9

（2）无公害菠萝施肥技术

①基肥。采果后，一般开沟施肥，施后覆土。每亩施生物有机肥400～600千克或无害化处理过的腐熟有机肥3 000～5 000千克，35%菠萝有机型专用肥30～40千克或40%腐殖酸高效缓释复混肥25～35千克或42%腐殖酸涂层长效肥30～40千克或增效尿素15～20千克＋腐殖酸型过磷酸钙15～20千克＋大粒钾肥10～15千克。

②壮苗肥。分别在定植成活后和完全封行前追肥两次壮苗肥。在定植成活后，每亩施35%菠萝有机型专用肥15～20千克或40%腐殖酸高效缓释复混肥12～16千克或42%腐殖酸涂层长效肥15～20千克或增效尿素8～10千克＋腐殖酸型过磷酸钙5～7千克＋大粒钾肥6～8千克。

在完全封行前，每亩追施35%菠萝有机型专用肥10～12千克或40%腐殖酸高效缓释复混肥8～10千克或42%腐殖酸涂层长效肥10～12千克或增效尿素5～7千克＋腐殖酸型过磷酸钙5～6千克＋大粒钾肥4～6千克。

③促花壮蕾肥。10月至翌年2月，在花芽分化期至花蕾抽发前，每亩施生物有机肥40～60千克，35%菠萝有机型专用肥20～30千克或40%腐殖酸高效缓释复混肥16～20千克或42%腐殖酸涂层长效肥20～30千克或增效尿素10～12千克＋腐殖酸型过磷酸钙8～10千克＋大粒钾肥8～10千克。

④ 壮果肥。谢花前至果实膨大前，每亩施35%菠萝有机型专用肥20～30千克或40%腐殖酸高效缓释复混肥16～20千克或42%腐殖酸涂层长效肥20～30千克或增效尿素10～12千克＋腐殖酸型过磷酸钙8～10千克＋大粒钾肥8～10千克。

⑤ 壮芽肥。采收前，每亩施35%菠萝有机型专用肥20～30千克或40%腐殖酸高效缓释复混肥16～20千克或42%腐殖酸涂层长效肥20～30千克或增效尿素10～12千克＋腐殖酸型过磷酸钙8～10千克＋大粒钾肥8～10千克。

⑥ 根外追肥。菠萝定植成活后，叶面喷施500～1 000倍含腐殖酸水溶肥或500～1 000倍含氨基酸水溶肥。完全封行前，叶面喷施500～1 000倍含腐殖酸水溶肥或500～1 000倍含氨基酸水溶肥2次，间隔期15天。10月至翌年2月，叶面喷施1 500倍含活力硼叶面肥2次，间隔期15天。谢花至果实膨大前，叶面喷施500～1 000倍含腐殖酸水溶肥或500～1 000倍含氨基酸水溶肥、500倍活力钾叶面肥2次，间隔期15天。采收前，叶面喷施500～1 000倍含腐殖酸水溶肥或500～1 000倍含氨基酸水溶肥2次，间隔期15天。

3. 无公害菠萝水肥一体化技术

菠萝水肥一体化技术是借助于滴灌带，将溶解于水中的肥料直接滴灌到菠萝根部，便于菠萝直接吸收养分的一种集灌溉与施肥于一体的技术，具有提高肥料利用率、节省肥料、提高产量和品质、减少人工、随时可以供给菠萝水分和养分，即使在干旱季节也能保证菠萝快速生长的优点。

(1) 基肥 采果后，一般开沟施肥，施后覆土。根据肥源，每亩施生物有机肥400～600千克或无害化处理过的腐熟有机肥3 000～5 000千克，35%菠萝有机型专用肥30～40千克或40%腐殖酸高效缓释复混肥25～35千克或42%腐殖酸涂层长效肥30～40千克或增效尿素15～20千克＋腐殖酸型过磷酸钙15～20千克＋大粒钾肥10～15千克。

(2) 生长期根际追肥 借鉴中国农业大学与资源环境与粮食安全中心联合天脊化工集团股份有限公司、中国热带农业科学院南亚热带作物研究所等单位的菠萝滴灌施肥研究成果，建议菠萝生长期追肥方案如表8-58所示。

(3) 根外追肥 菠萝定植成活后，叶面喷施500～1 000倍含腐殖酸水溶肥或500～1 000倍含氨基酸水溶肥。完全封行前，叶面喷施500～1 000倍含腐殖酸水溶肥或500～1 000倍含氨基酸水溶肥2次，间隔期15天。10月至翌年2月，叶面喷施1 500倍含活力硼叶面肥2次，间隔期15天。谢花至果实膨大前，叶面喷施500～1 000倍含腐殖酸水溶肥或500～1 000倍含氨基酸水溶肥、500倍活力钾叶面肥2次，间隔期15天。采收前，叶面喷施500～1 000倍含腐殖酸水溶肥或500～1 000倍含氨基酸水溶肥2次，间隔期15天。

表 8-58　菠萝滴灌营养套餐施肥方案

施肥时期	施肥时间	施肥量	备注
缓慢生长期	定植后 20～30 天	根据肥源，选取下列组合之一进行施肥： ① 每亩施多元素滴灌肥（22-9-9）8～10 千克、增效尿素 2～3 千克； ② 每亩施有机水溶肥（20-5-10）8～10 千克、增效尿素 2～3 千克； ③ 每亩施增效尿素 6～8 千克、腐殖酸型过磷酸钙 5～7 千克、大粒钾肥 5～7 千克	① 每次施用时，先清水灌溉 15 分钟，水肥灌溉 30 分钟，最后再清水灌溉 15 分钟； ② 目标产量为 4 500 千克左右
	定植后 90～120 天	根据肥源，选取下列组合之一进行施肥： ① 每亩施多元素滴灌肥（22-9-9）10～12 千克、增效尿素 3～5 千克、硫酸镁 3～5 千克； ② 每亩施有机水溶肥（20-5-10）8～10 千克、增效尿素 3～5 千克、硫酸镁 3～5 千克； ③ 每亩施增效尿素 7～9 千克、腐殖酸型过磷酸钙 5～7 千克、大粒钾肥 6～8 千克	
快速生长期	定植后 150～165 天	根据肥源，选取下列组合之一进行施肥： ① 每亩施多元素滴灌肥（22-9-9）20～30 千克、增效尿素 10～12 千克； ② 每亩施有机水溶肥（20-5-10）20～30 千克、增效尿素 10～12 千克； ③ 每亩施增效尿素 15～20 千克、腐殖酸型过磷酸钙 20～30 千克、大粒钾肥 12～15 千克	

（续）

施肥时期	施肥时间	施肥量	备注
快速生长期	定植后 180～195 天	根据肥源，选取下列组合之一进行施肥： ① 每亩施多元素滴灌肥（22-9-9）25～35 千克、硫酸镁 5～7 千克； ② 每亩施增效尿素 17～21 千克、腐殖酸型过磷酸钙 25～30 千克、大粒钾肥 15～17 千克、硫酸镁 5～7 千克	① 每次施用时，先清水灌溉 15 分钟，水肥灌溉 30 分钟，最后再清水灌溉 15 分钟； ② 目标产量为 4 500 千克左右
	定植后 210～225 天	根据肥源，选取下列组合之一进行施肥： ① 每亩施有机水溶肥（20-5-10）25～35 千克、氯化钾 10～15 千克； ② 每亩施增效尿素 17～21 千克、腐殖酸型过磷酸钙 25～30 千克、大粒钾肥 15～17 千克	
	定植后 240～255 天	每亩施多元素滴灌肥（22-9-9）40～50 千克、硫酸镁 7～10 千克	
催花期	催花前 15～30 天	根据肥源，选取下列组合之一进行施肥： ① 每亩施有机水溶肥（20-5-10）20～25 千克； ② 每亩施增效尿素 12～15 千克、腐殖酸型过磷酸钙 5～10 千克、大粒钾肥 10～15 千克	
果实膨大期	菠萝谢花后	根据肥源，选取下列组合之一进行施肥： ① 每亩施多元素滴灌肥（22-9-9）20～25 千克、硝酸钙 5～7 千克； ② 每亩施增效尿素 12～15 千克、腐殖酸型过磷酸钙 6～8 千克、大粒钾肥 10～15 千克、硝酸钙 5～7 千克	

（续）

施肥时期	施肥时间	施肥量	备注
壮芽期	果实收获后	根据肥源，选取下列组合之一进行施肥： ① 每亩施多元素滴灌肥（22－9－9）10～15千克； ② 每亩施有机水溶肥（20－5－10）12～16千克； ③ 每亩施增效尿素10～12千克、腐殖酸型过磷酸钙6～8千克、大粒钾肥10～12千克	① 每次施用时，先清水灌溉15分钟，水肥灌溉30分钟，最后再清水灌溉15分钟； ② 目标产量为4 500千克左右

三、草莓高效安全施肥

草莓的气候适应性广，我国各地均有栽培，主要分布在北到辽宁、南至浙江等我国中东部地区，其中最为集中的产地有辽宁丹东、河北满城、山东烟台、江苏句容、上海青浦和奉贤、浙江建德等。

1. 草莓营养缺素症诊断与补救

草莓营养缺素症诊断与补救办法可以参考表8－59。

表8－59 草莓营养缺素症诊断与补救

营养元素	缺素症状	补救措施
氮	叶片逐渐由绿色变为淡绿色或黄色，局部枯焦而且比正常叶片略小。老叶的叶柄和花萼呈微红色，叶色较淡或呈锯齿状亮红色	叶面喷施0.3%～0.5%尿素溶液或硝酸铵溶液2～3次
磷	植株生长发育不良，叶、花、果变小，叶片呈青铜色至暗绿色，近叶缘处出现紫褐色斑点	叶面喷施0.1%～2%磷酸二氢钾溶液或1%过磷酸钙浸出溶液2～3次
钾	小叶中脉周围呈青铜色，叶缘灼伤状或坏死，叶柄变紫色，随后坏死；老叶的叶脉间出现褐色小斑点；果实颜色浅、味道差	叶面喷施0.3%～0.5%硫酸钾溶液2～3次
钙	多出现在开花前现蕾时，新叶端部及叶缘变褐呈灼伤状或干枯，叶脉间褪绿变脆，小叶展开后不能正常生长，根系短，不发达，易发生硬果	叶面喷施1%硝酸钙或0.3%氯化钙溶液2～3次

（续）

营养元素	缺素症状	补救措施
镁	最初上部叶片边缘黄化和变褐枯焦，进而叶脉间褪绿并出现暗褐色斑点，部分斑点发展为坏死斑。枯焦加重时，茎部叶片呈现淡绿色并肿起，枯焦现象随着叶龄的增长和缺镁程度的加重而加重	叶面喷施0.1%～0.2%硫酸镁或硝酸镁溶液2～3次
铁	幼叶黄化、失绿，开始叶脉仍为绿色，叶脉间变为黄白色。严重时，新长出的小叶变白，叶片边缘坏死或小叶黄化	叶面喷施0.3%～0.5%硫酸亚铁溶液2～3次
锌	老叶变窄，特别是基部叶片缺锌越重窄叶部分越伸长。严重缺锌时，新叶黄化，叶脉微红，叶片边缘有明显锯齿形边	叶面喷施0.2%～0.3%硫酸锌或螯合锌溶液2～3次
硼	叶片短缩呈环状，畸形，有皱纹，叶缘褐色。老叶叶脉间失绿，叶上卷。匍匐蔓发生很慢，根少。花小，授粉和结实率低，果实畸形或呈瘤状、果小种子多，果品质量差	叶面喷施0.01%～0.02%硼砂或硼酸溶液2～3次
铜	新叶脉间失绿，出现花白斑	叶面喷施0.1%～0.2%硫酸铜溶液2～3次
钼	叶片均匀地由绿转淡，随着缺钼程度的加重，叶片上出现焦枯、叶缘卷曲现象	叶面喷施0.01%～0.03%钼酸铵或钼酸钠溶液2～3次

2. 草莓高效安全施肥技术

借鉴2011—2018年农业部设施草莓科学施肥指导意见和相关测土配方施肥技术研究资料，提出设施草莓科学施肥方法，供农民朋友参考。

（1）施肥原则 针对草莓生长期短、需肥量大、耐盐力较低和病虫害较严重等问题，提出以下施肥原则：重视有机肥料施用，施用优质有机肥，减少土壤病虫害；根据生育期施肥，合理搭配氮、磷、钾肥，视草莓品种、长势等因素调整施肥计划；采用适宜施肥方法，有针对性施用中微量元素肥料；施肥与其他管理措施相结合，有条件的可采用水肥一体化种植模式，遵循少量多次的灌溉施肥原则。

（2）施肥建议 亩产2 000千克以上的果园，施氮肥（N）18～20千克/亩、磷肥（P_2O_5）10～12千克/亩、钾肥（K_2O）15～20千克/亩；亩产1 500～2 000千克的果园，施氮肥（N）15～18千克/亩、磷肥（P_2O_5）8～10千克/亩、钾肥（K_2O）12～15 千克/亩；亩产 1 500 千克以下的果园，施氮肥（N）13～16 千克/亩、磷肥（P_2O_5）5～8 千克/亩、钾肥（K_2O）10～12 千克/亩。

常规施肥模式下，化肥分 3～4 次施用。底肥施用占总施肥量的 20%，追肥分别在苗期、初花期和采果期施用，施肥比例分别占总施肥量的 20%、30%、30%。

采用水肥一体化施肥模式的田块，在基施优质腐熟有机肥 3～5 米^3/亩的基础上，现蕾期第一次追肥，着重追施磷肥，N∶P_2O_5∶K_2O=1∶5∶1，每 10 天随水灌施 2～3 千克/亩；开花后第二次追肥，N∶P_2O_5∶K_2O=1∶5∶1，每 10 天随水灌施 2～3 千克/亩；果实膨大期第三次追肥，着重追施钾肥，N∶P_2O_5∶K_2O =2∶1∶6，每 10 天随水灌施 2～3 千克/亩。每次施肥前先灌水 20 分钟，再进行施肥，施肥结束后再灌水 30 分钟，防止滴灌堵塞。

土壤缺锌、硼和钙的果园，相应施用硫酸锌 0.5～1 千克/亩、硼砂 0.5～1 千克/亩，叶面喷施 0.3%的氯化钙 2～3 次。

3. 无公害草莓测土配方施肥技术

（1）无公害草莓测土施肥配方　根据土壤有机质、碱解氮、有效磷、速效钾含量确定土壤肥力分级，然后根据不同肥力水平确定施肥量。如表 8-60 为草莓的土壤肥力分级，表 8-61 为不同肥力水平草莓推荐施肥量。

表 8-60　草莓园土壤肥力分级

肥力水平	有机质（克/千克）	碱解氮（毫克/千克）	有效磷（毫克/千克）	速效钾（毫克/千克）
低	<10	<60	<5	<50
中	10～20	60～120	5～20	50～150
高	>20	>120	>20	>150

表 8-61　不同肥力水平草莓施肥量推荐（千克/亩）

肥力等级	施肥量		
	N	P_2O_5	K_2O
低肥力	15～17	7～9	9～11
中肥力	14～16	6～8	9～10
高肥力	13～15	6～7	7～9

（2）无公害草莓施肥技术

①定植前基肥。在移栽前 7～10 天翻入土中。每亩施生物有机肥 300～400 千克或无害化处理过的腐熟有机肥 3 000～4 000 千克，35%草莓有机型专用肥 50～60 千克或 40%腐殖酸高效缓释复混肥 40～50 千克或 45%腐殖酸涂

层长效肥35～45千克或增效尿素10～12千克＋腐殖酸型过磷酸钙40～50千克＋大粒钾肥8～10千克。

② 定植后追肥。分别在定植成活后和完全封行前追施两次壮苗肥。

在定植成活后（定植后10天左右）每亩施35％草莓有机型专用肥15～20千克或40％腐殖酸高效缓释复混肥12～16千克或45％腐殖酸涂层长效肥12～15千克或增效尿素8～10千克＋腐殖酸型过磷酸钙10～12千克＋大粒钾肥6～8千克。

花芽分化期每亩施35％草莓有机型专用肥15～20千克，40％腐殖酸高效缓释复混肥12～16千克或45％腐殖酸涂层长效肥12～15千克或增效尿素8～10千克＋腐殖酸型过磷酸钙10～12千克＋大粒钾肥6～8千克。

幼果膨大期每亩施35％草莓有机型专用肥12～15千克或40％腐殖酸高效缓释复混肥11～13千克或45％腐殖酸涂层长效肥10～12千克或增效尿素6～8千克＋腐殖酸型过磷酸钙8～10千克＋大粒钾肥5～7千克。

③ 根外追肥。草莓苗期，叶面喷施500～1 000倍含腐殖酸水溶肥或500～1 000倍含氨基酸水溶肥2次，间隔20天。开花结果期每20～30天，叶面喷施500～1 000倍含腐殖酸水溶肥或500～1 000倍含氨基酸水溶肥、1 500倍活力钙叶面肥、500倍活力钾叶面肥一次。

4. 无公害草莓水肥一体化技术

(1) 定植前基肥 在移栽前7～10天翻入土中。每亩施生物有机肥300～400千克或无害化处理过的腐熟有机肥3 000～4 000千克，35％草莓有机型专用肥50～60千克或40％腐殖酸高效缓释复混肥40～50千克或45％腐殖酸涂层长效肥35～45千克或增效尿素10～12千克＋腐殖酸型过磷酸钙40～50千克＋大粒钾肥8～10千克。

(2) 定植后追肥 以水溶性滴灌肥为主，结合灌溉进行施肥。

① 从定植至开花期，每亩施含微量元素高磷配方滴灌肥（15－30－15）10～12千克，分4次施用，每次2.5～3千克，7～9天一次。

② 开花至坐果期，每亩施含微量元素平衡配方滴灌肥（20－20－20）7～8千克，分2次施用，每次3.5～4千克，7～9天一次。

③ 坐果至收获结束，每亩施用含微量元素高钾配方滴灌肥（16－80－32－2Mg）90～97.5千克，分15次施用，每次6～6.5千克，7～9天一次。

(3) 根外追肥 草莓苗期，叶面喷施500～1 000倍含腐殖酸水溶肥或500～1 000倍含氨基酸水溶肥2次，间隔20天。开花结果期每20～30天，叶面喷施500～1 000倍含腐殖酸水溶肥或500～1 000倍含氨基酸水溶肥、1 500倍活力钙叶面肥、500倍活力钾叶面肥一次。

主要参考文献

陈清，陈宏坤，2016. 水溶性肥料生产与施用［M］. 北京：中国农业出版社.

崔德杰，杜志勇，2017. 新型肥料及其应用技术［M］. 北京：化学工业出版社.

崔德杰，金圣爱，2012. 安全科学施肥实用技术［M］. 北京：化学工业出版社.

邓兰生，张承林，2015. 草莓水肥一体化技术图解［M］. 北京：中国农业出版社.

邓兰生，张承林，2015. 香蕉水肥一体化技术图解［M］. 北京：中国农业出版社.

胡克纬，张承林，2015. 葡萄水肥一体化技术图解［M］. 北京：中国农业出版社.

季国军，2015. 设施蔬菜高产施肥［M］. 北京：中国农业出版社.

姜存仓，2011. 果园测土配方施肥技术［M］. 北京：化学工业出版社.

劳秀荣，2000. 果树施肥手册［M］. 北京：中国农业出版社.

劳秀荣，杨守祥，韩燕来，2008. 果园测土配方施肥技术［M］. 北京：中国农业出版社.

劳秀荣，杨守祥，李俊良，2010. 菜园测土配方施肥技术［M］. 北京：中国农业出版社.

李博文，等，2014. 蔬菜安全高效施肥［M］. 北京：中国农业出版社.

李俊良，金圣爱，陈清，等，2008. 蔬菜灌溉施肥新技术［M］. 北京：化学工业出版社.

李秀珍，2014. 苹果科学施肥［M］. 北京：金盾出版社.

鲁剑巍，曹卫东，2010. 肥料使用技术手册［M］. 北京：金盾出版社.

马国瑞，侯勇，2012. 肥料使用技术手册［M］. 北京：中国农业出版社.

全国农业技术推广服务中心，2011. 北方果树测土配方施肥技术［M］. 北京：中国农业出版社.

全国农业技术推广服务中心，2011. 长江流域棉花测土配方施肥技术［M］. 北京：中国农业出版社.

全国农业技术推广服务中心，2011. 长江流域油菜测土配方施肥技术［M］. 北京：中国农业出版社.

全国农业技术推广服务中心，2011. 东北大豆测土配方施肥技术［M］. 北京：中国农业出版社.

全国农业技术推广服务中心，2011. 花生测土配方施肥技术［M］. 北京：中国农业出版社.

全国农业技术推广服务中心，2011. 华北棉花测土配方施肥技术［M］. 北京：中国农业出版社.

全国农业技术推广服务中心，2011. 黄淮大豆测土配方施肥技术［M］. 北京：中国农业出版社.

全国农业技术推广服务中心，2011. 南方果树测土配方施肥技术［M］. 北京：中国农业出版社.

全国农业技术推广服务中心，2011. 内陆棉花测土配方施肥技术［M］. 北京：中国农业出版社.

全国农业技术推广服务中心，2011. 蔬菜测土配方施肥技术［M］. 北京：中国农业出版社.

全国农业技术推广服务中心，2011. 西北油菜测土配方施肥技术［M］. 北京：中国农业出版社.

全国农业技术推广服务中心，2011. 烟草测土配方施肥技术［M］. 北京：中国农业出版社.

宋志伟，等，2016. 果树物测土配方与营养套餐施肥技术［M］. 北京：中国农业出版社.

宋志伟，等，2016. 粮经作物测土配方与营养套餐施肥技术［M］. 北京：中国农业出版社.

宋志伟，等，2017. 农业生产节肥节药技术［M］. 北京：中国农业出版社.

宋志伟，等，2016. 设施蔬菜测土配方与营养套餐施肥技术［M］. 北京：中国农业出版社.

宋志伟，等，2016. 蔬菜测土配方与营养套餐施肥技术［M］. 北京：中国农业出版社.

宋志伟，杨净云，2017. 无公害果树配方施肥［M］. 北京：化学工业出版社.

宋志伟，杨首乐，2017. 无公害经济作物配方施肥［M］. 北京：化学工业出版社.

宋志伟，杨首乐，2017. 无公害露地蔬菜配方施肥［M］. 北京：化学工业出版社.

宋志伟，杨首乐，2017. 无公害设施蔬菜配方施肥［M］. 北京：化学工业出版社.

涂仕华，2014. 常用肥料使用手册（修订版）［M］. 成都：四川科学技术出版社.

姚素梅，2014. 肥料高效施用技术［M］. 北京：化学工业出版社.

张福锁，陈新平，陈清，等，2009. 中国主要作物施肥指南［M］. 北京：中国农业大学出版社.

张洪昌，段继贤，廖洪，2011. 肥料应用手册［M］. 北京：中国农业出版社.

张洪昌，段继贤，赵春山，2014. 肥料安全施用技术指南［M］. 北京：中国农业出版社.

赵秉强，等，2013. 新型肥料［M］. 北京：科学出版社.

赵永志，2012. 果树测土配方施肥技术理论与实践［M］. 北京：中国农业科学技术出版社.

赵永志，2012. 粮经作物测土配方施肥技术理论与实践［M］. 北京：中国农业科学技术出版社.

赵永志，2012. 蔬菜测土配方施肥技术理论与实践［M］. 北京：中国农业科学技术出版社.

图书在版编目（CIP）数据

肥料高效安全使用手册/宋志伟，李艳珍主编．—北京：中国农业出版社，2019.9（2023.8重印）
（绿色农业·化肥农药减量增效系列丛书）
ISBN 978-7-109-25923-2

Ⅰ.①肥… Ⅱ.①宋… ②李… Ⅲ.①施肥-安全技术-手册 Ⅳ.①S147.2-62

中国版本图书馆CIP数据核字（2019）第206451号

中国农业出版社出版
地址：北京市朝阳区麦子店街18号楼
邮编：100125
责任编辑：魏兆猛
版式设计：杜　然　　责任校对：沙凯霖
印刷：北京中兴印刷有限公司
版次：2019年9月第1版
印次：2023年8月北京第3次印刷
发行：新华书店北京发行所
开本：720mm×960mm　1/16
印张：20.75　　插页：2
字数：280千字
定价：48.00元

梨树缺铁

柑橘缺钙

柑橘缺镁

苹果缺钙

苹果缺锌

芒果缺钙

芒果果实缺钙

芒果缺镁

葡萄缺锌

桃树缺钙

香蕉缺锌

香蕉缺硼

玉米缺硼

玉米缺锌

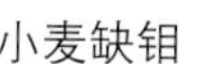

小麦缺钼

水稻缺锌

棉花缺硼

油菜缺硼花而不实

油菜缺硼

西瓜缺钙

芹菜缺硼烂心

大豆缺镁

草莓缺钾

草莓缺硼

马铃薯缺锌

番茄缺钙

番茄缺硼

花生缺铁

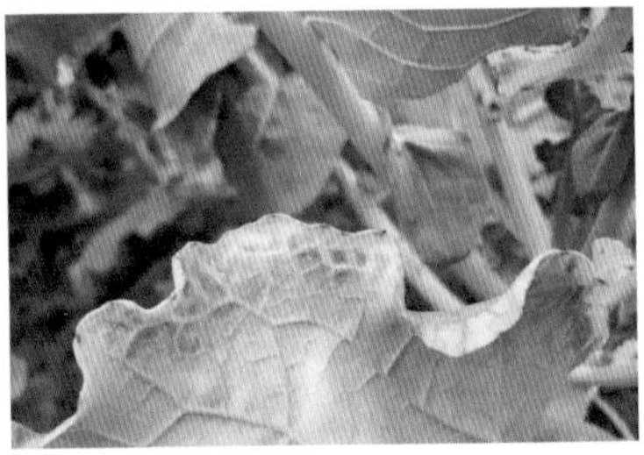

甘蓝缺磷

花椰菜缺硼

黄瓜缺钙

黄瓜缺钙果实弯曲

豇豆缺硼

辣椒缺钙